"十三五"国家重点出版物出版规划项目
深远海创新理论及技术应用丛书

深海采矿
——资源、技术与环境

Deep-Sea Mining

Resource Potential，Technical and Environmental Considerations

［印］Rahul Sharma　主编

张　涛　刘少军　何高文　等　译

张海啟　校

海洋出版社

2022年·北京

图书在版编目（CIP）数据

深海采矿：资源、技术与环境/（印）拉胡尔·夏尔马（Rahul Sharma）主编；张涛等译.—北京：海洋出版社，2019.12

书名原文：Deep-sea mining-resource potential，technical and environmental considerations

ISBN 978-7-5210-0542-4

Ⅰ.①深…　Ⅱ.①拉…②张…　Ⅲ.①深海采矿-研究　Ⅳ.①P744

中国版本图书馆 CIP 数据核字（2019）第 292861 号

图字：01-2018-2721

策划编辑：郑跟娣
责任编辑：林峰竹
责任印制：安　淼

海洋出版社　出版发行

http://www.oceanpress.com.cn

北京市海淀区大慧寺路 8 号　邮编：100081

鸿博昊天科技有限公司印刷　新华书店总经销

2019 年 12 月第 1 版　2022 年 3 月北京第 1 次印刷

开本：787mm×1092mm　1/16　印张：28.25

字数：668 千字　定价：330.00 元

发行部：010-62100090　邮购部：010-62100072　总编室：010-62100034

海洋版图书印、装错误可随时退换

序

深海是地球上最大的未知区域，蕴藏着人类社会未来发展所需的多种战略金属、能源和生物资源，被誉为 21 世纪人类可持续发展的战略"新疆域"。从古至今，尽管人类从未停止过对海洋的探索，但对深海的认知比对月球了解还少。随着科技的日新月异，人类必将进入一个全方位开发利用海洋的新阶段，深海资源的开发也将成为未来一段时间世界各国关注的热点。

海洋作为地球上最大的资源宝库，不仅富含石油、天然气、天然气水合物等能源资源，还有多金属结核、富钴铁锰结壳和海底块状硫化物等矿产资源。深海矿产资源中部分金属含量是陆地资源的几十倍甚至上百倍，尤其是镍、钴、锰、铜等关键金属，可为全球战略性新兴产业的快速发展提供原材料。近年来，随着深海采矿相关技术的进步和经济社会发展对矿产资源需求的扩大，部分国家对开发利用深海矿产资源的呼声日益高涨。国际海底管理局正在紧锣密鼓制定深海采矿规章，该规章将尽可能平衡资源开发和环境保护之间的关系，促进海底矿产资源的绿色开发，实现深海开发业可持续发展。

深海矿产资源开发技术是海洋技术发展的制高点，是国家综合实力的集中体现。推动海洋资源开发利用，加快海洋强国建设，必须推动深海矿产开发技术实现高水平自立自强，推动原创性、引领性科技攻关。我国对深海矿产资源的调查和深海采矿技术的研发尽管起步晚但发展迅速。自从 20 世纪 80 年代有计划地进行了较大规模的大洋矿产资源调查研究以来，已走过近 40 年历程，在国际海底"区域"申请了 5 个矿区，并积极承担国际海底矿产资源的调查责任，深海采矿系相关技术也紧追世界先进水平。进一步加大科技创新力度，掌握深海矿产开发利用和环境保护技术，提升关心海洋、认识海洋、经略海洋的能力，对于构建海洋命运共同体，提高深海科技创新水平具有重大战略意义。

总体来看，我国从事深海采矿相关领域研究的人员较少，社会关注度不高。为推动社会对深海采矿的认识和了解，张涛、刘少军、何高文组织国内相关科研人员翻译完成《深海采矿——资源、技术与环境》一书，系统介绍了全球深海矿产调查、开发、选冶、环境、管理等深海采矿全流程内容。相信本书的出版，能够为相关科技工作者了解和认识深海采矿提供有益的借鉴参考，促进我国深海矿产资源勘探开发工作，助推我国深海矿产资源开发事业发展。

中国工程院院士

译者序

21 世纪是海洋的世纪，海洋已成为各国展示综合国力和国际影响力的新舞台。随着科技的进步和人类对海洋认知程度的提高，世界各国对海洋资源的开发和争夺空前激烈，尤其是深海已成为海洋研究的新领域和海洋科技竞争新方向。

浩瀚的海洋底部蕴藏有丰富的能源资源、矿产资源、生物资源和基因资源。尤其多金属结核、多金属硫化物、富钴铁锰结壳等，已发现具有开发前景的矿产资源，富含铜、钴、镍、锰、铁、金、银、铂、稀土等 70 余种金属元素，而且资源量巨大。如果能够安全、高效地商业开采，将成为陆地矿产资源的有效替代，满足人类可持续发展的需求。海底矿产赋存于数千米水深的海底，开采技术和环保要求极高，至今在世界范围内尚未形成商业化开采。近年来，随着电动汽车、风力发电等新能源发展对钴、镍等关键矿产需求的增加，人类又将目光投向了拥有巨大资源量的海底。尤其，2011 年日本宣布在海底沉积物中发现储量规模巨大的稀土，并将其纳入海底矿产资源开发战略，再一次引起了全球深海矿产资源调查和相关技术研发的热潮。

谁掌握了深海矿产开发技术的制高点，谁就提高了在该领域的话语权。围绕深海矿产开发技术的竞争从来没有停止，自从 20 世纪 50 年代末以来，美国、欧洲、日本等国家和地区针对深海多金属结核研究了各自的勘探和商业开采方案。20 世纪八九十年代，韩国、印度、中国也相继加入深海矿产资源开发队伍，探索商业化开采方案。其中，20 世纪 70 年代多个国际财团在太平洋约 5 000 m 海底成功采集多金属结核。2017 年，日本在冲绳海域完成 1 600 m 水深多金属硫化物的采集和提升海试。2018 年以来，荷兰、比利时等国家成功进行多次深海采矿装备的试验与环境评估，大大推动了相关科技的进步。近年来，欧盟针对深海矿产资源开发分别设立了 BlueMining、BlueNodules 等多个项目，组织和支持欧洲企业开展深海矿产资源开发技术与装备的研发，不断加大投入力度。

任何资源的开发利用，都会给周围环境带来扰动，海底矿产的开发也会对深海海底的生物多样性、生物栖息环境和海洋渔业造成一定的影响。随着国际社会环境保护意识的不断加强，对深海采矿环境影响问题的关注也不断加强。相关国际环境保护组织、环保人士不断呼吁提高深海采矿对海洋环境影响的重视程度。与此同时，国际海底管理局也开启了相关规则和标准的制定，并采取了战略、区域和合同区三个层面的环境管理措施，积极推动区域环境管理计划（REMP），实现资源开发和环境保护的平衡。其中，在 2020 年 2 月召开的国际海底管理局第 26 届理事会第一次会议中，秘书长强调环境保护已成为"过去两年国际海底管理局最重要的工作之一"。

国际海底管理局作为联合国所属的国家管辖外海域的管理者，积极推动深海采矿领域相关规则和制度制定，2000 年发布了《"区域"内多金属结核探矿和勘探规章》，2010 年发布了《"区域"内多金属硫化物探矿和勘探规章》，2012 年发布了《"区域"内富钴铁锰结壳探矿和勘探规章》，这 3 个规章的出台为全球各国申请勘探区块提供了指南。截至 2021 年 8 月，国际海底管理局已经与 22 家承包者签订了共 31 份深海矿产资源勘探合同。同时，为了进一步完善海底矿产开发相关的制度体系，2016 年 7 月，国际海底管理局发布了《"区域"内矿产资源开发规章工作框架》，之后几乎每年都出台一份开发规章草案，对草案内容不断完善，在结构方面趋向合理，在重要事项方面不断细化，目前该规章仍在讨论和完善中。该开发规章的出台，将对国际海底"区域"内矿产资源的开发起到规范作用，进一步完善现有的制度体系。

深海矿产资源的开发涉及资源基础、开采技术、选冶能力、环境影响、法律制度等方方面面，尤其"区域"内矿产资源的开发还涉及海底使用、人类共同继承财产等多种因素，显得更加复杂。2017 年，由 Springer 出版社出版，印度国家海洋研究所 Rahul Sharma 教授领衔全球 8 个国家的深海采矿专家共同编写的 Deep-Sea Mining：Resource Potential, Technical and Environmental Considerations 一书，是目前全球深海采矿领域涉及专业最广、资料最全、研究成果最新的一部著作，受到国际海底管理局秘书长及深海采矿领域专家们的认可。全书共分四个部分，分别为深海矿产、深海采矿技术、冶金加工与可持续发展、深海采矿的环境影响；共 18 章，围绕多金属结核、多金属硫化物、富钴结壳三种深海矿种的形成条件、资源潜力、矿产分布、采矿系统、全球进展、采矿新技术、环境影响、可持续发展等进行了专业、权威的论述。

第一部分"深海矿产：分布特征及其潜力"，共 8 章。描述了深海采矿发展历程和各国动态，剖析了采矿过程中面临的经济问题、技术问题、环境问题和政策问题。对多金属结核、多金属硫化物、富钴铁锰结壳和海底磷矿的形成机理、地质特征、分布状况、资源潜力、典型矿床等进行了分析。利用人工神经网络统计学方法预测多金属结核勘探合同区的丰度，并基于预测结果，算出了不同边界品位的结核资源量。

第二部分"深海采矿技术：概念及应用"，共 3 章。主要介绍了深海矿产资源及其相关沉积物岩土工程特征的基础研究成果，分析了岩土工程特征对采矿系统设计的影响，进一步讨论了采矿系统设计中一些附加的工程和经济性因素。重点介绍了印度深海采矿历史和目前的研究情况，并通过介绍 500 m 水深采集模拟结核的试验，对深海采矿活动中的一些设备和系统进行了描述。此外，介绍了几种深海水资源利用技术（如海洋热交换、空气调节、渔业应用、农业应用和淡水产业等等）。

第三部分"冶金加工与可持续发展"，共 3 章。介绍了多金属结核冶金工艺发展的不同阶段，从选冶角度分析了多金属结核尚未进行商业化开采的原因，以及一些新的理念。从可持续发展的角度研究了多金属结核选冶方法以及不同的工艺和技术。分析了深海采矿作业过程中产生的尾矿在农业领域、建筑领域以及轻工产品领域的应用价值。

第四部分"深海采矿的环境影响"，共 4 章。介绍了深海采矿环境影响的识别和评价，以及应采取的相关保护措施。阐述了当前深海矿产资源开发中环境评价存在的问题，探讨了利用分子生物学方法进行环境影响评价的可能性。分析了深海采矿对海底、潜在水体和上层水体的影响，以及美国、德国、日本、印度等在环境影响评价中的探索。

为借鉴吸收全球深海采矿最前沿的研究成果，推动深海采矿事业发展，快速提高我国的深海采矿研究水平，中国地质调查局发展研究中心决定翻译该著作。本书 18 章，60 余万字。翻译工作由张涛、刘少军、何高文共同负责，张涛负责全书的统稿，张海启负责审校。第一部分由何高文、张涛负责，杨永、黄威、姚会强、刘向冲、任江波、王汾连、萨日娜、张伙带、刘永刚等参与翻译。第二部分由刘少军、李艳负责，成赞、吴奇峰、王子勋、陆鹏、郭轶可、栗梦丹等参与翻译。第三部分由郭学益、李栋负责，杨英、许志鹏、田苗、张婧熙等参与翻译。第四部分由张涛、吴林强负责，蒋成竹、徐晶晶参与翻译。

该书是中国地质调查项目"海洋地质与能源矿产资源战略研究"项目（DD20190465）的成果之一。感谢先后担任国际海底管理局法律与技术委员会委员的李裕伟、张洪涛、张海启、吴峻、杨胜雄等多位专家在翻译的过程中对书稿提出宝贵意见和建议。感谢在本书修改完善过程中，秦绪文、李军、王平康、石显耀、梁杰、宋维宇、李琳琳、王文涛、许学伟、卓晓军、张鹏辉等给予了大量的宝贵建议。中国地质调查局发展研究中心施俊法、霍雅勤等领导给予了极大的支持和鼓励，在此一并致以衷心的感谢。

由于译者的水平有限，难免有不当之处，敬请广大读者批评指正。

译者

2021 年 12 月

原书序

非常荣幸有此机会为拉胡尔·夏尔马博士（Dr. Rahul Sharma）的书作序言，本书探讨了深海采矿的资源潜力以及技术、环境和管理问题。

搁置多年后，近几年深海采矿的发展前景大为改善。随着深海矿产资源科学认识水平的提高和深海矿产开采加工新技术的开发，深海矿产资源的商业价值再现，尤其是在国家管辖范围以外"区域"。应形势之需，国际海底管理局被委以重任，负责制定深海矿产开采的综合性准则（与《联合国海洋法公约》中所设立的标准保持一致），以期在此准则的指导下实现海底矿产资源开采的可持续性，为全人类谋福祉。

深海采矿发展取得现在的成绩，是经过很多年的努力才实现的。几十年来，来自全球不同机构和组织的科学家及工程师们一直致力于研究矿产勘查和资源估算等技术，并为矿产资源的开采设计了低成本且高效的系统。而今其中许多科学家和工程师已达到或接近退休年龄，拉胡尔·夏尔马博士欲借此书对深海采矿领域几个全球知名专家积累的思想和观点做集成总结，这也是写作本书的主要目的之一。拉胡尔·夏尔马博士本人就是其中之一，他在深海采矿领域从事 30 余年的教学和研究工作，主要致力于深海矿产资源及其开采的环境问题研究。我也很荣幸曾经与拉胡尔·夏尔马博士合作开展过国际海底管理局的许多项目。

在此，我对拉胡尔·夏尔马博士及对此书做出重要贡献的专家表示祝贺。虽然众多挑战犹在，尤其是开采海洋矿产资源时面临维护生态平衡的挑战，但我坚信我们终将克服这些挑战，确保世界范围内关键矿产资源供应的安全性和可持续性。我坚信此书将为后人开展相关研究工作提供重要参考。

国际海底管理局秘书长

迈克·洛奇（Michael Lodge）

前　言

　　人类的探索永无止境，上至浩瀚的外太空，下至海洋的最深处。海底的矿产资源是 19 世纪晚期人类的一个重要发现，而今大陆上一些重要金属恐怕将在未来几十年中面临耗竭，因此海底矿产资源将成为替代资源。

　　进入 21 世纪，依据《联合国海洋法公约》主张对国际海底区域权利的实体数量剧增，加之国营和私营企业对海底矿床开采的兴趣日益浓厚，致使国际海底管理局等监管机构不得不出台相关的行动准则，因此有必要将深海采矿相关的研究汇总在一起。

　　由于是在公海的极端条件下进行，海底矿床的开采面临多个挑战，尽管如此，人类发挥无穷的创造力，不仅开发出收集矿产资源所在区域周边环境信息的技术，还研究出相关工艺对海底矿产资源进行开采，并提炼贵重金属。然而，全球从不同角度对深海采矿研究的成果却比较分散。

　　本书试图将几十年来一直致力于深海采矿研究的全球专家学者的多种视角整合在一起。本书第一部分重点探讨深海矿产资源的分布特点、资源潜力和估算技术。第二部分主要分析深海采矿技术的概念以及在其他产业中的应用。

　　本书在金属提炼的冶金加工技术、尾矿的可持续利用以及深海采矿影响预测和管理的相关环境考量方面，与权威观点保持一致。

　　我要对本书中提及的所有专家致以诚挚的谢意，是你们促成了本书的问世。我还要向那些为本书研究提供支持和资金的机构表示感谢。我要特别感谢我的家人，感谢他们在我的整个事业生涯以及本书编撰过程中给予我关心和支持。

拉胡尔·夏尔马（Rahul Sharma）
于印度果阿

目　录

第一部分　深海矿产:分布特征及其潜力

第二部分　深海采矿技术：概念及应用

第三部分　冶金加工与可持续发展

第四部分　深海采矿的环境影响

第一部分
深海矿产：分布特征及其潜力

第1章　深海采矿：现状及未来展望

Rahul Sharma

摘要：作为陆上金属矿床的替代来源，深海矿物如多金属结核、热液硫化物和铁锰结壳长期引起人们的关注。在国际水域存在许多这些沉积物，须按照《联合国海洋法公约》通过国际海底管理局监管。

大型海底矿床的独家勘探权备受青睐，热衷于此的承包者数量急剧增长，在前40年（1970—2010年）中有8个，在后4年（2011—2015年）达25个，他们积极地就这些资源的勘探、开采和加工技术进行持续的研究和开发，加上诸如向私营企业家就某些国家专属经济区内的矿床发放许可证等事务不断增多，因此急需重新审视海上采矿的现状和未来前景。

1.1　历史背景

虽然深海矿物的首次发现（图1.1）是在英国"挑战者"号考察期间（1872年12月21日至1876年5月24日）取得的，时任考察队长C. W. Thomson在1873年3月7日描述了拖网拖曳上来的多金属结核，其为"长约1英寸①的特殊的黑色椭圆体"，化学家J. Y. Buchanan揭示它们是"几乎纯氧化锰"（en. wikipedi. org/wiki/HMSChallenger），但是是Mero（1965）解读了这些矿床的经济潜力，并预测在20年内将开始深海采矿，这些资源作为未来金属的替代来源将引起世界的关注。

1972年1月，在拉蒙特·多尔蒂地质观测所举行的海底铁锰矿会议期间，来自全球各地的专家共同努力，对现有的结核资料进行整理，并研究了太平洋（Hein et al. ，1979；Thijssen et al. ，1981；Glasby，1982；Usui and Moritani，1992）及印度洋（Glasby，1972；Siddiquie et al. ，1978；Frazer and Wilson，1980；Cronan and Moorby，1981）不同地区矿床的分布、地球化学和矿物学特征。许多研究也解译了结核的形成过程、地质因素及其与沉积环境的关系（Cronan，1980；Frazer and Fisk，1981；Glasby et al. ，1982；Rao and Nath，1988；Martin-Barajas et al. ，1991）。同时，热液硫化物（Rona，1988；Plueger et al. ，1990）和富钴铁锰结壳（Halbach et al. ，1989；Hein et al. ，1997）也被确定为潜在资源。

在初步研究之后，又进行了大规模勘探计划，基于国际水域具有潜在资源，导致几个公司对大片海底提出申请，以获得《联合国海洋法公约》所规定的专属权利，这也促使1994年在牙买加设立国际海底管理局，负责管理"区域"活动，这些"区域"主要是指在任何国家的管辖范围以外的国际水域。截至2010年，已有8个注册先驱投资者，后来被称为"承包者"，包括在太平洋的法国、俄罗斯、日本、中国、韩国、德国和国际海洋金属联合组

---

① 1英寸约为2.54 cm。

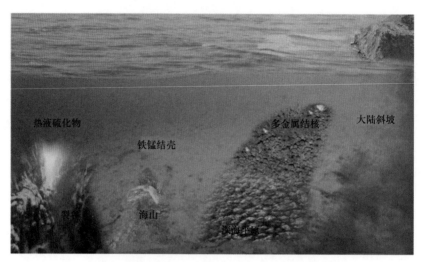

图 1.1 深海矿物与海底特征结合的艺术想象图

织以及在印度洋的印度，这些仅限于多金属结核；到 2015 年，申请开发结核、结壳和硫化物矿床的承包者数量剧增到 25 个（表 1.1、图 1.2）（www. isa. org. jm, 2016）。

表 1.1 多金属结核、铁锰结壳、热液硫化物勘探矿区承包者

承包者	国家	合同勘探区域的位置
多金属结核勘探矿区承包者		
国际海洋金属联合组织	保加利亚，古巴，捷克，波兰，俄罗斯，斯洛伐克	克拉里昂—克利珀顿断裂带（CCFZ），太平洋
南方海洋地质生产协会	俄罗斯	克拉里昂—克利珀顿断裂带（CCFZ），太平洋
韩国政府	韩国	克拉里昂—克利珀顿断裂带（CCFZ），太平洋
中国大洋矿产资源研究开发协会	中国	克拉里昂—克利珀顿断裂带（CCFZ），太平洋
深海资源开发公司	日本	克拉里昂—克利珀顿断裂带（CCFZ），太平洋
法国海洋开发研究所	法国	克拉里昂—克利珀顿断裂带（CCFZ），太平洋
德国联邦地球科学与自然资源研究所	德国	克拉里昂—克利珀顿断裂带（CCFZ），太平洋
瑙鲁海洋资源公司	瑙鲁	克拉里昂—克利珀顿断裂带（CCFZ），太平洋
汤加海上采矿有限公司	汤加	克拉里昂—克利珀顿断裂带（CCFZ），太平洋

承包者	国家	合同勘探区域的位置
英国海底资源有限公司-Ⅰ	英国	克拉里昂—克利珀顿断裂带（CCFZ），太平洋
比利时全球海洋矿产资源公司	比利时	克拉里昂—克利珀顿断裂带（CCFZ），太平洋
马拉维勘探研究有限公司	基里巴斯	克拉里昂—克利珀顿断裂带（CCFZ），太平洋
新加坡海洋矿业有限公司	新加坡	克拉里昂—克利珀顿断裂带（CCFZ），太平洋
库克群岛投资公司	库克群岛	克拉里昂—克利珀顿断裂带（CCFZ），太平洋
英国海底资源有限公司-Ⅱ	英国	克拉里昂—克利珀顿断裂带（CCFZ），太平洋
印度政府	印度	印度洋
铁锰结壳勘探矿区承包者		
俄罗斯政府	俄罗斯	太平洋
中国大洋矿产资源研究开发协会	中国	太平洋
日本石油、天然气和金属国家公司	日本	太平洋
热液硫化物勘探矿区承包者		
法国海洋开发研究所	法国	大西洋中脊
俄罗斯政府	俄罗斯	大西洋中脊
韩国政府	韩国	印度洋中脊
中国大洋矿产资源研究开发协会	中国	西南印度洋脊
印度政府	印度	西南印度洋脊
德国联邦地球科学与自然资源研究所	德国	东南和中部印度洋脊

科学家们持续关注这些矿产资源，并不断地研究和开发用于勘探、开采以及从这些矿石中提取金属的新技术，在此过程中出版了一些刊物、专题讨论会文件和报告。本书的目的是综合所有信息，并作简明扼要的阐述，以供后人使用。本章概述了典型地区矿产资源潜力的初步估算，并介绍了与深海采矿相关的经济、技术、环境和政策方面的问题。随后的章节将在实际的实验和分析的基础上详细探讨这些问题。

1.2　经济问题

定期评估深海矿物的分布和潜力以及资源估算和采矿技术（Pearson，1975；Glasby，

(a)

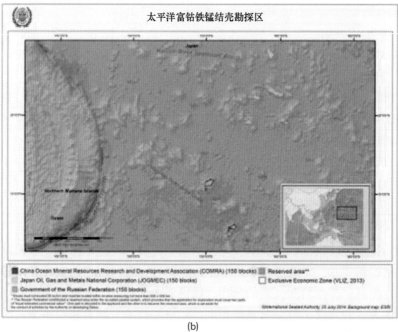

(b)

图 1.2 (a) 太平洋多金属结核勘探区域（www.isa.org.jm）；（b）太平洋铁锰结壳勘探区域（www.isa.org.jm）；（c）大西洋热液硫化物勘探区域（www.isa.org.jm）；（d）印度洋多金属结核和热液硫化物勘探区域（www.isa.org.jm）

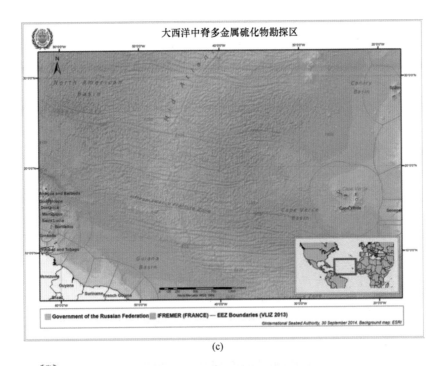

(c)

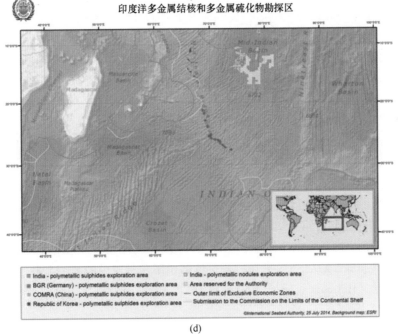

(d)

续图 1.2　（a）太平洋多金属结核勘探区域（www.isa.org.jm）；（b）太平洋铁锰结壳勘探区域（www.isa.org.jm）；（c）大西洋热液硫化物勘探区域（www.isa.org.jm）；（d）印度洋多金属结核和热液硫化物勘探区域（www.isa.org.jm）

1977；Cronan，1980，2000；UNOET，1982，1987；Dick，1985；Kunzendorf，1986；Rona，2003）保持了世界对这些矿床的兴趣，甚至导致构建了太平洋克拉里昂—克利珀顿断裂带（ISA，2009）多金属结核的地质模型。来自圣诞岛地区的铁锰矿床和印度洋的Afanasiy-Nikitin海山（Exon et al.，2002；Banakar et al.，2007）及太平洋马绍尔岛（Usui et al.，2003）的报告，以及向私营企业家颁发的巴布亚新几内亚和新西兰海底块状硫化物勘探许可证（Gleason，2008），再次肯定研究人员和矿业公司对勘探和开采深海矿床仍有兴趣，并表明了渐进开发的技术有可能用来开采水深从较浅的矿床（例如结壳和硫化物）（1 000~2 500 m）到较深的铁锰结核矿床（4 000~6 000 m）。

金属价格波动以及金属回收、新的陆上矿床和技术发展等因素使这些矿床的商业开采停滞不前，尽管这些矿床在地球总的金属量中被认为是重要的，是21世纪所需要的Mn、Fe、Ni、Co、Cu、Mo，以及稀土元素（Kotlinski，2001）等金属的重要来源。据Lenoble（2000）的说法，深海矿床的商业可行性在于与目前陆地上开采的矿床相比，它们的富集程度和估算的数量。据估计（Glumov et al.，2000），考虑到目前开采的矿石品位渐低的趋势，深海氧化锰矿石中的平均金属含量将高于陆地矿床，到2020年，深海氧化锰矿石中平均金属含量将高于陆地矿床的1.1倍（对Ni而言）到高于5倍（对Co而言）。

任何深海矿产开始开采的决定将取决于陆上金属来源的可得性及其在世界市场上的价格，以及基于深海采矿系统的资本和运营成本的技术经济分析。考虑到 $7.5×10^4$ km^2 的典型地区的资源潜力，每个承包者在国际水域（ISA，1998）可划分到平均数千平方千米的面积。按UNOET（1987）规定的多金属结核及其边界丰度（5 kg/m^2），该地区可得资源总量可达 $3.75×10^8$ t（湿）或 $2.812 5×10^8$ t（干），总金属量为6 708.1×10^4 t（表1.2），金属含量平均值 Mn = 22%，Ni = 1.0%，Cu = 0.78%，Co = 0.1%。在 $2.812 5×10^8$ t 的资源中，只有10.6%~21.2%（即3 000×10^4~6 000×10^4 t）的资源将按建议的采矿速度使用，即150×10^4 t/年（ISA，2008a）或300×10^4 t/年（UNOET，1987）持续20年，未来还将有更大的余量（78.8%~89.4%）被用来开采。

年金属总产量将从35.8×10^4 t（按150×10^4 t/年的开采速度）到71.6×10^4 t（按300×10^4 t/年的开采速度）不等。依据某个时期金属的平均价格计算（www.metalprices.com，2011），每年金属的总产值将达9.365亿美元，20年，一个采矿场按150×10^4 t/年开采速度，总产值约为187.3亿美元。同样的情况，如果采矿率为300×10^4 t/年（表1.2），则产值加倍（即18.73亿美元/年，20年为374.6亿美元）。这里必须指出，这些估算是基于所获金属的最小值，也即最低的丰度值，因此实际的回报可能会高得多，因为平均丰度预期通常高于临界值（即5 kg/m^2），潜在的采矿场的金属含量也可能高于本书所报道的太平洋地区的金属含量（Herrouin et al.，1991）。

表 1.2 资源潜力和金属产量估算——假设案例研究

结核/金属[a]	平均含量[b]	资源潜力[b]（10⁴ t）	每年金属产量（10⁴ t）		金属价格（美元/kg）[c]	金属总值（亿美元/年）		金属总值（亿美元/20 年）	
			年产 150×10⁴ t	年产 300×10⁴ t		年产 150×10⁴ t	年产 300×10⁴ t	年产 150×10⁴ t	年产 300×10⁴ t
湿结核		37 500	—	—	—	—	—	—	—
干结核	湿结核[d] 25%	28 125	—	—	—	—	—	—	—
锰	干结核 22/24%	6 180	33	66	1.32	4.356	8.712	87.12	174.24
镍	干结核 1.0/1.1%	281.075	1.5	3.0	23.00	3.45	6.90	69.0	138.0
铜	干结核 0.78/1.04%	219	1.17	2.34	8.30	0.971 1	1.942 2	19.422	38.844
钴	干结核 0.23/0.1%	28.125	0.15	0.30	39.20	0.588	1.176	11.76	23.52
总计（金属）	24.01/ 26.24%	6 708.1	35.82	71.64	—	9.365 1	18.730 2	187.302	374.604

a. 资料来源：太平洋克拉里昂-克利珀顿区来自 Morgan（2000），中印度洋来自 Jauhari and Pattan（2000）；

b. 考虑到太平洋和印度洋之间的金属含量较低（第 2 列），75 000 km² 丰度为 5 kg/m²；

c. 2010 年 7 月至 2011 年 1 月同一期间的平均金属价格（来源：www.metalprices.com）；

d. 资料来源：Mero, 1977

尽管有这样的潜力，但大多数深海矿床也只能被称为"资源"（而不是"储量"），当前的经济条件下，不能经济地开发，而这在可预见的将来或许是可以利用的，当价格和市场条件或新技术将利润率提高到可接受水平时，这些资源可能会变成经济资源（UNOET，1987）。据估计，由不同承包者提出的不同类型的采集器、发电和提升器的成本，加上开采 $150×10^4$ t 结核的技术开发费用，其成本支出为 3.72 亿~5.62 亿美元/年，运营费用为 6 900 万~9 600 万美元/年。此外，购买三艘矿船的费用为 4.95 亿~6.00 亿美元，年度运营费用为 0.93 亿~1.32 亿美元，加工厂费用为 7.5 亿美元，年运营成本为 2.5 亿美元（ISA，2008a）。即使我们考虑这些成本的最高值——每一个深海采矿企业的总估算成本可能达到 119 亿美元（表 1.3），与生产金属 187.3 亿美元的总价值（表 1.2）相比，看来似乎仍很有前景。

表 1.3　多金属结核开采的估计成本和运营费用（ISA，2008a）

项目	资金支出	运营支出	总计
采矿系统	5.50 亿美元[*]（3.72 亿~5.62 亿美元）	1 亿美元/年[*]（6900 万~9600 万美元）× 20 年=20 亿美元	25.5 亿美元
矿石运输	6.00 亿美元[*]（4.95 亿~6.00 亿美元）	1.50 亿美元/年[a]（0.93 亿~1.32 亿美元/年）×20 年＝30 亿美元	36 亿美元
加工厂	7.50 亿美元	2.50 亿美元/年× 20 年=50 亿美元	57.5 亿美元
共计	19 亿美元	100 亿美元	119 亿美元

[*] 四舍五入；数据来源：Sharma（2011）；括号内的数字显示不同承包者提出的不同系统的费用

然而，为了"确定"开始深海采矿的时机，需要对与生产速度和金属价值相关的资本支出和运营成本进行详细的经济研究，以获得最佳的采矿率。根据当时的条件，20 世纪70 年代和 80 年代进行的大部分研究表明，每年处理 $300×10^4$ t 结核，每吨结核的成本可能是最低的（UNOET，1987）。计算结果还显示，除非结核丰度较高、船速较高或采集头更大（Glasby，1983），否则用一艘船每年开采 $300×10^4$ t 是不可行的。早些时候对于每年开采 $200×10^4$ t 的估算是，在资本投资为 2.5 亿美元、金属价格明显低于预期时，预期收益率为每年 13%（Mero，1977）。对于为期 20 年的矿山生产，采矿作业的替代方案从每年 $120×10^4$ t 到 $300×10^4$ t，内部收益率为 14.9% 到 37.8%（ISA，2008a）。考虑到技术经济可行性以及金属市场，这种情况可能会发生变化。

1.3　技术问题

1.3.1　矿区划定和采矿面积估算

"矿场"被定义为在特定的地质、技术和经济条件下，可以在一段时间内进行单一的采矿作业的海底区域。如，对于多金属结核已提出了以下标准（UNOET，1987）：

- 边界品位 = 1.8%Cu + Ni
- 边界丰度 = 5 kg/m^2
- 地形 = 可接受的
- 采矿期限（D）= 20 年
- 年产规模（A_r）= 300×10^4 t 干矿，ISA（2008a）提议为 150×10^4 t。

使用这一信息，总的可开采面积（M）估算如下：

$$M = A_t - (A_u + A_g + A_a) \tag{1.1}$$

其中：A_t 为总面积；

A_u 为由于地形原因而不可开采的区域；

A_g 为低于边界品位的面积；

A_a 为低于边界丰度的面积。

此外，矿址的大小（A_s）可以计算为：

$$A_s = \frac{(A_r)(D)}{(A_n)(E)(M)} \tag{1.2}$$

其中：A_s 为矿址大小（km^2）；

A_r 为年度结核回收率（干吨/年）；

D 为采矿期限（年）；

A_n 为可开采地区的平均结核丰度；

E 为采矿设备的整体利用率（%）；

M 为可开采地区的比例。

平均丰度越高，矿场的规模就越小，这就意味着要把采矿活动限制在一个较小的范围内，特别是从环境影响的角度来看。

1.3.2 采矿系统开发

采矿系统的整体利用率（E）在很大程度上取决于采集头的采集效率，该采集头将扫掠海底以采集矿物，这些矿物按以下公式进行计算（UNOET，1987）：

$$E = e_d \times e_s \tag{1.3}$$

其中：e_d 为采集头效率，即采集头有效收集的矿物与采集前海底矿物的比例；

e_s 为扫矿效率，即被采集的区域实际扫集的底面百分比。

深海采矿的效率还取决于将矿物提升到地面的系统，例如空气提升，其能耗高达 2~5 倍，与液压升降机相比，由于压缩机位于水面以上而更容易维护，其需要耗费的能量更少，允许更高的运输密度，因此需要较小的管道来提升矿物。但由于是水下泵系统，所以其实也不好维护（Amann，1982）。鉴于该业务高投资高风险的性质，未来的技术可以考虑从采矿平台投放运行大量自主运载器，这将提供更好的运行和维护服务，即使从环境角度来看，由于这些装置与水柱和海底的接触面积有限，采矿平台和采集设备也彼此独立，在发生事故的情况下因此可进行恢复或放弃（Sharma，2011）。

就目前该领域已有的信息来看，采矿技术的发展处于不同的阶段，包括承包者开展的模型研究和承包者对履带和提升机械进行的一些海上试验（表 1.4）。然而，这些设计和原型一旦通过测试，真正的挑战就变为扩大和整合不同的子系统，每年在不同的条件下，包括极端天气（降雨、风、旋风），水文条件（高压、低温、潮流、缺乏自然光）和海底环境（波状地形、沉积物厚度和矿床的不均匀分布），使其能连续工作 300 天。

表 1.4　深海多金属结核采矿和加工技术现状

序号	承包者	采矿技术	加工技术
1	法国[a]	带液压回收系统的自行式采矿车模型研究	对镍、铜、钴的火法和湿法冶金工艺进行测试
2	日本[b]	在约 2 200 m 深度测试被动结核收集器	开发了回收铜、镍、钴的工艺
3	印度[c]	设计软管提升器和复合爬行器	测试了 3 种可能的路线
		设定每天 500 kg 铜、镍、钴的试验工厂	在海中 410 m 深处测试爬行器
4	中国[c]	自走式采矿器和刚性提升器	开发了回收锰、镍、铜、钴和钼的工艺
		尝试了不同理念的采集器和升降机械	
5	韩国[c]	设计包括有自走式采集头的集矿机软管（柔性）提升系统	不清楚
		开发了 1∶20 比例的试验集矿机	
6	俄罗斯[c]	处在概念阶段的采集头和采矿子系统	从结核中回收锰、镍、铜、钴
7	国际海洋金属联合组织[c]	概念设计包括结合采集器、缓冲器、垂直提升系统	不同方案的经济评估
8	德国[a]	考虑创新的采矿概念	考虑不同的处理选项

来源：a. Herrouin et al.，（1991）；b. Yamada and Yamazaki（1998）（for mining technology）；c. ISA（2008b）

应用新技术进行勘探及采矿，如 3D 遥感、自主导航、机器人操纵器和太空飞行用的极端环境下的运载器，可以提供一些解决方案（Jasiobedzki et al.，2007）。同样，浮式石油平台的进步，可用于深水和恶劣环境的提升器，海底电力系统和采矿所需的水泵（Halkyard，2008），以及连接泵和电力电缆的柔性提升器，可降低水面船舶的顶部张力，能恢复和重新安装，并在恶劣天气条件下更易于处理，这些为海底采矿系统的开发提供了所需的技术支持（Hill，2008）。

主要的研究工作集中在采集器和提升系统的开发上（Chung，2003），而对采矿平台和海上矿石处理或传输，则研究得较少（Amann，1982；Ford et al.，1987；Herrouin et al.，1991），只是提出了支持深海采矿活动所需要的一些可能的设计、尺寸和基础设施。这个部分（采矿平台和矿石传输）可能要依赖现有的可用于海上石油和天然气生产的基础设施，并将散货运输船只改造为采矿平台和运输船只。

1.3.3　加工技术和废物管理

不同的承包者依据要提取的金属种数，采取不同的方法或加工路线（表 1.4）。据研究，

"四种金属的路线与三种金属的路线相比，锰回收（除了铜、镍、钴）需要增加的费用小到使一个年产能达到 $150×10^4$ t 的工厂在经济上是可行的"（ISA，2008b）。此外，还有人提出，"三种金属回收系统需要以较高的年产能运行，每年应有 $300×10^4$ t 干矿；而四种金属回收系统，会因锰生产增加成本和收益，可以一半的能力运行"。最后，提取三种或四种金属的决定将取决于金属价格、可用技术、投资潜力以及此类投资的预期回报。就后处理方案而言，整个过程可能最不重视的就是金属提取后仍然存在的废料的处理问题。在处理多金属结核时，将产生大量的废料（四种金属的情况下高达 76%，三种金属的情况下高达 97.5%），因此需要对其进行妥善处理或将其用于任何"建设"的目的（本问题见 Wiltshire，2000）。

1.4 环境问题

1.4.1 环境对采矿的影响

一般来说，任何开发活动，其对环境影响的问题都具有重要意义，然而这里并没意识到"环境"的组成部分具有双重含义。如深海采矿，这种活动很可能会对海洋环境产生影响；反过来，即环境对采矿活动的影响也同样重要，因为现场的大气、水文、海底地形、矿物特征以及相关的底层环境等，将在采矿系统的不同子系统的设计和运行中起重要作用（表 1.5）。因此，收集环境资料不仅有助于采矿活动后的影响评估，而且在采矿系统的设计和采矿作业的规划过程中也起着关键作用（Sharma，2011）。

表 1.5 环境对采矿系统设计和运行的影响

序号	条件（关键参数）	对采矿系统的影响
1	大气（风，降雨，旋风）	将决定不同季节采矿系统运行的天气条件
2	水文（波浪，水流，温度，压力）	将影响平台上的操作，包括海面上的矿石处理和采矿系统投放；水体中立管系统的稳定性
3	地形（地势，宏观和微观地形，坡角）	将影响海底采矿装置的可操作性和稳定性
4	矿物特征（品位，大小，丰度，形态，分布模式）	对于设计从海底将结核抽取到水面的机制非常重要，包括在海底将不想要的原料分离，结核的采集和破碎
5	相关的底质（沉积物大小，组成，工程特性，岩石裸露程度，高度）	会影响采集装置的移动能力和效率，使其能够在沉积物中工作而不下沉（或卡住），并能够避免岩石露头保证其安全

来源：Sharma（2011）

1.4.2 采矿对环境的影响

据了解，由于在提升、海上处理和运输过程中（Pearson，1975；Amos et al.，1977）颗粒排放（意外或其他原因）或者由于挖掘或钻探而使矿物从相关基底分离，从海面和水体直至海底都可能受到深海采矿的影响，从而导致沿着采集路径和开采线路附近的底层水中的碎屑重新悬浮和再分布，由于金属提取和尾矿处理，陆地也会受到影响（Foell et al.，1990；Trueblood，1993；Fukushima，1995；Tkatchenko et al.，1996；Sharma and Nath，2000；Theil，2001；Sharma，2001，2005）（图1.3）。

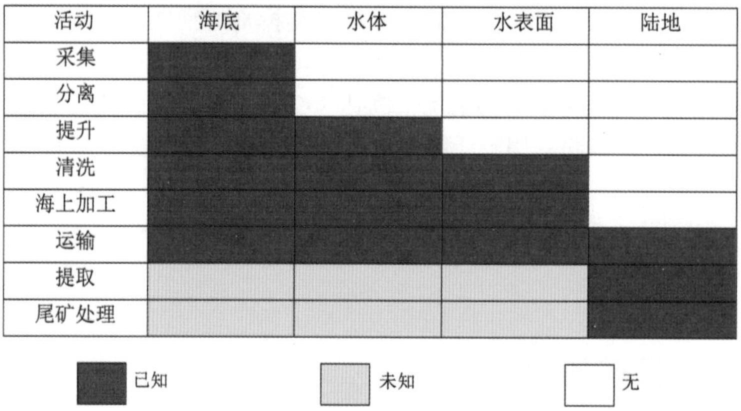

活动	海底	水体	水表面	陆地
采集				
分离				
提升				
清洗				
海上加工				
运输				
提取				
尾矿处理				

■ 已知　　　■ 未知　　　□ 无

图1.3　因深海采矿的不同活动而可能受到影响的区域

深海采矿首次影响评估研究是在太平洋，由大洋采矿公司（OMI）和海洋采矿协会（OMA）进行的属于深海采矿环境研究项目（DOMES，1972—1981年）的两次试点性的采矿试验（Ozturgut et al.，1980）。随后，承包者进行了几次实验，以评估在太平洋和印度洋使用犁耙系统和液压沉淀物再悬浮系统等设备的潜在影响（表1.6）。结果表明，这些实验的规模明显小于商业采矿期望的规模（Yamazaki and Sharma，2001）。这些实验结果综合起来，表明在今后进行类似的试验时还需要改进（Morgan et al.，1999）。深海采矿的工程和环境评估表明"测试海底扰动的规模和系统大到足以代表商业采矿规模"（Chung et al.，2001）。

表1.6　用于评估结核开采潜在环境影响的水底影响实验（BIEs）的基本数据

实验	实施单位	区域	拖拉次数	持续时间	面积/距离	排放[a]
DISCOL[b]	德国汉堡大学	秘鲁盆地	78	12天	10.8 km²	—
NOAA-BIE[c]	美国国家海洋和大气管理局	克拉里昂-克利珀顿断裂区	49	5 290分钟	141 km	6 951 m³
JET[d]	日本金属开采机构	克拉里昂-克利珀顿断裂区	19	1 227分钟	33 km	2 495 m³
IOM-BIE[e]	国际海洋金属联合组织	克拉里昂-克利珀顿断裂区	14	1 130分钟	35 km	2 693 m³
INDEX[f]	印度国家海洋研究所	中印度洋盆地	26	2 534分钟	88 km	6 015 m³

资料来源：a. Yamazaki and Sharma（2001）；b. Foell et al.（1990）；c. Trueblood（1993）；d. Fukushima（1995）；e. Tkatchenko et al.（1996）；f. Sharma and Nath（2000）

1.5 政策问题

深海采矿需要实施几个方面的工作，从"勘探和资源估算"开始，随后是"采矿和冶金加工技术开发"及"环境"部分，目的是确定基本条件，然后进行影响评估和监测，从而制定环境管理计划。项目的最终执行将取决于"技术-经济评估"及"法律"框架，以根据从其他部分获得的投入来指导实施的决策和行动。这些组成部分中的每个部分的活动开始可能是彼此独立的，但是执行这个项目时需要紧密地联系在一起。

鉴于国际海域有许多与深海矿床相关的商业活动，其中的任何一项活动都可能产生全球影响，为此，国际海底管理局（ISA）筹备委员会发起了"关于区域内多金属结核勘查、勘探及开采的条例（草案）"（联合国，1990）。随着人们逐渐意识到有必要对国际水域的活动进行管理，有人建议"联合国和国际海底管理局应制订与科学进展相协调的具体计划，并定期评估修订条例的需要"（Markussen，1994）。

国际海底管理局自 1994 年成立以来（根据 1982 年《联合国海洋法公约》第一百五十六条），它一直是所有与"区域"（即界定为国家管辖范围以外的海底和底土）内资源有关的活动的管理机构；从先驱投资者的勘探工作计划和分配给他们的区域（ISA，1998）通知书开始，制定一整套全面的国际海底多金属结核勘查和勘探规则、条例和程序（ISA，2000）。经过一系列国际研讨会后，国际海底管理局还发布了结核勘探可能造成的环境影响的评估报告（ISA，2001），以及建立环境基线与多金属硫化物及钴结壳勘探相关监测计划（ISA，2005）。国际海洋矿物学会还制定了海洋采矿环境管理规则，该规则为海洋矿业公司和其他利益攸关方制定与执行海洋勘探和开发地点的环境方案提供了框架，以便对这些方案进行评价（www.immsoc.org/IMMS_code.htm（2011））。

深海采矿处于有利的地位，因为各管理机构有大量的筹备时间来制定勘探和开发海底资源所需的政策，各承包者也有大量的时间为通过这些准则和为人类这一共同遗产的持续开发做好准备。

参考文献

Amann H (1982) Technological trends in ocean mining. Philos Trans R Soc:377–403

Amos AF, Roels OA, Garside C, Malone TC, Paul AZ (1977) Environmental aspects of nodule mining. In: Glasby GP (ed) Marine manganese deposits. Elsevier, Oxford, pp 391–438

Banakar VK, Hein JR, Rajani RP, Chodankar AR (2007) Platinum group elements and gold in ferromanganese crusts from Afanasiy-Nikitin seamount, equatorial Indian Ocean: sources and fractionation. J Earth Sys Sc 116:3–13

Chung JS (2003) Deep-ocean mining technology: learning curve I. In: Proceedings of ISOPE-ocean mining symposium, International Society for Offshore and Polar Engineers, Tsukuba, Japan, pp 1–16

Chung JS, Schriever G, Sharma R, Yamazaki T (2001) Deep seabed mining environment: engineering and environment assessment. In: Proceedings of ISOPE–ocean mining symposium, International Society for Offshore and Polar Engineers, Szcecin, Poland, pp 8–14

Cronan DS (1980) Underwater minerals. Academic Press, London, p 362

Cronan DS (ed) (2000) Marine mineral deposits handbook. CRC Press, Boca Raton, p 406

Cronan DS, Moorby SA (1981) Manganese nodules and other ferromanganese oxide deposits from the Indian Ocean. J Geol Soc Lond 138:527–539

Dick R (1985) Deep-sea mning versus land mining: a cost comparison. In: Donges JB (ed) The economics of deep-sea mining. Springer-Verlag, Berlin, Germany, pp 2–60

Exon NF, Raven MD, De Carlo EH (2002) Ferromanganese nodules and crusts from the Christmas region, Indian Ocean. Mar Georesour Geotechnol 20:275–297

en.wikipedi.org/wiki/HMSChallenger. Information on HMS Challenger expedition 1873–1876.

Frazer JZ, Fisk MB (1981) Geological factors related to characteristics of seafloor manganese nodule deposits. Deep-Sea Res 28A:1533–1551

Frazer JZ, Wilson LL (1980) Nodule resources in the Indian Ocean. Mar Min 2:257–256

Foell EJ, Thiel H, Schriever G (1990) DISCOL: a long-term, large-scale, disturbance-recolonization experiment in the abyssal eastern tropical South Pacific Ocean. In: Proceedings of offshore technology conference, International Society for Offshore and Polar Engineers, Houston, pp 497–503

Ford G, Niblett C, Walker L (1987) The future for ocean technology. Frances, London, 139 pp

Fukushima T (1995) Overview Japan Deep-Sea impact experiment=JET. In: Proceedings of ISOPE ocean mining symposium. International Society for Offshore and Polar Engineers, Tsukuba, Japan, pp 47–53

Glasby GP (1972) Geochemistry of manganese nodules from the Northwest Indian Ocean. In: Horn DR (ed) Ferromanganese deposits on the ocean floor. National Science Foundation, Washington, pp 93–104

Glasby GP (ed) (1977) Marine manganese deposits. Elsevier, Amsterdam, p 523

Glasby GP (1982) Manganese nodules from the South Pacific: an evaluation. Mar Min 3:231–270

Glasby GP, Stoffers P, Sioulas A, Thijssen T, Friedrich G (1982) Manganese nodules formation in the Pacific Ocean: a general theory. Geo-Mar Lett 2:47–53

Glasby GP (1983) The three-million-tons-per-year manganese nodule "Mine Site": an optimistic assumption? Mar Min 4:73–77

Gleason WM (2008) Companies turning to seafloor in advance of next great metals rush. Min Engg April 2008:14–16

Glumov IF, Kuzneicov KM, Prokazova MS (2000) Ocenka znaczzenija mineralych resursov meidunarod nogo rajona morskogo dna w mineralno syriewom potenciale Rossijskoj Federacii (in Russian). In: Proceedings of geological congress, St. Petersburg, pp 27–29

Halbach P, Sattler CD, Teichmann F, Wahsner M (1989) Cobalt rich and platinum bearing manganese crust deposits on seamounts: nature, formation and metal potential. Mar Min 8:23

Halkyard J (2008) Paper presented in Workshop on polymetallic nodule mining technology: current status and challenges ahead, Chennai, India (Sept. 2008). International Seabed Authority, Jamaica

Hein JR, Yeh H-W, Alexander E (1979) Origin of iron-rich montmorillonite from the manganese nodule belt of the north equatorial Pacific. Clay Clay Miner 27:185–194

Hein JR, Kochinsky A, Halbach P, Manheim FT, Bau M, Kang J-K, Lubick N (1997) Iron and manganese oxide mineralisation in the Pacific. In: Nicholon K, Hein JR, Buhn B, Dasgupta S (eds) Manganese mineralisation: geochemistry and mineralogy of terrestrial and marine deposits. Geological Society Special Publication No. 119, London, p 123

Hill T (2008) Paper presented in workshop on polymetallic nodule mining technology: current status and challenges ahead, Chennai, India, Sept 2008. International Seabed Authority,

Jamaica

Herrouin G, Lenoble JP, Charles C, Mauviel F, Bernard J, Taine B (1991) French study indicates profit potential for industrial manganese nodule venture. Trans Soc Min Metall Explor 288:1893–1899

International Marine Minerals Society (2011) Code for environmental management of marine mining. www.immsoc.org/IMMS_code.htm

International Seabed Authority (2016) Areas allotted to Contractors and Reserved areas in the Pacific Ocean, Atlantic Ocean and Indian Ocean. www.isa.org.jm

ISA (1998) Plans of work of exploration of Govt. of India, Inst. Francais de Researche pour L'exploration de la mer, Deep Ocean Resources Development Co. Japan, Yuzhmorgeologiya Russia, China Ocean Mineral Resources R & D Association, Interoceanmetal Joint Organisation, and Govt. of Republic of Korea. Report of the Secretary General, International Seabed Authority, Jamaica. ISBA/4/A/1/Rev.2

ISA (2000) Decision of the assembly relating to the regulations on prospecting and exploration for polymetallic nodules in the Area. ISBA/6/A/18, International Seabed Authority, Jamaica, p 48

ISA (2001) Recommendations for guidance of contractors for the assessment of the possible environmental impacts arising from exploration for polymetallic nodules in the Area. International Seabed Authority, Jamaica. ISBA/7/LTC/1 2001; pp 11.

ISA (2005) Recommendations of the workshop on polymetallic sulphides and cobalt crusts: their environment and considerations for the establishment of environmental baselines and an associated monitoring programme for exploration. ISBA/11/LTC/2 2005, International Seabed Authority, Jamaica, p 26

ISA (2008a) Report on the International Seabed Authority's workshop on Polymetallic nodule mining technology: current status and challenges ahead. ISBA/14/LTC/3, International Seabed Authority, Jamaica, p 4

ISA (2008b) Executive summary of the International Seabed Authority's workshop on Polymetallic nodule mining technology: current status and challenges ahead. International Seabed Authority: Chennai, India, p 20

ISA (2009) A geological model for polymetallic nodules in Clarion-Clipperton Fracture Zone. Technical Report No. 6, International Seabed Authority, Jamaica, p 211

Jasiobedzki P, Corcoran R, Jenkin M, Jakola R (2007) From space robotics to deep seabed mining. In: Proceedings of 37th Underwater Mining Institute. International Marine Minerals Society, Tokyo, Japan, pp J1–11

Jauhari PJ, Pattan JN (2000) Ferromanganese nodules from the Central Indian Ocean Basin. In: Cronan DS (ed) Handbook of marine mineral deposits. CRC Press, Boca Raton, pp 171–195

Kotlinski R (2001) Mineral resources of the world's ocean—their importance for global economy in the 21st century. In: Proceedings of 4th ISOPE ocean mining symposium, International Society for Offshore and Polar Engineers, Szczecin, Poland, pp 1–7

Kunzendorf H (1986) Marine mineral exploration. Elsevier Science Publications, Amsterdam, 300 p

Lenoble JP (2000) A comparison of possible economic returns from mining deep-sea polymetallic nodules, polymetallic massive sulphides and cobalt-rich ferromanganese crusts. In: Proceedings of workshop on mineral resources. International Seabed Authority, Jamaica, pp 1–22

Markussen JM (1994) Deep seabed mining and the environment: consequences, perception and regulations. In: Bergesen H, Parmann G (eds) Green Globe Yearbook of international cooperation on environment and development. Oxford University Press, London, pp 31–39

Martin-Barajas A, Lallier-Verges E, Lecraire L (1991) Characteristics of manganese nodules from the Central Indian Basin: relationship with sedimentary environment. Mar Geol 101:249–265

Metals prices for Cu, Ni, Co, Mn for 5 years (July 2011). www.metalprices.com

Mero JL (1965) The mineral resources of the sea. Elsevier, Amsterdam, The Netherlands, 312 pp

Mero JL (1977) Economic aspects of nodule mining. In: Glasby GP (ed) Marine manganese deposits. Elsevier, Amsterdam, The Netherlands, pp 327–355

Morgan C (2000) Resource estimation of the Clarion-clipperton manganese nodule deposits. In: Cronan DS (ed) Handbook of marine mineral deposits. CRC Press, Boca Raton, pp 145–170

Morgan CL, Odunton N, Jones AT (1999) Synthesis of environmental impacts of deep seabed mining. Mar Georesour Geotechnol 17:307–357

Ozturgut E, Lavelle JW, Steffin O, Swift SA (1980) Environmental investigation during manganese nodule mining tests in the north equatorial pacific, in November 1978. NOAA Tech. Memorandum ERL MESA-48, National Oceanic and Atmospheric Administration, p 50

Pearson JS (1975) Ocean floor mining. Noyes Data Corporation, Park Ridge, NJ, 201 pp

Rao VP, Nath BN (1988) Nature, distribution and origin of clay minerals in grain size fractions of sediments from manganese nodule field, Central Indian Ocean Basin. Ind J Mar Sci 17:202–207

Plueger WL, Herzig PM, Becker K-P, Deissmann G, Schops D, Lange J, Jenisch A, Ladage S, Richnow HH, Schultz T, Michaelis W (1990) Dicovery of the hydrothermal fields at the Central Indian Ridge. Mar Min 9:73

Rona PA (1988) Hydrothermal mineralisation at oceanic ridges. Can Mineral 26:431

Rona PA (2003) Resources of the ocean floor. Science 299:673–674

Sharma R (2011) Deep-sea mining: economic, technical, technological and environmental considerations for sustainable mining. Mar Technol Soc J 45:28–41

Sharma R, Nath BN (eds) (2000) Indian BIE: Indian Deep-sea Environment Experiment (INDEX). Mar Georesour Geotechnol 18:177–294

Sharma R (ed) (2001) Indian deep-sea environment experiment (INDEX): a study for environmental impact of deep seabed mining in Central Indian Ocean. Deep-Sea Res II 48:3295–3426

Sharma R (ed) (2005) Indian deep-sea environment experiment (INDEX): monitoring the restoration of marine environment after artificial disturbance to simulate deep-sea mining in Central Indian Basin. Mar Georesour Geotechnol 23:253–427

Siddiquie HN, Das Gupta DR, Sen Gupta NR, Shrivastava PC, Mallik TK (1978) Manganese-Iron nodules from the Indian Ocean. Ind J Mar Sci 7:239–253

Theil H (ed) (2001) Environmental impact study for mining of polymetallic nodules from the deep sea. Deep-Sea Res II 48:3427–3882

Thijssen T, Glasby GP, Schmitz WA, Friedrich G, Kunzendorf H, Muller D, Richter H (1981) Reconnaissance survey of Manganese Nodules from the Northern Sector of the Peru Basin. Mar Min 2:385–428

Tkatchenko GG, Radziejewska T, Stoyanova V, Modlitba I, Parizek A (1996) Benthic Impact experiment in the IOM pioneer area: testing for effects of deep seabed disturbance. In: Proceedings of International Semimar on deep seabed mining technology. China Ocean Minerals R&D Association, Beijing, China, pp C55–C68

Trueblood DD (1993) US cruise report for BIE II cruise. Techical Memorandum No. OCRS 4, National Oceanic and Atmospheric Administration, Washington, p 51.

UN (1990) Draft regulations on prospecting, exploration and exploitation of polymetallic nodules in the Area. Part VIII. Protection and preservation of the marine environment from activities in the Area. Working paper by Secretariat, UNODC. LOC/PCN/SCN3/WP6/add.5

UNOET (1982) Assessment of manganese nodule resources. UN Ocean Economics and Technology Branch and Graham & Trotman Limited London, 79pp

UNOET (1987) Delineation of mine sites and potential in different sea areas. UN Ocean Economics and Technology Branch and Graham & Trotman Limited, London, 79pp

Usui A, Matsumoto K, Sekimoto M, Okamoto N (2003). Geological study of cobalt-rich ferro-manganese crusts using a camera-monitored drill machine in the Marshall Islands Area. In: Proceedings of ISOPE-Ocean Mining symposium, International Society for Offshore and Polar Engineers, Tsukuba, pp 12–15

Usui A, Moritani T (1992) Manganese nodule deposits in the Central Pacific Basin: distribution, geochemistry and genesis. In: Keating BH, Bolton BR (eds) Geology and offshore mineral resources of the Central Pacific Basin, Earth Science series, vol 14. Springer, New York, pp 205–223

Wiltshire JC (2000) Innovation in marine ferromanganese oxide tailings disposal. In: Cronan DS (ed) Handbook of marine mineral deposits. CRC Press, Boca Raton, pp 281–308

Yamada H, Yamazaki T (1998) Japan's ocean test of the nodule mining system. In: Proceedings of international offshore and polar engineering conference. International Society for Offshore and Polar Engineers, Montreal, Canada, pp 13–19

Yamazaki T, Sharma R (2001) Estimation of sediment properties during benthic impact experiments. Mar Georesour Geotechnol 19:269–289

　　拉胡尔·夏尔马（Rahul Sharma）博士（rsharma@nio. org, rsharmagoa@ gmail. com）是印度果阿邦国家海洋研究所的科学家，"海洋采矿环境研究"跨学科专家小组组长，地质学硕士和海洋科学博士。专业特长是勘探和海底采矿环境数据应用。编写了 3 期科学杂志专刊、1 本会议论文集，发表了 35 篇科学论文、20 篇文章，并在国际研讨会上发表 50 篇论文。曾作为访问学者出访日本，作为客座教授出访沙特阿拉伯，作为联合国工业发展组织的一员参与欧洲、美国和日本的深海采矿技术现状评估工作，担任牙买加的国际海底管理局应邀发言嘉宾和顾问，参与联合国《世界海洋评估报告 I》的编写工作。

第 2 章　多金属结核的成分、形成和分布

Kuhn T，Wegorzewski A，Rühlemann C，Vink A

摘要：呈二维平面状展布的锰结核矿床主要分布在地球上各大洋的深海平原。据估算，仅位于赤道太平洋东北部克拉里昂－克利珀顿断裂带内的锰结核其规模就有约 $210×10^8$ t，由此表明海底锰结核是一种极具经济价值的矿产类型。除了 Mn 以外，锰结核中的 Ni、Cu、Co 等金属也具有相当的经济价值，而 Mo、Ti、Li 和稀土元素也颇具商业前景。因此，锰结核也被称为多金属结核。

多金属结核由环绕内核的同心纹层逐次包裹而成。沉淀形成结核的金属既可以来自周边海水（水生成因），也可以来自沉积物中的孔隙水（成岩成因）。一般情况下，这两种成因作用过程会共同向结核供给金属，但供给比例不一。水生成因的结核富集的金属（Co和 REEs）与成岩成因富集的金属（Ni、Cu）不同，由此可知成因模式控制着结核的总体化学组成。成岩作用成核可能一般发生在贫氧环境（溶解氧的含量低于饱和时的 5%）中，而水生成因成核也许普遍出现在氧化性环境内。氧气含量在氧化性环境到贫氧环境之间的来回变化，可能主要由气候控制。

分布在沉积物表面的锰结核主要由诸如水羟锰矿、水钠锰矿和布塞尔矿等层状锰酸盐所组成，钙锰矿的含量似乎可以忽略不计。层状锰酸盐内的金属既可以以类质同象替代八面体结构中的 Mn 的形式存在，也可以以层间水合阳离子的形式存在。

目前，已知的研究程度较高的海底锰结核主要分布在赤道太平洋东北部的克拉里昂—克利珀顿断裂带、太平洋东南部的秘鲁海盆、太平洋西南部的库克群岛、中印度洋海盆以及波罗的海海域内。

2.1　引言

形似土豆的团块状锰结核分布在地球上各大洋水深 4 000~6 000 m 的深海平原。锰结核矿床呈二维平面状展布在深海沉积物顶部或最上部 10 cm 的层位内（图 2.1）。赤道太平洋东部和中印度洋海域内的锰结核经济价值比较高，因为它们高度富集诸如 Ni、Cu、Co、Mo、Li、REEs 和 Ga 等金属（例如 Hein and Koschinsky，2013）。锰结核也可以分布在类似于波罗的海等浅海区域以及淡水湖泊中，但这些环境中形成的锰结核其有价值金属的含量相当低（Glasby et al.，1997；Hlawatsch et al.，2002）。

从 20 世纪 70 年代起，针对锰结核的勘查和科研工作就已经大规模展开。基于这些早期的研究成果，我们已经对控制锰结核形成的环境因素和基本过程了解得比较清楚了。现代分析手段为我们提供了分辨率最高可达原子级别的锰结核的生长层和晶体结构方面的新信息。这些手段包括高分辨率透射电镜（HRTEM）、X 射线吸收光谱（EXAFS，XANES）

以及激光剥蚀等离子质谱。有关锰的氧化物的晶体结构、氧化状态、结构位置以及金属的配位状况等方面的新进展都来自以上方法的运用（Takahashi et al., 2007；Bodeï et al., 2007；Peacock and Sherman, 2007a；Manceau et al., 2014；Wegorzewski et al., 2015）。这些认知对于制定锰结核的最佳冶炼方法至关重要。此外，相当多的研究工作也已经聚焦于微生物活性对锰的氧化物形成的影响（Ehrlich, 2000）。

　　在本章节中，我们对锰结核的成分、形成和分布的研究现状进行了总结。首先，对锰结核的宏观和微观结构进行了概述，对锰氧化物的各种矿物学命名进行了综述，并提出了一般术语的建议。其次，探讨了不同成因锰结核的化学组成，特别是金属和微量金属元素的含量特征。在此也涉及了在不同环境下锰结核的形成。最后，简要介绍了具有重大经济价值的锰结核矿区及其内锰结核的分布特征。

图 2.1　秘鲁海盆海底密集分布的大块结核（水深约 4 000 m），照片版权归属于德国联邦地球科学与自然资源研究所（BGR）

2.2　分类与描述

2.2.1　类别概述

　　多金属结核由环绕内核的同心薄圈层体逐次包裹而成。这些内核可以是沉积物、岩石碎屑、生物成因碎屑以及微结核（von Stackelberg and Beiersdorf, 1987）。这些纹层的每一层其化学和矿物组成都不相同，这主要受控于两种不同的生长作用过程：水生生长和成岩生长（Halbach et al., 1988）。水生成因纹层是元素从富氧的海水内沉淀堆积而成的（Koschinsky and Halbach, 1995；Koschinsky and Hein, 2003），而成岩成因纹层内的元素则是从贫氧的孔隙水内沉淀出来的（氧气含量低于 5 μmol/L；Burns and Burns, 1978；Glasby,

2006；Bodeï et al.，2007；Hein and Koschinsky，2013；Wegorzewski and Kuhn，2014）。锰结核内一般都包含以上两种成因的纹层。而与之不同的是，附着在海山硬岩石之上的铁锰结壳则常常只具有水生成因的纹层。

2.2.2　宏观和微观特征

锰结核散布在由沉积物覆盖的海底之上（图 2.1）。它们的粒径、形态和表面形貌各异（图 2.2），一般直径最大的可达 15 cm。在秘鲁海盆内某些特大型结核其直径达到了21 cm（von Stackelberg，1997）。结核的外形多样，可呈现出球状、椭球状、长条状、盘状、板状、菜花状、不规则状以及连生体状等特征。赤道太平洋东北部克拉里昂—克利珀顿断裂带（CCZ，即 CC 区，下同）和中印度洋海盆（CIOB）内的结核主要以盘状的外形特征出现，粒径 2~8 cm。太平洋东南部秘鲁海盆内的结核通常尺寸较大且以菜花状形态出现。库克群岛专属经济区（EEZ）内水生成因的结核主要为球状（图 2.2）。结核的表面既可能比较光滑，也可能比较粗糙，且光滑的表面往往与海水相接触，而粗糙的表面则被沉积物所包围。

由于形成环境的差异，在结核的形成过程中，水生成因纹层和成岩成因纹层具有不同的内部生长结构特征（Halbach et al.，1988）。结核的内部结构主要为薄层状、圆柱状、长柱状、树枝状和块状（von Stackelberg and Marchig，1987；图 2.3 和图 2.4）。水生成因纹层一般为薄层状-圆柱状结构，而在成岩成因纹层内则会出现树枝状结构，偶尔还可见致密的块状结构（图 2.3 和图 2.4；Wegorzewski and Kuhn，2014；Krapf，2014）。强劲的近底水流对结核水生成因纹层的影响在于可在其内形成圆柱状结构，这些流体的冲刷不仅使得沉积物无法在海底面堆积，而且优先发展已经存在的表面区域。与之相反的是，结核的成岩成因生长则发生在沉积物孔隙水空间内。这常常会导致孤立的玫瑰花瓣状结构的出现，这种结构在其持续性生长过程中倾向于将沉积物颗粒封装或纳入结核内。

水生成因纹层的生长速率一般为 1~5 mm/Ma（Koschinsky and Hein，2003，以及此引文中的引文），而成岩成因纹层的生长速率则要快得多（最高可达 250 mm/Ma；von Stackelberg，2000）。综合来看，锰结核的平均生长速率为 10~20 mm/Ma，因此其年龄一般为几百万年。

锰结核的干密度介于 1.00~2.40 g/cm^3，孔隙度为 25%~61%，内表面积为 100~150 m^2/g（Hein et al.，2013；Blöthe et al.，2015）。

高孔隙度、大孔径以及好的孔隙连通性（高渗透率）使得结核在形成过程中底层水或孔隙水能持续性进入到其体内。这很可能是造成这些孔隙空间被次生的成岩沉淀或水生沉淀物所填充的原因（Wegorzewski and Kuhn，2014；Blöthe et al.，2015）。

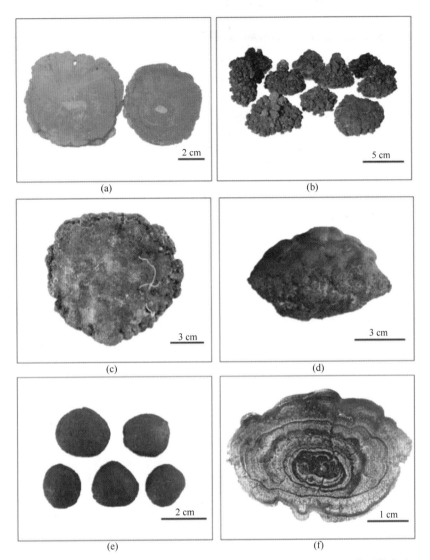

图 2.2　来自不同海区锰结核的粒径和外形的差异性特征。（a）典型的水生
成因的球状锰结核（采自库克群岛马尼希基海底高原）；（b）采自秘鲁海盆
的菜花状结核；（c）采自赤道太平洋克拉里昂-克利珀顿断裂带（CCZ）内
的盘状结核；（d）具有光滑上表面和粗糙下表面的结核；（e）来自 CCZ 的
小型球状结核；（f）用以揭示典型 CCZ 结核层状结构特征的剖面。照片版权
归属于 BGR

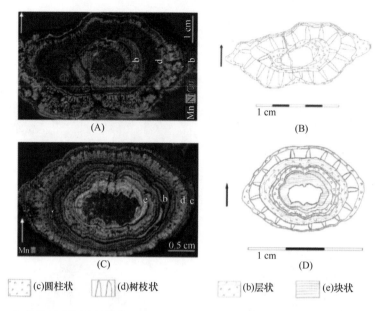

图 2.3　锰结核的内部生长结构。(A)、(C) 通过 Tornado M4 型 X 射线荧光能谱仪全覆盖扫描得出的元素分布特征；(B)、(D) 基于 X 射线成分扫描、显微镜和微区分析技术的联合运用而得出的内部生长结构特征。箭头代表了取样时结核的分布方位。更详尽的说明请参见正文，图片引自 Krapf（2014）

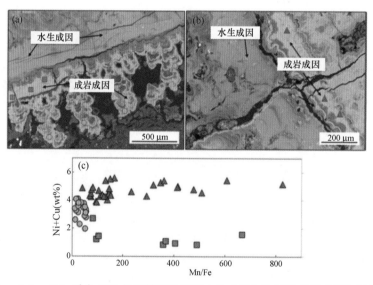

图 2.4　(a)、(b) 采自 CCZ 的锰结核的典型水生成因和贫氧性成岩成因纹层的背散射电子图像。(c) 来自同一个结核的贫氧性成岩成因纹层内比值 Mn/Fe 与 Ni+Cu 的含量相关性分析图（Wegorzewski et al.，2015；经美国矿物学会授权后翻印）

2.3　化学和矿物成分

2.3.1　化学成分

结核的化学成分受成因类型（成岩成因和水生成因）、形成区域（地理位置和水深）以及生长速率的控制。水生成因的结核其 $Mn/Fe \leqslant 5$（Halbach et al., 1988）且具有高含量的诸如 Ti、REY、Zr、Nb、Ta、Hf 等高场强元素，以及在 Mn 的氧化物表面能被氧化的诸如 Co、Ce 和 Te 等元素（Koschinsky and Hein, 2003; Hein et al., 2013）。来自库克群岛专属经济区内的结核主要为水生成因，这在其各元素的含量特征上表现得很明显（表 2.1）。

成岩成因的结核其 $Mn/Fe > 5$（Halbach et al., 1988）且富集那些原子半径适合进入结核晶格或通过平衡离子电荷亏缺来稳定晶格的元素。此亏缺既可能是由 Mn^{3+} 替代 Mn^{4+} 进入锰氧化物的八面体链所导致的，也可能是在某个晶格节点上出现空位造成的（见下文）。一般成岩成因结核富集 Ni、Cu、Ba、Zn、Mo、Li 和 Ga。来自秘鲁海盆的结核主要是成岩成因的（von Stackelberg, 1997），其各元素的含量特征亦比较典型（表 2.1）。

来自太平洋东北部 CCZ 的结核其形成一般是水生成因和成岩成因共同作用的结果，且主要以成岩成因为主（Wegorzewski and Kuhn, 2014; 图 2.4 和图 2.5）。除了 Cu（1.07%）、Ba（3 500 μg/g）和 Mo（590 μg/g）以外，其他元素的含量介于典型的水生成因结核（库克群岛）和成岩成因结核（秘鲁海盆）之间。秘鲁海盆内明显低含量的 Cu 也许是因为相对于 CCZ 内的硅质沉积物而言，覆盖秘鲁海盆的碳酸盐沉积物内的 Cu 其再循环效率更高的缘故（Wegorzewski and Kuhn, 2014）。印度洋内的结核同样既有水生成因组分也有成岩成因组分，但中印度洋海盆内的结核与 CCZ 内的结核相比其金属含量普遍偏低（Hein et al., 2013）。

除了上文中提到的分布在大型深海平原内的锰结核外，在全球其他许多海域内同样赋存着锰（铁）结核。这些结核的成因和成分主要受海域内局地环境因素的影响，比如热液活动（块状硫化物）、碳氢化合物（卡迪斯湾）、受断层控制的流体喷发（加利西亚浅滩）以及区域内氧化性和缺氧性条件的快速转变（波罗的海和黑海）等。

热液成因的锰氧化物是在高温热液系统边缘或是热液逐渐消失的过程中，从低温热液流体中沉淀出来的（Kuhn et al., 2003）。这在洋中脊、弧后盆地和海山环境下的海底热液系统中很常见。在很多情况下，这些锰氧化物富 Mn（>40%）而贫 Fe（<1%），且其他微量金属元素的含量也很低（<1 000 μg/g; 表 2.1）。然而，在某些海域内也存在着某些金属含量异常升高的例外现象，比如在西南太平洋某些热液成因锰结壳中 Mo 的富集（Rogers et al., 2001; Kuhn et al., 2003），以及雅浦岛弧系统内在低温热液流体与氧化性冷海水的交界面上快速沉淀形成的热液锰氧化物（Hein et al., 1992）内 Cu 的富集等。

表 2.1　分布在全球多个重点海域内的结核其核化学成分的统计信息

元素	CCZ[a] 平均值	N	CCZ东部[b] 平均值	N	CCZ中部[b] 平均值	N	秘鲁海盆[a] 平均值	N	印度洋[a] 平均值	N	库克群岛[c] 平均值	N	加的斯湾[d] 平均值	N	波罗的海[e] 平均值	N	斐济海盆[f] 平均值	N
Fe（%）	6.16	66	6.3	575	6.1	39	6.12	39	7.14	1135	16.1	1158	38.58	36	14.5	–	0.48	20
Mn	28.4	66	31.4	575	27.56	39	34.2	39	24.4	1135	16.1	1158	6.03	36	18.1	–	40.23	20
Si	6.55	12	6.04	523	7.49	17	4.82	17	10.02	36	7.3	209	3.48	36	–	–	–	–
Al	2.36	65	2.29	575	2.71	39	1.5	39	2.92	49	3.01	209	1.38	36	1.02	–	0.78	20
Mg	1.89	66	1.94	575	2	39	1.71	39	1.99	53	1.34	204	1.83	36	1.25	–	1.08	20
Ca	1.7	66	1.68	575	1.68	39	1.82	39	1.67	53	1.95	209	3.15	36	1.53	–	1.63	20
Na	1.99	66	2.19	575	2.04	39	2.65	39	1.86	38	1.84	209	0.26	36	0.86	–	–	–
K	0.99	66	0.97	575	1.09	39	0.81	39	1.14	49	0.89	74	0.34	36	–	–	–	–
Ti	0.32	66	0.26	566	0.33	39	0.16	39	0.42	53	1.2	54	0.1	36	–	–	0.04	20
P	0.21	66	0.15	575	0.21	38	0.15	38	0.17	46	0.34	54	0.19	36	1.48	–	0.04	20
Cl	0.27	12	0.7	497	0.46	27	>0.50	27	–	–	0.42	54	–	–	–	–	–	–
LOI	26.5	12	15.2	497	15.1	27	16.2	27	–	–	27.7	54	18.05	24	–	–	–	–
H_2O^-	11.6	12	–	–	–	–	–	–	–	–	12.7	54	–	–	–	–	–	–
H_2O^+	8.8	7	–	–	–	–	–	–	–	–	11.8	54	–	–	–	–	–	–
CO_2	–	–	–	–	–	–	–	–	–	–	–	–	–	–	–	–	–	–
ST	0.17	12	0.16	497	0.1	27	–	–	–	–	–	–	0.12	24	–	–	–	–
Ag（10^{-6}）	0.17	12	–	–	–	–	0.05	–	–	–	0.23	49	–	–	–	–	–	–
As（10^{-6}）	67	12	83	497	65	27	65	27	150	3	147	69	159	34	–	–	–	–
Au（10^{-9}）	4.5	9	–	–	–	–	–	–	–	–	6	18	<d/1	10	–	–	–	–
B（10^{-6}）	–	–	–	–	–	–	–	–	–	–	278	10	278	10	–	–	–	–
Ba	3500	66	4304	566	2280	39	3158	42	1708	42	1160	54	352	34	–	–	390	20
Be	1.9	12	–	–	1.9	18	1.4	18	–	–	3.9	54	–	–	–	–	–	–

续表

元素	CCZ[a] 平均值	CCZ[a] N	CCZ 东部[b] 平均值	CCZ 东部[b] N	CCZ 中部[b] 平均值	CCZ 中部[b] N	秘鲁海盆[a] 平均值	秘鲁海盆[a] N	印度洋[a] 平均值	印度洋[a] N	库克群岛[c] 平均值	库克群岛[c] N	加的斯湾[d] 平均值	加的斯湾[d] N	波罗的海[e] 平均值	波罗的海[e] N	斐济海盆[f] 平均值	斐济海盆[f] N
Bi	8.8	12	8.4	66	7.25	4	3.3	–	–	–	11	54	<d/l	34	–	–	–	–
Br	–	–	–	–	–	–	–	–	–	–	–	–	10	34	–	–	–	–
Cd	16	12	–	12	–	–	19	39	18	3	4.7	54	–	–	b.d.	–	–	–
Co	2098	66	1738	575	2501	39	475	4	1111	1124	4113	1158	90	34	60	–	11	20
Cr	17	12	14	9	18	4	16	18	18	3	59	54	34	34	70	–	47	20
Cs	1.5	61	1.34	566	1.51	18	0.78	39	0.99	3	<0.38	54	39	54	19.1	–	–	–
Cu	10714	66	11785	575	10813	39	5988	–	10406	1124	2262	1158	–	–	–	–	–	–
Ga	36	12	25.7	12	–	45	32	–	–	–	<10	54	–	–	–	–	–	–
Ge	–	–	–	–	–	–	0.6	–	–	–	–	–	–	–	–	–	–	–
Hf	4.7	66	4.53	66	4.51	565	4.7	39	14	3	13	49	–	–	–	–	–	–
Hg (10^{-9})	18	3	–	–	–	–	16	–	–	–	<36	28	–	–	–	–	–	–
In (10^{-6})	0.27	12	–	–	–	–	0.08	–	–	–	–	–	–	–	–	–	–	–
Li	131	66	133	566	123	566	311	39	110	38	51	54	17	10	b.d.	–	459	20
Mo	590	66	622	567	556	567	547	39	600	38	295	79	47	34	126	–	958	20
Nb	22	66	18.7	566	21.3	566	13	39	98	3	90	67	5	34	–	–	–	–
Ni	13 002	66	14 012	575	13 574	575	13 008	39	11 010	1124	3 805	1 145	108	34	67	–	115	20
Pb	338	66	276	566	358	566	121	39	731	38	897	202	18	34	–	–	<10	20
Rb	23	66	20.2	566	25.2	566	12	39	70	3	15	54	17	34	–	–	–	–
Sb	41	12	75	90	19	90	61	5	50	3	36	54	–	–	–	–	–	–
Sc	11	66	10.1	566	12	566	7.6	39	25	3	12	54	18	34	–	–	–	–
Se	0.72	12	–	12	–	–	0.5	–	–	–	<0.80	54	–	–	–	–	–	–
Sn	5.3	12	–	–	–	–	0.9	–	–	–	7.8	54	–	–	–	–	–	–

续表

元素	CCZ[a] 平均值	N	CCZ东部[b] 平均值	N	CCZ中部[b] 平均值	N	秘鲁海盆[a] 平均值	N	印度洋[a] 平均值	N	库克群岛[c] 平均值	N	加的斯湾[d] 平均值	N	波罗的海[e] 平均值	N	斐济海盆[f] 平均值	N
Sr	645	66	701	575	592	39	687	53	709	53	935	54	282	34	–	–	380	20
Ta	0.33	66	0.27	559	0.33	39	0.23	39	1.8	3	2.2	54	–	–	–	–	–	–
Te	3.6	66	3.57	528	3.85	23	1.7	23	40	3	24	54	–	–	–	–	–	–
Tl	199	12	–	–	–	–	129	–	347	3	146	54	–	–	–	–	–	–
Th	15	66	11.5	566	17.7	39	6.9	39	76	3	37	67	4	34	–	–	–	–
U	4.2	66	3.78	566	3.79	39	4.4	39	16	3	10	67	4	34	–	–	–	–
V	445	66	617	575	486	39	431	39	497	16	508	61	339	34	–	–	88	20
W	62	66	64.3	566	55	39	75	39	92	3	64	67	–	–	–	–	–	–
Y	96	66	78.9	566	105	39	69	39	108	38	141	54	–	–	–	–	–	–
Zn	1 366	66	1 544	566	1 228	39	1 845	39	1 207	692	545	222	62	34	616	–	158	20
Zr	307	66	302	566	287	39	325	39	752	3	524	75	63	34	–	–	–	–
La	114	66	101	566	109	39	68	39	129	50	173	54	–	–	–	–	–	–
Ce	284	66	242	566	270	39	110	39	486	24	991	54	–	–	–	–	–	–
Pr	33.4	66	29.7	566	33.3	39	14.1	39	33	37	40.9	54	–	–	–	–	–	–
Nd	140	66	120	566	137	39	63	39	146	50	160	54	–	–	–	–	–	–
Sm	34	66	29.8	566	33.9	39	14	39	32.4	50	34.7	54	–	–	–	–	–	–
Eu	8.03	66	7.3	566	8.26	39	3.87	39	7.83	46	8.53	54	–	–	–	–	–	–
Gd	31.8	66	29.3	566	32.6	39	15.6	39	32	24	36.1	54	–	–	–	–	–	–
Tb	4.98	66	4.45	566	5.05	39	2.52	39	5	37	6.09	54	–	–	–	–	–	–
Dy	28.5	66	25.7	566	29.2	39	15.8	39	26.5	46	34.9	54	–	–	–	–	–	–
Ho	5.35	66	4.69	566	5.37	39	3.42	39	4.92	46	7.18	54	–	–	–	–	–	–
Er	14.6	66	13	566	14.9	39	9.8	39	12.9	24	19.1	54	–	–	–	–	–	–

续表

元素	CCZ[a] 平均值	CCZ[a] N	CCZ东部[b] 平均值	CCZ东部[b] N	CCZ中部[b] 平均值	CCZ中部[b] N	秘鲁海盆[a] 平均值	秘鲁海盆[a] N	印度洋[a] 平均值	印度洋[a] N	库克群岛[c] 平均值	库克群岛[c] N	加的斯湾[d] 平均值	加的斯湾[d] N	波罗的海[e] 平均值	波罗的海[e] N	斐济海盆[f] 平均值	斐济海盆[f] N
Tm	2.11	66	1.79	566	2.05	39	1.49	-	2	11	3.02	54	-	-	-	-	-	-
Yb	13.7	66	12.5	566	13.7	39	10.3	-	11.8	46	19.8	54	-	-	-	-	-	-
Lu	2.05	66	1.84	566	2.03	39	1.61	-	1.93	50	2.98	54	-	-	-	-	-	-
Ir (10⁻⁹)	2	11	-	-	-	-	-	-	-	-	5	19	-	-	-	-	-	-
Os	-	-	-	-	-	-	-	-	-	-	2	11	-	-	-	-	-	-
Pd	8	12	-	-	-	-	-	-	-	-	7	19	-	-	-	-	-	-
Pt	128	12	0.11	7	-	-	40	-	-	-	210	32	-	-	-	-	-	-
Rh	9	12	-	-	-	-	-	-	-	-	17	19	-	-	-	-	-	-
Ru	12	12	-	-	-	-	-	-	26	-	18	19	-	-	-	-	-	-
ΣREY (10⁻⁶)	813	-	701	-	801	-	403	-	1 039	-	1 678	54	78	24	-	-	-	-
ΣHREY	199	-	172	655	210	-	130	-	205	-	-	-	10	24	-	-	-	-
元素含量比值																		
Mn/Fe	4.61	66	5.15	575	4.52	39	5.59	-	3.42	1135	1.00	1158	0.16	36	1.23	-	83.81	20
Co+Cu+Ni (%)	2.58	66	2.75	575	2.69	39	1.95	-	2.25	1124	1.02	-	0.02	36	0.01	-	0.02	20
Y/Ho	17.94	66	16.9	566	19.54	39	18.13	-	21.95	38	-	-	-	-	-	-	-	-
Zr/Hf	65.32	66	67.2	566	63.64	39	69.15	-	53.71	3	-	-	-	-	-	-	-	-
Th/U	3.57	66	3.04	566	4.67	39	1.57	-	4.75	3	3.7	67	1	24	-	-	-	-

元素含量单位：Fe 到 ST 为%，其余未单独标出单位的元素都为 10⁻⁶；a 引自 Hein 等 (2013)；b 引自 BGR 的数据；c 引自 Hein 等 (2015)；d 引自 González 等 (2012)；e 引自 Hlawatsch 等 (2002)；f 引自 Rogers 等 (2001)

译者注：原文倒数第五行有误，已经做了修改，并删除了原文最后一行

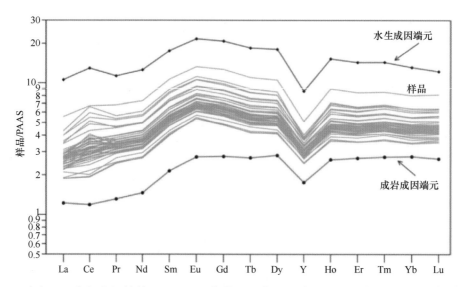

图 2.5 来自 CCZ 东部的锰结核（$N = 47$）其稀土元素和 Y（REY）的澳大利亚后太古代页岩（PAAS）标准化配分曲线，指示出结核是水生成因和成岩成因共同作用的产物（未发表的 BGR 数据；测试方法为 ICP-MS）。成岩成因端元：来自秘鲁海盆的结核。水生成因端元：来自 CCZ 的 Fe-Mn 结壳（未发表的 BGR 数据）。PAAS：澳大利亚后太古代页岩（McLennan，1989）

卡迪斯湾内与碳氢化合物相关的铁锰结核分布在水深 850~1 000 m 处。其形成过程与碳氢化合物的泄露、泥底辟作用和强劲的近底流的活动相关（González et al.，2012）。此海区内的结核生长速率很快（102~124 mm/Ma），且以高 Fe-Mn 含量分异（Fe 的含量为39%，Mn 为 6%）和低微量金属含量为典型特征（可能是因为其生长速率过快的缘故；表2.1）。

（大西洋东北部）加利西亚大陆边缘西部的海山和斜坡上与大面积出露的磷块岩伴生的富钴锰结核分布在水深 1 200~2 000 m 处（González et al.，2014）。这些氧化性沉淀物不同于常见的结核，这不仅是因为它们高度富集 Co（含量最高可达 1.8%）和 Mn（含量最高可达 45%），而且诸如 Ni、Ti、Cu、Mo、REE、Tl、Ga 和 Te 等其他微量金属的含量也较高（González et al.，2014）。这些结核和磷块岩的形成至少部分与深部断层和洋壳深部层位内金属的活化运移相关（J González 的来信）。

波罗的海海底密集分布的铁锰结核及其团块物（密度最高可达 40 kg/m²）与从东北部和东部（波的尼亚湾、芬兰湾）汇入的河流所携带的大量富 Mn 和富 Fe 悬浮颗粒物以及海底沉积物上部 2~15 cm 深度氧化性层位的形成相关（Glasby et al.，1997）。快速生长的 Fe-Mn 团块主要出现在波罗的海西部，其形成与海区夏季缺氧性环境以及 Mn 的成岩迁移相关。与深海环境中的结核相比（表 2.1），波罗的海铁锰氧化物的微量金属含量普遍较低（<0.1%）。

Mn-Fe-Cu+Ni 三角图是区分锰结核和铁锰结壳不同形成方式的一种常用方法（Bonatti et al.，1972；Halbach et al.，1988）。如图 2.6 所示，来自 CCZ 的 7 个锰结核和 1 个铁锰结壳以及来自秘鲁海盆的 5 个锰结核的全样样品数据，来自相同结壳和结核的不同纹层通过电子探针进行微区成分分析后得出的数据（EMP，测试束斑大小为 1~20 μm；Wegorzewski and Kuhn，2014），一并放置在了三角图中。从三角图中可以清晰地看出，结核单个纹层的成分数据比对应的结核全样样品数据的分布范围要广得多（图 2.6），这指示出结核的全样样品成分仅代表了所有纹层的平均成分（Wegorzewski and Kuhn，2014）。因此，用结核的全样化学成分数据来解释结核的成因类型时，必须加倍小心。

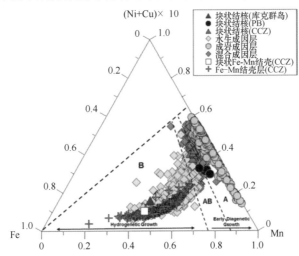

图 2.6 引自 Bonatti et al.（1972）和 Halbach et al.（1988）中的 Fe-Mn-（Ni+Cu）×10 三角图，用以展示不同成因类型结核与其单个生长层之间的地球化学关系。图中的虚线将结核成因类型的分布区域划分为以下三个：A 区为成岩成因，AB 区为成岩和水生混合成因，B 区为水生成因。铁锰结壳全样样品数据坐落在 B 区内，但对结壳剖面的单个生长层进行成分分析后发现其化学组成变化范围极大。对结核的单个水生成因纹层进行成分分析后发现其部分受到成岩作用的影响（位于 AB 区内）。混合成因层的数据位于 AB 区内，而贫氧成岩成因层的数据则完全位于 A 区内（贫氧成岩成因）。来自 CCZ 和秘鲁海盆的结核全样数据位于混合成因的 AB 区域内。相对于结核全样样品而言，其单个纹层的 Mn/Fe 比值和 Ni+Cu 含量不仅离散性高得多，且数值也高得多。来自库克群岛专属经济区内的结核其全样样品成分的平均值显示出典型的水生成因的生长模式，因此位于 B 区内（数据引自 Hein et al.，2015）。图引自 Wegorzewski 和 Kuhn（2014），此图的翻印得到了 Elsevier 集团的授权

2.3.2 矿物成分

因为当前使用的锰氧化物的部分矿物学名称并不属于专业术语的范畴，因此我们将尝试系统性地描述锰氧化物的晶体结构特征，并在本章中进行术语的规范化。

锰结核内赋存着多种锰的氧化物和铁的羟基氧化物，其中自然界内的锰结核其锰的氧化物可划分为两类：层状锰酸盐和架状锰酸盐。它们都由［MnO_6］八面体层所构成，其中层状锰酸盐的层间赋存着水合阳离子，而架状锰酸盐内则可见三维隧道状结构（图

2.7；Chukhrov et al.，1979；Turner and Buseck，1979；Bodeï et al.，2007）。层状锰酸盐矿物可被划分为有序结构（水钠锰矿/布塞尔矿）和无序结构（水羟锰矿）两类。层间距约为7Å的有序层状锰酸盐被定名为水钠锰矿，其层间分布着一层水分子。层间距约为10Å的有序层状锰酸盐被定名为布塞尔矿，其层间分布着两层水分子（Giovanoli et al.，1975；Burns and Burns，1977；Golden et al.，1986；Post and Veblen，1990；Drits et al.，1997；Bodeï et al.，2007；Wegorzewski et al.，2015）。与层间距分别约为7Å和10Å的有序层状锰酸盐相对应的是层间距为7Å和10Å无序水羟锰矿（Manceau et al.，1992a，2014；Usui and Mita，1995；Drits et al.，1997；Villalobos et al.，2003；Wegorzewski et al.，2015）。晶体的无序结构也被称为涡轮层状结构（Warren，1941），这也许是因为环绕c轴的［MnO_6］八面体层会随机旋转，也可能是因为在微晶a-b轴平面内［MnO_6］八面体层会发生转变（图2.7；Giovanoli，1980；Drits and Tchoubar，1990）。通过X射线衍射图谱分析可以将有序和无序的层状锰酸盐区分开来（图2.8；Drits et al.，2007）。

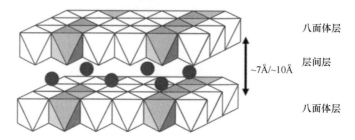

层状锰酸盐：水钠锰矿/布塞尔矿

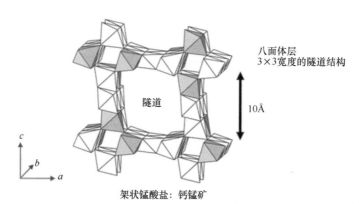

架状锰酸盐：钙锰矿

图2.7　不同类型锰酸盐内八面体片的空间展布示意图。锰酸盐由［MnO_6］八面体片（Mn^{4+}位于八面体的中央，6个氧离子环绕在其上下左右前后）所组成。在层状锰酸盐内，这些八面体片在垂直于层面的c轴方向上周期性地重复叠置。在架状锰酸盐内，八面体片组成了隧道状三维结构。八面体片中空位的存在或Mn^{2+}/Mn^{3+}替代Mn^{4+}的出现，会造成其正电荷亏缺。由此使得锰酸盐的层间或隧道具有了吸附诸如Ni^{2+}和Cu^{2+}（图中的黑点）以及在八面体层中置换锰离子以实现电位平衡的能力（图片引自Manceau et al.，2012；此图的翻印得到了美国矿物学会的授权）

层状锰酸盐的［MnO_6］八面体层内分布着大量能类质同象置换 Mn^{4+} 的质点（例如 Mn^{3+}，Ni^{2+}，Cu^{2+}，Co^{3+}），但有时候也存在着空位，例如空的八面体（参见图 2.7）。以下任何一种情况的出现都会诱发层面电荷亏缺，比如最终实现晶体整体电荷平衡的层间水合阳离子进入到层间中央位置（例如 Na^+，Li^+，Ca^+）或者直接就位于层面空位之上或之下（例如 Mn^{2+}，Mn^{3+}，Ni^{2+}，Cu^{2+}，Zn^{2+}，Cr^{2+}；Post and Bish，1988；Manceau et al.，1997，2014；Peacock and Sherman，2007a，b）。钙锰矿具有 3×3 宽度的［MnO_6］八面体链状三维隧道结构，其相邻隧道彼此共享隧道壁（图 2.7；Chukhrov et al.，1979；Post et al.，2003；Bodeï et al.，2007）。钙锰矿层面带负电荷是因为八面体内的 Mn^{4+} 被其他低价态阳离子（例如 Mn^{3+}，Ni^{2+}）所置换的缘故。晶体整体电荷的平衡是通过正一价态或正二价态阳离子进入到隧道结构中来实现的（例如 Mg^{2+}，Ba^{2+}；图 2.7）。从整体上看，相对于钙锰矿而言，层状锰酸盐的层面电荷更高，所以吸附金属的能力更强（例如吸附的 Ni 的含量最高可达 5%，而钙锰矿中吸附的 Ni 的含量 ≤2%；Bodeï et al.，2007）。

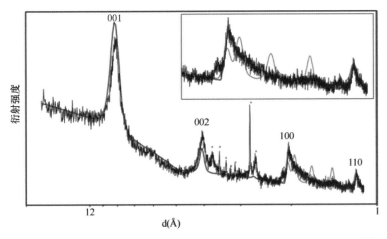

图 2.8　采集自 CCZ 的典型结核样品的 X 射线衍射图谱（黑色实线）以及计算出来的涡轮层状（无序）的水羟锰矿（红色线）和有序的水钠锰矿的图谱（蓝色线）。基于高角度区域的衍射峰强度差异（插图），可以将水羟锰矿和水钠锰矿区分开来。结核样品整体的衍射图谱与水羟锰矿的图谱（红色线）比较相似，与水钠锰矿差异较大（蓝色线）。来自 CCZ 和秘鲁海盆的几个结核具有相似的 X 射线衍射图谱，这指示出结核中的主要矿物类型为无序的水羟锰矿（图片引自 Wegorzewski et al.，2015；此图的翻印得到了美国矿物学会的授权）

对分布在 CCZ 和秘鲁海盆表面主要为成岩成因的结核所进行的矿物学分析显示，这两个区域的结核其主要矿物为无序层状锰酸盐；钙锰矿就算有，含量也很少（图 2.9；Wegorzewski et al.，2015）。以上结论得到了 Usui 等（1989）和 Bodeï 等（2007）研究工作的支持，他们认为海洋中 Mn 的氧化物也许由以下两大类锰酸盐所组成：热液成因的似钙锰矿系列和成岩成因的似布塞尔矿系列。

层状锰酸盐能摄取数量和比值不一的诸如碱金属、碱土金属和过渡金属在内的多种类

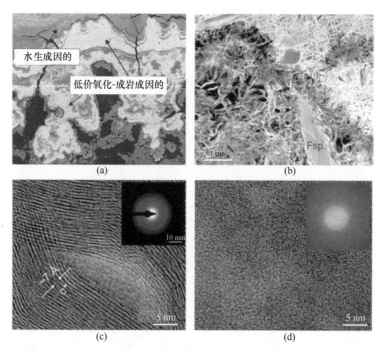

图 2.9 （a）锰结核的两类不同成因生长层的背散射电子图像；（b）树枝状成岩成因生长结构［位置参见（a）中的方框范围］的高分辨率图像（高角度环形暗场）；（c）成岩成因生长层的高分辨率透射电镜图像（插图：对应电子衍射图像）指示出了具有典型光反射现象的层间距为 10Å 和 7Å 的层状锰酸盐；（d）不存在任何晶体结构或光反射现象的水生成因生长层的高分辨率透射电镜图像（插图：对应选区电子衍射花样图）（图片引自 Wegorzewski et al.，2015；此图的翻印得到了美国矿物学会的授权）

型的阳离子。然而，进入到层状锰酸盐格架内的碱金属（Ni，Cu）的数量（图 2.4）似乎并不取决于晶体的结构或矿物相中的 Mn 含量，而是受到各金属随环境的不同而发生变化的活性的控制（Wegorzewski et al.，2015）。例如，CCZ 和秘鲁海盆的结核内分布着相同的涡轮层状锰酸盐，但是它们的 Cu 含量并不相同（0.6% 和 1.1%，见上文）。在摄取了可利用的金属和其他阳离子后，层状锰酸盐晶体结构变得稳定起来或可能彻底成形。层状锰酸盐在沉积形成之后遭受的各种交换反应也许会导致金属被释放出来或者继续摄取金属，且最终形成稳定的层状锰酸盐结构。这种沉积期后的蚀变作用甚至能导致层状锰酸盐前身向钙锰矿转变（Bodeï et al.，2007）。

与深海平原内的成岩成因锰结核不同，热液成因锰氧化物主要由高结晶度的钙锰矿所组成（Kuhn et al.，2003，以及引文中的引文）。这可能是由于热液系统内可利用的能量较高，因此使得热液沉淀产物能相对快速地形成。表 2.2 给出了海洋环境中锰氧化物的矿物学和晶体结构的总体特征。

表 2.2 锰结核中赋存的主要锰氧化物矿物的特征

矿物亚类	矿物名称	基面衍射 [001][002]面	晶体结构稳定性	堆积方式	晶系	特征衍射峰位置（忽略00l面的情况下）	备注
水羟锰矿族[a]/δ-MnO$_2$[b]	7Å水羟锰矿[c]	约7Å；约3.5Å	不稳定	涡轮层状	六方	hk面衍射峰位于2.40~2.45Å和1.41~1.42Å处	纳米态晶体，约2.4Å处的衍射峰是非对称的，两层Mn-O-八面体之间夹着一层水，Mn-O-八面体层内存在着空位，层间一般分布有阳离子，例如K$^+$
					斜方	hk衍射峰位于约2.40Å和约1.52Å，1.4Å处	纳米态晶体，约2.4Å处的衍射峰被一分为二，两层Mn-O-八面体之间夹着一层水，Mn^{3+}阳离子平行于b轴呈线性排列，一列Mn^{4+}阳离子后面跟着两列阳离子，层间一般分布有阳离子，例如K$^+$
	10Å水羟锰矿[c]	约10Å；约5Å	取决于层间空位占据三角配体的共角配体的物质组成，其能使晶体趋于稳定	涡轮层状	六方	hk面衍射峰位于2.40~2.45Å和1.41~1.42Å处	纳米态晶体，约2.4Å处的衍射峰是非对称的，两层Mn-O-八面体之间夹着两层水，Mn-O-八面体层内存在着空位，层间一般分布有阳离子，例如Mg^{2+}
					斜方	hk衍射峰位于约2.40Å和约1.52Å，1.4Å处	纳米态晶体，约2.4Å处的衍射峰被一分为二，两层Mn-O-八面体之间夹着两层水，Mn^{3+}阳离子平行于b轴呈线性排列，一列Mn^{4+}阳离子后面跟着两列阳离子，层间一般分布有阳离子，例如Mg^{2+}
	含铁水羟锰矿[c,d]	一	稳定	涡轮层状	六方	hk面衍射峰位于2.40Å和1.41~1.42Å处	典型的单层结构（既没有基面衍射也没有hkl面衍射），水羟锰矿外延而与定形δ-FeOOH交生

续表

矿物亚类	矿物名称	基面衍射		堆积方式	晶系	特征衍射峰位置（忽略00l面的情况下）	备注
		[001][002]面	晶体结构稳定性				
水钠锰矿族	7Å水钠锰矿[c,e,f]	约7Å；约3.5Å	不稳定	有序的	六方	hkl面可变，取决于层面堆积方式	有序的三维结构，两层$Mn-O-$八面体之间夹着一层水，$Mn-O-$八面体层内存在着空位，层间一般分布有阳离子，例如K^+
					斜方	hkl面可变，取决于层面堆积方式	有序的三维结构，两层$Mn-O-$八面体之间夹着一层水，Mn^{3+}阳离子平行于b轴呈线性排列，一列Mn^{3+}阳离子后面跟着两列Mn^{4+}阳离子，层间一般分布有阳离子，例如K^+
	10Å布塞尔矿[g,h,i]	约10Å；约5Å	取决于层间占据空位的共三角配体的物质组成，其能使晶体趋于稳定	有序的	六方	hkl面可变，取决于层面堆积方式	水钠锰矿的有序三维水合形态，两层$Mn-O-$八面体之间夹着两层水，$Mn-O-$八面体层内存在着空位，层间一般分布有阳离子，例如Mg^{2+}
					斜方	hkl面可变，取决于层面堆积方式	水钠锰矿的有序三维水合形态，Mn^{3+}和Mn^{4+}阳离子位于面内的空位不多，但此结构还未得到业界共识，层间一般分布有阳离子，例如Mg^{2+}
	水锰镍矿[j,k]	约10Å；约5Å	不稳定	涡轮层状	六方	与水羟锰矿不同之处在于hk面衍射峰对应着两个不对称的六方网格，其可被分为六方（100）和（110）面	两层$Mn-O-$八面体之间分布着$Ni(OH)_2$、$Cu(OH)_2$、$Co(OH)_2$、$Co(OH)_3$或$CoOOH$

续表

矿物亚类	矿物名称	基面衍射		堆积方式	晶系	特征衍射峰位置（忽略00l面的情况下）	备注
		[001] [002] 面	晶体结构稳定性				
	黑锌锰矿[l]	约6.9Å；约3.5Å	不稳定	有序的	六方	hkl面衍射峰位于4.07Å、3.51Å、2.23Å和1.59Å处	缺少7个Mn^{4+}阳离子中的1个，两个$Zn^{2+}O_6$八面体，一个位于空位上方，一个位于空位下方（一边一个）
	锂硬锰矿[m]	约9.4Å；约4.7Å	未知	有序的	六方	hkl面衍射峰位于2.38Å、1.88Å、1.58Å、1.46Å和1.39Å处	Mn–O和(Al, Li)–OH八面体交互层叠
水钠锰矿族	钙锰矿[h,k]	无基面衍射，但有位于约10Å和约5Å（9.7Å；4.8Å）处的衍射峰	稳定（隧道结构）	有序的	不属于任何晶系	hkl面最强衍射峰位于2.40Å（对称）处，次强峰位于2.2Å和1.7Å之间	钙锰矿主要为3×3宽度的隧道结构，还存在着结构为[3×n]宽度（n≤9）的隧道结构

a为天然矿物；b为合成的水羟锰矿；c引自Bodeï et al. (2007)；d引自Burns et al. (1977)；e引自Drits et al. (1997)；f引自Drits et al. (2007)；g引自Giovanoli (1980)；h引自Burns et al. (1983)；i引自Novikov and Bogdanova (2007)；j引自Manceau et al. (1992)；k引自Manceau et al. (2014)；l引自Post and Appleman (1988)；m引自Post and Appleman (1994)

2.4 锰结核的形成

海洋环境中锰铁氧化物的形成主要源自以下三种作用过程：水生沉淀、成岩沉淀和热液沉淀。

2.4.1 水生沉淀

氧化锰和氧化铁胶体在含氧海水中形成并沉淀在坚硬的海底表面上被称为水生沉淀（Halbach et al.，1988；Koschinsky and Halbach，1995；Koschinsky and Hein，2003，以及引文中的引文）。在正常 Eh-pH 环境下的海水中（Eh>0.5 V；pH 值约为 8），Mn 和 Fe 分别倾向于被氧化成 MnO_2（Mn 为+4 价）和 FeOOH（Fe 为+3 价）。这两种物质在海水条件下均不溶解，形成胶体。此外，这两种物质还倾向于发生水解反应，且它们水解后形成的氧化性表面还会赋存羟基基团，由此具有的既能显出酸性又能显出碱性的两性特征会导致表面电荷数受 pH 值的控制。当海水的 pH 值约为 8 时，MnO_2 表面会带强负电荷，而 δ-FeOOH 表面会带微弱的正电荷。因此，带负电荷的 MnO_2 胶体颗粒能吸附诸如 Co^{2+}、Ni^{2+}、Zn^{2+}、Tl^+ 等溶解态阳离子，而带微弱正电荷的 δ-FeOOH 则会吸附能形成阴离子络合物的一切离子，比如碳酸盐（REE $[CO_3]_2^-$）、氢氧化物（Hf $[OH]_5^-$）和/或氧阴离子（MoO_4^{2-}）等络合物（Koschinsky and Halbach，1995；Koschinsky and Hein，2003；Hein et al.，2013）。Mn 氧化物表面富集元素的能力来源于其强大的物理吸附能力，而元素在 FeOOH 表面的富集则受到其共价键和配位键等化学键类型的控制。这两种胶体态物质最终会结合在一起并沉淀在无沉积物的基底，形成 Fe 与 Mn 含量近乎相同的典型水生成因铁锰结壳。由于水生成因铁锰氧化物具有较高的内表面积（最高超过 300 m^2/g；Hein et al.，2013），所以它们能在体内富集起浓度最高可比周边海水高 9 个数量级的金属（例如 Co、Pb、Mn、Ce、Te；Hein et al.，2010）。

在海洋环境中具有不止一种氧化态的元素，当其处于带正电荷的低氧化溶解态时，在吸附到 MnO_2 表面后能被继续氧化。通过此方式，铁锰氧化物表面能高度富集某些元素。比较典型的，如铁锰氧化物对海水中 Co（Co^{2+} 被氧化成 Co^{3+}）、Ce（Ce^{3+} 被氧化成 Ce^{4+}）、Pb（Pb^{2+} 被氧化成 Pb^{4+}）、Tl（Tl^+ 被氧化成 Tl^{3+}）和 Te（Te^{4+} 被氧化成 Te^{6+}）的氧化性清除。铁锰氧化物表面所具有的氧化能力也许能被以配体形式存在的表面羟基基团所中和，这使得电子从金属离子体内向氧分子体内转移（Koschinsky and Hein，2003）。锰氧化物表面所具有的氧化性清除能力与水生成因物质的生长速率呈负相关关系，这从 Mn/Fe 与元素含量的关系图中可以看出（图 2.10）。典型的水生成因的生长速率介于 1~5 mm/Ma（Halbach et al.，1988）。

来自 CCZ 和中印度洋海盆内的混合成因锰结核其水生成因纹层是由水生沉淀作用形成的，而库克群岛专属经济区（EEZ）内的结核也许基本都是水生成因的（Hein et al.，2015）。然而，水生沉淀作用的主要产物是铁锰结壳，因为它们赋存在无沉积物覆盖的海

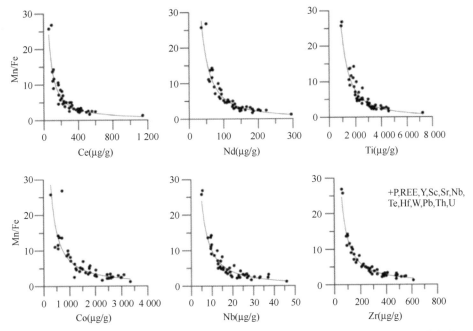

图 2.10　来自 CCZ 东部的锰结核其单个纹层内 Mn/Fe 与各元素含量的关系图（数据来源于 BGR，测试方法为 ICP-OES 和 ICP-MS）。注意所有因吸附作用而富集在水生成因锰结核表面的典型元素都会随着其含量的逐渐升高而使得 Mn/Fe 呈现出反抛物线下降的趋势。位于图右侧的其他元素也具有与图中 6 种元素相似的地球化学行为特征

山斜坡、平顶海山和裸露岩石的其他海底区域内。对水生成因作用及其产物的详细阐述请参见本书铁锰结壳章节（Halbach et al.，本书）。

2.4.2　成岩沉淀

元素从沉积物内部或沉积物表层孔隙水中沉淀出来形成锰结核的过程被称为成岩沉淀。这种锰氧化物沉淀形式与 Froelich 等人所描述的深海沉积物成岩序列有关。成岩作用序列受控于有机质的氧化，而有机质的氧化则是通过与不同电子受体进行一系列氧化还原反应实现的。虽然有机质的降解几乎完全通过细菌来实现，但微生物需要通过这些反应释放出的能量以支撑其新陈代谢，以上反应的顺序由氧化还原程度和能量产出所控制，初始阶段的氧化还原反应会释放出最高的能量（Stumm and Morgan，1981；Chester and Jickells，2012）。

成岩作用序列开始于有机质与溶解氧的相互作用，例如有氧呼吸。好氧生物利用上覆水体或沉积物间隙水（孔隙水）中的溶解氧以氧化有机质，此过程如下面的反应方程所示（Galoway and Bender，1982）：

$$5(CH_2O)_{106}(HN_3)_{16}(H_3PO_4) + 69O_2 \rightarrow 530CO_2 + 80HNO_3 + 5H_3PO_4 + 610H_2O$$

$$(2.1)$$

有机质的成分可以用以上方程和被称为 Redfield 成分的方程来表示（Chester and Jickells，2012）。反应方程（2.1）会导致硝酸盐的形成，此过程属于"硝化作用"的范畴。沉降到海底面后的有机质中超过 90% 的部分都会通过与氧气反应而实现降解，氧气被认为是此过程中主要的氧化剂（Chester and Jickells，2012）。

当溶解氧被消耗殆尽后，有机质的分解可以在缺氧条件下利用二级氧化剂继续进行下去［贫氧成岩作用，方程（2.2）～（2.4）］。这些二级氧化剂可以是硝酸盐、MnO_2、Fe_2O_3 和硫酸盐。然而，对于这种情况下锰结核的形成而言，只有硝酸盐、MnO_2 能起到重要作用。假如溶解氧的含量降低到饱和时含量值的约 5% 时，根据以下反应方程（"反硝化作用"），硝酸盐成为优先被选择的电子受体：

$$5(CH_2O)_{106}(HN_3)_{16}(H_3PO_4) + 472HNO_3 \rightarrow 276N_2 + 520CO_2 + 5H_3PO_4 + 886H_2O$$

$$(2.2)$$

根据以下反应方程，反硝化作用会继续进行，但 Mn^{4+} 是电子受体：

$$(CH_2O)_{106}(HN_3)_{16}(H_3PO_4) + 236MnO_2 + 472H^+ \rightarrow 236Mn^{2+} + 106CO_2$$
$$+ 8N_2 + H_3PO_4 + 336H_2O \quad (2.3)$$

假如 Mn^{4+} 被消耗完后，Fe^{3+} 会被选为电子受体而使得成岩作用序列继续进行下去，反应方程如下：

$$(CH_2O)_{106}(HN_3)_{16}(H_3PO_4) + 212Fe_2O_3 + 848H^+ \rightarrow 424Fe^{2+} + 106CO_2$$
$$+ 16NH_3 + H_3PO_4 + 530H_2O \quad (2.4)$$

因为成岩作用序列中的各种反应依次连续进行，所以在沉积物中形成了各自对应的成岩作用层（图 2.11）。在 4 号层中有机碳会被锰氧化物所氧化，且溶解态 Mn^{2+} 会被释放出来进入到孔隙水中。然后溶解态 Mn^{2+} 会向上扩散直到在 3 号层顶部区域内被再次氧化成 MnO_2（Chester and Jickells，2012）。

海底沉积物中各成岩作用层的厚度取决于有机质的供给量和堆积速率以及氧化剂的供给速率（Chester and Jickells，2012）。当 3 号层的顶部区域被抬升到靠近沉积物-水体界面时，大量释放出来的成岩成因 Mn 会明显加快锰结核的生长速度。在成岩作用序列中，不会同时出现 Mn 和 Fe 的大量还原，3 号层位和 4 号层位对应着成岩成因锰结核生长的典型环境（图 2.11）。这是因为在锰结核的成岩成因纹层生长过程中 Mn 和 Fe 存在着强烈的分异（Mn/Fe 最高超过 800；Wegorzewski and Kuhn，2014）。

锰结核中成岩成因 Mn 的汇聚速率明显高于水生成因 Mn，这可以通过成岩成因 Mn 最高可达 250 mm/Ma 的生长速率来解释（von Stackelberg，2000）。因此，成岩成因作用向锰结核中供给的 Mn 的量足够形成结晶态的层状锰酸盐，这与水生成因作用只能形成隐晶质的水羟锰矿不同（Wegorzewski et al.，2015）。然而，层状锰酸盐晶体结构中必须赋存有金属特别是碱金属、碱土金属和过渡金属才能稳定（见章节 3.2）。因此，诸如 Ni、Cu、Mo、Zn、Ba 和 Li 等金属在成岩成因结核中比较富集（图 2.12）。在 CCZ 的成岩成因结核中，Ni 一般是除铁锰外丰度最大的金属，这可能是因为硅质深海沉积物的孔隙水中 Ni 的相对含量较高的缘故（表 2.3）。

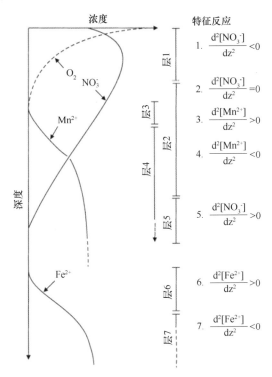

图 2.11 深海沉积物中的孔隙水剖面和不同成岩作用层的示意图。在 1 号层中有机碳的氧化剂是氧气，而在 2~5 号层中，氧化剂变成了硝酸盐和 Mn^{4+}，Mn^{2+} 会被释放出来进入孔隙水中。溶解态 Mn^{2+} 会向上扩散直到在 3 号层中被再次氧化。在 6 号和 7 号层中有机碳会被三价铁所氧化，且会将 Fe^{2+} 释放进入到孔隙水中（引自 Froelich et al.，1979；此图的翻印得到了 Elsevier 集团的授权）

表 2.3 硅质深海沉积物（碳酸盐含量最高可达 14%）的孔隙水和海水中诸元素的含量

单位：nmol/L

	Mn	Fe	Cu	Ni	Co
富氧孔隙水[a]	<10	<1	40~80	<50	<5
贫氧孔隙水[a]	10 000~100 000	<1	40~120	200~600	30~60
近底海水[b]	0.2~3	0.1~2.5	0.5~6	2~12	0.01~0.1
海水中诸物质的主要组成形式[c]	Mn^{2+}；$MnCl^+$	$Fe(OH)_2^+$；$Fe(OH)_3^0$；$Fe(OH)_4^-$	Cu^{2+}；$CuOH^+$；$CuCO_3^0$；	Ni^{2+}；$NiCl^+$	Co^{2+}；$CoCl^+$

a. 引自 Shaw 等（1990）；b. 引自 Bruland（1983）；c. 引自 Byrne（2002）

来自秘鲁海盆内的锰结核其纹层主要是成岩成因的。在此海区内现代富氧–贫氧交界面位于沉积物表层以下约 10 cm 处，且在孔隙水中可见溶解态 Mn^{2+} 含量的高梯度变化（Koschinsky，2001）。在 CCZ 东部的沉积物中，现代富氧–贫氧交界面可深达沉积物表层以下约 2~3 m（Mewes et al.，2014），而在 CCZ 中部沉积物深度超过 10 m 处甚至依旧是

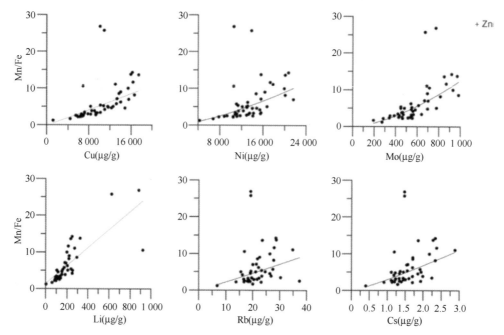

图 2.12　来自 CCZ 东部的锰结核其单个纹层内 Mn/Fe 与各元素含量的关系图（数据来源于 BGR，测试方法为 ICP-OES 和 ICP-MS）。Mn/Fe 与各元素含量之间的正相关关系表明这些元素进入了成岩成因锰氧化物格架内。注意图中的曲线分布特征所展示出的与水生成因作用富集元素之间的差异（参见图 2.10）

富氧的（Müller et al.，1988）。秘鲁海盆表层沉积物中有机碳的含量最高可超过 1%（Haeckel et al.，2001），在 CCZ 东部其含量值介于 0.4%~0.6%（BGR 数据），而在 CCZ 中部其含量值已经低至 0.2%~0.4%（Müller et al.，1988）。因此，来自秘鲁海盆内的锰结核被认为是主要形成于贫氧成岩成因环境，而 CCZ 中的锰结核则明显形成于富氧成岩成因环境（von Stackelberg，1997；Chester and Jickells，2012）。然而，Wegorzewski 和 Kuhn（2014）研究发现，来自这两个海区的锰结核其内部生长结构体的结构特征和化学组成都颇为相似，这表明这两个海区内经历了漫长岁月才形成的锰结核具有相同的成因机制，都由贫氧成岩成因纹层和富氧成岩成因纹层所共同构成。不过，来自 CCZ 的锰结核其水生成因物质所占的比例要高一些，因此 CCZ 内的锰结核其金属含量介于成岩成因的秘鲁海盆锰结核和典型的水生成因锰结核之间（例如库克群岛，Hein et al.，2013，2015）。为了在 CCZ 沉积物中产生近地表的低氧条件（图 2.13 和图 2.14），有必要将海底的有机碳通量增加两倍，例如平均值从现代的 3 μmol·cm^{-2}·a^{-1}（Mewes et al.，2014）升高到约 6 μmol·cm^{-2}·a^{-1}，如同当前秘鲁海盆中的值（Haeckel et al.，2001）。有机碳通量以以上速度的增加也许出现在古生产力升高时候的古冰川期（Herguera，2000）。而且如 Bradt-miller 等（2010）的研究工作所示，在冰川期 CCZ 也会因为深海区域通风减弱而使得海底区域贫氧。

　　在底水和孔隙水中，不管氧气的含量高低如何，氧化性成岩作用对于锰结核的形成影响甚微，这是因为在氧化性环境下沉积物中的锰的活化和迁移可能仅是微米级的。发生在氧化性孔隙水中的成岩作用似乎与水生成因作用相似，比如锰和其他金属的富集都受到表面吸附和氧化作用的控制。这种假设得到了分布在与氧化性孔隙水相接触的纳米厚度表面纹层的 X 射线光电子能谱（XPS）测试结果的支持（Blöthe et al.，2015）。这些表面纹层的金属含量和元素比值都与典型的水生成因纹层一致（Wegorzewski and Kuhn，2014）。

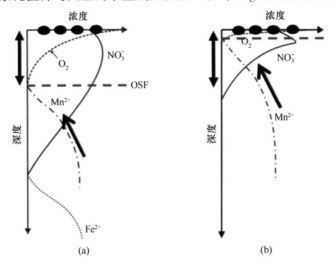

图 2.13　CCZ 东部现代孔隙水（a）与古代锰结核生长时期的贫氧环境下孔隙水（b）的成分对比示意图。黑色椭圆符号代表分布在沉积物表层的锰结核。在现代环境下不会出现锰结核的贫氧成岩成因生长。同一海区的富氧-贫氧交界面（OSF）在不同的地质年代其分布深度不同，这也许是因为各年代的有机碳含量不同，例如最终受控于气候变化。Mn^{2+} 剖面箭头指示出 Mn 的扩散方向。假如 OSF 足够靠近海底面，那么大量溢出的成岩成因锰会明显加快锰结核的生长速度。在现代富氧环境下（a）锰结核只能进行氧化性成岩成因生长（Blöthe et al.，2015）。现代 OSF 位于沉积物表面之下 2～3 m 处（Mewes et al.，2014）

　　如上文所述，锰结核广泛分布在全球大型深海平原内，但诸如 CCZ 和 CIOB 等区域特有的环境特征使得分布在其内的锰结核具有重要经济价值。碳酸盐补偿深度的位置、水深、表层生物生产力、沉积速率、沉积类型、底栖生物活性、近底流和局部微地貌等因素的相互作用决定了锰结核的丰度是否足够高以达到具有经济价值的地步。CCZ 正好位于赤道太平洋高生物生产力带内的北部（Halbach et al.，1988）。CCZ 内水深条件和表层生物生产力的结合使得其海底面位于碳酸盐补偿深度（CCD）附近或刚刚低于该深度。在 CCZ 内更靠南的海域（靠近赤道），生物生产力水平高，沉积速率快，这导致了 CCD 的深度相对更深。在这种情况下，广泛分布的锰结核的生长受到了抑制（图 2.15）。靠近 CCD 的硅质软泥的形成能供给锰结核生长过程中所必需的金属，且区域内的物理环境特征（例如有利于孔隙水中的金属活化的渗透率）对于成岩成因锰结核的大面积形成颇为有利。海底扩张和洋壳蚀变导致了海底面的缓慢下陷以及板块向西北方向的缓慢移动，再连同稳定的沉积速率，这在相当长的地质时间里（几百万年）为锰结核的生长提供了一个极佳的环境。而且，区域内大量分布的海山和断层供给了大量能使得锰结核从初始阶段开始生长的成核

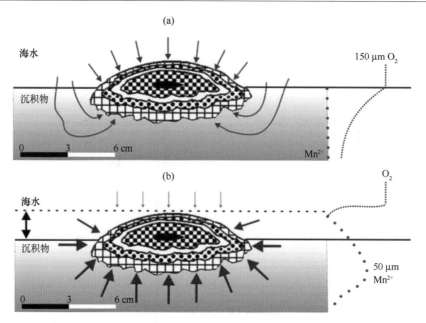

图 2.14　CCZ 现代富氧环境下（a）和古代贫氧环境下（b）锰结核的生长
对比示意图。黑色水平线代表海底面；蓝色箭头代表了现代富氧环境下的水
生成因沉淀，而红色箭头则代表了古代贫氧环境下的成岩成因沉淀。箭头的
厚度代表了生长速率。虚线表示孔隙水中 O_2 和 Mn^{2+} 的含量（数据来自 Mewes
et al.，2014）。图 b 左边能上下浮动的黑色双箭头指示出在贫氧生长过程中
结核也许会被沉积物所覆盖，以使成岩成因纹层能包裹整个结核

物质。广袤而平坦的海底面和中等速率的近底流也更有利于大面积锰结核的形成。

CCZ 在几百万年的时间里已经从最适合锰结核生长的位置变成了比较适合锰结核生长
的位置，这导致了小粒径锰结核的形成（图 2.15）。海区内赋存的锰结核的粒径较小，其
主要原因是水深较深以及生物生产力和颗粒沉积速率较低，导致了向海底供给的金属和有
机质的通量降低。以上情况的出现会导致成岩成因生长速率大幅降低，从而减少了对结核
的成岩作用。这也是印度洋海盆相对于 CCZ 而言其锰结核的丰度较低的缘故（见上文）。

2.4.3　微生物导致锰的活化和沉淀

近几十年来，科学家们一直在思索作为锰结核和铁锰结壳主要组成物质的锰氧化物在
其形成过程中微生物的影响究竟如何。当前的研究工作认为，这些锰氧化物并非全都是非
生物成因形成的，由于微生物的活性而通过生物驱动的作用过程也可形成，这些微生物包
括细菌（Ehrlich，1963；Schweissfurth，1971；Rosson and Nealson，1982；Villalobos et al.，
2003；Webb et al.，2005）和/或真菌（Miyata et al.，2006；Grangeon et al.，2010）。Ehr-
lich（1972）在锰结核中测出了三种类型的细菌：能氧化 Mn^{2+} 的细菌（锰氧化菌）、能还
原 Mn^{4+} 的细菌（锰还原菌）和既不能氧化锰（Mn^{2+}）又不能还原锰（Mn^{4+}）的细菌。
Blöthe 等（2015）最近的研究工作显示，赋存在 CCZ 锰结核内的各种原核生物群落主要由

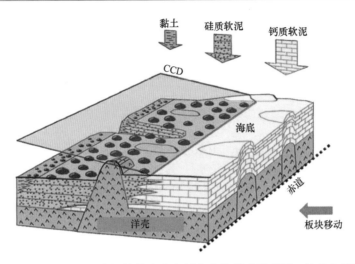

图 2.15 用以解释 CCZ 内锰结核丰度高低分布的模式示意图。粒径中等到大型以及高丰度的锰结核赋存在具有中等沉积速率且海底水深与碳酸盐补偿深度（CCD）一致或比它稍低的硅质软泥区域。粒径较小且丰度较低的锰结核分布在沉积速率较低且水深远比 CCD 深的深海黏土质区域内。赤道附近区域的高生物生产力导致了以富碳酸盐颗粒为主的物质的高速沉降，这也使得 CCD 的深度更深，因此阻碍了锰结核的形成。图引自 Beiersdorf（2003）；此图的翻印得到了国际海底管理局的同意

锰还原菌和锰氧化菌（*Shewanella* 和 *Colwellia*）组成。锰结核对氧化性阳离子的清除也许可以释放出能量以维持生活在结核内的细菌的活性（Tebo et al.，2004；Ehrlich and New-man，2009）。

有学者在实验室内开展了几项研究工作，以模拟细菌和真菌环境下锰氧化物的合成（例如 Bargar et al.，2005；Villalobos et al.，2003；Grangeon et al.，2010）。细菌 Mn（Ⅱ）氧化后检测到不同的产物。Hastings 和 Emerson（1986）以及 Mann 等（1988）认为黑锰矿（Mn_3O_4）是海洋中 *Bacillus sp. Strain SG - 1* 参与反应的中间态产物。Mandernack 等（1995）推断 Mn^{2+} 能被直接氧化成 Mn^{4+} 而不需要经历中间过程。Webb 等（2005）合成了无序的六方水钠锰矿，其在几天后会变为斜方水钠锰矿。这些锰氧化物与来自 CCZ 的以无序六方层状锰酸盐形式存在的锰结核略有差异。与之不同的是，Villalobos 等（2003）在 *Pseudomonas putida* 参与反应的产物中测出了 7Å 六方层状锰酸盐。而且，Hastings 和 Emerson（1986）以及 Bargar 等（2005）进一步的研究工作显示，锰氧化菌参与的反应会形成与天然 Mn-Fe 结壳内的 $\delta-MnO_2$ 相似的 X 射线无定型锰氧化物。以上作者认为这些锰氧化物主要是生物成因的，其在经历非生物作用过程后会变成诸如 10Å 层状锰酸盐等更稳定的晶体锰氧化物。

有微生物参与的 Mn^{2+} 的氧化反应过程会比非生物氧化反应快几个数量级（Villalobos et al.，2003；Morgan，2005；Tebo et al.，2005，2007）。然而，非生物氧化反应异常缓慢的速率对于锰结核每百万年最高才达几十毫米的整体生长速度而言更匹配一些（Lyle 1982；Halbach et al.，1988；Eisenhauer et al.，1992；Bollhöfer et al.，1996；Han et al.，2003）。

总而言之，目前学术界已经认识到锰结核在形成过程中有细菌的参与，并且已经粗略掌握其活性给锰氧化物矿物的形成所带来的可能影响。然而，微生物的活性到底是对锰结核的形成仅仅具有影响还是至关重要仍存争议。

2.4.4　热液沉淀

因为在还原性和酸性环境下 Mn^{2+} 可溶，且其溶解度高低与温度无关，所以 Mn^{2+} 不仅可以来源于热液流体，而且还可以以溶解态形式赋存在热液流体中直至其与氧化性海水混合后而被氧化。因此，Mn^{2+} 在低温热液流体中的富集既可以出现在活动高温热液区的边缘地带，也可以出现在热液活动逐渐消失的阶段。Mn^{2+} 将会在热液流体与冷的氧化性海水混合后被氧化而以锰氧化物（主要为钙锰矿）的形式赋存在海底表面或海底之下的锰结壳或外形不规则的沉淀物内（Hein et al.，1990；Rogers et al.，2001；Kuhn et al.，2003）。

高温热液流体中也富集锰，海底之下的高温含矿热液流体喷入上覆冷海水中后会形成热液羽状流（Lilley et al.，1995）。热液羽状流上升到离海底面之上 100~400 m 处的大洋水体后会因为近底流的影响而呈层状展布开来。Mn（和 Fe）在热液羽状流水平扩散的过程中会被氧化，形成富含铁锰的羽状流沉降物，由此既可以在岩石露头上形成热液成因铁锰结壳，也可以向深海沉积物供给铁锰氧化物（Kuhn et al.，1998，2000）。

全球所有海底热液系统中都会沉淀形成锰氧化物。然而，形成在现代海洋系统中的这些锰氧化物没有经济价值。相反，南非 Kalahari 地区形成于元古代的陆地最大锰矿床赋存着全球陆地锰储量的 77%，其就是由热液羽状流物质的沉降所形成的（Cairncross and Beukes，2013）。

2.5　锰结核的分布

地球上各大海洋水深 4 000~6 000 m 的深海平原内一般都分布有锰结核。但目前仅有来自克拉里昂—克利珀顿断裂带、中印度洋海盆和库克群岛海域的锰结核矿产具有经济价值（图 2.16）。对以上海域和秘鲁海盆内的锰结核资源的勘查工作已经持续了 30 多年。

2.5.1　克拉里昂—克利珀顿断裂带

克拉里昂—克利珀顿断裂带（CCZ）是全球最大的海底锰结核连续分布区。其面积约 400×10^4 km²，约等于欧盟的总面积（ISA，2010）。CCZ 位于夏威夷和墨西哥之间赤道以北的中太平洋海盆（图 2.16）。赋存在此区域内的结核既有成岩成因的也有水生成因的，在 CCZ 东部约 80% 的结核都是成岩成因的，从东部连续分布延伸至中部和西部的结核中水生成因的比重逐渐扩大。这导致来自 CCZ 中部和西部的结核其 Co 和稀土元素的含量比东部略微升高（表 2.1）。除了以上变化外，在整个 CCZ 中结核的化学组成都是相对均一的，特别是与结核丰度变化相比（kg/m²）。例如在 CCZ 东部结核化学组成的变化系数（CoV）低于 10%，而结核的丰度变化系数则高于 30%（BGR 未发表的数据）。锰结核并不是均匀地分布在 CCZ 的海底区域内，而是聚集成一个个小区块分布。有经济价值的

"斑块"可以覆盖数千千米的区域。

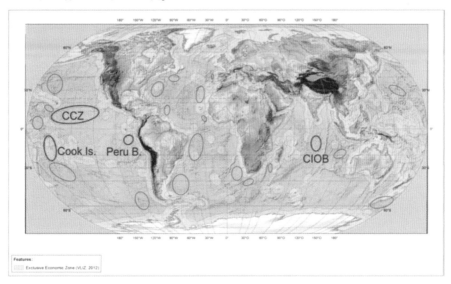

图 2.16 锰结核在全球各大海洋深海平原内的分布。红色区域代表区域内分布的锰结核具有重要经济价值，具体信息见正文。锰结核在这些区域内的分布丰度比较高，而在其他深海平原区域中的分布丰度比较低。CCZ 为克拉里昂-克利珀顿断裂带，Cook Is. 为库克群岛海域（包括彭林海盆和马尼希基海底高原），Peru B. 为秘鲁海盆，CIOB 为中印度洋海盆（图片上的信息引自 Hein et al., 2013；背景图引自 ESRI）

CCZ 内的锰结核分布丰度介于 0~30 kg/m^2（湿重），平均值为 15 kg/m^2（SPC，2013）。CCZ 内的锰结核资源量约为 210×10^8 t，其中 Mn 的资源量约为 60×10^8 t（表 2.4；Visbeck and Gelpke，2014），这与全球陆地 Mn 的经济可采储量和次经济储量之和相当，且估算出的 Ni、Co、Y 和 Tl 的资源量比陆上储量高好几倍（表 2.4）。因此，对 CCZ 内锰结核的开采可能会对全球某些金属的产能和价格产生深远的影响。除了稀土外，一个年平均产量 200×10^4 t 干锰结核的采矿项目所产出的金属量占全球主要金属产量的比例很小（表 2.5）。假如 5 个这样的锰结核采矿项目同时运行，那么产出的稀土元素将占全球产量的一半，其次为 Co 和 Mn，所占比例为 15%~17%，然后依次为 Ni、Mo、Li，所占比例从8% 下降到 2%，对于 Cu 几乎可以忽略不计（表 2.5）。

表 2.4 各金属在 CCZ 内锰结核中的赋存规模与其陆地储量和资源量[a]的对比（单位：10^6 t）

元素	克拉里昂—克利珀顿断裂带（CCZ）	全球陆上储量和资源量[b]	全球陆上储量
锰（Mn）	5 992	5 200	630
铜（Cu）	226	1 000+	690
钛（Ti）	67	899	414
稀土氧化物（REO）	15	150	110
镍（Ni）	274	150	80
钒（V）	9.4	38	14

续表

	克拉里昂—克利珀顿断裂带（CCZ）	全球陆上储量和资源量[b]	全球陆上储量
钼（Mo）	12	19	10
锂（Li）	2.8	14	13
钴（Co）	44	13	7.5
钨（W）	1.3	6.3	3.1
铌（Nb）	0.46	3	3
砷（As）	1.4	1.6	1
钍（Th）	0.32	1.2	1.2
铋（Bi）	0.18	0.7	0.3
钇（Y）	2	0.5	0.5
铂族金属	0.003	0.08	0.07
碲（Te）	0.08	0.05	0.02
铊（Tl）	4.2	0.000 7	0.000 4

（a）数据来自 Visbeck 和 Gelpke（2014）；

（b）指经济可采储量和次经济储量

表2.5　CCZ内锰结核中各金属的年产量和其在陆上矿床中的年产量对比

金属	全球陆上金属年产量（t）[a]	1个锰结核采矿项目的年产量（t）[b]	海上年产量占陆上年产量的比例（%）	5个锰结核采矿项目的年产量（t）[b]	海上年产量占陆上年产量的比例（%）
钴（Co）	110 000	3 400	3.1	17 000	15
锰（Mn）	17 284 210	600 000	3.5	3 000 000	17
铜（Cu）	15 997 172	23 600	0.15	118 000	0.7
镍（Ni）	1 786 300	27 800	1.6	139 000	7.8
钼（Mo）	250 314	1 200	0.48	6 000	2.4
锂（Li）	62 231	280	0.45	1 400	2.2
稀土氧化物（REO）	115 850	12 000	10	60 000	52

（a）数据来自欧盟2014年的重要原材料报告；

（b）数据基于年产量为干重$200×10^4$ t的结核，其金属的平均含量为：Co，0.17%；Mn，30%；Cu，1.18%；Ni，1.39%；Mo，0.06%；Li，0.014%；REO，0.6%

2.5.2　秘鲁海盆

秘鲁海盆位于秘鲁海岸线以西约3 000 km处，其面积约为CCZ的一半。海洋水体表层相对较高的生物生产力和与之相关的海底高通量有机碳合理解释了秘鲁海盆的富氧–贫氧交界面仅位于沉积物表层以下约 10 cm 处，松软的氧化性表层沉积物和相对高固结度的贫氧沉积物在此分隔（von Stackelberg，1997）。区域内锰结核的平均分布丰度为 10 kg/m²（Visbeck and Gelpke，2014），但在靠近 4 250 m 水深的碳酸盐补偿深度（CCD）位置处，其分布丰度最高可达 50 kg/m²（von Stackelberg，1997）。秘鲁海盆与 CCZ 最大的不同在于其区域内大部分地方的水深都接近 CCD 或是比 CCD 深，这导致了其沉积物中碳酸盐的含量最高可比 CCZ 高 50%（Koschinsky，2001）。与之相反的是，CCZ 表面沉积物缺乏碳酸盐（一般<1%）而由硅质软泥和深海黏土共同构成（ISA，2010）。

与 CCZ 相比，秘鲁海盆的锰结核中 Ni 和 Mo 的含量与之相近，而 Cu、Co 和 REY 的含量要低得多，但 Li 的含量和 Mn/Fe 比值要高出许多（表 2.1）。近年来的矿物学研究成果显示，秘鲁海盆和 CCZ 表层锰结核都具有相同类型的无序层状锰酸盐矿物，且钙锰矿不是其主要矿物类型（Wegorzewski et al.，2015）。

锰结核中的金属含量在秘鲁海盆与 CCZ 之间存在差异主要是因为：秘鲁海盆内的锰结核其贫氧成岩纹层在整个锰结核中所占的比例较高，其水生成因纹层所占的比例非常低（Wegorzewski and Kuhn，2014）。

2.5.3 库克群岛海域

库克群岛专属经济区面积约为 200×10⁴ km²，包括太平洋西南部的彭林海盆和萨摩亚海盆深海平原在内（图 2.16）。这些深海平原的水深通常超过 4 700 m，且覆盖海底的沉积物主要为富沸石的远洋褐黏土，此外还含有少量的火山玻璃、铁和锰的氧化物、磷酸盐碎屑以及生物成因碳酸盐和硅质物（Cronan et al.，2010；Hein et al.，2015）。区域内沉积速率较低，有机质的沉降通量也较低，但成核物质的供给量充足且底层水流速较快。这样的环境明显地已经稳定维持了相当长的一段时间，使得氧气在海底表面和沉积物中都颇为富余，由此导致了 Mn 与 Fe 的含量近乎相同（表 2.1；Hein et al.，2015）的水生成因铁锰结核的慢速（平均值为 1.9 mm/Ma）形成。因此，与 CCZ 相比，库克群岛海域锰结核中 Co（0.41%）、Ti（1.20%）、REY（0.17%）和 Zr（524 μg/g）的含量较高，但 Ni（0.38%）、Cu（0.23%）和 Mn（16.1%）的含量较低（表 2.1）。经对潜在勘探区域的调查研究发现，锰结核的分布丰度介于 19~45 kg/m²，在个别的小范围区域内可达到 58 kg/m² 的高值。在当前金属价格条件下，相对较高的分布丰度和可用于高新技术产业的金属的高含量值（REY、Co、Ti）使得库克群岛海域中的 1 t 锰结核与 CCZ 的 1 t 锰结核价值相当（Hein et al.，2015）。

2.5.4 中印度洋海盆

在中印度洋海盆（CIOB）内，具有经济价值的锰结核赋存区位于 10°—16°30′S，72°—80°E 的水深为 3 000~6 000 m 的范围内，其面积约为 70×10⁴ km²。在此区域内，有一个名为印度洋结核区（IONF）的地方，其结核的分布丰度相对较高，面积约为 30×10⁴ km²（Mukhopadhyay et al.，2008；Mukhopadhyay and Ghosh，2010）。IONF 内锰结核的总

规模约为 $14×10^8$ t，平均分布丰度为 4.5 kg/m^2，Ni、Cu、Co 的资源量之和为 2 184×10^4 t。然而，与其他赋存锰结核的主要海区相比，此区内锰结核的分布丰度变化较大，极不均一。而且，结核的分布丰度似乎与海山和断层的数量相关。高度高于 500 m 的海山和断层系统明显会增高成核物质的供给量，因此可以提升结核的分布丰度（Mukhopadhyay et al.，2008）。IONF 内多个锰结核分布区的特征各不相同，且锰结核的形成模式在这些区域间存在着少许变化，这导致了 Mn/Fe 变化范围较大，介于 1.8~4.8，Ni、Cu、Co 的含量之和为 2.48%~2.53%。

此区内锰结核的主要矿物类型包括水羟锰矿、水钠锰矿以及钙锰矿（Mukhopadhyay and Ghosh，2010）。这表明此区内的锰结核其水生成因类型和成岩成因类型所占的比例变化不定。IONF 内不同分布区块的深海沉积物中赋存着规模不一的硅质软泥、陆源碎屑以及远洋红黏土。IONF 内的沉积速率在北部为 9 mm/ka，在南部则降低到 1 mm/ka（Borole，1993）。IONF 内锰结核中 Ni、Cu、Co 的总含量值与 CCZ 的相似，但 Pb 和稀土元素的含量比 CCZ 内的高（表 2.1）。由 IONF 内锰结核的化学组成和矿物学以及沉积环境特征可以看出，其水生成因作用和成岩成因作用过程与 CCZ 内的一样。这两个区域内锰结核的最大不同之处在于其分布丰度，CCZ 内的分布丰度明显比 IONF 内的高。这主要是因为：①IONF 内的沉积速率较低，这导致更高比例的水生成因型锰结核纹层的形成；②IONF 内陆源物质的供给量较高，由此降低了向海底供给的金属相对含量，这些金属本来可以在初期的成岩作用过程中进入到锰结核内。但不管怎么样，像 IONF 这样大范围的锰结核赋存区域，如果海底采矿技术成熟，那么在此处进行锰结核的开采是有利可图的（Mukhopadhyay et al.，2008）。

2.5.5　其他海域

除了上文中提到的 4 个已经进行了几十年锰结核资源调查研究的海域外，还有许多其他海域也赋存有锰结核（图 2.16）。大西洋内的深海平原将是未来具有前景的调查区域，到目前为止对这些区域内锰结核资源的调查研究程度还很低。另一个重要而特别的锰结核赋存区为波罗的海，该海域内某几个地段的成岩成因型锰结核生长速率很高（0.013~1 mm/a）。里加湾、芬兰湾和波的尼亚湾内水深从几十米到约 150 m，面积几百平方千米的范围内赋存的锰结核其分布丰度较高，介于 10~40 kg/m^2。芬兰湾内属于俄罗斯的区域内结核的规模约 600×10^4 t，尽管这些结核内的金属含量很低（Co、Cu、Ni、Zn 之和不足 0.05%，Glasby et al.，1997），但在 2004 年到 2007 年间就已经对它们进行过商业性开采（Cherkashov et al.，2013）。

前人曾经对赋存在卡迪斯湾和西班牙加利西亚浅滩内的锰结核和其他成因类型的铁锰沉积物以及它们中金属的含量进行过研究（González et al.，2012，2014）。这些铁锰物质内异乎寻常的高金属含量（例如 Co 的含量最高可达 1.8%，Mn 的含量超过 40%）可能与诸如碳氢化合物的活动或是导致地壳深部物质向上运移的断层系统等特定区域环境因素相关。

参考文献

Bargar JR, Tebo BM, Bergmann U, Webb SM, Glatzel P, Chiu VQ, Villalobos M (2005) Biotic and abiotic products of Mn(II) oxidation by spores of the marine Bacillus sp. strain SG-1. Am Mineral 90:143–154

Beiersdorf H (2003) Scientific challenges related to the development of a geological model for the manganese nodule occurrences in the clarion-clipperton zone (Equatorial North Pacific Ocean). In: Establishment of a geological model of polymetallic deposits in the Clarion-Clipperton Fracture Zone of the equatorial North Pacific Ocean. Intenational Seabed Authority (ISA), Kingston, pp 175–200

Blöthe M, Wegorzewski AV, Müller C, Simon F, Kuhn T, Schippers A (2015) Manganese-cycling microbial communuties inside deep-sea manganese nodules. Environ Sci Technol 49:7692–7700

Bodeï S, Manceau A, Geoffroy N, Baronnet A, Buatier M (2007) Formation of todorokite from vernadite in Ni-rich hemipelagic sediments. Geochim Cosmochim Acta 71:5698–5716

Bollhöfer A, Eisenhauer A, Frank N, Pech D, Mangini A (1996) Thorium and uranium isotopes in a manganese nodule from the Peru basin determined by alpha spectrometry and thermal ionization mass spectrometry (TIMS): are manganese supply and growth related to climate? Geologische Rundschau 85:577–585

Bonatti E, Kraemer T, Rydell H (1972) Classification and genesis of submarine iron-manganese deposits. In: Horn DR (ed) Ferromanganese deposits on the ocean floor. NSF, Washington, pp 149–166

Borole DV (1993) Late Pleistocene sedimentation: a case study in the central Indian Ocean Basin. Deep Sea Res 40:761–775

Bradtmiller LI, Anderson RF, Sachs JP, Fleisher MQ (2010) A deep respired carbon pool in the glacial equatorial Pacific Ocean. Earth Planet Sci Lett 299:417–425

Bruland KW (1983) Trace elements in sea water. In: Riley JP, Chester R (eds) Chemical oceanography, vol 8. Academic Press, London, pp 156–220

Burns RG, Burns VM (1977) Mineralogy. In: Glasby GP (ed) Marine manganese deposits. Elsevier oceanography series, vol 15. Elsevier, Amsterdam, pp 185–248

Burns VM, Burns RG (1978) Authigenic todorokite and phillipsite inside deep sea manganese nodules. Am Mineral 63:827–831

Burns RG, Burns VM, Stockman HW (1983). A review of the todorokite-buserite problem: implications to the mineralogy of marine manganaese nodules. Am Mineral 68:972–980

Byrne RH (2002) Speciation in seawater. In: Ure AM, Davidson CM (eds) Chemical speciation in the environment. Blackwell Publishing Ltd, Oxford, pp 322–357

Cairncross B, Beukes NJ (2013) The Kalahari Manganese Field. Struik Nature Ltd., Cape Town, 383 p

Cherkashov G, Smyslov A, Soreide F (2013) Fe-Mn nodules of the finnish bay (Baltic Sea): exploration and exploitation experience. In: Morgan CL (ed) Recent developments in Atlantic seabed minerals exploration and other topics of timely interest. The Underwater Mining Institute, Rio de Janeiro, 4 p

Chester R, Jickells T (2012) Marine geochemistry, 3rd ed. Wiley-Blackwell, Oxford, 411 p

Chukhrov FV, Gorshkov AI, Beresovskaya VV, Sivtsov AV (1979) Contributions to the mineralogy of authigenic manganese phases from marine manganese deposits. Miner Deposita 14:249–261

Cronan DS, Rothwell G, Croudace I (2010) An ITRAX geochemical study of ferromanganiferous sediments from the Penrhyn Basin, South Pacific Ocean. Mar Georesour Geotechnol 28:207–221

Drits VA, Tchoubar C (1990) X-ray diffraction by disordered lamellar structures: theory and applications to microdivided silicates and carbons. Springer, Berlin, p 371

Drits VA, Silvester E, Gorshkov AI, Manceau A (1997) Structure of synthetic monoclinic Na-rich birnessite and hexagonal birnessite: I. Results from X-ray diffraction and selected-area electron diffraction. Am Mineral 82:946–961

Drits VA, Lanson B, Gaillot AC (2007) Birnessite polytype systematics and identification by powder X-ray diffraction. Am Mineral 92:771–788

Ehrlich HL (1963) Bacteriology of manganese nodules: I. Bacterial action on manganese in nodules enrichments. Appl Microbiol 11:15–19

Ehrlich HL (1972) Response of some activities of ferromanganese nodule bacteria to hydrostatic pressure. In: Cilwell RR, Morita RY (eds) Effect of the ocean environment on microbial activities. University Park Press, Baltimore, pp 208–211

Ehrlich HL (2000) Ocean manganese nodules: biogenesis and bioleaching possibilities. Miner Metall Process 17:121–128

Ehrlich HL, Newman DK (2009) Geomicrobiology, 5th edn. CRC/Taylor & Francis Group, Boca Raton, p 606

Eisenhauer A, Gögen K, Pernicka E, Mangini A (1992) Climatic influences on the growth rates of Mn crusts during the Late Quaternary. Earth Planet Sci Lett 109:25–36

Froelich PN, Klinkhammer GP, Bender ML, Luedtke NA, Cullen D, Dauphin P (1979) Early oxidation of organic matter in pelagic sediments of the eastern equatorial Atlantic: suboxic diagenesis. Geochim Cosmochim Acta 43:1075–1090

Galoway F, Bender M (1982) Diagenetic models of interstitial nitrate profiles in deep-sea suboxic sediments. Limnol Oceanogr 27:624–638

Giovanoli R, Bürki P, Giuffredi M, Stumm W (1975) Layer structured manganese oxide-hydroxides. IV. The buserite group: structure stabilisation by transition elements. Chimia 29:517–520

Giovanoli R (1980) On natural and synthetic manganese nodules. Geol Geochem Manganese 1(65):100–202

Glasby GP (2006) Manganese: predominant role of nodules and crusts. In: Schulz HD, Zabel M (eds) Marine geochemistry. Springer, Heidelberg, pp 371–428

Glasby GP, Emelyanow EM, Zhamoida VA, Baturin GN, Leipe T, Bahlo R and Bonacker P (1997) Environments of formation of ferromanganese concretions in the Baltic Sea: a critical review. In: Nickelson K, Hein JR, Bühn B, Dasgupta S (eds) Manganese mineralization: geochemistry and mineralogy of terrestrial and marine deposits. Geol. Soc. Spec. Publ. No. 119, pp 213–238

Golden DC, Dixon JB, Chen CC (1986) Ion exchange, thermal transformations, and oxidizing properties of birnessite. Clays Clay Miner 34:511–520

González FJ, Somoza L, Leon R, Medialdea T, de Torres T, Ortiz JE, Lunar R, Martinez-Frias J, Merinero R (2012) Ferromanganese nodules and micro-hardgrounds associated with the Cadiz Contourite Channel (NE Atlantic): palaeoenvironmental records of fluid venting and bottom currents. Chem Geol 310–311:56–78

González J, Somoza L, Lunar R, Martínez-Frías J, Medialdea T, León R, Martín-Rubí JA, Torres T, Ortiz JE, Marino E (2014) Polymetallic ferromanganese deposits research on the Atlantic Spanish continental margin. In: Hein JR, Barriga FJAS, Morgan, CL (eds) Harvesting seabed minerals resources in harmony with nature. UMI, Lisbon, Portugal

Grangeon S, Lanson B, Miyata N, Tani Y, Manceau A (2010) Structure of nanocrystalline phyllomanganates produced by freshwater fungi. Am Mineral 95:1608–1616

Haeckel M, König I, Riech V, Weber ME, Suess E (2001) Pore water profiles and numerical modelling of biogeochemical processes in Peru Basin deep-sea sediments. Deep Sea Res II 48:3713–3736

Halbach P, Friedrich G, von Stackelberg U (1988) The manganese nodule belt of the Pacific Ocean. Enke, Stuttgart, p 254

Han X, Jin X, Yang S, Fietzke J, Eisenhauer A (2003) Rhythic growth of Pacific ferromanganese nodules and their Milankovitch climattic origin. Earth Planet Sci Lett 211:143–157

Hastings D, Emerson S (1986) Oxidation of manganese by spores of a marine Bacillus: kinetic and thermodynamic considerations. Geochim Cosmochim Acta 50(8):1819–1824

Hein JR, Koschinsky A (2013) Deep-ocean ferromanganese crust and nodules. In: Holland H, Turekian K (eds) Earth systems and environmental sciences, treatise on geochemistry, 2nd edn. Elsevier, Amsterdam, pp 273–291

Hein JR, Schulz MS, Kang J-K (1990) Insular and submarine ferromanganese mineralization of the Tonga-Lau region. Mar Mining 9:305–354

Hein JR, Conrad TA, Staudigel H (2010) Seamount mineral deposits. A source of rare metals for high-technology industries. Oceanography 23(1):184–189

Hein JR, Mizell K, Koschinsky A, Conrad TA (2013) Deep-ocean mineral deposits as a source of critical metals for high- and green-technology applications: comparison with land-based resources. Ore Geol Rev 51:1–14

Hein JR, Spinardi F, Okamoto N, Mizell K, Thorburn D, Tawake A (2015) Critical metals in manganese nodules from the Cook Islands EEZ, abundances and distributions. Ore Geol Rev 68:97–116

Herguera JC (2000) Last glacial paleoproductivity patterns in the eastern equatorial Pacific: benthic foraminifera records. Mar Micropaleontol 40:259–275

Hlawatsch S, Garbe-Schönberg CD, Lechtenberg F, Manceau A, Tamura N, Kulik DA, Kersten M (2002) Trace metal fluxes to ferromanganese nodules from the western Baltic Sea as a record for long-term environmental changes. Chem Geol 181:697–709

ISA (2010) A geological model of polymetallic nodules in the Clarion-Clipperton Fracture Zone. International Seabed Authority Technical Study No. 6. Kingston, Jamaica, p 75

Koschinsky A (2001) Heavy metal distributions in Peru Basin surface sediments in relation to historic, present and disturbed redox environments. Deep Sea Res II 48:3757–3777

Koschinsky A, Halbach P (1995) Sequential leaching of marine ferromanganese precipitates: genetic implications. Geochim Cosmochim Acta 59:5113–5132

Koschinsky A, Hein JR (2003) Uptake of elements from seawater by ferromanganese crusts: solid-phase associations and seawater speciation. Mar Geol 198:331–351

Krapf E (2014) Investigations of growth structures of manganese nodules from the East Pacific using micro-analytical approaches. Master thesis (in German), University of Clausthal, Clausthal-Zellerfeld, p 62

Kuhn T, Bau M, Blum N, Halbach P (1998) Origin of negative Ce anomalies in mixed hydrothermal-hydrogenetic Fe–Mn crusts from the Central Indian Ridge. Earth Planet Sci Lett 163:207–220

Kuhn T, Burger H, Castradori D, Halbach P (2000) Tectonic and hydrothermal evolution of ridge segments near the Rodrigues Triple Junction (Central Indian Ocean) deduced from sediment geochemistry. Mar Geol 169:391–409

Kuhn T, Bostick BC, Koschinsky A, Halbach P, Fendorf S (2003) Enrichment of Mo in hydrothermal Mn precipitates: possible Mo sources, formation process and phase associations. Chem Geol 199:29–43

Lilley MD, Feely RA, Trefry JH (1995) Chemical and biochemical transformations in hydrothermal plumes. In: Humphris SE, Zierenberg RA, Mullineaux LS, Thomson RE (eds) Seafloor hydrothermal systems. Geophys. Monogr. 91, Am. Geophys. Union, Washington, pp 369–391

Lyle M (1982) Estimating growth rates of ferromanganese nodules from chemical compositions: implications for nodule formation processes. Geochim Cosmochim Acta 46(11):2301–2306

Manceau A, Gorshkov AI, Drits VA (1992a) Structural chemistry of Mn, Fe, Co, and Ni in manganese hydrous oxides: Part II. Infromation from EXAFS spectroscopy and electron and X-ray diffraction. Am Mineral 77:1144–1157

Manceau A, Gorshkov AI, Drits VA (1992b) Structural chemistry of Mn, Fe, Co, and Ni in manganese hydrous oxides: Part I. Information from XANES spectroscopy. Am Mineral 77:113–1143

Manceau A, Drits VA, Silvester E, Bartoli C, Lanson B (1997) Structural mechanism of Co^{2+} oxidation by the phyllomanganate buserite. Am Mineral 82(11–12):1150–1175

Manceau A, Marcus MA, Grangeon S (2012) Determination of Mn valence states in mixed-valent manganates by XANES spectroscopy. Am Mineral 97:816–827

Manceau A, Lanson M, Takahashi Y (2014) Mineralogy and crystal chemistry of Mn, Fe, Co, Ni, and Cu in a deep-sea Pacific polymetallic nodule. Am Mineral 99:2068–2083

Mandernack KW, Post J, Tebo BM (1995) Manganese mineral formation by bacterial spores of the marine *Bacillus*, strain SG-1: evidence for the direct oxidation of Mn(II) to Mn(IV). Geochim Cosmochim Acta 59:4393–4408

Mann S, Sparks NHC, Scott GHE, deVrind-deJong EW (1988) Oxidation of manganese and formation of Mn_3O_4 (hausmannite) by spore coats of a marine *Bacillus sp*. Appl Environ Microbiol 54:2140–2143

McLennan SM (1989) Rare earth elements in sedimentary rocks: influence of provenance and sedimentary processes. In: Lipin BR, McKay GA (eds) Geochemistry and mineralogy of rare earth elements. Rev. Mineral. 21, Mineral. Soc. Am., Washington, pp 169–200

Mewes K, Mogollón JM, Picard A, Rühlemann C, Kuhn T, Nöthen K, Kasten S (2014) The impact of depositional and biogeochemical processes on small scale variations in nodule abundance in the Clarion–Clipperton Fracture Zone. Deep-Sea Res 191:125–141

Miyata N, Maruo K, Tani Y, Tsuno H, Seyama H, Soma M, Iwahori K (2006) Production of biogenic manganese oxides by anamorphic ascomycete fungi isolated from streambed pebbles. Geomicrobiol J 23:63–73

Morgan JJ (2005) Kinetics of reaction between O_2 and Mn (II) species in aqueous solutions. Geochim Cosmochim Acta 69:35–48

Mukhopadhyay R, Ghosh AK (2010) Dynamics of formation of ferromanganese nodules in the Indian Ocean. J Asian Earth Sci 37:394–398

Mukhopadhyay R, Ghosh AK, Iyer SD (2008) The Indian Ocean nodule field. Geology and resource potential. In: Hale M (series editor) Handbook of exploration and environmental geochemistry no. 10. Elsevier, Amsterdam, p 292

Müller PJ, Hartmann M, Suess E (1988) The chemical environment of pelagic sediments. In: Halbach P, Friedrich G, von Stackelberg U (eds) The manganese nodule belt of the Pacific ocean: geological, environment, nodule formation, and mining aspects. Enke, Stuttgart, pp 70–90

Novikov GV. Bogdanova O, Yu (2007) Transformations of ore minerals in genetically different oceanic ferromanganese rocks. Lithol Miner Resour 42:303–317

Peacock CL, Sherman DM (2007a) Sorption of Ni by birnessite: equilibrium controls on Ni in seawater. Chem Geol 238:94–106

Peacock CL, Sherman DM (2007b) Crystal-chemistry of Ni in marine ferromanganese crusts and nodules. Am Mineral 92:1087–1092

Post JE, Appleman DE (1988) Chalcophanite, $ZnMn_3O_7$-$3H_2O$: new crystal-structure determina-

54

tions. Am Mineral 73:1401–1404

Post JE, Appleman DE (1994) Crystal structure refinement of lithiophorite. Am Mineral 79:370–374

Post JE, Bish DL (1988) Rietveld refinement of the todorokite structure. Am Mineral 73:861–869

Post JE, Veblen DR (1990) Crystal structure determinations of synthetic sodium, magnesium, and potassium birnessite using TEM and the Rietveld method. Am Mineral 75:477–489

Post JE, Heaney PJ, Hanson J (2003) Synchrotron X-ray diffraction of the structure and dehydration behavior of todorokite. Am Mineral 88:142–150

Rogers TDS, Hodkinson RA, Cronan DS (2001) Hydrothermal manganese deposits from the Tonga-Kermadec Ridge and Lau Basin Region, Southwest Pacific. Mar Geores Geotechnol 19:245–268

Rosson RA, Nealson KH (1982) Manganese bacteria and the marine manganese cycle. In: Ernst WG, Morin JG (eds) The environment of the deep sea. Prentice Hall Inc., Englewood Cliffs, pp 206–216

Schweissfurth R (1971) Manganknollen im Meer. Naturwissenschaften 58:344–347

Shaw TJ, Gieskes JM, Jahnke RA (1990) Early diagenesis in differing depositional environments: the response of transition metals in pore water. Geochim Cosmochim Acta 54:1233–1246

SPC (2013) Deep sea minerals: manganese nodules, a physical, biological, environmental, and technical review. In: Baker E, Beaudoin Y (eds) vol 1B. Secretariat of the Pacific Community

Stumm W, Morgan JJ (1981) Aquatic chemistry: an introduction emphasizing chemical equilibria in natural waters, 2nd edn. Wiley, New York, p 780

Takahashi Y, Manceau A, Geoffroy N, Marcus MA, Usui A (2007) Chemical and structural control of the partitioning of Co, Ce, and Pb in marine ferromanganese oxides. Geochim Cosmochim Acta 71:984–1008

Tebo BM, Bargar JR, Clement BG, Dick GJ, Murray KJ, Parker D, Webb SM (2004) Biogenic manganese oxides: properties and mechanisms of formation. Annu Rev Earth Planet Sci 32:287–328

Tebo BM, Johnson HA, McCarthy JK, Templeton AS (2005) Geomicrobiology of manganese (II) oxidation. Trends Microbiol 13:421–428

Tebo BM, Clement BG, Dick GJ (2007) Biotransformations of manganese. In: Hurst CJ, Crawford RL, Garland JL, Lipson DA, Mills AL, Stetzenbach LD (eds) Manual of environmental microbiology, 3rd edn. ASM Press, Washington, pp 1223–1238

Turner S, Buseck PR (1979) Manganese oxide tunnel structures and their intergrowths. Science 203:456–458

Usui A, Mita N (1995) Geochemistry and mineralogy of a modern buserite deposit from a hot spring in Hokkaido, Japan. Clays Clay Miner 43:116–127

Usui A, Mellin TA, Nohara M, Yuasa M (1989) Structural stability of marine 10Å manganates from the Ogasawara (Bonin) Arc: implication for low-temperature hydrothermal activity. Mar Geol 86:41–56

Villalobos M, Toner B, Bargar J, Sposito G (2003) Characterization of the manganese oxide produced by *Pseudomonas putida* strain MnB1. Geochim Cosmochim Acta 67:2649–2662

Visbeck M, Gelpke N (2014) World ocean review 3. Maribus gGmbH, Hamburg, p 163

von Stackelberg, U. (1997). Growth history of manganese nodules and crusts of the Peru Basin. In: Manganese mineralization: geochemistry and mineralogy of terrestrial and marine deposits. Geol Soc Spec Pub, 119, pp 153–176

von Stackelberg U (2000) Manganese nodules of the Peru Basin. In: Cronan DS (ed) Handbook of marine mineral deposits. CRC Press, Boca Raton, pp 197–238 von Stackelberg U, Beiersdorf H (1987) Manganese nodules and sediments in the equatorial North Pacific Ocean, "Sonne" Cruise SO25, 1982. Geol. Jahrb., D87:403 pp

von Stackelberg U, Marchig V (1987) Manganese nodule from the equatorial North Pacific Ocean. Geol Jahrb D87:123–227

Warren BE (1941) X-ray diffraction in random layer lattices. Phys Rev 59:693–698

Webb SM, Tebo BM, Bargar JR (2005) Structural characterization of biogenic Mn oxides produced in seawater by the marine Bacillus sp. strain SG-1. Am Mineral 90:1342–1357

Wegorzewski AV, Kuhn T (2014) The influence of suboxic diagenesis on the formation og manganese nodules in the Clarion Clipperton nodule belt of the Pacific Ocean. Mar Geol 357:123–138

Wegorzewski A, Kuhn T, Dohrmann R, Wirth R, Grangeon S (2015) Mineralogical characterization of individual growth structures of Mn-nodules with different Ni+Cu content from the central Pacific Ocean. Am Mineral 100:2497–2508

托马斯·库恩（Thomas Kuhn），海洋地质学家，就职于德国联邦地球科学与自然资源研究所（BGR）。主要研究领域包括：铁锰沉淀物、岩石和沉淀物中微量元素的固相结合和构造控制，海底成像的自动化分析，地质统计学资源估算，以及锰结核地域勘探水声数据的分析。他参加了 25 余次的研究航次，遍及主要海域。

安娜·温格韦思琪（Anna V Wegorzewski），海洋地质学家，就职于德国联邦地球科学与自然资源研究所（BGR）。主要研究锰结核的矿物成分，尤其是与冶炼加工相关的有经济价值金属元素在锰相矿物中的富集。2010 年以来，她参加了 5 次太平洋和印度洋的研究航次。

卡尔斯腾·瑞勒曼（Carsten Rühlemann），海洋地质学家，就职于德国联邦地球科学与自然资源研究所（BGR）。担任德国合同区（license area）锰结核勘探的项目经理。他参加了逾20次的远洋科考。

安妮米克·温克（Annemiek Vink），海洋生物地质学家，就职于德国联邦地球科学与自然资源研究所（BGR）。负责东北太平洋克拉里昂—克利珀顿断裂带（CCZ）锰结核勘探许可区域环境管理项目的协调，主要工作包括环境基线数据的收集，以及锰结核开采对动物群落的潜在影响分析（例如，由于结核开采、沉积物羽状流漂流扩散和沉降导致的影响）。她参加了多次东北太平洋克拉里昂—克利珀顿断裂带的研究勘探航次。

第3章 海洋富钴铁锰结壳矿床：描述与形成、赋存与分布及其全球资源评估

Peter E Halbach，Andreas Jahn，Georgy Cherkashov

摘要：海底富钴铁锰结壳中存在多种主要、次要和微量金属元素，对于满足未来各行业的持续需求具有战略价值，因此富钴铁锰结壳的意义越来越重大。本章描述了富钴铁锰结壳的赋存性质、矿物学特征、结壳的形成和生长、化学成分及其相互关系，并进一步研究了富钴铁锰结壳在全球和局部区域的金属潜力，提出了资源评估模型，探讨了经济效益评估的相关内容。

3.1 引言

海洋是地球表面最大和最突出的特征，因为太阳系中没有其他行星拥有海洋。事实上在内太阳系中，具有这么多液态水的地球是独一无二的。这些液态水大部分都储存在海洋中（Seibold and Berger，1993）。水是地球上生命的基础，因此海洋具有特别重要的意义。这个巨大的水库除了提供食物和能源之外，还为我们提供了矿产；并且，它还是一种永久性的源-汇系统。这些能量和物质交换发生在海底，主要受水体的各种作用所控制，是由表层生物生产力、大陆物质径流进入海洋和热液物质转移产生。

现象和作用互相联系的概念适用于地球上的许多地方，包括海底，它是许多下沉产物最终沉积的地方。例如，锰铁结壳以厘米到分米厚的含水氧化物层覆盖了水深1 000 ~ 5 000 m以上的巨大海底区域。大洋水体作用（见下文）产生的矿物微粒和浮游生物骨架为铁锰结壳的生长提供了物质来源。这些结壳呈黑色至棕黑色，是由两种氧化矿物组成的一种资源，这两种氧化物矿物结核来自陆地（气溶胶、大陆径流）和海洋（最低含氧带、洋壳热液蚀变、生物骨架的溶解）的金属元素。与铁锰结核不同的是，结壳大多紧紧地附着在硬质基岩的表面，也就是说，在技术上可以实行海底回收之前，必须机械地使结壳松动。

对于任何一种成功的结壳开采来说，最重要的是回收的结壳含有的下伏无矿岩石量最少。然而到目前为止，这一技术问题还没有解决。就化学成分来说，结壳是一种多金属矿产，除了主要金属元素Mn和Fe以外，还含有一些很有意义的次要元素（Co、Ni、Ti、Cu和REEs）和微量元素（Mo、W、Nb、Te、Ga和Pt）。其中一些金属或半金属元素作为高新科技元素在未来具有巨大的潜力。然而，到目前为止还不清楚，在有利可图的市场条件下，这些成分中的哪些元素能在多大程度上通过技术被提取。

对地球化学和矿物学的关系及共生条件的认识，是矿物加工和冶金提取相应步骤发展的重要基础。结壳内有价值金属的浓度水平关乎市场价格，而分布区的丰度决定了结壳矿

床作为未来金属来源的区域潜力，这些方面也应被考虑在内。

3.2　赋存和性质

铁锰结壳（图3.1）是在或多或少含氧的条件下直接从冷的海水中沉淀形成的，由硬质基岩上的含水矿物层（厚达25 cm，代表了几代的生长）组成，这些硬质基岩有火山玻璃质碎屑岩、或多或少风化了的玄武岩、碳氟磷灰石、石灰岩和固结的黏土沉积。在结壳中，许多金属元素以最高氧化态存在。结壳不会在那些岩石表面覆盖了更厚且或多或少固结了的沉积层的海域形成。

富钴铁锰结壳矿床遍布全球大洋。太平洋、大西洋和印度洋均有分布，这一事实表明在结壳生长时的水体条件（见下文）或多或少是相同的。主要的地貌环境有海山的侧翼、平台和顶部，海底火山山脉和平顶海山的平台，在这些地方洋流可使海底几百万年都没有沉积物。平顶海山平台上也可能有一些水成结核，具有与周围结壳沉积相似的层状结构和金属元素组成（Halbach and Marbler，2009）。例如，在最富结壳矿床的西太平洋（图3.2）估计有50 000座海山，它们中的一些已经被详细地绘制了地图并进行了采样，而在南太平洋、大西洋和印度洋的其他结壳站位也已经被研究过了。

图3.1　覆盖在破碎基岩上的富钴锰结壳；结壳厚度约8 cm；样品来自中太平洋海盆的一个海山斜坡。断裂面显示出较年轻的上层和较老的下层，后者被碳氟磷灰石强烈浸染

较厚的富金属结壳出现在海山顶部平台的外缘、平台以及宽阔的鞍形结构上（Hein et al.，2000）。中等坡度的阶地也由与斑块状分布的水成结核相伴的结壳覆盖，这些水成结核斑块往往含有小的结壳碎片作为核心。由于较高的Co和Ni浓度（见下文），在经济上令人关注的结壳矿床一般存在于800~3 000 m水深处。大西洋和印度洋的海山和海底山脉比西太平洋要少得多，因此存在结壳矿床的可能性较小。海山上结壳的分布和组成十分复杂，受许多因素的影响，包括海山形态、海流模式、物质坡移、基岩类型、沉积年龄、生长速率、沉降历史和气候影响（包括海洋表层生物生产力的变化）等（见下文）。这些潜

图 3.2　北太平洋海底地貌（Berann et al.，1977）；西部以许多海底死火山和
海山链为特征，通常是以前的热点系统

在的金属资源的区域重要性最终取决于局部的结壳分布，以及小型地貌、矿石品位、吨位
和水深范围。通常结壳层会继承下伏基岩厘米到分米尺度的微地形（图 3.3 和图 3.4）；
通过结壳表面的形态再现了圆形巨砾和块状物以及从前的火山流结构；小尺度的表面形态
往往表现为多瘤结构（图 3.1）。如果局部微形态相对凸起超过约 20 cm（图 3.3 和图
3.4），技术上的松动和回收过程可能受到严重阻碍。举个例子，如果基岩基本上全部被覆
盖（图 3.3 和图 3.4），则 3~5 cm 厚的结壳可具有 50~90 kg/m²（湿重）的局部丰度值。

图 3.3　马绍尔群岛地区海山斜坡上的铁锰结壳图像；长边相当于 5 m。斜坡的倾角
为 15°~18°。结壳覆盖率约为 90%。下伏岩石控制着结壳表面的微形态

　　与结核形成鲜明对比的是，结壳一般紧紧附着在坚硬的基岩上。令人惊讶的是，在中
太平洋海山的一些斜坡（倾角 16°~18°）上，观察到结壳层正在形成分米到米大小的板

图 3.4　中太平洋海盆海山斜坡上的铁锰结壳图像；长边相当于 5 m。斜坡的倾角为 15°~18°。结壳覆盖率几乎达到 100%。下伏岩石控制着结壳表面的微形态

块，这些板块已经通过自然过程从基底松开，并且缓慢地向下滑动（图 3.5 和图 3.6；Halbach et al.，2008）。与此同时，松动的板块也会崩解和/或碎裂。一般来说，具有分离的结壳碎片的斜坡，微地形非常平滑。这些斜坡上部的结壳呈现出由最初的富水胶体沉淀物脱水而形成的干缩裂缝十字纹图形；随着铁锰物质成熟度的提高，孔隙度和含水量降低，铁锰物质品级提高。这种体积损失最终导致干缩裂缝的形成，重力是结壳松动和下滑的原因；这种向下的运动也导致结壳化为较小的壳片。

铁锰结皮（pavement）通常是薄层状的，在横截面上各层呈韵律层出现并且具有不同组分。因此，微层反映了结壳的连续自催化生长过程和供应的化学变化，各自的生长速率非常低，为 1~10 mm/Ma（Hein et al.，2000）。缓慢的生长速率能使大量的微量金属吸附和结合成水体和结壳表面的水合氧化物和羟基氧化物相。因此，它可以持续几千万年，形成厚厚的结壳；这种结壳的最大年龄为 75~80 Ma（Li et al.，2008）。然而，结壳的生长具有一个非常重要的特征，就是它通常会中断数百万年。这种间断可能持续 10~20 Ma，并且可能在生长历史中多次发生。

其重要结果是，它可以区分出由几个子单元构成的年轻世代结壳和老世代结壳（Li et al.，2008）。在长期持续发生的生长中断期中，最低含氧带的扩张导致大部分水体处于停滞状态，结壳层在低氧化到还原条件影响下经历了成岩过程。一般来说，最低含氧带的扩张是由于大洋表层水体具有较高的生物生产力，这与大洋水体中生物量（有机质颗粒）的总量较大和通量较高有关。由于这些增加的有机质分解，缺 O_2 但溶解正磷酸盐（HPO_4^{2-}）充足的水层的厚度会变得更大更深，在这些条件下结壳的生长将中断。深水层中溶解氧的暂时缺乏也可能与冷的深海洋流的活动减少有关。甚至可能有钙质沉积物短暂地覆盖在结壳表面（见下文）。另一方面，与贫氧的海水或孔隙水接触的铁锰结壳具有非常高的孔隙度（就较年轻世代的结壳来说为 45%~60% Vol%）。因此，在结壳的孔隙中将发生成岩作

图 3.5　中太平洋海盆海山斜坡的铁锰结壳图像（坡度约 18°）；长边相当于 6 m。结壳被一薄层疏松的沉积物所覆盖。最早的干缩裂缝已经导致大量结壳碎片分离

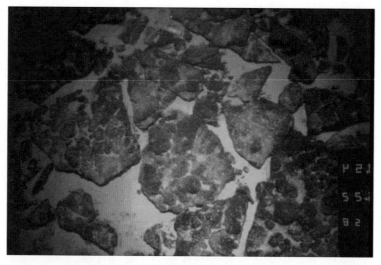

图 3.6　来自图 3.5 所示同一海山斜坡的较深位置的铁锰结壳图像；长边相当于 6 m。结壳分裂为分米到米大小的板块，松开并向下滑动

用，并可能造成富锰的再矿化以及后生的碳氟磷灰石浸染（Halbach et al.，2008）。这种成岩作用叠加造成的结构和矿物学的变化将在特定章节中加以探讨（见下文）。无论如何，所有结壳单元起初形成海底的水成沉淀物。而老世代的结壳在经历了初期生长之后又叠加了成岩过程。

形成海底铁锰结壳的整个水成过程是物质状态变化不同阶段的复杂演替过程。总之，它可以称得上是一个开放的不稳定的洋内流动系统，它受到表层生物生产力变化状况的控制，并受到不同途径上化学反应的影响，如清除机制、水体颗粒输送、表面吸附、氧化还

原反应、碳酸盐的溶解和胶体化学沉淀。所有这些相互作用的反应最终导致铁锰结壳层非常缓慢地生长。解释这种典型沉积作用的一个重要基础是认识在水成生长和与后生蚀变相关的生长间断期间，大洋水体具有的变化特征分层。这一特殊的海洋系统也是一个记录生物活动是如何最终形成无机富金属海底沉积的极好例子。

3.3 矿物学

由于铁和锰含量不同，在矿相显微镜下，铁锰结壳的内部微结构呈现出具有不同反射率的同心纹层的树枝状结晶带：浅色层通常富锰，暗色层通常富铁；在较年轻的部分，暗色层通常有明显的微孔隙。每一层锰铁物质纹层都代表了一段短期的均匀水成沉积。在胶状生长体之间存在细长的孔隙，偶有次生矿物填充，这种结构在年轻世代结壳中往往十分发育（图3.7）。

与成岩铁锰沉积或热液铁锰沉积等其他铁锰沉淀物相比，这些铁锰纹层的矿物学特征相对简单。纹层中主要的隐晶质相为含铁的 $\delta-MnO_2 \times H_2O$（也称为水羟锰矿），在约1.4 Å和2.4 Å处具有两个X射线反射；这两条线的锐度因晶粒大小和Mn的含量不同而变化很大。与水羟锰矿有关的主要金属元素也是优先代表结壳经济价值的元素：包括 Mn、Co、Ni、Zn、W、Mo、REEs、Pt 和 Te。Ti 也可能具有一定的经济潜力，它主要赋存于混合的 Fe-Ti-羟基氧化物相。与海水成分相比，所有这些元素在结壳中都是高度富集的（见下文）。结壳物质中的另一个主要相是X射线非晶态的 FeOOH（羟基氧化铁），通常与 $\delta-MnO_2$ 外延交生。

X射线结晶相中90%以上是水羟锰矿相。结壳中剩余的部分由细粒碎屑矿物组成，如石英、斜长石、钾长石、辉石、钙十字沸石和碳氟磷灰石（CFA；也称为细晶磷灰石）。石英和大部分长石颗粒都是风尘来源。在结壳的最内层，即在较老世代的结壳层中可发现针铁矿（$\alpha-FeOOH$）。结壳中更多的混合物由X射线无定形铝硅酸盐组成，显然，它给结壳的生长提供了胶体物质。方解石可以有孔虫骨架碎片的形式出现在年轻结壳的表层，也可存在于老结壳层的孔隙中。水钠锰矿（7Å-层状锰酸盐；Halbach et al.，2009）和方解石一样存在于老结壳层的孔隙中，但只能通过矿相显微镜来鉴定（图3.8）。这种水钠锰矿是由后生叠加产生的一种重要的新矿物相（见下文）。Mn 和 Fe 相的后生微生长特征是水成物质的典型矿物学特征，可以用海底沉积的最后阶段发生的一些特征机制来解释（见下文）。

正如之前提到的，铁锰结壳通常由两个不同的生长阶段组成：年轻壳层和老壳层，后者又由几个亚层组成。老壳层通常比新壳层厚，厚度一般为3~6 cm。这些生长阶段反映了生长历史中的气候和环境变化（见下文）。但所有的结壳层主要是在海底形成水成沉淀物（图3.9）。在较老世代结壳的水成生长期之后，各个壳层都处于不生长的间断状态。在此期间，高孔隙度的铁锰层（孔隙度：50%~65% Vol%；老壳层比新壳层的孔隙稍少）会受到扩张的最低含氧带的贫氧海水或来自过渡沉积盖层的孔隙水的成岩作用的影响。

这种成岩作用的最显著的后生矿物是自生碳氟磷灰石（CFA；见3.4.2节），在较老

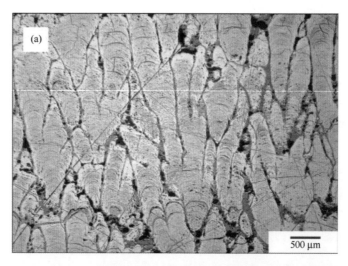

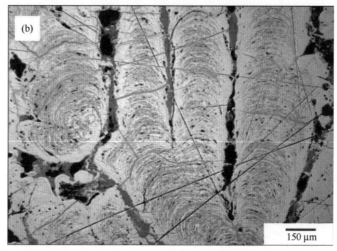

图 3.7　锰铁结壳样品光片显微照片（平行偏光镜）显示年轻世代的生长纹理具有典型的微层氧化物胶体的树枝状图案。（a）典型的生长柱和细长状孔隙概览图；（b）放大倍率更大的图像，各纹层在亮度上有变化：较亮的纹层比灰色微层富 Mn 而少 Fe

的壳层中可高达 30%，但平均只有 9%～10%。水钠锰矿也是生长间断过程中成岩作用的结果，是典型的在低氧条件下形成的细粒孔隙填充物（图 3.8；见 3.4.2 节），与 CFA 和/或方解石紧密交生。含有这些成岩再矿化作用的典型微结构就是所谓的"斑杂结构"（图 3.8），通常与溶解特征和铁锰交代结构相伴随。

利用激光剥蚀技术（LA-ICP-MS）对老壳层中的这些区域进行了点分析。得到的数据显示，在整个结壳剖面中 Pt 含量最高可达 2.0×10^{-6}（见下文）。因此，这种二次锰矿化显然是 Pt 的一个主要的载体相，由沿着氧化还原反应锋面的 Pt 沉积后富集所致，与 CFA 的形成有关（Vonderhaar et al.，2000；见下文）。

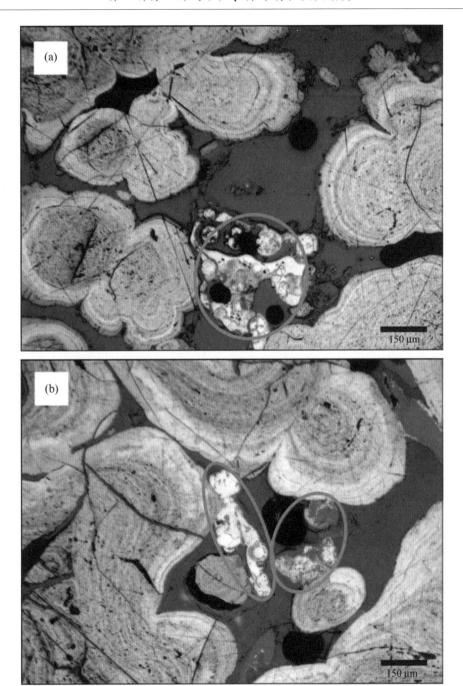

图 3.8 铁锰结壳样品光片显微照片（平行偏光镜）显示了老壳层上部区域的生长结构，具典型的圆形氧化生长模式的斑杂结构和较大的他形孔隙填充物（直径约 0.3 mm）。内部结构显示典型的成岩再矿化特征。孔隙中填满灰色的磷灰石和/或方解石。在这两张照片中都观察到孔隙内有可能由成岩水钠锰矿组成的白色沉淀物（蓝色圆圈）。有趣的是，据LA-ICP-MS 测定，这些孔隙填充物还含有高达 2.0×10^{-6} 的 Pt（Halbach and Marbler，2009）

3.4 形成和生长过程

3.4.1 水成堆积

水成富钴铁锰结壳是海底无沉积物基岩上发生的生长过程的典型界面产物。它们优先生长在最低含氧带（OMZ）以下的水深中，迄今为止已发现的生长水深最深可达 5 000 m 以上，也就是说也低于碳酸盐补偿深度（CCD）。人们认为，最低含氧带是最重要的溶解锰来源，粪球粒的分解也有助于 Mn 的堆积。

水成沉淀过程基本上是一个无机胶体化学和表面化学的进程。可以假设微生物起了调节作用，尤其是在氧化还原反应阶段之后。海水中的元素可能以溶解的水合离子或无机以及有机络合物的形式存在，这些络合物表面电荷是正的还是负的，取决于它们各自的水环境的 pH 值。这些络合物形成水合胶体，彼此相互作用并与其他溶解的水合金属离子相互作用。例如，Co、Ni、Zn、Sn、Ce 等水合阳离子被水合锰氧化物胶体颗粒的表面负电荷所吸引，而水合阴离子和形成低电荷密度的较大配合物的元素（如 U、As、Pb、Hf、Th、Nb 和 REEs）会被带少量正电荷的水合氢氧化铁颗粒所吸引（图 3.9）。除了内配位吸附和外配位吸附以外，耦合氧化还原过程（由于电子交换而共沉淀）也可以来解释微量元素的富集。氧化 Mn^{2+} 离子的主要氧化剂是氧气，通过海山斜坡上的湍流涡的扩散和湍流上升过程从深层海水向上输送（图 3.9）。

利用反射光学显微镜和高分辨率扫描电镜研究年轻世代的水成矿石，揭示了一个有趣的结果，在铁锰物质生长期间可能有细粒浮游植物颗粒（颗石藻薄片）的介入。组成水成物质的两个主要成分是水合 $\delta-MnO_2$（水羟锰矿）和 X 射线无定形 Fe-羟基氧化物，它们在极细颗粒的氧化物质内彼此异质外延共生。反射光学显微镜还显示了树枝状的柱体形式的精细纹层结构（图 3.7）。

单个旋回层厚度为 4~10 μm，在平行偏光镜下具有不同的反射；根据探针测量，明亮层较富 Mn 而灰色层较富 Fe。基本上，在每个交替层中两种金属元素都存在；就结壳的总体化学组成而言，两种元素表现出相反的行为（见下文）。在反射光学显微镜下，另一差异显而易见：富 Mn 微层通常非常致密和厚实，而富 Fe 层厚度通常为 2~4 μm 并具有微孔隙。

为供应含有两种主要金属 Mn 和 Fe 的水成物质的生长，假定优先有两种来源（Halbach，1986）：①源于最低含氧带的溶解物质（尚未被氧化）的 Mn（Mn^{2+}）；②在碳酸盐浮游生物（文石和方解石骨架）的溶解过程中释放的 Fe-羟基氧化物微粒（Halbach and Puteanus，1984）。通过扫描电镜可以看出，除其他碳酸盐骨架外，水成结壳表面还有颗石藻的残骸薄片（图 3.11），它们都受到不同程度的侵蚀（图 3.12）。在这些层理之间的间隙（图 3.8），由于微观范围内的水流作用影响，浮游生物残骸往往很丰富（更多地沉积在微形地貌的背流面；图 3.13）。

颗石藻是显微镜可见的微细的盘状方解石（3~10 μm；图 3.15），形成颗石藻目钙质

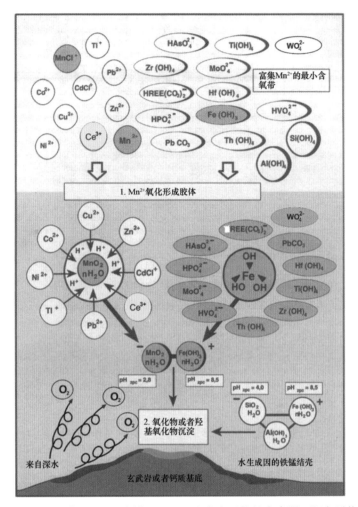

图 3.9　水成结壳的胶体-化学形成模型显示了海水中可能的水合阴、阳离子络合物和胶体相，金属元素的吸附，零电荷点（zpc）的 pH 值，以及基岩上的氢氧化物沉淀（改自 Koschinsky and Halbach，1995）。深层海水通过湍流涡的扩散供应溶解氧

藻类的壳。颗石藻类是大洋表层水中最重要的初级生产者，处于食物链的底部。由于易碎的钙质薄片十分细小，不可能在水体内垂直输送和直接沉降（Kennett，1982）。然而，水体柱内的输送可以用粪球粒来解释，这些颗粒大小为 100~300 μm，具有一个有机薄膜防止被包住的物质溶解。单个粪球粒可以包含多达 105 个碳酸钙薄片。粪球粒的沉降速率为 100~400 m/d（Kennett，1982）。由于它们富含有机物质，在最低含氧带中被部分或完全分解，因此在这一水层之下会发生颗石藻的释放。然而，值得注意的是，在深水层（约 3 200 m）的结壳表面上还观察到了已被腐蚀的抱球虫骨架。

基于这些观察，可以得出结论，在近底部水层和结壳表面上的微细浮游生物颗粒的侵腐蚀和溶解过程中，Fe-羟基氧化物被释放，从而被用于水成物质的生长（Halbach et al.，2009）。结壳深部区域的扫描电镜图像表明，浮游生物微残骸在结壳表面并未完全溶解，

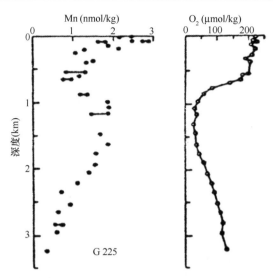

图 3.10　中太平洋某测点的溶解氧和溶解锰的典型剖面（GEOSECS 1975）；两个成分的表现相反。O_2 最低值和相应的 Mn 最大值位于水深 1 000～1 300 m 处（O_2 最低区域的中心）。这种溶解锰源主要供应水成堆积物，但仍然会被氧化（见下文）

而是在表层下方的较深层中继续进行，最终导致微孔隙仅限于该层，这些颗石藻残骸偶尔仍出现在靠近表面的地方（图 3.14）。

由于大量碳酸盐浮游生物残骸的化学溶解，一定程度的 Fe 富集似乎是合理的。但是这个过程是如何与 OMZ 中溶解的 Mn^{2+} 相互作用的，又是如何引起异质外延共生的呢？

存在于 OMZ 中的 Mn 主要来自粪球粒的分解和相关有机物的分解。从海底热泉向 OMZ 输入少量的 Mn^{2+} 也是可能的。这种 Mn 必须先被氧化，然后才能以水合 $\delta-MnO_2$ 的形式加入水成物质中。

在 OMZ 之下，由于氧气随着冷的深层流通过湍流的扩散向上输送而使溶解氧含量增加。在弱碱性条件下，Mn^{2+} 离子的氧化可以描述为如下反应：

反应（1）：$Mn^{2+} + OH^- + \dfrac{1}{2}O_2 \rightarrow MnO_2 + H^+$

根据这一反应，OH^- 阴离子将促进 Mn^{2+} 的氧化。将该模型反应与骨架 $CaCO_3$ 的化学溶解做比较，很显然在第二个进程中释放的离子将促进 Mn^{2+} 的氧化。

反应（2）：$CaCO_3 + H_2O \rightarrow Ca^{2+} + HCO_3^- + OH^-$

根据 Stumm 和 Morgan（1995）的研究，pH 值对 Mn^{2+} 的氧化速率也具有动力学影响，因为 OH^- 离子的存在（见下式）明显地促进了碱性范围内的氧化速率。

$$\frac{-\,d\,Mn^{2+}}{dt} = k_o\,[Mn^{2+}] + k'\,[OH^-]^2\,(PO_2)\,[Mn^{2+}]\,[MnO_2]$$

从这些关系中可以得出结论，通过溶解浮游生物的碳酸盐颗粒，促进了在结壳表面微环境中从 Mn^{2+} 到 MnO_2 的氧化。这种微量化学过程也可以发生在水体内，但还是主要发生

图 3.11 SEM 图像显示结壳表面典型的多瘤结构，代表了生长柱中最年轻的部分（中太平洋马尼希基深海高原的年轻结壳层，水深 3 310~3 600 m；Halbach et al.，2009）。直接面的特征是具有一定的微粗糙度，由粘附在表面的颗石藻及其碎片构成（见图 3.12）

在水成矿石结壳的表面。由于浮游生物骨架的溶解过程中也会释放出 Fe-羟基氧化物微板片，所以 δ-MnO_2 会和 Fe（OH）$_3$×H_2O 相遇。作为胶体化学系统，它们在海水 pH 值约 8.2 的条件下具有相反的表面电荷（Stumm and Morgan，1995），最终导致两个相的紧密共生。这种由碳酸盐的溶解控制的纳米尺度过程可以被描述为 Fe 的释放和 Mn 的催化氧化的耦合反应，导致了异质外延共生的 Fe-Mn 颗粒的沉淀旋回。这两种极其细粒的水合矿物相也具有非常高的比表面积（Halbach et al.，1975），这势必会影响和促进微量金属元素的吸收速率。

显微镜下研究（见上文）显示，结壳的浅灰色多孔微层，明显由浮游碳酸盐颗粒的溶解而产生，其 Fe 含量高于 Mn，穿过此层为非常致密且厚实的灰白色微层，其 Mn 含量高于 Fe，且没有显微镜可见的孔隙。

假定这两个细粒矿层代表了一个水成沉淀的生长周期，首先浮游植物颗粒的强烈沉积使释放的 Fe-羟基氧化物的量增大；随着碳酸盐溶解度的增加，结壳表面微环境的 pH 值缓慢地向更碱性的范围变化，最终导致 Mn 的氧化和 δ-MnO_2 的沉淀增强。

然后，再次补充浮游碳酸盐颗粒，并产生另一个富 Fe 的多孔微层。这一模型表明，矿石结壳纹层的纳米级生长的生物地球化学控制机制，很可能归因于表层水生物生产力的

图 3.12 扫描电镜照片显示柱状锰铁生长微结构的表面被已侵蚀的颗石藻及其碎片所覆盖（中太平洋马尼希基深海高原的年轻结壳层，水深 3 310～3 600 m；Halbach et al.，2009）。微型浮游生物的碳酸盐薄片粘附在氧化物的表层

图 3.13 来自路易斯维尔海岭的结壳样品的 SEM 照片（年轻壳层，水深 1 540～1 770 m，西南太平洋）。颗石藻薄片和抱球虫壳的碎片在铁锰结壳多瘤表面的背流处堆积。右上角为层状的水成物质。明显可见这种物质中的微孔隙排列成平行于表面的层（也可见图 3.14）

循环发育。

3.4.2 老壳层的成岩和后生成矿作用

太平洋和大西洋结壳的年代地层学和测年结果表明，从晚白垩世到更新世的层状氧化金属混合物的深海堆积具有明显的生长间断，与金属沉积交替出现（Halbach and

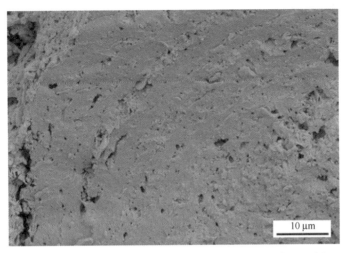

图 3.14 来自路易斯维尔海岭的结壳样品 SEM 图像（年轻壳层，水深 1 540~
1 770 m，西南太平洋）。在单个水成物质生长柱的层状结构中，微孔隙沿着与
海水接触的表面排列。这些微孔隙层偶尔被颗石藻碎屑残骸填充

图 3.15 西南太平洋路易斯维尔海岭采集的结壳样品 SEM 图像（水深 1 540~1 770 m；
Halbach et al.，2014）。颗石藻碎屑集合体，包括细孔盖盘藻和赫氏颗石藻碎片

Puteanus，1984；Koschinsky et al.，1997；Li et al.，2008；Pulyaeva and Hein，2011）；相
应地，最老的结壳剖面的最大年龄为 75~80 Ma。结壳的厚度从几毫米到约 25 cm 不等，
展现了有 4~6 个单独的生长间隔的层状结构（Hein et al.，1993；Li et al.，2008）。在结
壳生长中出现的一个非常重要的生长间断可追溯到渐新世中期（Pulyaeva and Hein，
2011），它把结壳的整个剖面划分为老的和年轻的两个生长世代，并以一个非常重要的地
球化学特征来区分：老的生长世代被次生磷矿（碳氟磷灰石，也称为细晶磷灰石）强烈浸
染，年轻世代不含磷矿；因此其 P 浓度较低，一般低于 0.6%（以干物质计）。老结壳单
元的这种磷酸盐化和叠加作用对于包括稀土在内的主要和微量金属元素的含量具有显著的

影响。例如，碳氟磷灰石（CFA）也是一种吸收稀土元素到晶格中的矿物。

年轻结壳的生长时间可以追溯到中新世到更新世，包含早—晚中新世的单元和上新世—更新世的单元（Pulyaeva and Hein，2011）。然而，与海水地球化学演化方法相比，利用富钴结壳的 Os 同位素组成测年可以更好地确定生长间断的间隔时间（Klemm et al.，2005；Li et al.，2008）。如果以磷酸盐化作为标志来定义老的结壳单元，Li 等（2008）的结果表明磷灰石的浸染时间大于 42 Ma（即早于渐新世），这与 Pulyaeva 和 Hein（2011）的结果不符。但是，区域性的影响和变化也可能是造成这些差异的原因。

在海洋温度明显偏高的地质时间间隔内，受较高的表层生物生产力控制的水体连同垂直扩大的 OMZ（富含溶解的正磷酸盐）呈停滞状态，中断了铁锰结壳的生长。在各个水成生长期之后的生长间断期间（见上文），高孔隙度的铁锰层受到了 OMZ 的低氧到缺氧海水的影响，甚至会被临时的钙质沉积物盖层中的孔隙水所影响。

磷酸盐化是结壳的主要特征，指示了老壳层的成岩叠加作用。结壳的矿物学特征和结构被这个特殊的后生作用强烈地改变了。老的铁锰结壳沉积具有磷酸盐夹层、包体和细粒至粗粒的浸染，但也可能覆盖由钙质沉积物交代形成的磷灰石沉积。在老壳层的演替中分布的磷酸盐化剖面表明，这些矿物学的叠加反映了明确的地质事件。

Halbach 等（1982，1989）已经提出了一个模型来解释老的结壳世代被细晶磷灰石浸染的磷酸盐事件，并通过 OMZ 的扩张来解释矿物的变化。这种现象可能与表层生物生产力的增强有关，导致低氧和富含正磷酸盐的水层向下到达有结壳覆盖的斜坡和海底高原，抑制结壳的进一步生长。显微研究表明，在不同的磷酸盐化亚层之间的前表层，常有孔隙、裂缝和裂隙存在，偶尔有浮游钙质沉积物颗粒填充（主要是抱球虫；Halbach et al.，2009）。这一观察结果表明，在生长间断期间，下邻的铁锰层有时会被钙质沉积物所覆盖，这也可以解释为什么无法产生水成沉淀。由于这个沉积物盖层，铁锰单元也受到沉积物成岩作用的影响，导致更强烈的交代作用、再沉积作用和新矿物的形成作用。基本上，上述的这两个过程可彼此紧接着进行。

后生作用的影响从磷酸盐浸染水成物质中的孔隙开始，被核表面的存在所促进，这样碳氟磷灰石的结晶作用就随着浮游碳酸盐残骸被含正磷酸盐的水溶液所置换而开始。然而，随着磷酸盐化作用的增强，磷灰石的形成也导致了水成物质的空腔和微裂隙中微粒状的、理想结晶的六边形片晶成簇出现（图 3.16 和 3.17）。另外，磷灰石旁边还可以观察到水钠锰矿的片晶，而水成物质本身保持不变，这种后生作用的叠加明显是一种较低程度的蚀变作用。

在高度成岩蚀变的条件下，部分水成物质经历了矿物组成和微结构的重大变化（Koschinsky et al.，1997）。人们认为这种高度叠加作用主要与沉积物覆盖的孔隙水条件有关。不同的孔隙水地球化学环境导致初生的水合 Fe-Mn-氧化物相大范围地分解和重排，并使相关元素活化。Fe 和 Mn 被大量地分馏，Mn 可以再沉淀为布塞尔矿，这是一种在低氧的成岩条件下更稳定的矿物相。残余的 Fe 富集于含 Ti 和 Co 的富 Fe 胶态微层（Fe 含量高达44%）中，并可观察到新矿物——针铁矿（Koschinsky et al.，1997）。同时，在老壳层也能观察到有新的稳定矿物形成——重晶石的针状结晶和钙十字沸石的自形晶体。布塞尔矿的频繁出现表明，从水成的水羟锰矿相中活化出的 Mn 被重结晶为 7Å-锰酸盐；老结壳单

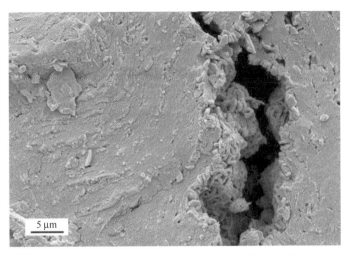

图 3.16 来自路易斯维尔海岭的老世代结壳样品的 SEM 图像（水深 1 910~2 150 m；西南太平洋）。在两个水成生长柱之间的细长空腔中，形成了典型的微晶粒板状六方磷灰石晶体。这些覆盖在孔隙内壁的微晶显然是后生叠加的产物

元中的矿物富集 Ni^{2+}、Cu^{2+}、Zn^{2+} 和 Mg^{2+}，它们取代了水钠锰矿晶格中的 Mn^{2+}；老壳层样品的 XRD 研究证实了水钠锰矿的 7Å 光谱线（Halbach et al.，2014）。与年轻结壳的成分相比，老结壳中的 Ni、Zn、Cu、Y 和 REEs 等元素稍微富集。磷灰石的强烈浸染也带来了技术上的挑战，老的结壳具有莫氏硬度 5 的相对矿物硬度，也就是说它明显比年轻的结壳硬，因此更难松动和回收。

图 3.17 来自路易斯维尔海岭的老结壳样品的 SEM 图像（水深 1 910~2 150 m；西南太平洋）。图 3.16 的细节特写。在水成物质的内部和表面，六方晶体无规则取向。这些微晶磷酸盐聚集体是 2~4 μm 大小的颗粒

老壳层磷酸盐化的分布和强度是非常不规则、变化无常的，因此几乎不可能获得有代表性的区域平均组成。Baturin 和 Yushina（2007）的研究展示了这种磷酸盐化结壳层组成

上的不均匀性。根据他们的结果，磷灰石含量最多可达53%。在所讨论的样品组中，高度蚀变的结壳样品中可观察到高达30%的磷灰石含量（Halbach et al.，2014）。

根据这些结果，可以区分两类水成矿石物质的后生叠加作用：①磷酸盐浸染，这在很大程度上保存了水成物质；②强化成岩条件下的磷酸盐浸染，归因于长期的沉积物覆盖，部分水成物质的歧化反应和新矿物的形成。一个典型的新生矿物是纹层状水钠锰矿，通常与磷灰石强烈共生（图3.18和3.19）。也可以观察到完全被磷灰石取代的抱球虫的骨架（图3.20）。第二种情况下的沉积物覆盖只是暂时的，会被后来的侵蚀作用去除；之后，由于水柱中地球化学 O_2 条件发生变化，正常的水成结壳生长再一次继续。这两种叠加作用也可能与当地海山形态与中深度海流的相互作用有关，它们控制了无沉积物的低度成岩蚀变和有沉积物的高度成岩蚀变。积或高度成岩蚀变的沉积条件（Halbach and Marbler，2009；Halbach et al.，2014）。

图3.18　来自路易斯维尔海岭的老结壳样品的 SEM 图像（水深 1 910~2 150 m；西南太平洋）。在板状六方磷灰石晶体表面观察到新形成的细纹层状水钠锰矿，也是早期成岩叠加作用的产物。有人认为这种富含锰的水钠锰矿聚集体是在磷灰石形成之后沉淀的

结壳生长和成岩叠加作用的历史代表了一个非常复杂的多参数演化过程。由于太平洋板块的运动，太平洋的结壳沉积过程穿过高生物生产力的赤道地区。不管怎样，根据它们最初的地理位置，穿过生物生产力带的运移和路径是造成结壳层叠加作用强烈变化的原因。沉淀有结壳的海底构造的陷落也起了重要作用，因为在生长历史的开始，斜坡和海底地台被淹没在水成沉积开始的 OMZ 的深度范围内。所以很明显，老结壳单元在浅水和不同的地理位置生长得要比现在多。

洋流和海底周围水团的环流以及水柱的变化过程，如碳酸岩溶解率的变化影响并控制了铁锰结壳中 Fe 的沉淀数量（Halbach and Puteanus，1984）。磷酸盐化作用也表现出对水深的依赖性，在中太平洋 2 500 m 之上的水深中强烈，但在更深的水深中则变得微不足道（Koschinsky et al.，1997）。例如，在马尼希基深海高原，老结壳样品在水深 3 300 m 以上无磷灰石（$P<0.6\%$）（Halbach et al.，2009）。为了对比，对来自南太平洋奥斯本海槽

图 3.19 来自路易斯维尔海岭的老结壳样品的 SEM 图像（水深 1 910~2 150 m；西南太平洋）。磷灰石的微柱状晶体是由方解石替换原浮游生物骨架的交代作用形成的。在磷灰石填充的裂隙中心是两个球状的由密集的纹层状水钠锰矿组成的聚集体

图 3.20 来自路易斯维尔海岭的老结壳样品的 SEM 图像（水深 1 910~2 150 m；西南太平洋）。原抱球虫骨架被微晶磷灰石取代，其内部由板状六方晶体的微腔组成

（水深 4 400~4 800 m；Halbach et al.，2014）的一些深水结壳样品进行了研究。采样点刚好位于当前的 CCD（碳酸钙补偿深度）之下，周围的沉积物通常具有红黏土成分。这些结壳不显示任何成岩叠加和磷酸盐化作用。这就提出了这些结壳在其成长历史中是否也曾被打断的问题（见下文）。无论如何，在重建生长期间或磷酸盐浸染过程中的水深时，必须考虑到在其地质存续期间，矿石结壳连同它们的火山岩基底在水柱中是缓慢沉降的。

3.4.3　化学成分

3.4.3.1　前言

　　一般来说，太平洋、大西洋和印度洋都存在锰铁结壳矿床。对太平洋矿床的研究比其他两个大洋更深入。因此，太平洋研究项目的结果给出了关于分布、形成条件和成分的更详细的信息和解释，这在下面的章节中将会有深刻的阐述。此外，与大西洋和印度洋相比，太平洋拥有更大的资源（第 5 章）。有关三个海域的不同成分的信息也在第 3.5.2 节（经济利益）中给出。

　　为了考虑、解释和评估铁锰结壳详细的化学性质，我们选取了中太平洋地区的样品数据。对来自不同水深（表 3.1）的 32 个结壳样品进行常量、次要和微量元素成分分析。

　　将样品在玛瑙研钵中研碎，每个样品分出 5 g 送往加拿大安大略省的活化实验室（Actlabs 实验室）。在那里将样品加热溶解，分析常量、次要和微量元素。总共分析 56 个元素（Halbach and Marbler，2009）。活化实验室通过与标准参考物质的比较测量，进行了精细的质量控制，证明数据是高质量的（Halbach and Marbler，2009）。总样品集（表 3.1）中的 14 个子样品（表 3.4）被送到不来梅雅各布大学（德国）进行 Pt 补充分析；这是为了比较新老结壳世代的 Pt 含量。由于后者原因，有必要沿着肉眼可见的过渡区将铁锰结壳手工分成上部和下部两个单元（见上文）。使用熔融 ICP（FUS-ICP，Actlabs 实验室，加拿大：Lithoquant 4）进行常量元素和次要元素（Mn、Fe、P、Al、Si、K、Mg、Ca、Ni、Ti、Ba、Ce、Pb、Cu）的测定，只有 Co 由电感耦合等离子体发射光谱仪（ICP-OES，Actlabs 实验室，加拿大）测定。重要的微量元素 Nb、W、Mo、Ga 和 REE 也用 FUS-ICP-MS（Actlabs 实验室，加拿大：Lithoquant 4）测定，使用火焰质谱（FA-MS，Actlabs 实验室）测定 Au 和 Pd，使用王水质谱（AR-MS，Actlabs 实验室）测定 Te，在不来梅雅各布大学采用溶出伏安法测定 Pt。

　　为了研究部分结壳剖面光片中的局部微观分布和元素间关系，采用了美因茨大学的激光剥蚀 ICP-MS（LA-ICP-MS）仪器。这是一台带有 LA-Up 213 New Wave 脉冲的 ICP-MS Agilent 750。这种方法的数据只是半定量的，因为作为内部标准化的痕量元素在结壳中是得不到的，但是可以解释具体的元素间关系（见下文）。

表 3.1　分析的铁锰结壳样品的位置、水深和航次编号

Ref. no.	样品编码	航次编号	水深	经度	纬度
1	1DKtot.	SO33/A	4 112	158°22.54′W	18°41.40′N
2	2DK1young.	SO33/A	2021	158°22.54′W	18°39.07′N
3	2DK3old.	SO33/A	2 021	158°22.54′W	18°39.07′N
4	3DKtot.	SO33/A	2 140	158°22.54′W	18°39.07′N
5	6DKtot.	SO33/A	870	158°22.54′W	18°40.59′N
6	17DKtot.	SO33/A	2 448	162°10.41′W	9°41.36′N
7	18DKold.	SO33/A	1 755	162°10.57′W	9°42.06′N

续表

Ref. no.	样品编码	航次编号	水深	经度	纬度
8	15DKtot.	SO33/A	1 487	162°09. 53′W	9°43. 33′N
9	33DKtot.	SO33/A	2 714	162°57. 35′W	6°16. 02′N
10	39DKtot.	SO33/A	1 217	164°50. 05′W	9°11. 28′N
11	44DKtot.	SO33/A	1 464	164°46. 45′W	9°13. 32′N
12	40DStot.	SO37	3 049	169°05. 11′W	15°38. 42′N
13	63DK-3tot.	SO33	2 905	169°15. 09′W	15°30. 00′N
14	64DK-1tot.	SO33	2 161	169°13. 26′W	15°30. 23′N
15	65GTV-1tot.	SO33	1 693	169°12. 24′W	15°35. 30′N
16	54GTV-2tot.	SO33	1 393	169°12. 50′W	15°35. 47′N
17	57DK1old.	SO33	1 209	169°12. 30′W	15°35. 22′N
18	57DK1young.	SO33	1 209	169°12. 30W	15°35. 22′N
19	6DK2young.	SO33	870	158°18. 46′W	18°40. 59′N
20	6DK2old.	SO33	870	158°18. 46′W	18°40. 59′N
21	55DK1young.	SO33	1 480	169°12. 26′W	15°35. 12′N
22	55DK1old.	SO33	1 480	169°12. 26′W	15°35. 12′N
23	20DS1old.	SO37	1 310	170°23. 50′W	15°39. 92′N
24	20DS1young.	SO37	1 310	170°23. 50′W	15°39. 92′N
25	43DS4old.	SO37	1 600	169°12. 25′W	15°37. 28′N
26	43DS4young.	SO37	1 600	169°12. 25′W	15°37. 28′N
27	5DSR9old.	SO66	2 500	174°53. 60′W	4748. 85′S
28	5DSR9young.	SO66	2 500	174°53. 60′W	4748. 85′S
29	43DSO5old.	SO66	2 260	174°52. 84′W	4748. 06′S
30	43DSO5young.	SO66	2 260	174°52. 84′W	4748. 06′S
31	64DSK7old.	SO66	2 680	177°19. 79′E	8773. 16′S
32	64DSK7old.	SO66	2 680	177°19. 79′E	8773. 16′S

注：所有样品都来自中太平洋地区。tot. 表示全结壳，young. 表示年轻世代，old. 表示老的世代。这些结壳样品来自中太平洋海盆周围的海山（图3.39；地区8、11和12）

3.4.3.2　主要成分

铁锰结壳中的主要金属元素是 Mn（13%～27%）和 Fe（6.0%～18%；表3.2）；它们通常呈反比关系。总成分中这两种元素的总和约为32%。Mn/Fe 比值在0.7和3.7之间变化（平均值2.0；表3.2）。另一个地球化学特征是，随着水深的增加，Fe 含量增加，Mn 含量减少（见下文）。这些数据与来自马绍尔群岛海域的结壳样品（USGS KORDI Open File Report 90-407 1990）有很好的可比性。然而，较高的 Mn/Fe 比值（2.0）表明了本研究中的样品结壳成分质量更好；在马绍尔群岛的样品中，相应的值只有1.5。

表 3.2 描述性统计：水深 1 000~4 100 m 的中太平洋样品的平均成分（Actlabs 实验室的结果）

（%）	平均值	中间值	标准偏差	最小值	最大值
SiO_2	5.22	4.20	3.41	1.37	12.79
Al_2O_3	1.18	0.83	0.91	0.31	3.75
Fe_2O_3	16.23	15.29	4.57	8.66	26.31
Fe	11.35	10.69	3.19	6.05	18.39
MaO	28.24	29.81	4.68	17.19	35.75
Mn	21.01	22.18	3.48	12.79	26.6
Fe+Mn	32.36	32.92	3.57	21.48	37.01
Mn/Fe	2.02	2.11	0.70	0.70	3.68
MgO	1.50	1.53	0.16	1.08	1.81
CaO	5.63	3.13	4.52	2.51	23.58
NA_2O	1.82	1.86	0.46	0.52	3.05
K_2O	0.47	0.46	0.20	0.01	1.01
TIO_2	1.42	1.35	0.35	0.78	2.57
P_2O_5	2.50	0.94	2.95	0.41	14.57
LOI	31.37	29.96	5.82	22.71	40.71

10^{-6}

	平均值	中间值	标准偏差	最小值	最大值
Co	6 647	6 470	2 666	2 490	11 800
Ni	4 326	4 170	1 501	1 670	7 250
Cu	573	540	378	170	2 220
Zn	514	560	158	140	700
Mo	431	414	148	178	705
W	68	62	26	22	120
Nb	40	42	12	19	56
Te	34	37	12	8	61
Pt	0.273	0.233	0.199	0.106	0.730
Ga	18	21	11	5	40
Rb	5	4	3	2	16
Sr	1 320	1 324	149	1 082	1 753
Y	206	207	68	104	417
Zr	423	420	158	184	842
Sn	7	7	2	3	12
Ba	1 646	1 467	759	1 003	5 122
La	201	185	62	100	335
Ce	892	892	261	411	1 630
Pr	36	29	16	17	73
Nd	136	106	66	64	290

10^{-6}	平均值	中间值	标准偏差	最小值	最大值
Sm	31	25	16	15	69
Eu	8	7	4	4	17
Gd	30	24	16	15	69
Tb	5	5	2	3	11
Dy	36	33	12	18	65
Ho	8	8	2	4	13
Er	24	23	6	12	36
Tm	4	4	1	2	5
Yb	22	23	5	11	31
Lu	3	3	1	2	5
Ti	69	56	47	0	160
Pb	945	903	646	95	2 620
V	481	490	121	255	717

SiO_2 的平均含量为 5.2%，Al_2O_3 为 1.2%，MgO 为 1.5%，Na_2O 为 1.8%，K_2O 为 0.5%；赋存在铝硅酸盐组分上的 MgO、Na_2O 和 K_2O 显示出中等的变化（见表 3.2 中的标准偏差），而作为铝硅酸盐组分主要成分的 SiO_2 和 Al_2O_3 显示出取决于不同通量的高标准偏差。还有少部分的 SiO_2 和 Al_2O_3 也是由碎屑输入造成的。Na_2O 和 K_2O 也可以固定在碎屑长石上。同样具有经济价值的 TiO_2 与 Fe-羟基氧化物相显著正相关，而与 SiO_2 和 Al_2O_3 显示较弱的正相关性。TiO_2 的平均值为 1.4%，随水深增加而增加（见下文）。

CaO 的平均值为 5.6%，具有较高的标准偏差（表 3.2）。大部分 CaO 与 P_2O_5 结合形成碳氟磷灰石（CFA），主要存在于较老的结壳中。这种矿物的 CaO/P_2O_5 比值在 1.6 左右，且约有 3% 的 CaO 形成了 CFA；CaO/P_2O_5 比值 1.7 的被固定在非磷灰石矿物上，可能是方解石和长石。在总成分中，CFA 的相应平均量达到 5.2%。单个结壳样品细分成较老和较年轻的结壳子样品，它们的化学分析显示 CFA 含量存在显著差异（表 3.3）。年轻结壳子样品的 P_2O_5 浓度为 0.6%~0.7%。相比之下，老结壳子样品的 P_2O_5 含量显著更高，浓度变化范围 3.5%~11.4%。值得注意的是，水深具有相当大的影响，来自浅水（1 310~1 600 m；表 3.3）的子样品其 CFA 浓度（最高约 32%）高于来自深水（2 260~2 680 m；表 3.3）的老结壳子样品（仅有约 9.7% 的 CFA）。由于磷灰石是一种成岩产物，是由扩张的最低含氧带的贫 O_2 海水引起的，并在老壳层的孔隙内沉淀（见上文），很显然这种影响在浅水中更为强烈。

在表 3.3 中，对年轻结壳和老结壳的成分进行了一些选定的样品分析，并根据两个深度范围（1 310~1 600 m 和 2 260~2 680 m）进行区分。结果显示出非常有趣的地球化学趋势和信息：①年轻结壳中的 Fe 含量高于老结壳样品中的 Fe 含量；②CaO 和 P_2O_5 的含量显示了 CFA 的量。在较老的结壳样品中，这些成分基本上比较高；然而，来自浅水处的老结壳样品显著地富含 CFA。因此，在较老的结壳样品中，相应的 CFA 值随着水深的增加而减小。③年轻结壳样品中 Co 含量显著较高，但随水深增加而降低。④老结壳样品中 Mo 含量稍高。⑤老结壳样品的 Y、La、Ce 和 Yb 浓度稍高。⑥老结壳样品中的 Ba 含量较高。⑦年轻结壳样品中的 V 含量稍高。其中一些结果明显说明，水深对结壳样品中元素的垂直分布起着重要的作用（见下文）。对于较老结壳样品中的磷灰石浓度来说，甚至可以观察到，在 3 300 m 水深以下的太平洋结壳样品（马尼希基深海高原）中不含磷灰石（见上文）。

表 3.3　中太平洋两个不同水深范围的铁锰结壳组成（年轻世代和老世代）平均值的比较（Actlabs 实验室数据）

	年轻结壳	年轻结壳		老结壳	老结壳
	中间值（$n=3$）	中间值（$n=2$）		中间值（$n=3$）	中间值（$n=2$）
水深	2 260~2 680 m	1 310~1 600 m		2 260~2 680 m	1 310~1 600 m
SiO_2（%）	4.82	3.42		2.70	2.35
Al_2O_3	1.09	0.57		0.61	0.60
Fe	11.11	10.51	>	8.80	6.98
Ma	22.47	22.48	>	22.59	15.43
Fe+Ma	33.58	32.99		31.38	22.40
Ma/Fe	2.03	2.14		2.59	2.25
MgO	1.47	1.41		1.38	1.16
CaO	2.73	2.65	<	7.20	19.12
Na_2O	1.82	1.80		1.72	1.79
K_2O	0.45	0.38		0.41	0.31
TiO_2	1.32	1.15		1.33	0.88
P_2O_5	0.64	0.72	<	3.46	11.42
LOI	38.42	39.89		37.46	29.29
Co（10^{-6}）	5 983	8 185	>	2 600	4 810
Ni	5 657	4 040		3 455	4 900
Cu	637	230		567	350
Zn	667	370		420	225
Mo	369	332	<	380	430
W	55	56		67	67
Nb	33	29		30	22
Te	31	34		37	42
Ga	6	6		8	8
Rb	3	4		3	4
Sr	1 192	1 209		1 315	1 529
Y	117	138	>	254	363
Zr	319	211		375	323

续表

	年轻结壳	年轻结壳		老结壳	老结壳
	中间值（$n=3$）	中间值（$n=2$）		中间值（$n=3$）	中间值（$n=2$）
Sn	7	5		7	7
Ba	1 397	1 062	<	1 645	1 653
La	131	162	<	174	212
Ce	614	719	<	843	880
Pr	22	30		27	28
Nd	83	114		98	103
Sm	18	26		21	22
Eu	5	7		6	6
Gd	15	22		19	21
Tb	3	5		4	4
Dy	24	32		30	32
Ho	5	7		7	8
Er	17	20		22	25
Tm	3	3		3	4
Yb	16	18	<	21	22
Lu	3	3		3	3
Hf	6	4		6	5
Pb	1 983	1 089		811	312
Th	4	10		4	4
U	11	11		10	10
V	379	399	>	363	283

3.4.3.3 次要元素

次要元素是指铁锰结壳中含量在约 $600×10^{-6}$ 至约 1% 之间的元素。Co 是结壳中最具经济市场潜力的金属，含量为 0.3%～1.2%，平均值约为 $6 700×10^{-6}$（表 3.2）。根据 Hein 等（2000）的研究，单个结壳中的 Co 浓度很少有超过 2%。Co 被认为是结壳水成沉淀中最具特征的一种元素，在水体中具有恒定的通量，而与水深无关（Halbach et al.，1983）。尽管如此，结壳中的 Co 浓度仍被观察到随着水深的增加而下降（见下文），这是由于结壳生长速度随着无 Co 的稀释矿物化合物（主要是铝硅酸盐和 Fe-羟基氧化物）的增加和掺入而增大。Co 在海水中主要以水合二价阳离子的形式存在，因此在外配位吸附（氧化清除作用；Halbach，1986）后被水合 MnO_2 胶体吸附并氧化成为 Co^{3+}：相对于海水其 Co 的富集系数约为 $6×10^9$（Halbach and Marbler，2009）。

在 Co 之后，Ni 也与 Mn 呈正相关关系，在结壳总成分中的含量为 $1 670×10^{-6}$～$7 250×10^{-6}$，平均值为 $4 326×10^{-6}$（表 3.2）。Co 和 Ni 通常表现为正相关（Halbach and Marbler，

2009）。这两种元素都与 Fe 负相关，但与 Mn 显著正相关（图 3.21）。Ni 也以水合二价阳离子的形式存在于海水中，并通过吸附作用固定在 Mn 上。由于表面吸附后 Ni 的氧化在热化学上是不可能的（Halbach，1986），所以相应的富集系数仅为 0.8×10^7（Halbach et al.，2009）。而且，Ni 随着水深的增加而减少，这是典型的 Mn 族金属的特征（见下文）。

Cu 的平均浓度为 573×10^{-6}，最高可达 $2\,000 \times 10^{-6}$ 以上（表 3.2）。Cu 在铁锰结壳中的经济潜力很低，其含量随水深增加而适量地增加（见下文）。Cu 与其他元素间的相关性中等。关于总成分数据和分析数据与水深的关系，Cu 与 Fe 和 TiO_2 都呈弱的正相关关系（见下文）。相反，Cu 的 LA-ICP-MS 剖面与 Mn、Ni 和 Zn 呈正相关。Cu 以水合二价阳离子以及碳酸盐络合物（$CuCO_3^0$）的形式存在于海水中；这可能是 Cu 对 Mn 或 Fe 的双重性质的原因。Cu 相应的富集系数达 7.5×10^6（Halbach et al.，2009）。

Ba 浓度在结壳中达到 $5\,122 \times 10^{-6}$（平均值为 $1\,650 \times 10^{-6}$；表 3.2），Sr 含量也相对较高，最高达 $1\,750 \times 10^{-6}$，平均值为 $1\,320 \times 10^{-6}$。Pb 浓度平均为 945×10^{-6}，可增加到 $2\,620 \times 10^{-6}$（表 3.2）。Pb 含量变化较大，在年轻壳层中的含量高于老壳层（表 3.3）。

与老壳层相比较，年轻壳层的一些次要元素在含量上也有所不同。最明显的特征是 Co 的浓度，对于单个样品来说，在年轻壳层的值可以达到老壳层的两倍以上。年轻壳层 Co 的平均含量为 $6\,900 \times 10^{-6}$，而老壳层的含量仅为 $3\,930 \times 10^{-6}$（表 3.3）。

3.4.3.4　微量元素

Mo 和 W

铁锰结壳中富集的重金属元素 Mo 和 W，具有一定的经济价值（表 3.2）。Mo 和 W 元素的六价阳离子具有高离子能，在海水中主要以水合阴离子形式存在。在 Actlabs 数据集中 Mo 的含量可达 705×10^{-6}（表 3.2），在水深 $1\,000 \sim 4\,100$ m 结壳样品中的平均含量为 431×10^{-6}。一些结壳样品老壳层中有较高的 Mo 含量（表 3.3），其值可以达到 $6\,35 \times 10^{-6}$（SO 33 18DK，老壳层）。然而，在分析的样品中，新老两个壳层之间总的趋势并不明显。由于海水中具有较高的 Mo 含量（可达 10×10^{-7}；Nozaki，1997），结壳中 Mo 的含量仅为海水的 5×10^4 倍（Halbach et al.，2009）。在 Actlabs 数据集中，Mo 与 Mn、Ni、W 和 Te 表现出明显的正相关（相关系数 r 分别为 0.67，0.83，0.79 和 0.64）。这些数据暗示着 Mo 属于 Mn 组金属元素。更进一步的地球化学特征是 Mo 与水深呈现明显的负相关（$r = -0.69$），这是 Mn 组元素的典型特征。

在 LA-ICP-MS 剖面上，这些相关关系更加明显。Mo 与 Mn 的相关系数为 0.62（图 3.22，$n = 169$）。在老壳层和新壳层中均可明显观察到这种正相关关系。在 Mn-Mo 图上一个显著的特征是，在生长间断期之后，新壳层中 Mo 显著增加，这可能与之前大范围的 OMZ 的缩小有关。Mo 与 W 表现出极好的相关关系，相关系数可达 0.99（图 3.22），与 Fe 呈现负相关性（$r = -0.55$，图 3.22）；图表也显示在生长间断期后，新壳层开始生长时 Fe 的含量很低。

W 在结壳样品中的含量可达 120×10^{-6}，平均值为 70×10^{-6}（表 3.2）。新老壳层的数据对比显示两者没有明显差异。W 属于 Mn 组元素，与 Mn、Ni、Te 和 Mo 的相关系数分别为 0.71、0.78、0.64 和 0.79（Halbach et al.，2009）。

在 LA-ICP-MS 剖面上，W 表现出与 Mo 相似的特征。W 与 Mn 的相关系数为 0.91

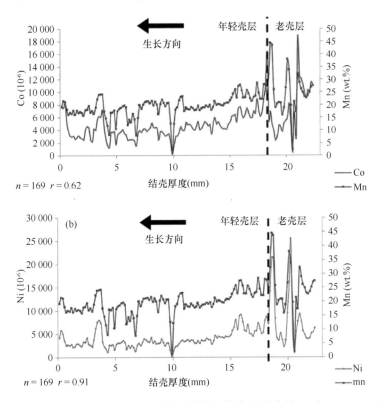

图 3.21 通过 LA-ICP-MS 测定（HRG）得到的铁锰结壳剖面中的 Co 和 Mn（a）以及 Ni 和 Mn（b）。虚线表示 43DS-1 样品的年轻壳层和老壳层之间的边界（生长间隙）。剖面的分辨率为 0.14 mm/次测量（$n = 169$）。两个图解都显示 Co 和 Ni 的浓度与 Mn 含量密切相关。在剖面的老壳层部分，Mn 的三个最大峰指示了矿石结构中的水钠锰矿团簇（也见图 3.8a，b）

（图 3.22）。同样地，W 在结壳生长间断期后开始高度富集。W 和 Mo 的这种相似性是由于在海水中两者均主要以可溶的氧化物存在（MoO_4^{2-}，WO_4^{2-}）。根据两种氧化物的离子特征，理论上两种元素会被带有弱负电荷的 Fe-氢氧化物颗粒所吸附。然而，已有的数据和观察却不支持这一观点（Halbach et al.，2008）。相反地，Halbach 和 Marbler（2009）提出了 W、Mo 与 Mn 共沉淀的氧化还原耦合过程。

Pt 和 Pd

贵重金属 Pt 是铁锰结壳中的微量元素，具有一定的经济价值。海洋铁锰物质中的 Pt 含量可达到上地壳含量的 100 多倍。Pt 在铁锰结壳中的平均含量为 0.2×10^{-6}；然而，依据 Halbach 等（1989）的研究，结壳中较上层的 Pt 含量可达 0.5×10^{-6}。因此，可认为在水深 $1\,000 \sim 4\,100$ m 的结壳样品中 Pt 的平均含量为 0.4×10^{-6}。与海水中 Pt 的含量相比（0.05 ng/kg）（Nozaki，1997），Pt 在结壳中的富集系数为 8×10^6。Pt 在结壳中的含量有两种重要的控制因素：①水深因素，来自较浅水体中的结壳较更深水体中的结壳含有更多的 Pt（表 3.4）；②时间因素，老壳层单元比年轻壳层更富集 Pt。在不来梅雅各布森大学分析的样品中，较年轻壳层中 Pt 的含量变化范围为 $221 \times 10^{-9} \sim 810 \times 10^{-9}$，老壳层单元中 Pt 的含量为 $481 \times 10^{-9} \sim 1\,015 \times 10^{-9}$（表 3.4）。在水深 $1\,200 \sim 2\,700$ m 的结壳样品中，老壳层 Pt 的

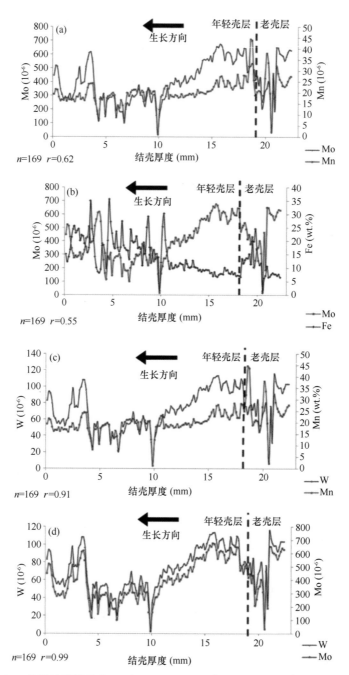

图 3.22　铁锰结壳样品中 Mo 与 Mn（a）、Mo 与 Fe（b）、W 与 Mn（c）、W 与 Mo（d）的 LA-ICP-MS 测试（HRG）。虚线为 43DS-1 样品中新老壳层的界限，测量点之间剖面的分辨率为 0.14 mm

平均含量为 $705×10^{-9}$；较年轻壳层中 Pt 的平均含量为 433 ppb。因此，老壳层明显比年轻壳层的 Pt 含量高 2~3 倍（表 3.4 和图 3.24）。Halbach 等（1989）对中太平洋的结壳样品地球化学特征的研究也得出同样的结论（表 3.5）。

表 3.4 中太平洋 14 个结壳样品中 Co、Ni、Pt 含量和 Mn/Fe 比值（Halbach and Marbler，2009）

航次	样品	类型	Co（10^{-6}）	Ni（10^{-6}）	Pt（10^{-9}）	Mn/Fe	水深（m）
SO33	65GTV-1	老壳层	8 420	6 590	481	2.12	1 693
	54GTV-2	年轻壳层	11 100	2 130	221	1.82	1 393
	57DK-1	老壳层	6 450	4 910	730	2.73	1 209
	57DK-2	年轻壳层	9 960	1 870	323	2.15	1 209
SO66	43DS0-1	老壳层	3 630	4 640	690	2.87	2 260
	43DS0-2	年轻壳层	6 050	6 240	258	1.81	2 260
	5DSR—1	老壳层	3 820	3 960	656	2.35	2 500
	5DSR-2	年轻壳层	4 860	4 720	652	2.16	2 500
	64DSK-1	老壳层	6 980	6 100	1 015	2.54	2 680
	64DSK-3	年轻壳层	7 040	6 010	810	2.11	2 680
SO37	20DS-1	老壳层	2 490	3 270	549	2.55	1 310
	20DS-3	年轻壳层	8 770	4 620	405	2.00	1 310
	43DS-1	老壳层	2 710	3 640	817	1.95	1 600
	43DS-3	年轻壳层	7 600	3 460	360	2.27	1 600

表 3.5 中太平洋铁锰结壳样品中 Co、Ni、Pt 含量和 Mn/Fe 比值（Halbach and Marbler，2009）

航次	样品号	世代	水深（m）	Co（%）	Ni（%）	Pt（10^{-9}）	Mn/Fe
SO18	30DK2	年轻壳层	3 780	0.38	0.51	140	1.57
	31DK3	年轻壳层	2 100	1.13	0.56	280	2.13
	32DK3	年轻壳层	1 120	1.18	0.71	330	2.54
	111DK5	年轻壳层	1 240	0.84	0.46	270	1.96
	43DK4	年轻壳层	3 350	0.63	0.53	280	1.63
	76DK3	年轻壳层	1 190	1.38	0.60	300	1.86
	58DK3	老壳层	1 510	0.71	0.56	280	2.76
	76DK2	老壳层	1 190	0.50	0.62	840	2.73
	31DK4	老壳层	2 100	0.53	0.38	250	2.09
	32DK4	老壳层	1 120	0.79	0.78	880	3.46
	111DK4	老壳层	1 240	0.85	0.82	780	3.37

航次	样品号	世代	水深（m）	Co（%）	Ni（%）	Pt（10^{-9}）	Mn/Fe
SO33	48DK4	年轻壳层	1 350	1.32	0.68	370	2.06
	48DK4	老壳层	1 350	0.67	0.63	350	2.16
	49DK3	年轻壳层	1 320	1.17	0.78	490	2.85
	49DK3	老壳层	1 320	0.70	0.77	1020	2.72
	56DK2	老壳层	1 390	0.70	0.92	540	3.92
	56DK8	年轻壳层	1 390	1.24	0.65	720	2.10
	56DK8	老壳层	1 390	0.87	0.86	880	2.95
	58DK1	年轻壳层	1 330	1.04	0.56	530	1.81
	58DK1	老壳层	1 330	0.53	0.72	950	2.60
	62DK1	年轻壳层	1 630	1.28	0.68	620	2.19
	62DK1	老壳层	1 630	0.57	0.68	720	2.18
	69DK1	年轻壳层	1 500	1.07	0.44	320	1.43
	69DK2	老壳层	1 500	0.41	0.79	400	2.78
	69DK2	年轻壳层	1 500	1.01	0.39	380	1.32
	69DK2	老壳层	1 500	0.58	0.74	750	2.84
	72DK2	年轻壳层	1 550	1.06	0.41	590	1.32
	72DK2	老壳层	1 550	0.72	0.75	800	1.64
SO37	43DS6	年轻壳层	1 600	1.13	0.69	300	2.04
	43DS6	老壳层	1 600	0.66	0.83	450	2.58
	47DS2	年轻壳层	1 490	1.29	0.76	310	2.20
	47DS2	老壳层	1 490	0.73	0.97	410	3.22
	47DS5	年轻壳层	1 490	1.03	0.76	460	2.18
	47DS5	老壳层	1 490	0.60	0.86	450	2.80

除了结壳样品老壳层和年轻壳层 Pt 总浓度外，Halbach 等（1989）还研究了铁锰结壳剖面上 Pt 和 Pd 的分布特征（表 3.6），结果完全印证了之前的推断。数据表明 Pd 的含量明显低于 Pt 的含量，并且在新老壳层中的含量没有明显差异（平均为 16×10^{-9}；表 3.6）。两个世代的壳层中的 Pt/Pd 值表现出明显的差异：老壳层中 Pt/Pd 值为 41.6，约为年轻壳层中 Pt/Pd 值的 2 倍（22.6）。这是由于老壳层中较高的 Pt 含量决定的（表 3.6）。相比于海水的 Pt/Pd 值（~1；Halbach and Marbler，2009），铁锰结壳中较高的 Pt/Pd 值代表了 Pt 的正异常，该异常是由于 Pt 从 Pd 中的化学分异导致的。

另一较老结壳样品的上部中 Pt 的含量可达 $1\ 100 \times 10^{-9}$（Halbach et al.，1989），表明在较老结壳层位上部 15~20 mm 部分具有最高的 Pt 含量。

表 3.6　由一含铁锰结壳剖面中获得的细粒钻孔样品分析数据

深度（mm）	Pt（10^{-9}）	Pd（10^{-9}）	Pt/Pd
年轻壳层序列			
4	310	15	20.7
8	401	17	23.6
12	435	20	21.8
16	417	14	29.8
20	374	12	31.2
24	348	15	23.2
29	308	20	15.4
33	290	15	19.3
平均值	360	16	23.1
标准偏差	±55	±2.8	±5.2
偏差（%）	15.2	17.7	22.6
老壳层序列			
38	469	11	42.6
42	651	12	54.3
46	717	25	28.7
50	716	17	42.1
55	611	14	43.6
60	650	16	40.6
38	750	19	39.5
平均值	652	16	41.6
标准偏差	94	4.8	7.5
偏差（%）	14.4	29.2	18

注：剖面以结壳的表层开始，直至基岩（Halbach et al., 1989）

　　Vonderhaar 等（2000）利用 LA-ICP-MS 分析了铁锰结壳样品（夏威夷群岛，Schumann 海山）的 Pt 和 P_2O_5，CaO，MnO 和 Fe_2O_3 等其他组分纵向上的变化（图 3.23）。剖面图展示了年轻壳层至底部 27 mm 深度处样品组分特征。27 mm 处用箭头标记出间断处。较年轻层位没有被磷酸盐化，Pt 含量为 $100×10^{-9} \sim 550×10^{-9}$。从样品的 27 mm 处开始为老壳层，普遍发生磷酸盐化。在新老壳层之间，存在有约 27 Ma 持续生长间断期（Vonderhaar et al., 2000）。在长时间的间断期间，由于 OMZ 的扩大导致海水中 O_2 降低或由于暂时性的沉积物覆盖出现孔隙水，使老壳层遭受成岩作用改造（见上文）。孔隙水进入老壳层单元的空隙之中。LA-ICP-MS 结果表明在老壳层的最初 2 cm 内（图 3.23 阴影区域），Pt 明显富集，达到 $1.8×10^{-6}$。Pt 含量的增加可能发生在间断期，同时伴随着碳酸盐-氟磷灰石的沉积。然而，磷灰石含量的最大值出现在 Pt 最大值部位下面一点。老壳层的下部较上部显示较少的碳氟磷灰石（CFA）含量。根据光片图像（图 3.8a，b）显示，在 CFA 沉积过程中存在着铁锰结壳的溶解和再沉积。在这个层位 Pt 的局部富集可以解释为：在成岩条件下，水钠锰矿的形成伴随着 Pt 的再沉淀，经过短距离运移而富集。

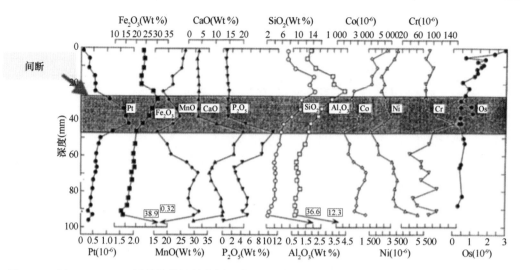

图3.23 用LA-ICP-MS测得的铁锰结壳剖面中Pt和其他元素含量。暗色区域显示结壳中Pt含量最高的层位,它也代表了老壳层单元的上部。CFA富集的地方位于Pt含量最高值的下部(Vonderhaar et al.,2000)

利用LA-ICP-MS对43DS-1号结壳样品从年轻壳层到老壳层的上部的剖面进行高分辨率地球化学(HGR)研究(每次测量0.14 mm),显示Pt和Mn具有较好的正相关性(图3.24a;$r = 0.82$),同时与Mo也显示正相关性(图3.24b;$r = 0.62$)。Pt与Fe为弱的负相关性(图3.24c;$r = -0.39$)。剖面可明显看到以圆圈表示的老壳层中Pt的选择性富集(图3.24a)。这表明图中Pt富集的点与光片上观察到的Mn富集的孔隙充填物是一致的(图3.8a,b)。

依据以上观察可以推断,老壳层单元上部Pt局部含量高的部位明显是受到沉积期后成岩作用影响形成的,发生在生长间断期老壳层的孔隙,受到O_2含量较低的低氧化到还原的孔隙水条件的影响。

Stüben等(1999)对Pt富集与Ce^*(由Ce/La计算得到的Ce异常值)进行对比研究,发现Pt/Pd比值与Ce/La比值之间没有相关性。这表明Pt与Fe-Mn胶体在结壳表面的连接方式并不像Ce和Co一样是一个直接的氧化富集过程(如氧化清除作用)。一种假说是Pt在结壳中以Pt^0的方式存在。

结壳中Pt有两种来源:海水和宇宙球粒。仅观测到极少量的宇宙球粒(Halbach et al.,1989)。总体上,铁陨石中Pt的含量是Pd的2~10倍(Wedepohl,1969)。宇宙球粒中的包体也可导致Pt和其他铂族元素的局部富集;然而,Pt与其他PGEs元素的比值总体上类似于非球粒陨石(Vonderhaar et al.,2000)。同时,Pt含量相对稳定,尤其是在年轻壳层剖面上,排除了宇宙球粒对结壳中Pt含量的显著贡献。因此,海水应当是Pt的主要来源。Stüben等(1999)通过热力学计算显示,Pt在海水中主要以Pt(OH)$_2^0$形式存在。因此,下面的反应式可以描述Pt是如何固定在成岩作用中和再生的Mn矿物上的:

$$Pt(OH)_2^0 + Mn^{2+} \rightarrow MnO_2 + Pt^0 + 2H^+$$

然而,地球化学研究显示Pt与Mn呈正相关,Pt明显赋存于氧化的含MnO_2的矿物相

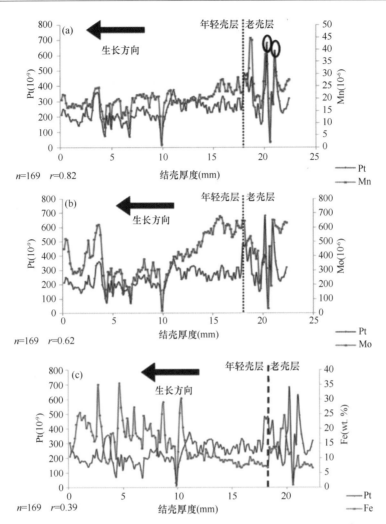

图 3.24 43DS-1 铁锰结壳样品剖面上 LA-ICP-MS 分析的 Pt 与 Mn（a）、Pt 与 Mo（b）和 Pt 与 Fe（c）的元素特征。虚线为新-老壳层之间的生长间断界面。每个分析点之间分辨率为 0.14 mm（$n=169$）。图 a 老壳层中两个圆圈为 Pt 富集点，同时是 Mn 充填的孔隙

中，这种现象也可以用 Maeno 等（2016）提出的另一种化学机制来加以解释。这种机制基于一种假设，认为因为 Pt（Ⅱ）可以被氧化成 Pt（Ⅳ），因此 Pt（Ⅱ）复合的阴离子团络合物 $[PtCl_{4-x}(OH)_x]^{2-}$ 可以固定在 $\delta-MnO_2$ 上，同时，一些 Mn^{4+} 被还原成 Mn^{2+}。一般而言，氧化的 Pt（Ⅳ）与 6 个氧原子配位。因此，Pt（Ⅳ）与 Mn（Ⅳ）之间的类质同相替代可能存在于 MnO_2-晶格中，这个过程被描述为一个耦合的氧化-还原清除反应。

Nb 和 Ga

结壳中 Nb 的平均含量为 40×10^{-6}，有时可达 56×10^{-6}（表 3.2），在新老壳层中 Nb 的含量没有明显差异。由于 Nb 的分析检测问题，海水中 Nb 的精确含量至今尚未可知。Nb 在海水中的大致含量为 4 ng/kg。在这个数值基础上，结壳中 Nb 的含量相对于海水可达 10×10^6 倍（Halbach and Marbler，2009）。取自水下 1 600 m 处的 SO 37 43 DS4 号样品 LA-

ICP-MS 剖面上显示 Nb 与一些 Fe 组元素呈现明显的正相关，如 Nb-Al $r=0.66$，Nb-Si $r=0.71$，Nb-Ti $r=0.73$，Nb-Fe $r=0.80$。但是，在 Actlabs 数据集中，这些元素却没有总是显示同样的正相关关系。不过，Fe 组元素与 Nb 的正相关关系可能是存在的。然而，这需要更进一步的研究。由于 Nb 的含量太低，所以其经济价值不大。

Ga 在结壳中也属于低含量元素，平均含量仅 18×10^{-6}（表 3.2）。老结壳中含量稍高，最大值可达 40×10^{-6}。Ga 在海水中含量约为 1.2 ng/kg。结壳中 Ga 的含量是海水中的 2.3×10^{7} 倍。Ga 与 Fe 呈负相关（$r=-0.68$），与 Mn 和 Ni 呈现微弱的正相关（Ga-Mn $r=0.43$，Ga-Ni $r=0.64$）；然而，Ga 与 Mn 组其他元素的相关性不明显。同样地，对于 Ga 在元素间的各种相关关系也需更进一步的研究。由于 Ga 的含量太低，所以其经济价值不大。

Te

Te 是结壳中具有经济价值的微量元素之一（Hein et al.，2003）。不同海域结壳中 Te 的含量不同，大西洋结壳中 Te 含量可超过 200×10^{-6}（Hein et al.，2003），太平洋结壳中 Te 的含量为 $n\times10^{-6}$ 至接近 200×10^{-6}。在表 3.2 分析的结壳样品中，Te 的含量为 8×10^{-6} ~ 61×10^{-6}；老壳层总体上比年轻壳层显示稍高的 Te 平均含量（表 3.3；老壳层：39×10^{-6}；年轻壳层：32×10^{-6}）。Te 在结壳中的含量为海水中（0.07 ng/kg）的 5×10^{8} 倍（Halbach and Marbler，2009）。

热力学计算表明，溶解 Te 在海水中主要以 Te（VI）价 $TeO(OH)_5^-$ 形式存在，其次以 Te（IV）价 $TeO_2(OH)_2^{2-}$ 形式存在；依据 Hein 等（2003），海水中 Te（VI）比 Te（IV）高 2~3.5 倍。海水中 Te 的阴离子团和电荷平衡情况表明 Te 可以被 FeOOH 胶质颗粒所清除，然而，海水中 FeOOH 胶质颗粒只带有弱的正电荷。在 Hein 等（2003）提出的模式中，FeOOH 颗粒最外层优先吸附 Te（IV），表层吸附 Te（VI），这就解释了海水中 Te 的不同物相分布和铁锰结壳中 Te 显著富集的原因。还没有热力学的化学反应模式支持这一假设，同时 FeOOH 胶体表层颗粒的活动性相当微弱。研究者认为结壳中 Co 和 Ce 具有相似的过程，认为是带正电荷的 MnO_2 胶质颗粒表面对 Co 和 Ce 进行氧化清除吸附作用。但是必须说明的是，在这种情况下，Mn 氧化物具有很强的粒子活动性，因此，其对水合阳离子具有很强的吸附能力。

Schirmer 等（2008）研究了铁锰结壳样品中不同层位的 Te 含量差异，对两个样品表层（最年轻壳层）向下到基岩接触面之上部分（最老壳层）进行剖面上的样品钻取。在老壳层中，随着磷酸盐化的增强（SO 66 80 DSK-3 样品，图 3.25），观察到 Te 有微弱增加的趋势。从结壳的 3 cm 处向下，发生了磷酸盐化。在磷酸盐化增强过程中，Te 含量增加到 75×10^{-6}。80 DSK-3 样品中，Te 与 Mn 表现出较好的正相关，相关系数为 0.6，表明 Te 的富集可能有 Mn 相关。另外，Te 与 Mo、Ni、Zn 和 Ce 也表现出明显的正相关性，相关系数分别为 0.79、0.77、0.86 和 0.91（Schirmer et al.，2008）。

研究的第二块样品来自东北大西洋（121 DK-1，水深 2 000 m；Schirmer et al.，2008）。由于 Te 在非磷酸盐化样品中的分布差异不大，因此从上至下未观察到 Te 含量的明显增加（图 3.26）。Te 的含量介于 30×10^{-6} 和 40×10^{-6} 之间，P 的含量基本不变。比较这两个样品，可以发现：SO 66 80 DSK-3 样品显示磷酸盐化的老壳层单元中 Te 的含量显著增加；未磷酸盐化的 121 DK-1 样品 Te 含量相对稳定且较低，其含量与 SO 66 80 DSK-3

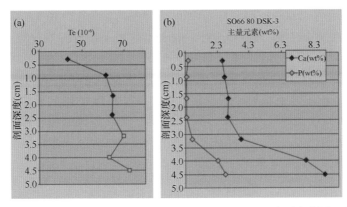

图 3.25 SO66 80 DSK—3 样品剖面上（a）Te、（b）Ca 和 P 含量变化图。中太平洋，水深 1 450 m。磷酸盐化老壳层开始于样品表层向下 3 cm 处（Schirmer et al.，2008）

样品中最上部年轻壳层中 Te 含量相当。

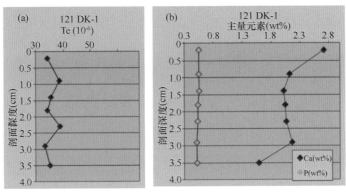

图 3.26 121 DK-1 样品剖面上（a）Te、（b）Ca 和 P 含量变化图。东北大西洋，水深 2 000 m。样品未发生明显磷酸盐化（Schirmer et al.，2008）

　　Halbach 和 Marbler（2009）利用高分辨率的 ICP-MS 方法研究了 SO 37 43 DS4 样品剖面中几个常量元素、微量元素和痕量元素的地球化学特征，该样品为结壳数据集中样品之一。虽然该方法是半定量的，但是元素之间的内部关系可以准确地计算。图 3.27 中选择了 Te—Mn、Te—Mo 和 Te—Fe 三组元素。新老壳层结构可以通过元素有规律的变化曲线显示出来。图 3.27a 显示 Te 与 Mn 呈现微弱的正相关，相关系数为 0.42。图 3.27b 表明 Te 与 Mo 呈现较为明显的正相关（$r = 0.66$）。同样地，Te 与 Fe 的关系也可以明显观察到，两者呈现微弱的负相关（$r = -0.21$）。这些结果表明 Te 与 Mn 和 Mo 呈现正相关，与 Fe 呈现微弱的负相关，这与 Te 在结壳中的富集主要是由于 FeOOH 胶体颗粒的表面吸附作用有关的模型是不一致的。

　　考虑到一些金属元素受水深影响，从 32 个样品的数据集中选取 12 个样品进行包括 Te 的研究（表 3.2，见下文）。样品水深范围为 1 217~4 112 m，在这个水深范围内，Te 随水深增加，其含量有明显增加。例如，水深 2 000 m 以上结壳样品中，Te 含量平均值为 47×

10^{-6}，然而，水深小于 2 000 m 结壳样品中 Te 含量平均值为 $22×10^{-6}$。Te 与水深相关系数为 -0.79，与其他元素如 Mn、Ni、Co 和 W 表现出的相关系数相当（表3.9）。Te 同样属于 Mn 组金属元素（A 组类型，见 3.4 节和 3.5 节）。Fe 与水深的相关系数为 0.78，表现为较深的结壳样品比较浅的结壳样品含有更多的 Fe 含量。这些地质统计结果同样与 Te 的富集与结壳中 FeOOH 物质有关这一假设相矛盾。海水中 Te 的阴离子络合物与锰物质相的正相关性不能用外层物质的吸附作用来解释，或许，氧化还原的耦合作用伴随着随后的沉淀能够解释观察到的相关关系。从经济方面考虑，可以认为较浅水中的结壳样品同样具有较多的 Te 金属（Halbach and Marbler，2009）。

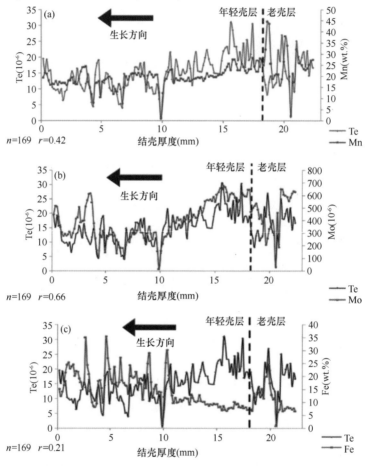

图 3.27　SO 37 43 DS4 样品 La-ICP-MS 结壳剖面

样品取自中太平洋，水深 1 600 m，元素含量与结壳深度相关（样品长 23 mm），测量点距离为 0.14 mm，共 169 个测量点。剖面主要包括年轻壳层和老壳层的底部。通过相关系数也对元素进行了评估。

稀土元素

稀土元素是过渡组元素，包括 15 个镧系元素、Sc 和 Y；在本章节中，主要讨论镧系元素。在自然界中，稀土元素并非像它们的名字那样稀有。在岩浆岩分异过程中，稀土元素陆续在上地壳岩石中聚集（表3.7）。一般来说，风化和剥蚀作用可以将稀土元素运往海洋中，但是仅有少部分进入海洋中的稀土元素可以溶解。被剥蚀物质中的稀土元素主要存在于黏土组分中。海水中的稀土元素主要来自河水、风尘运输、热液喷发及沉降作用。由于高的表层粒子活性，稀土元素在海水中存留时间较短，仅有 400 年。海水中的稀土元素在垂向上表现出一定的规律性：从表层向海底，稀土元素含量增加（图 3.28）。

表 3.7　稀土元素名称、符号及陆壳和球粒陨石中稀土元素的含量

	元素	符号	原子序数	上地壳含量（10^{-6}）	球粒陨石含量（10^{-6}）
LREEs	Scandium	Sc	21	22	9
	Yttrium	Y	39	22	Na
	Lanthanum	La	57	30	0.34
	Cerium	Ce	58	64	0.91
	Praseodymium	Pr	59	7.1	0.121
	Neodymium	Nd	60	26	0.64
	Promethium	Pm	61	Na	Na
	Samarium	Sm	62	4.5	0.195
	Europium	Eu	63	0.88	0.073
HREEs	Gadolinium	Gd	64	3.8	0.26
	Terbium	Tb	65	0.64	0.047
	Dysprosium	Dy	66	3.5	0.3
	Holmium	Ho	67	0.8	0.078
	Erbium	Er	68	2.3	0.2
	Thulium	Tm	69	0.33	0.032
	Ytterbium	Yb	70	2.2	0.22
	Lutetium	Lu	71	0.32	0.034
	ΣREE			146.37	3.45

Na：表示含量未知；表格中上地壳中稀土元素含量指的是相对原始岩石的相对含量（Taylor, 1964）

在海水中，稀土元素主要以碳酸盐络合物形式存在（Ohta and Kawabe, 2000）；在大多数情况下，轻稀土元素（LREEs）组成 $REECO_3^+$（aq），重稀土元素（HREEs）组成 $REE(CO_3)_2^-$。海水中稀土元素构成阳离子和阴离子碳酸盐络合物这个事实被用来通过两个主要水成因组分（含水的与 $\delta-MnO_2$ 和铁氢氧化物）借助表面吸附将稀土元素族分异；Mn 相矿物（$\delta-MnO_2$）优先结合 LREE 络合物，而铁的氢氧化物相优先结合 HREE 络合物。因为充填 4^+ 镧系元素电子壳层的过渡性配置，这种分异是不完全的。

表 3.8 显示了结壳全岩的稀土元素（镧系元素，包括 Ce、La、Pr、Nd、Sm、Eu、Gd、Tb、Dy、Ho、Er、Tm、Yb 和 Lu）的分析值，包括它们的平均值、最大值、最小值及标准偏差。中太平洋数据集中稀土元素的平均值为 $1\,628\times10^{-6}$，最大值可达 $2\,649\times10^{-6}$（表 3.8）。结壳中平均含量高于 CCZ 锰结核中的稀土元素平均含量（约 670×10^{-6}；

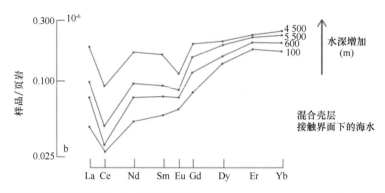

图 3.28　海水的典型稀土配分形式（页岩标准化，PAAS；McLennon，2001）；样品取自北大西洋，水深 100～4 500 m。分布图显示稀土含量随水深增加逐渐增加（Elderfield and Greaves，1982）。海水中稀土配分图显示明显的 Ce 负异常，重稀土相对富集，富集程度随水深增加而增加

Halbach and Jahn，2016），相应增加了约240%。数据集中新老壳层的对比值显示，老壳层的稀土含量比年轻壳层多10%～20%。这是由于老壳层中含有不同比例的 CFA（见上文），而 CFA 晶格中含有稀土元素。

　　表 3.8 中稀土元素含量页岩标准化配分图如图 3.29 所示。配分曲线显示明显的 Ce 正异常，相对页岩组分，结壳相对富集从 Eu 到 Lu 的稀土元素。Ce 在河流悬浮物质中主要以 Ce^{3+} 存在，最终进入海洋中。铁锰物质颗粒表面对稀土元素的吸附作用导致稀土元素的分异（Byrne and Kim，1990）。因此，Ce 被吸附之后被氧化成 Ce^{4+}，导致铁锰物质出现 Ce 的正异常。另一方面，这就会导致海水中 Ce 亏损，显示明显的 Ce 负异常（图 3.28）。然而，REE^{3+} 元素间的分异主要还是由于其与 CO_3^{2-} 的结合形成络合物导致的。在海水中，随着原子序数的增加，络合物的稳定性会增加（Piper and Bau，2013）。

表 3.8　结壳中平均稀土元素含量（Actlabs 数据；$n=18$；中太平洋样品；Halbach and Marbler，2009）

元素	平均值	标准偏差	最小值	最大值
La	228	66	100	335
Ce	996	272	456	1 630
Pr	42	19	17	73
Nd	163	75	64	290
Sm	38	18	15	69
Eu	10	5	4	17
Gd	38	18	17	69
Tb	6.5	2.7	2.8	11.4
Dy	40	14	18	65
Ho	9	2	4	13
Er	26	6	12	36
Tm	3.8	0.8	1.8	5.2
Yb	24	5	11	31
Lu	3.7	0.7	1.7	4.7
Total	1 628		724	2 649

来自不同海域的铁锰结核和结壳的平均稀土元素配分图显示出明显的差异。大西洋铁锰结壳中发现了非常高的稀土含量（ΣREE：$2\,382\times10^{-6}$，Halbach et al.，2013）。最新的研究（Marino et al.，2016）发现，取自于南加纳利岛（中大西洋东北部）的白垩纪海山结壳样品的 ΣREEY 的平均含量可达 $2\,800\times10^{-6}$。这些结壳具有高的 Fe 含量，平均值为23.5%。Fe 的富集是受到撒哈拉沙漠风尘物质和海底火山羽状流物质的影响（Marino et al.，2016）。印度洋铁锰结壳中稀土的平均含量为 $2\,346\times10^{-6}$（Halbach et al.，2013），与大西洋铁锰结壳的含量相当。其标准化稀土配分曲线与大西洋结壳样品非常相似，因此在图 3.30 未显示。所有的结壳样品具有高的 Ce 正异常，显示出 MREE（Eu 到 Dy）的强烈富集。与结核成分对比显示，来自 CCZ 海域的结核具有低的稀土含量，而来自南彭林海盆的结核具有较高的稀土含量，后者主要为水生成因。印度洋结核的稀土含量在一定程度上高于 CCZ 结核的稀土含量（Halbach et al.，2013）。

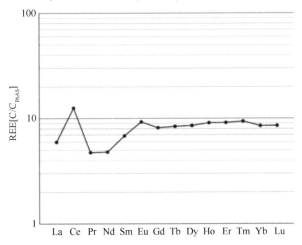

图 3.29　结壳中平均稀土元素 REEs 标准化配分图（数据来自表 3.8）

（PAAS；McLennon，2001）

3.4.3.5　金属含量与水深的关系

事实上，从已出版的资料来看，人们早已发现铁锰结壳金属含量随水深变化的关系（Halbach and Manheim，1984；Halbach，1986）。特别是结壳中具有较高经济价值的 Co、Ni 金属元素，显示出与水深变化显著的相关性，表现出随水深增加而含量逐渐降低的趋势。这两种金属元素属于"锰控制元素"（见下文）。因此，$1\,000\sim2\,500$ m 被认为是结壳质量较好的潜在开采水深范围（图 3.31）。

相对于水体下部，较年轻的结壳中 Co 含量降低更快。因此，随着海水深度的增加，Co 和 Ni 含量的下降趋势在上部更明显。然而，其他元素也显示出对水深具有明显的依赖性（表 3.9）。基于这种考虑，只有较年轻的结壳作为样品来使用，这是因为较老的结壳样品经历成岩作用，或多或少含有次生磷灰石，干扰了原始水成沉积地球化学信号，特别是对锰控制元素具有稀释作用。另一项观察是，水深超过 $3\,300$ m 的地方，较老的结壳没有发生磷酸盐化（见 3.4.2 节）。

表 3.9 中太平洋 12 个年轻结壳的金属含量以及水深数据之间的线性相关系数

	水深	Al_2O_3	Fe_2O_3	MnO	CaO	TiO_2	Ni	Cu	Ga	Nb	Mo	Nd	W	Te	Co
水深	1														
Al_2O_3	0.58	1													
Fe_2O_3	0.78	0.26	1												
MnO	-0.76	-0.9	-0.62	1											
CaO	-0.24	0.41	-0.61	-0.10	1										
TiO_2	0.85	0.46	0.81	-0.71	-0.41	1									
Ni	-0.69	-0.56	-0.79	0.83	0.16	-0.73	1								
Cu	0.62	0.08	0.56	-0.29	-0.32	0.69	-0.28	1							
Ga	-0.21	-0.14	-0.56	0.41	0.39	-0.28	0.64	0.15	1						
Nb	0.17	0.27	-0.02	-0.16	0.22	0.26	-0.04	0.32	0.46	1					
Mo	-0.69	-0.74	-0.68	0.88	0.07	-0.60	0.76	-0.18	0.63	0.20	1				
Nd	0.77	0.32	0.82	-0.59	-0.37	0.84	-0.69	0.75	-0.14	0.15	-0.53	1			
W	-0.70	-0.72	-0.72	0.86	0.16	-0.61	0.75	-0.18	0.61	0.19	0.99	-0.56	1		
Te	-0.79	-0.35	-0.92	0.64	0.65	-0.77	0.70	-0.49	0.48	0.06	0.70	-0.80	0.77	1	
Co	-0.84	-0.50	-0.85	0.75	0.34	-0.82	0.68	-0.74	0.28	-0.24	0.66	-0.79	0.68	0.81	1

注：Mn 组元素（红色）显示与水深呈显著的负相关关系；Fe 组元素（蓝色）显示与水深呈良好的正相关关系。随着水深增加，Mn 组元素含量降低，Fe 组元素含量增加

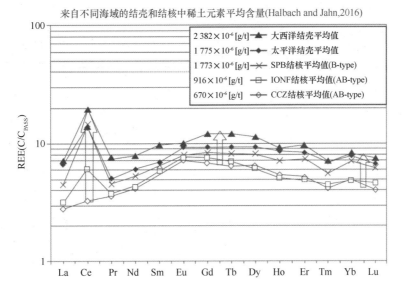

来自不同海域的结壳和结核中稀土元素平均含量(Halbach and Jahn,2016)

图 3.30 REE 标准化配分图（PAAS；McLennon，2001）。大西洋和印度洋结壳最富稀土元素，显示最强烈的 Ce 正异常；CC 区结核相对贫稀土，Ce 异常不明显；随着水成作用的影响增强，MREE 的含量增加。CC 区结核显示微弱的 Ce 正异常。水成成因的 SPB 区结核与太平洋结壳平均稀土元素组成相似

  SPB：南彭林海盆；IONF：印度洋结核区；CCZ：太平洋克拉里昂—克利珀顿断裂带

结合表 3.9 中的结果，可以区分出锰控制（A 型）和铁控制（B 型）元素组。锰控制组元素（A 型）包括 Mn、Ni、Mo、W、Te、Co；铁控制组元素（B 型）包括 Fe、Ti、Cu和 Nd。

结壳中所关注的金属元素的减少/增加取决于 Fe-羟基氧化物的释放和供应，反过来又决定水体中方解石和文石的溶解速率（Halbach and Puteanus，1984）。因此，CCD（方解石补偿深度）和 ACD（文石补偿深度）的深度对地球化学系统有着重要的影响。由于 CCD 和 ACD 的深度以及方解石和文石溶解的强度在结壳矿体生长周期中变化明显，具体情况难以重构。到目前为止，上述"两梯度模型"没有令人信服的解释。然而，由于文石在海水中的溶解度较高，ACD 界面明显高于 CCD。因此可以认为，在较浅水中文石和方解石的溶解速率都有助于 Fe-羟基氧化物的供给，从而能够促进水成结壳生长（见下文）。

锰控制组的金属通过外部或内部吸附或通过共同沉淀与胶体氧化物颗粒相关联。由于 Mn主要来源于最低含氧带，因此可以认为随着水深增加，Mn 浓度降低；同时，释放的 Fe-羟基氧化物颗粒的增加也可能导致 Mn 控制的化学体系的稀释。一般而言，Fe-羟基氧化物具有两种水体来源：生物成因钙质组分的溶解度增加到 CCD 的深度范围（Halbach and Puteanus，1984），以及洋壳的热液蚀变而释放。然而，后者的贡献将会影响到水深特别大的结壳（Halbach et al.，2014）。出于这种考虑，关于 CCD 界面之上金属成分与水深的关系，Fe-羟基氧化物（通过碳酸盐溶解释放）与其相关元素（B 组元素，参见上文）将发挥主要作用。

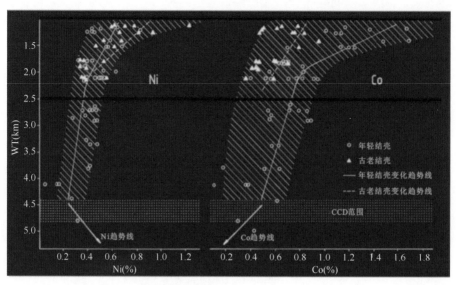

图 3.31　结壳 Co、Ni 含量与水深关系图（Halbach and Manheinm，1984）。Co、Ni 含量随水深增加呈现降低的趋势，特别是浅水部分降低梯度陡，根据水深与结壳金属含量的相关关系，1 000～2 500 m 被认为是结壳质量最好、结壳开采最佳水深范围

为了研究来自另一个太平洋地区年轻结壳样品的这些关系，从马尼希基海底高原采集了 11 个样品，水深分布范围为 1 220 m 到 5 000 m（Halbach et al.，2009）。样品的成分见表 3.10。Co、Ni、Mn、Mo、W 和 Zn 含量与水深呈明显的负相关关系，属于 A 组金属。相反，Ti、Ce、Nd 和 Y 与 Fe 具有相关性，并且随着水深的增加而增加。

表 3.10 中列出数据集中的 6 个元素与水深进行了对比：Co、Ni、Fe_2O_3、MnO、Mo 和 Nd（图 3.32）。元素 Co、Mo、Ni 和 MnO 代表 A 组，Fe_2O_3 和 Nd 代表 B 组。所有情况下，指数回归曲线呈线性关系，具有明显的测定高系数值。所有 4 个 Mn 组元素的线性回归系数 R^2 范围为 0.66～0.84；指数相关的质量更好，回归系数 R^2 范围为 0.74～0.89。Fe_2O_3 和 Nd 的图中，两者的含量随水深的增加趋势相同，也有较好的相关系数。线性相关系数 R^2 范围为 0.74～0.79，指数相关性 R^2 范围为 0.78～0.84。因此，所有情况下，指数曲线代表了所考虑的相互关系的更可能的统计特征。在 Halbach 和 Manheim（1984，图 3.31）发表的数据中，观察到 Ni 和 Co 元素与水深图解显示了两种梯度（浅水中较陡的一个）。图 3.32 显示，2 500 m 以上的水深中，金属元素含量增加或减少的梯度更陡。这种现象的一个解释可能是，水成成因的结壳中，两种碳酸盐系统（文石和方解石）溶解造成的羟基氧化铁供应对化学锰系统的稀释效应在浅水中比深水强烈。在 ACD 界面之下，即在深水中只有方解石溶解达到 CCD 范围，并控制深水结壳生长的 Fe-羟基氧化物供应。

这些描述的关系表明，结壳的生长与水深是由两种对立的化学系统控制：也就是 Mn 组和 Fe 组系统。基本上，随着水深增加而增加的 Fe-羟基氧化物颗粒的释放显示出两种不同的梯度，这取决于不同的碳酸盐溶解速率。这些都受到文石和方解石溶解的影响，但在更深的水里只受到方解石溶解的影响。指数回归显然更好地描述这些关系。水深对结壳组分的决定性表明，化学组成平均值总是伴有相应的水深范围。

表 3.10　马尼希基海底高原年轻结壳结壳常量、微量和痕量元素 X 荧光光谱分析结果随水深变化数据（Halbach et al., 2009）

样品编号	水深(m)	SiO$_2$ (%)	TiO$_2$ (%)	Al$_2$O$_3$ (%)	Fe (%)	Fe$_2$O$_3$ (%)	Mn (%)	MnO (%)	Ce (10^{-6})	Co (10^{-6})	Cu (10^{-6})	Mo (10^{-6})	Nd (10^{-6})	Ni (10^{-6})	W (10^{-6})	Zn (10^{-6})	Y (10^{-6})	Mn/Fe
MP 19	1 220	1.30	1.09	0.71	7.26	10.39	22.59	29.18	500	9 261	944	657	57	7 522	114	801	47	3.11
MP 7	1 560	2.03	1.23	0.65	7.30	10.45	22.54	29.12	750	8 979	1 103	794	93	7 112	131	741	181	3.09
MP 16	1 570	2.88	1.43	0.70	10.04	14.36	19.52	25.23	510	8 543	713	401	129	4 804	84	569	123	1.95
MP 12	2 215	5.68	1.39	1.40	12.83	18.36	18.36	16.28	685	4 951	1 234	302	113	3 522	64	546	154	1.27
MP 6	2 600	4.76	1.16	0.92	11.70	16.74	17.82	23.02	378	5 602	1 108	356	162	4 068	79	488	143	1.52
MP 9	3 210	1.97	1.07	0.81	12.42	17.77	17.23	22.26	424	4 974	954	284	198	3 351	56	489	143	1.39
MP 2	3 455	12.32	1.31	3.76	12.25	17.52	13.52	17.47	531	3 637	1 257	213	144	2 649	52	467	129	1.10
MP 1	3 865	7.53	1.52	1.65	15.42	22.06	14.57	18.83	681	3 868	907	273	194	1 935	64	436	154	0.95
MP 14	4 105	12.42	1.48	3.98	12.74	18.22	12.86	16.62	962	4 311	773	213	219	1 931	57	382	164	1.01
MP 4	4 207	7.91	1.55	2.23	12.57	17.98	15.19	19.63	957	5 673	815	192	195	2 487	46	397	146	1.21
MP 17	5 000	8.71	1.77	2.45	15.71	22.48	12.37	15.98	1 017	2 753	680	183	201	1 183	44	363	144	0.79

注：这些元素之间的相关关系与马绍尔群岛结壳品相似（USGS–KORDI Open File Report, 1990）

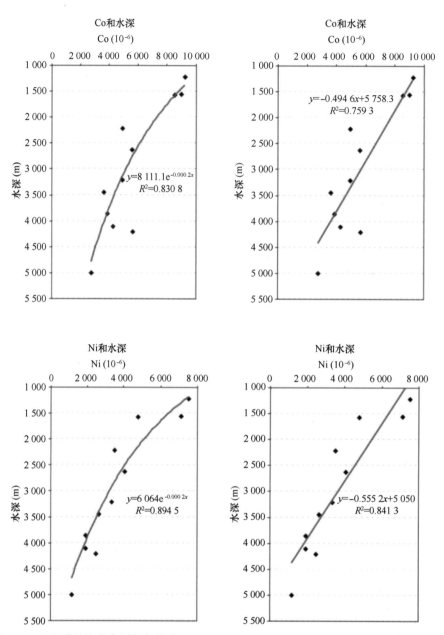

图 3.32　马尼希基海底高原年轻结壳 Co、Ni、Fe_2O_3、MnO、Mo 和 Nd 与水深关系图（11件样本，见表3.10），左图红线条为指数拟合线，右图红线条为线性拟合线，R^2 为测定系数，可以看出指数拟合线相对线性拟合线具有更高的相关系数，具体见文中叙述

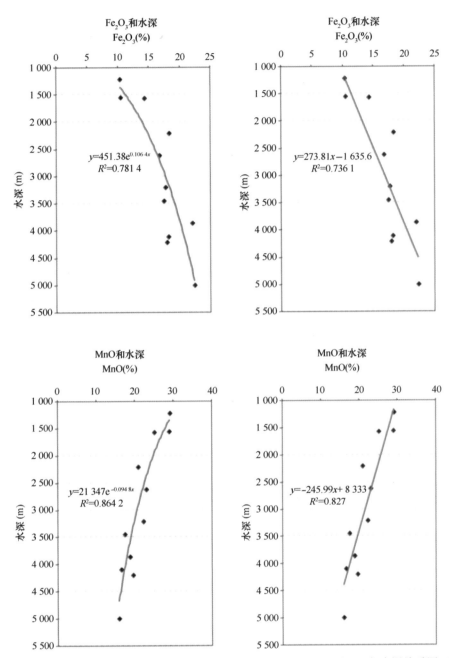

续图 3.32 马尼希基海底高原年轻结壳 Co、Ni、Fe₂O₃、MnO、Mo 和 Nd 与水深关系图（11件样本，见表 3.10），左图红线条为指数拟合线，右图红线条为线性拟合线，R^2 为测定系数，可以看出指数拟合线相对线性拟合线具有更高的相关系数，具体见文中叙述

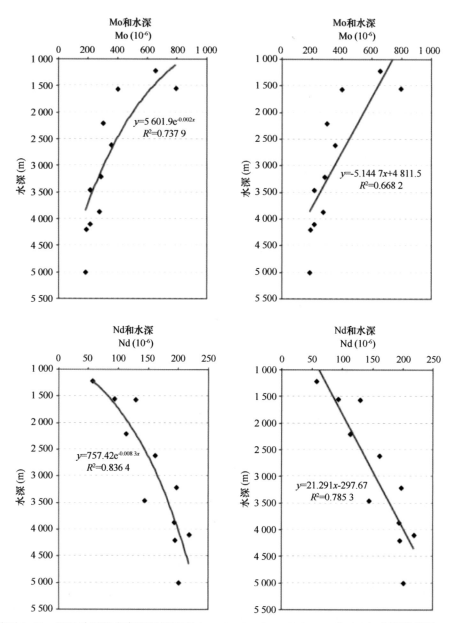

续图 3.32 马尼希基海底高原年轻结壳 Co、Ni、Fe_2O_3、MnO、Mo 和 Nd 与水深关系图（11件样本，见表 3.10），左图红线条为指数拟合线，右图红线条为线性拟合线，R^2 为测定系数，可以看出指数拟合线相对线性拟合线具有更高的相关系数，具体见文中叙述

3.4.3.6 相关性分析

为了解译、解释和展示收集到的地球化学数据的多样性，我们进行了三种数学统计方法：

（a）描述性统计：通过计算平均值、中值、标准差以及大样本的最小值和最大值来总结和描述收集的数据。

（b）二元统计或双变量相关，计算线性或指数回归的变量。在地球化学中，相关系数在一定数量的样本中显示了各元素之间的关系或相互关系。

（c）因子分析是一种用于数据还原的统计方法，用于解释所观察到的变量之间的变化，即较少的未观察变量称为因子。所观察到的变量被建模成因子的线性组合。这些因素可以通过多元因素分析来确定，可能的来源可以通过对因子得分的等值来提出。在地球化学中，不同的因素可能对应不同的矿物组合，从而达到转换和含元素的矿物相或组合。考虑到这些因素，我们使用了来自中太平洋的 31 个样本数据（图 3.33，Halbach and Marbler，2009）和一个年轻结壳样品（抛光部分）的 LA-ICP-MS 分析剖面数据。

描述性统计（a）和双变量统计（b）的结果已经在各个章节中描述和讨论，展示出了各个元素、元素对和元素组之间的关系。所有元素都与结壳内的一个或多个矿物相有关。通过相关性分析，分析以下矿物相及相关元素（Halbach and Marbler，2009）：①δ-MnO_2组分，Mn、Co、Mo、W、Te、Ni、Zn、Sn、（Pt）、（Ce）；②Fe-羟基氧化物组分——FeOOH，Fe、Ti、Cu、Nb、Nd 和其他稀土元素（Ce 除外）；③与 FeOOH 相关的铝硅酸盐组分，Al、Si、Mg、Fe、Ti、Sn、K、Na；④碳氟磷灰石组分（CFA，只在老结壳中），Ca、P、Y、Sr、（Pt）；⑤残留生物组分，Ba、Ca、Sr、（Pt）。铝硅酸盐、Fe-羟基氧化物和δ-MnO_2组分一般与碳氟磷灰石组分含量呈现负相关关系。

两代结壳的元素间关系有明显的变化，最有意思的特征是碳氟磷灰石（CFA）相关元素和残余生物成分均出现在老结壳单元。这表明年轻的结壳未发生磷酸盐化，老结壳磷灰石有关的元素是未分化的生物相残余部分。另一个有趣的差异是，Ba、Cu、Ca、P 和 Pt 往往在老结壳单元内增多。这是由于在长时间的非生长期成岩作用遭受磷酸盐化以及新形成矿物所致（hiatus；Koschinsky et al.，1997）。Co 在老结壳层中含量降低，且随结壳厚度和生长速率增加而降低，而在中等水深的年轻地壳中最为富集（如上文）。

一些作者描述了元素间关系的地理分布，这可能反映了区域的氧化能力（Hein et al.，1993）。例如，从太平洋中部到北部，含氧量最低带顶部的水深增加；海水中氧的最大消耗量在太平洋的北部和西部减少（USGS-KORDI Open File Report，1990）。因此，中太平洋包括马尼希基海底高原在内的海域被认为含有最优质的富钴铁锰结壳矿床。

在长达约 75 Ma 的生长历史中，由于板块运动，可辨认年老和年轻单元的结壳已经改变了它们的地理位置，并且由于海洋地壳冷却和海平面变化而导致水深变深。所有这些海洋和地质条件在长时间内的变化将使得结壳中留下许多代表不同环境的化学痕迹，对厚块壳层的分析可以平均所有这些地球化学特征。

年轻壳层和较老壳层之间元素的相关性和变化（见上文）表明：①成岩作用显著影响了老壳层组分；②生长速率影响元素组合；③只有在老壳层中 P 才与磷灰石相关联，表明 P 加入结壳至少有两种机制；年轻壳层中的 P 受 Fe-羟基氧化物相和铝硅酸盐相控制（图

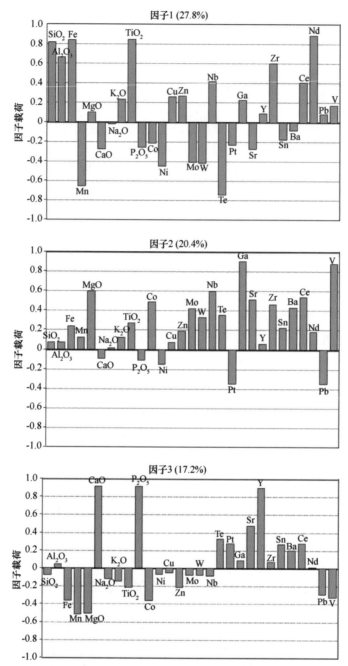

图 3.33 最大方差旋转因子载荷图, Actlabs 数据集 ($n = 31$; Halbach and Marbler, 2009)

3.34);④铝硅酸盐组分与水深呈正相关关系, 与 Mn 相呈负相关关系;⑤ Co 与结壳厚度和水深呈负相关关系, Koschinsky 等 (1997) 指出, 结壳中的 Co 元素甚至出现在成岩叠加期间。

　　Fe 化合物比 Mn 化合物溶解度低, 在大多数自然出现的 pH-Eh 条件下亚铁离子比锰离子更容易发生氧化（Glasby and Schulz，1999）。结果表明，部分 Fe-Mn 分馏必须发生在含氧量最低带内，Fe 优先富集于高氧化能力深水中形成的结壳，而 Mn 则在海水含氧量较低的区域。然而分馏并不彻底，但已经足够广泛，使得结壳组成反映了与 Fe 和 Mn 相相关的微量和痕量金属的富集或亏损（Glasby，2006）。

对 31 个结壳样品（图 3.33）和一个年轻结壳层的 LA-ICP-MS 剖面数据集进行了方差极大因子分析（图 3.34）。由最大方差分析确定的元素组可以显示由相关系数分析确定的相同的壳相。

31 个结壳（图 3.33）确定的五个相如下：

因子 1（27.8%），Fe-羟基氧化物相包括铝硅酸盐相正因子载荷，δ-MnO_2 相负因子载荷；因子 2（20.4%），δ-MnO_2 相的正因子载荷和铝硅酸盐相（包括残留生物相）的正因子载荷，碳氟磷灰石（CFA）的弱负因子载荷；因子 3（17.2%），碳氟磷灰石（CFA）的正因子载荷，成岩 Mn 相（可能是水钠锰矿）的负因子载荷。数据显示，δ-MnO_2 相尤其控制 Co、Ni、Mo、W、Te、Pt、Sn 和 Zn 等元素。大量的结壳数据还表明，老壳层的碳氟磷灰石相（CaO、P_2O_5）携带稀土元素（Ce、Y 显示）以及 Pt、Te 和 Sr。Ga 在因子 2 中具有显著的显示，可能表明 Ga 由铝硅酸盐相携带。

使用年轻结壳剖面 LA-ICP-MS 资料，可以识别三种相（图 3.34）：

因子 1（41.5%），显示 δ-MnO_2 相的正因子载荷；因子 2（23.3%），显示 Fe-羟基氧化物相和铝硅酸盐相的正因子载荷，δ-MnO_2 相的负因子载荷；因子 3（12.9%），显示 δ-MnO_2 相的正因子载荷，铝硅酸盐相的弱负因子载荷。碳氟磷灰石相在年轻壳层中并不发育，Pt 主要固定在 δ-MnO_2 相。除了典型的锰矿元素（W、Te、Mo、Co、Ni 和 Pt）之外，Cu 和 Zn 也至少部分受 δ-MnO_2 相控制。

这些结果表明，δ-MnO_2 相以及相应的 A 族金属对年轻的结壳样品的矿物学和地球化学成分具有主要影响，该样品来自 1 600 m 水深处。Fe-羟基氧化物相和 B 组元素族是第二重要的载体类型。铝硅酸盐族是较年轻壳层的水成物质中第三重要的载体。数据表明，一些微量元素和痕量元素显示复合载体相关的特征，这可能是由于溶解在海水中的某些元素具有多种形态。

3.5　全球和区域金属潜力评估

3.5.1　铁锰结壳矿床资源评价模型

富钴铁锰结壳矿床发育在大洋海山和平顶海山的斜坡、山顶和平台之上。同 CCZ 的结核矿床一样，结壳矿床未做广泛的勘查。尽管如此，在太平洋开展过调查的海域仍然比印度洋和大西洋都要多。因此，有人提出采用一种线性资源评价方法，该方法基于某种假设，即三大洋所有海山和平顶海山在一定的水深都含有富钴铁锰结壳矿床。该方法模型（Halbach et al.，2013）考虑了两类海山，即经典的尖顶海山和平顶海山。除此之外，海底地形复杂区、厚层沉积物覆盖区和表面存在如大块砾石之类的障碍物分布区都认为是不

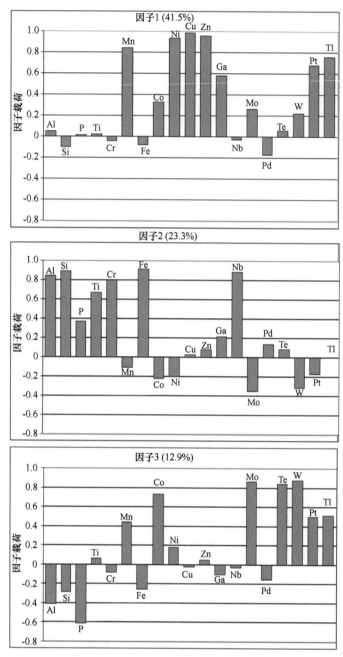

图 3.34　最大方差旋转因子载荷图，年轻结壳层剖面的 LA-ICP-MS 数据集（样品 43 DS 4，水深 1 600 m，$n = 149$）

利于结壳分布的区域。

从坡度特征来看，一般海山和平顶海山是有所不同的。大多数的海底山脉是火山构造。海底山脉的坡度变化也受到侵蚀作用和沉降作用的控制。一般海山从底部到山顶的坡度通常大于 12°，而平顶海山由于长期受到侵蚀，造成整体的高度/半径比值减小，因此其平均坡度也减小。Wessel（2001）和 Wessel 等（2010）的海山记录中，所有已知的海山都计算了坡度值。这些作者根据卫星雷达获取的海表面测高资料确定的重力异常，推算了全球海山的分布情况。

针对 11 000 多座海山进行统计，其平均坡度累积频率曲线（图 3.35）显示，海底构造明显分为两类：一类是坡度不超过 12° 的平顶海山，另一类是坡度超过 12° 的尖顶海山。该方法利用坡度特征将海底构造分为两类，并在一些实际海山构造中得到了验证和确认（Halbach et al.，2010）。

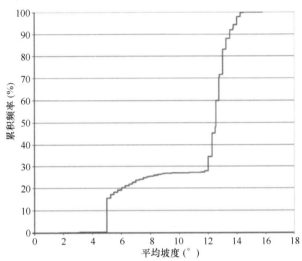

图 3.35 描述海山与平顶海山平均坡度对累积频率的累积曲线。该图表现出一种双峰分布。第一组代表 5°~10° 的坡度（从底部到顶部的平均坡度），占 28%。第二组代表 12°~16° 的坡度。组 1 代表平顶海山，其顶部高台降低了高度/半径比值。组 2 代表一般海山，它没有或仅有小的山顶平台。需要注意的是：曲线在平均坡度 5° 的位置陡增，这是原始数据中半径和高度信息逐步增加的结果

假设平均水深为 4 500 m，目录中所有海山的表面积可以通过几何模型经验来推算，该模型使用已有的高度和底部半径数据将海山简化为圆锥体。对于平顶海山，假设它是一个顶部被切掉的圆锥体，具有像海山一样的坡度（12°）以及相应的平台。因此，该海山构造的整体坡度明显小于 12°。如图 3.35 所示，一般海山构造典型的坡度范围为 12°~16°。了解了这个区别，海山斜坡以及平顶海山斜坡和平台的表面积也就可以进行计算了。

为了评估潜在的矿石资源，需按照一定的标准来选取众多的海山和平顶海山：

- 地理位置位于 50°N 和 50°S 之间；
- 最小年龄为早新生代（55 Ma）；
- 海山的山顶必须位于海平面以下 800 m 到 2 500 m 之间的水深范围内。

第一条限制标准主要是考虑到，高纬度地区的恶劣天气不利于海洋采矿活动。第二条标准是基于实际情况，即只有较老的海底构造才有可能发育具有足够厚度的结壳矿床。第三条标准基于实际观测结果，即目前中等水深范围内的海水中 Ni 和 Co 的含量较高（见

3.4.3.5 节）。

在评估过程中，海山和平顶海山的表面积是按照从水深 3 000 m 到顶部 （800~2 500 m）来计算的。平顶海山的平台区域仅考虑了 30%，这是根据平台无沉积物覆盖比例的经验值得到的。在给定结壳干密度 （1.4 g/cm³） 和铁锰结壳平均覆盖厚度 （3.5 cm） 的前提下，可以计算潜在的矿石量 （干资源量）。之后，出于经验考虑到海底平整度、局部沉积物覆盖和障碍物因素对开采的不良影响，上述计算值因乘以 50% 的开采因子是而减少。开采因子是由多个航次执行过程中海底观测结果得到的，它代表了一种保守估计。在图 3.36 中，给出了一个例子，海底地形非常平坦，结壳覆盖连续，非常有利于结壳矿床分布。相反，图 3.37显示了不利的微地形，这很可能对结壳选矿和回采成功率造成不利影响。

推断资源量的基本计算公式如下：

$$R_i = A_m \times T \times D \times M$$

其中，R_i 为推断的资源量，单位为 t；A_m 为模型面积，单位为 m²；T 为结壳厚度，单位为 m；D 为干密度，单位为 t/m³；M 为采矿因子，取值 50%。

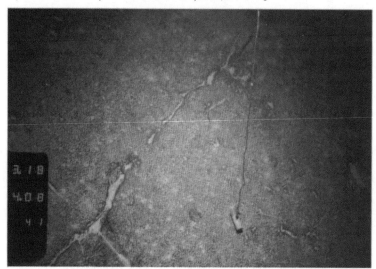

图 3.36 平坦的海底微地形，上覆具有裂纹的结壳 （结壳厚约 6 cm）。
由于平整度很高，结壳被认为是可开采的。照片的长边长约 4 m

利用该模型，对三大洋的铁锰结壳资源量进行估算，得到的矿石总量 （干资源量） 为35.1×10⁹ t，其中印度洋为 3.7×10⁹ t，占总量的 10.6%，大西洋为 7.8×10⁹ t，占总量的22.2%，太平洋为 23.6×10⁹ t，占总量的 67.2%。

模型计算得到了一些有趣的结论：太平洋拥有的海山数量最多，因而拥有的铁锰结壳也最多，占全部结壳资源量的 2/3。尽管独立海山 （占洋底全部构造数量的 70.5%） 的数量占绝对优势，但是海山代表的仅仅是所有被考虑区域中比例相对较小的一部分。然而，估计有高达 85% 的结壳覆盖区位于平顶海山的侧翼或平台之上，这表明平顶海山是结壳潜在资源分布的主要区域。考虑到评估的过程，可以认为，基于海山和平顶海山优选的 3 个标准以及基于某些变量假设建立并使用的各个矿床因子所得到的各种结果是相当保守的。

图 3.37 海底图像显示，铁锰结壳之上覆盖有早期熔岩流形成的大型枕状体，同时一些沉积物填充于岩石孔洞中。不平整地形和大量被结壳覆盖的巨型砾石很可能不利于成功回采。照片的长边长约 4 m

例如，假设平均厚度从 3.5 cm 增加到 5 cm，资源量也会相应地有所增加。然而，这可能意味着，部分含有磷灰石的非均质老结壳也将被纳入开采范畴。

上述估算资源量代表的是最小值。模型创建的意图是展现一个近似可信的数量级。例如，Hein 等（2009）发表了对中太平洋海域结壳资源量的粗略估计为 $7.5×10^9$ t（干资源量），相当于模型估计资源量的 1/3。针对全球大洋，Hein 和 Koschinsky（2013）估算全球结壳资源量约为 $200×10^9$ t。由于 Hein 和 Koschinsky（2013）没有考虑任何限制因素，其估计结果与模型估算得到的 $35×10^9$ t 的资源量相比，两种估计结果的数量级相似。

值的一提的是"可采性"因素，为了保证结壳成功回采，铁锰结壳必须从海底分离，并确保基岩的混入程度最小。目前，尚无相应的试验技术方法。因此，根据矿床的分类（USGS，1980），目前铁锰结壳吨位不能作为储量，因为"储量"一词表明在确定的时间内该产品在经济上可以进行开采、提取或生产。也就是说，储量只包括可回收的物质而不依赖于开采设备是否齐全或有效。建议将结壳矿床分类为"查明资源量"。该资源量类型由 USGS（1980）提出，其位置、品位、质量和数量由具体的地质证据得知或估算。"查明资源量"包括经济的、边际经济的和次经济的三部分。目前（2016 年），金属市场的矿产品价格相对较低。为了创造一个有利的深海采矿风险投资环境，金属市场需要相当大的复苏。

3.5.2 经济因素

除了含有常量元素 Mn、Fe 和 P（P 主要存在于较老结壳中）外，海洋铁锰结壳矿床还含有许多有价值的微量元素（Co、Ni、Ti、Cu、Zn、Ba、Pb、Sr 和 REEs）和痕量元素（Mo、V、W、Nb、Te、Ga、Pt、Pd 和 Y）。上述元素并非全部都是重要元素，因此表

3.11 列出经济有用元素。该表还将中太平洋海域（水深范围 800~3 000 m）结壳矿床的组分和大西洋、印度洋结壳的平均组分进行了比较（Hein and Koschinsky，2013）。一些差异是显而易见的。大西洋和印度洋的结壳矿床中以 Fe（太平洋为 11.0%，大西洋为 20.9%，印度洋为 22.3%）和相应的 Fe 控制的 B 组元素为主（见章节 3.4.3.5），而 Mn 和 Mn 控制的元素含量要低于太平洋。另外，大西洋和印度洋样品的 REEs 元素含量明显较高（大西洋为 2 221×10^{-6}，印度洋为 2 363×10^{-6}）。此外，太平洋样品中 Ni 和 Co 的含量较高，反之，大西洋和印度洋结壳矿床的 Cu 含量较高。基于上述结果，尽管金属市场价格波动剧烈，但可以得出结论，太平洋结壳每吨干矿石的市场价格要高于大西洋和印度洋结壳各自的市场价格。

金属 Nb、Te 和 W 的含量（表 3.11 和 3.4.3 节）显示，三大洋中这些元素的含量不足 100×10^{-6}。这三种元素每吨矿石的市场总市值（2016 年通用的金属价格）相对份额不足 0.5%。因此，在技术—经济市场条件下，这些含量极低的元素是否能够进行提取是值得质疑的。

表 3.11　不同大洋中铁锰结壳的有价值金属含量

	太平洋（Halbach et al.，2009）	大西洋（Hein et al.，2013）	印度洋（Hein et al.，2013）	含量单位
Mn	22.5	14.5	17.0	%
Ti	0.7	0.9	0.9	%
Ni	4 849	2 581	2 563	10^{-6}
Co	7 084	3 608	3 291	10^{-6}
Cu	434	861	1 105	10^{-6}
V	389	849	634	10^{-6}
Mo	351	409	392	10^{-6}
REEs	1 060	2 221	2 363	10^{-6}
Zn	519	614	531	10^{-6}
Pt	450	567	211	10^{-6}
W	56	79	80	10^{-6}
Nb	31	51	61	10^{-6}
Te	33	43	31	10^{-6}
Y	128	181	178	10^{-6}

注：太平洋的数据与评价模型相匹配，代表了 800~3 000 m 水深范围（如上，3.5.1 节）的结壳样品组分。大西洋和印度洋的数据也来自 Hein 和 Koschinsky（2013）；没有按照水深开展横向对比分析。没有经济价值的元素不包括在内。

一个有趣的地球化学特征就是微量和痕量金属对水深的依赖性。锰组元素 Co、Ni、Mo、W、Te 和 Pt 含量随着水深的增加而减少。这些金属最富集位置是在含氧量最低带下层或是底层。另一方面，铁组元素 Ti、Cu 和 REEs 含量随着水深的增加而增加。由于锰组金属较之铁组金属具有更高的潜在价值，浅水区代表了一个更有利的水深范围。对比考虑（Halbach and Marbler，2009）表明，锰组元素随水深增加至 4 100 m 引起的经济价值减少并未因为铁组金属经济价值的增加而得到补偿。比如，典型的深水结壳（例如，Osbourn 海槽，水深 4 600 m；Halbach et al.，2014）REEs 超过 $3\,000\times10^{-6}$，Ti 含量高达 1.9%，Fe 含量 26%；然而 Mn、Co、Ni 和 Mo 的含量分别低至 12%、$2\,700\times10^{-6}$、$1\,200\times10^{-6}$ 和 180×10^{-6}。

为了与全部铁锰结壳矿产的查明资源量进行对比，表 3.12 还列出包含贵金属的陆上储量（USGS，2016）。尽管两个数据集代表两个不同的类别，但对总量的粗略对比表明，海洋矿产中的有些产品是更丰富的。这些金属有 Mn、Ni、Co、Te 和 Y，按照以下顺序，Ni、Mn、Y、Co 和 Ti 的比值递增。后者的元素含量铁锰结壳远超陆上矿床，比值高达 48 倍。

表 3.12　表 3.11 列出的铁锰结壳估算资源量以及与陆上储量
（USGS，2016；见文本）的对比

	太平洋	大西洋	印度洋	总量	陆地储量（USGS，2016）	资源量及储量单位
占结壳干资源量的比例	23.6（67.3%）	7.8（22.2%）	3.7（10.5%）	35.1（100%）		10^9 t
Mn	5 304.1	1 131.0	629.0	7 064.1	620.0	10^6 t
Ti	174.9	71.8	32.6	279.2	460.3	10^6 t
Ni	114.4	20.1	9.5	144.0	79.0	10^6 t
Co	167.2	28.1	12.2	207.5	7.1	10^6 t
Cu	10.2	6.7	4.1	21.0	720.0	10^6 t
V	9.2	6.6	2.3	18.1	15.0	10^6 t
Mo	8.3	3.2	1.5	12.9	11.0	10^6 t
REE	25.0	17.3	8.7	51.1	106.0	10^6 t
Zn	12.2	4.8	2.0	19.0	200.0	10^6 t
Pt	10 656.0	4 422.6	780.7	15 859.3	39 600.0	t
W	1 314.2	616.2	296.0	2 226.4	3 300.0	10^3 t
Nb	734.1	397.0	226.8	1 357.9	4 300.0	10^3 t
Te	769.6	335.4	114.7	1 219.7	25.0	10^3 t
Y	3 019.2	1 411.8	658.6	5 089.6	393.7	10^3 t

与铁锰结核相比，高质量结壳发育的水深范围更浅。因此，可以预计，结壳的开采其操作成本要更低。然而，与铁锰结核不同的是，结壳通常紧密地附着在坚硬的基岩上。另外，结壳局部覆盖密度，在单位面积内比结核更丰富（CC 区原位结核丰度达到 10~25 kg/m² 即可选作矿地，原位丰度边界值 6 kg/m²；ISA，2010）。例如，在 1 000~2 500 m 水深范围内，海山坡度约 14°、结壳平均厚度 3.5 cm，则可能有约 8×10^6 t 的结壳矿石。如果该数量的 50% 是可回采的（微地形是限制采矿的一个重要因素。见前述），该海山可能产出 4×10^6 t 的查明资源量（湿物质）。该例子表明，结壳在小尺度范围内的丰度可达 70 kg/m²（湿物质）。

从实现的时间考虑，海洋富钴结壳矿床的开采比起结核和块状硫化物要更遥远。然而，结壳潜在矿地的特殊条件需要用更复杂的技术方法将结壳层和下伏基岩分离。因此，开发有效的回采系统是一项具有挑战性的工作。结壳也是一种氧化矿物，在组成上和锰结核类似，因此相应的矿石处理技术和结核提取流程非常相似。

3.5.3　结壳矿床的区域分布

大西洋是第二大洋，在北极和亚南极之间呈相对狭窄（宽约 5 000 km）的 S 型海盆（Kennett，1982）。在所有大洋中，大西洋的南北距离最远。由于大部分区域处于大陆架和大陆边缘，造成大西洋平均水深比太平洋浅。大西洋的另一个特征就是它从庞大的河流系统中获得了最大的淡水量（Kennett，1982）。该现象导致的一个主要结果就是陆源沉积物输入量要远远高于其他大洋。

最显著的构造和形态特征就是大西洋中脊（MAR），它控制了地质扩张与发展的历史。大西洋的形成始于 150 Ma 前，而且扩张至今仍在持续。大西洋中脊呈倒转的问号形状，从 87°N 向南延伸到 45°S 亚南极布维岛。它在西部美洲板块和东部欧亚板块与非洲板块之间。地形特征显示，大西洋中部由于扩张的洋脊变得比较浅。

由于发育有水成成因铁锰结壳矿床的海山至少有 50~55 Ma 的年龄，因此结壳成矿远景区通常都位于远离 MAR 的位置（图 3.38）。靠近裂谷轴的锰结壳矿床绝大多数为热液成因，因此没有经济价值。大西洋的大多数水成结壳矿床潜在分布区都位于中脊和陆架之间。它们大多数由海山群落或海山链组成，这也是太平洋和印度洋的典型组成。

一般而言，这些海底构造由热点火山作用形成（Seibold and Berger，1993）：热点柱流被认为起源于下地幔，是岩石圈薄弱地带地幔对流和上升的重要组分。在岛屿形成之后，火山作用停止，岛屿发生沉降。岛链的成因被解释为推动岩石圈运移的热岩浆冷却静止（Seibold and Berger，1993）。随着大洋板块的移动，一系列消亡火山形成并且最终发展成为沉没的海山链。海山的斜坡和平顶海山（具有侵蚀平台的平顶海山）的平台是水成沉积和结壳矿床形成的主要位置。

大西洋结壳矿床潜在分布区（图 3.38）显示，各结壳发育区可能只存在于海底年龄较老的部分。标志站位是根据具体的海洋沉积条件和各自形成的地质历史进行选择的。所有标志站位并未都研究或检查过结壳矿床。然而，在某些区域，例如加那利群岛（Marino et al.，2016）和热带海山（Koschinsky et al.，1995；图 3.38 中的 CI 和 TS）以及塞拉利昂海隆（Asavin et al.，2008；SLR），对结壳矿床进行了研究。其他站位仍处于调查阶段（例如里奥格兰德海隆；图 3.38）。

同太平洋结壳样品相比，大西洋结壳样品的 Mn 元素平均含量低，为 7%~8%，而 Fe 元素平均含量高，为 8%~9%（表 3.2 和表 3.11）。相对应地，大西洋铁锰结壳中的 Co 和 Ni 含量与 Mn 关系密切，两者都表现出较低的含量（Co 平均值为 $3\ 600 \times 10^{-6} \sim 4\ 000 \times 10^{-6}$，镍平均值为 $2\ 600 \times 10^{-6} \sim 3\ 000 \times 10^{-6}$）。换言之，大西洋结壳样品中铁控制的金属含量稍高（Ti 含量为 0.9%，Cu 含量为 870×10^{-6}，部分稀土含量为 $2\ 460 \times 10^{-6}$）。金属组分差异的一个主要原因很可能是大西洋结壳生长过快，这更多由陆源影响和铁主导元素来源造成，巨

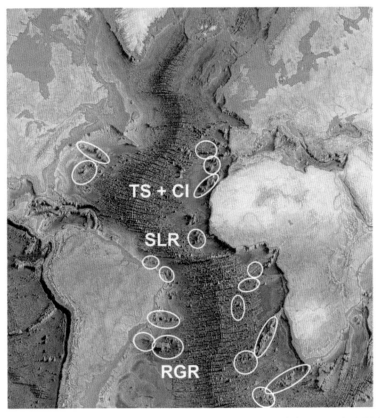

图 3.38 大西洋结壳潜在矿区概况图（Berann et al.，1977）。目前为止，只有少量潜在矿地开展过研究，例如热带海山（TS）和加那利群岛（CI），以及塞拉利昂海隆（SLR）。里奥格兰德海隆（RGR）目前处于调查阶段

大的河流系统从东部和西部汇入海洋。另外，亚热带北大西洋风源输入量也很大（来自撒哈拉沙漠的风尘）。相比之下，太平洋是一个更加封闭和孤立的海洋系统，很少受到陆源影响。

　　印度洋是第三大洋，大部分区域位于南半球（Kennett，1982）。印度洋与大西洋的边界位于非洲南部，而与太平洋的边界则沿着印度尼西亚群岛至东澳大利亚和塔斯马尼亚南部（图 3.39）。另外，印度洋分布着少量的岛屿，还有部分海底高原和海脊。大部分的河流排放发生在邻近亚洲的北部地区（图 3.39）。印度洋的水深测量显示，构造活跃的洋中裂谷系统像一个巨大的倒置的 Y 形，它西北连接亚丁湾，西南连接南大西洋，东南连接澳大利亚以南的南大洋（Kennett，1982）。巨大的断裂带取代了洋脊轴；在中心位置，三条洋脊交汇于罗德里格斯三联点（图 3.39）。洋脊系统的不平整地形与狭长无地震活动的海底构造形成对比，像代表巨大热点系统的东经 90°海岭，它表明稳定地幔柱时期可能持续长达 100 Ma（Seibold and Berger，1993）。类似情况也出现在大西洋，具有远景结壳矿床的潜在矿地可能只分布在洋底较老的部分。相应地，图 3.39 上标出了某些区域，其中对结壳矿床已经开展采样和研究的有三个区域：Ninetyeast 海岭（图 3.39 中 NER；Hein et al.，2016）、莫桑比克海岭（MR；Perritt and Watkeys，2007）和 Afanasiy - Nikitin 海山（ANS；Rajani et al.，2005）。与太平洋结壳矿床相比，印度洋中已知的结壳矿床的特征是铁含量较高、锰含量较低。

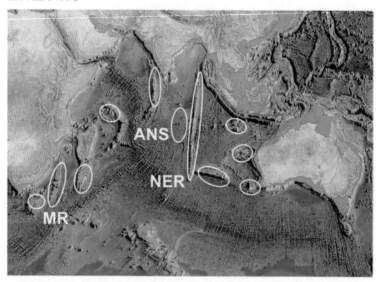

图 3.39　印度洋地形概略图（Berann et al.，1977）与潜在结壳矿区分布图。某些潜在结壳区，如莫桑比克海岭（MR）、Afanasiy - Nikitin 海山（ANS）和 Ninetyeast 海岭（NER）已获得了数据

太平洋是最大的海洋（图 3.40），它占地球表面的 1/3 以上（Kennett，1982）。太平洋周边主要是线性海山链、作为俯冲系统一部分的海沟以及岛弧系统，它们有效地隔离深海海盆不受陆源沉积物的影响。太平洋受大陆径流的陆源物质影响较小，这一事实很可能造成结壳中 Mn 含量比 Fe 含量高，以及较高的 Ni 和 Co 含量（表 3.2 和 3.11）。

与其他大洋相比，太平洋大陆架很窄，只占太平洋全部面积的一小部分（Kennett，1982）。太平洋的两个显著特征，即大量的火山岛屿和含化石的沉没海山链，尤其是在西部、中部区域以及接纳重要沉积物的边缘盆地。海底扩张的最古老记录之一就在西北太平洋。在那里，在白垩纪早期到侏罗纪具有磁线带（Kennett，1982）。海底扩张造成了从东太平洋海隆开始向西和北西两方向洋底年龄的增加。现代的东太平洋海隆的东部相对年轻，具有明显的断裂带；在断裂带之间分布着深海平原。

富钴结壳矿床发现次数最多且最具有资源前景的地方是在西北太平洋和中太平洋（图 3.40；Halbach and Manheim，1984；Hein et al.，2000）。在那里，古老的海底由中生代板块组成，其上分布有大量白垩纪的海山链。但是，年轻的热点系统，比如夏威夷岛链，观测到至今仍在活动。通过天皇海山链和夏威夷海山链的走向的不同可以看到，太平洋板块的一些绕极旋转控制着海山运动轨迹。

太平洋西部有许多岛国，因此，大部分结壳矿床位于专属经济区（EEZ）内。专属经济区以外的区域由国际海底管理局（ISA，金斯敦/牙买加）管理。国际海底区域内的富钴铁锰结壳探矿和勘探的规章草案已于 2006 年发布（ISA，2006）。与此同时，一些承包者

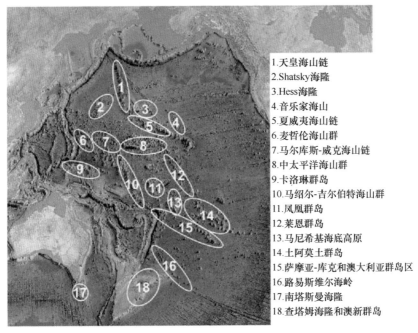

1. 天皇海山链
2. Shatsky海隆
3. Hess海隆
4. 音乐家海山
5. 夏威夷海山链
6. 麦哲伦海山群
7. 马尔库斯-威克海山链
8. 中太平洋海山群
9. 卡洛琳群岛
10. 马绍尔-吉尔伯特海山群
11. 凤凰群岛
12. 莱恩群岛
13. 马尼希基海底高原
14. 土阿莫土群岛
15. 萨摩亚-库克和澳大利亚群岛区
16. 路易斯维尔海岭
17. 南塔斯曼海隆
18. 查塔姆海隆和澳新群岛

图 3.40　太平洋地形概况（Berann et al.，1977）与潜在结壳矿区分布图

也获得了该类海洋矿产的勘探许可。

3.6　结论

（1）富钴铁锰结壳是一种深海金属氧化物矿产资源。它们在氧化或低氧化条件下，直接从冰冷海水中呈薄层状沉淀于坚硬基岩上，并吸收了由陆地（悬浮颗粒、大陆径流）和海洋（含氧量最低带、碳酸盐骨骼的溶解、洋壳的热液蚀变）供应和输送的金属。水成沉淀过程非常缓慢，基本上属于无机胶体化学和表面化学共同作用机制。铁锰结壳由颗粒非常细的含铁水羟锰矿（主要是 $\delta-MnO_2 \times H_2O$）与 X 射线无定型氢氧化铁的混合物组成，还包括铝硅酸盐相、碳氟磷灰石（在较老的结壳层中是次要的）和少量的细粒、碎屑石英、长石以及残留的生物相。这个连续的过程能够解释受控于表层水生物作用引起的锰、铁相异质外延生长。

（2）一个重要的特征就是结壳生长过程中存在数百万年的间断期。在其生长历史中，这种间断可能持续 $10\sim25$ Ma，而且可能发生过多次。在发生生长间断的漫长古海洋时期，在扩张的含氧量最低带内，结壳受低氧化到还原条件的影响发生成岩作用，甚至间或伴生有短期形成的沉积物盖层。成岩作用最重要的结果就是磷灰石的浸染。

（3）海洋铁锰结壳矿床包含 Mn 和 Fe 等常量元素。与海水组分和地壳平均丰度相比，结壳中大量有价值的微量元素（Co、Ni、Ti、Cu 和 Ce）和痕量元素（Mo、W、Nb、Te、Ga、Pt、Pd 和 REEs）高度富集，其中部分元素作为创新高科技和绿色环保技术的组成要素具有巨大的潜力。

（4）上述一个有趣的地球化学特征就是微量和痕量金属对水深的紧密依赖性。锰组元素 Co、Ni、Mo、W、Te 和 Pt 的含量随水深的增加而减少。结壳中的这些金属在含氧量最低带底层，即水深较浅区最富集。换言之，铁组元素 Ti、Cu 和 REEs 含量随水深增加而增大。由于锰组金属比铁组金属具有更高的市场潜在价值，大洋浅水区成为更受关注的水深范围。对比显示，随着水深增加至 4 100 m，锰组元素经济价值的减少并未因铁组金属市场价值的增加而得到弥补。

（5）整体和局部金属潜力的计算结果是基于使用一定限制因素的资源评价模型完成的。基本上，结壳矿床在三个大洋都有分布，而成分上也确实存在差异。但是，由于太平洋特殊的地质和海洋条件，目前最大和最好的矿床只在太平洋有发现。

（6）与铁锰结核相比，结壳紧密附着在坚硬的基岩之上。结壳潜在开采区的这种特殊情况要求采用更复杂的技术方法将结壳层同下伏基岩层分离开来。

（7）关于"可开采性"因素，必须指出，为了结壳成功回采，必须确保铁锰结壳从海底分离时尽量避免基岩的混入。目前，尚无与之匹配的试验技术方法。按照矿床的分类标准（USGS，1980），当前铁锰结壳的吨位还不能作为储量考虑，因为"储量"一词表明在确定的时间内该矿产品在经济上可以进行开采、提取或生产。也就是说，储量只包括可开采的资源而不依赖于开采设备是否齐全或有效。建议将结壳矿床分类为"查明资源量"。该资源量类型由 USGS（1980）提出，其位置、品位、质量和数量系由具体的地质证据得知及估算。"查明资源量"包括经济的、边缘经济的和次经济的三部分。

（8）从目标实现的时间来考虑，海洋富钴结壳矿床的开采比起结核和块状硫化物要更遥远。然而，结壳潜在矿址的特殊条件要求精细的技术方法将结壳层和下伏基岩分离。因此，开发有效的开采系统是一项具有挑战性的工作。同结核类似，结壳也具有氧化矿物组分，其矿石处理技术和结核提取流程非常相似。

参考文献

Asavin AM, Anikeeva LI, Kazakova VA, Andreev SI, Sapozhnikov DA, Roshchina IA, Kogarko LN (2008) Trace element and PGE distributionin layered ferromanganese crusts. Geochem Int 46(12):1179–1205

Baturin GN, Yushina IG (2007) Rare earth elements in phosphate-ferromanganese crusts on Pacific seamounts. Lithol Min Resour 42(2):101–117

Berann HC, Heezen BC, Tharp M (1977) Manuscript painting of Heezen-Tharp "World ocean floor" map by Berann. Library of Congress. https://www.loc.gov/item/2010586277/

Byrne RH, Kim KH (1990) Rare element scavenging in seawater. Geochim Cosmochim Acta 54:2645–2656

Elderfield H, Greaves MJ (1982) The rare earth elements in seawater. Nature 296:214–219

GEOSECS (1975) The Geochemical Ocean Section Study: a program for the International Decade of Ocean Exploration: 1975. National Science Foundation (U.S.)

Glasby GP (2006) Manganese: predominant role of nodules and crusts. In: Schulz HD, Zabel M (eds) Marine geochemistry. Springer, Berlin, pp 371–427

Glasby GP, Schulz HD (1999) EH, pH diagrams for Mn, Fe, Co, Ni, Cu and As under seawater conditions: application of two new types of EH, pH diagrams to the study of specific problems in marine geochemistry. Aquatic Geochem 5:227–248

Halbach P (1986) Processes controlling the heavy metal distribution in Pacific ferromanganese nodules and crusts. Geol Rundsch 75:235–247

Halbach P, Jahn A (2016) Concentrations and metal potentials of REEs in marine polymetallic nodule and Co-rich crust deposits. In: Abramowski T (ed) Deep sea mining value chain: organization, technology and development. IOM, Szczecin, pp 119–132

Halbach P, Manheim FT (1984) Potential of cobalt and other metals in ferromanganese crusts on seamounts of the Central Pacific Basin. Mar Mining 4(4):319–336

Halbach P, Marbler H (2009) Marine ferromanganese crusts: contents, distribution and enrichment of strategic minor and trace elements. BGR-Report, Hannover, Project No: 211-4500042565, pp 1–73

Halbach P, Puteanus D (1984) The influence of the carbonate dissolution rate on the growth and composition of Co-rich ferromanganese crusts from Central Pacific seamount areas. Earth Planet Sci Lett 68:73–87

Halbach P, Özkara M, Hense J (1975) The influence of metal content on the physical and mineralogical properties of pelagic manganese nodules. Miner Deposita 10:397–411

Halbach P, Giovanoli R, von Borstel D (1982) Geochemical processes controlling the relationship between Co, Mn, and Fe in early diagenetic deep-sea nodules. Earth Planet Sci Lett 60(2):226–236

Halbach P, Segl M, Puteanus D, Mangini A (1983) Co-fluxes and growth rates in ferromanganese deposits from Central Pacific seamount areas. Nature 304:716–719

Halbach P, Kriete C, Prause B, Puteanus D (1989) Mechanisms to explain the platinum concentration in ferromanganese seamount crusts. Chem Geol 76(1–2):95–106

Halbach P, Schwarz-Schampera U, Marbler H (2008) Platinum and some other trace metals in ferromanganese crusts-geochemical models to explain contradictions. In: UMI 2008, marine minerals: technological solutions and environmental challenges, conference abstracts, Oxford, MS, USA, 6 pages

Halbach P, Jahn A, Lucka M (2009) Geochemical–mineralogical investigations about the distribution, the interelement relationships and the bonding processes of economically important minor and trace metals in marine ferromanganese crusts (Marine Ferromanganese Crusts II). BGR-project No. 207-4500051248, pp 1–63

Halbach P, Jahn A, Lucka M, Post J (2010) Vorkommen von kobaltreichen Manganerzkrusten an Seebergen und technische Konzeption für das Ablösen vom Untergrund, CoCrusts Modul B. Bundesanstalt für Geowissenschaften und Rohstoffe, project number: 201-4500052339, pp 1–108

Halbach P, Schneider S, Jahn A, Cherkashov G (2013) The potential of rare-earth elements in oxidic deep-sea mineral deposits (ferromanganese nodules and crusts). In: Martens PN (Hrsg.) Mineral resources and mine development. Verlag Glückauf GmbH, Essen, pp 161–174

Halbach P, Abram A, Jahn A (2014) Louisville Project Study Report, Geoscientific Report for Bundesanstalt für Geowissenschaften und Rohstoffe (BGR), Hannover, Germany, BGR-Project No.: 204-10061918, pp 1–116

Hein JR, Koschinsky A, Halliday AN (2003) Global occurrence of tellurium-rich ferromanganese crusts and a model for the enrichment of tellurium. Geochim Cosmochim Acta 67(6):1117–1127

Hein JR, Koschinsky A (2013) Deep-ocean ferromanganese crusts and nodules. In: Scott S (ed) Treatise on geochemistry, vol 13, 2nd edn, Chapter 11, pp 273–291

Hein JR, Yeh HW, Gunn SH, Sliter WV, Benninger LM, Wang C-H (1993) Two major Cenozoic episodes of phosphogenesis recorded in equatorial Pacific seamount deposits. Paleoceanography 8:293–311

Hein JR, Koschinsky A, Bau M, Manheim FT, Kang J-K, Roberts L (2000) Cobalt-rich ferromanganese crusts in the Pacific. In: Cronan DS (ed) Handbook of marine mineral deposits. CRC Press, London, pp 239–279

Hein JR, Conrad TA, Dunham RE (2009) Seamount characteristics and mine-site model applied to exploration- and mining-lease-block selection for cobalt-rich ferromanganese crusts. Mar Georesour Geotechnol 27:160–176

Hein JR, Conrad T, Mizell K, Banakar VK, Frey FA, Sager WW (2016) Controls on ferromanganese crust composition and reconnaissance resource potential, Ninetyeast Ridge, Indian Ocean. Deep Sea Res I 110:1–19

ISA (2006) Exploration and mine site model applied to block selection for cobalt-rich ferromanganese crusts and polymetallic sulphides. International Seabed Authority, ISBA/12/C/3, Kingston, Jamaica, pp 1–14

ISA (2010) A geological model of polymetallic nodule deposits in the Clarion Clipperton Fracture Zone, Technical study no. 6. International Seabed Authority, Kingston, Jamaica, pp 1–211

Kennett JP (1982) Marine geology. Prentice Hall, Inc, London, pp 1–813

Klemm V, Levasseur S, Frank M, Hein JR, Halliday AN (2005) Osmium isotope stratigraphy of a marine ferromanganese crust. Earth Planet Sci Lett 238:42–48

Koschinsky A, Halbach P (1995) Sequential leaching of ferromanganese precipitates: genetic implications. Geochim Cosmochim Acta 59(24):5113–5132

Koschinsky A, van Gerven M, Halbach P (1995) First investigations of massive ferromanganese crusts in the NE Atlantic in comparison with hydrogenetic Pacific occurrences. Mar Georesour Geotechnol 13(4):375–391

Koschinsky A, Stascheit A, Bau M, Halbach P (1997) Effects of phosphatization on the geochemical and mineralogical composition of marine ferromanganese crusts. Geochim Cosmochim Acta 61(19):4079–4094

Li JS, Fang NQ, Qu WJ, Ding X, Gao LF, Wu CH, Zhang ZG (2008) Os isotope dating and growth hiatuses of Co-rich crust from central Pacific. Sci China Ser D Earth Sci 51(10):1452–1459

Maeno MY, Ohashi H, Yonezu K, Miyazaki A, Okaue Y, Watanabe K, Ishida K, Tokunaga M, Yokoyama T (2016) Sorption behavior of the Pt(II) complex anion on manganese dioxide (δ-MnO2): a model reaction to elucidate the mechanism by which Pt is concentrated into a marine ferromanganese crust. Miner Deposita 51:211–218

Marino E, Gonzales FJ, Somoza L, Lunar R, Ortega L, Vazquez JT, Reyes J, Bellido E (2016) Strategic metals, rare earths and platinum group elements in Mesozoic-Cenozoic cobalt-rich ferromanganese crusts from long-lived seamounts in the Canary Island Seamount Province (NE Central Atlantic). Ore Geol Rev

McLennon SM (2001) Relationship between the trace element composition of sedimentary rocks and upper continental crust. Geochem Geophys Geosyst 2:1–24

Nozaki Y (1997) A fresh look at element distribution in the North Pacific. Eos 78(21):221–222

Ohta A, Kawabe I (2000) REE(III) adsorption onto Mn dioxide (δ-MnO2) and Fe oxyhydroxide: Ce(III) oxidation by δ-MnO2. Geochim Cosmochim Acta 65(5):695–703

Perritt S, Watkeys MK (2007) The effect of enviromental controls on the metal content in ferromanganese crusts and nodules from the Mozambique Ridge and in the Mozambique Basin, Southwestern Indian Ocean. South Afr J Geol 110:295–310

Piper DZ, Bau M (2013) Normalized rare earth elements in water, sediments, and wine: identifying sources and environmental redox conditions. Am J Anal Chem 4:69–83

Pulyaeva IA, Hein JR (2011) Hydrogenetic Fe-Mn crusts from the atlantic and pacific oceans: geological evolution and conditions of formation. Marine minerals: recent innovations in technology. UMI, Hawaii, 11 pages

Rajani RP, Banakar VK, Parthiban G, Mudholkar AV, Chodankar AR (2005) Compositional variation and genesis of ferromanganese crusts of the Afanasiy Nikitin Seamount, Equatorial Indian Ocean. J Earth Syst Sci 114(1):51–61

Schirmer T, Koschinsky A, Bau M, Marbler H, Hein JR, Savard D (2008) Te–Se systematics of marine iron manganese crusts and nodules. Unpublished report

Seibold E, Berger WH (1993) The sea floor – an introduction to marine geology, Springer, Berlin, pp 1–356

Stüben D, Glasby GB, Eckhardt JD, Berner Z, Mountain BW, Usui A (1999) Enrichments of platinum-group elements in hydrogenous, diagenetic and hydrothermal marine manganese and iron deposits. Explor Min Geol 8(3–4):233–250

Stumm W, Morgan JJ (1995) Aquatic chemistry: chemical equilibria and rates in natural waters, 3rd edn. Wiley-Interscience, pp 1–1040

Taylor SR (1964) Trace element abundances and the chondrite Earth model. Geochim Cosmochim Acta 28(12):1989–1998

USGS (1980) Geological survey circular 831. Publications of the geological survey, 1962-1970, Permanent Catalog, U.S. Geological Survey, Federal Center, Denver, pp 1–5

USGS (2016) Mineral commodity summaries. http://minerals.usgs.gov/minerals/pubs/mcs/

USGS KORDI Open File Report 90-407 (1990) Geological, geochemical, geophysical, and oceanographic data and interpretations of seamounts and Co-rich ferromanganese crusts from the Marshall Islands, USGS-KORDI R.V. FARNELLA cruise F10-89-CP. U.S. Geological Survey, pp 1–246

Vonderhaar DL, Garbe-Schönberg D, Stüben D, Esser BK (2000) Platinum and other related element enrichment in Pacific ferromanganese crust deposits. Spec Publ SEPM 66:287–308

Wedepohl KH (1969) Handbook of geochemistry, vol 1. Springer, Berlin, pp 1–442

Wessel P (2001) Global distribution of seamounts inferred from gridded Geosat/ERS-1 altimetry. J Geophys Res 106 (B9)(19):431–419, 441

Wessel P, Sandwell DT, Kim S-S (2010) The global seamount census. Oceanography 23(1):24–33

彼得·哈尔巴赫（Peter Halbach）教授（工学博士、教授资格博士、名誉博士）是德国克劳斯塔尔工业大学地理科学系主任，1988 年获得正教授职位，并兼任海洋原材料研究中心主任（1990—1992 年）；1992—2005 年间在柏林自由大学任教授（担任《经济和环境地理科学》杂志主编）。哈尔巴赫教授发表了 150 多篇科学论文和文章，是许多国际海洋项目和研究巡游的带头人。2001 年，他被国际海洋矿物协会（IMMS）授予"摩尔（Moore）"勋章。目前，他是德国深海采矿联合会（Deep-Sea Mining Alliance）咨询委员会的主席。现今，哈尔巴赫教授仍然活跃在科学研究和咨询工作一线。

安德雷亚斯·雅恩（Andreas Jahn）拥有超过十年的地质调查经验，尤其擅长海洋矿产资源勘探和矿床评价（锰结核、铁锰结壳、海底块状硫化物）。他与哈尔巴赫教授密切合作，担任德国联邦地球科学和自然资源研究所（BGR）、国际海底管理局（ISA）等多家企业和机构的顾问。在这方面，他参与出版许多咨询报告，这些报告主要研究不同类型海洋矿产资源矿床开采的圈定、评价和商业化。安德雷亚斯·雅恩获得德国柏林自由大学的理学硕士学位。

格奥尔基·切尔卡绍夫（Georgy Cherkashov）自 1996 年起，任自然资源部海洋地质和矿产资源研究所（俄罗斯圣彼得堡 VNIIOkeangeologia）副主任。拥有博士学位，开展中大西洋海脊的海底块状硫化物（SMS）矿床研究。1983—2007 年，担任 13 个俄罗斯和国际远洋科考队的首席科学家，致力于大西洋和印度洋海底块状硫化物矿产的勘探工作。此外，2011—2012 年，他还是国际海洋矿物学会主席。自 2012 年起，他获选为国际海底管理局法律和技术委员会委员。自 2005 年以来，他还兼职圣彼得堡国立大学（海洋地质学）的教授。

第4章　海底块状硫化物矿床：分布和前景

Georgy Cherkashov

摘要：热液喷口和赋存高含量极具经济价值金属的海底块状硫化物（SMS，seafloor massive sulfides）的发现，已经引起了学术界和企业界的高度关注，其有望作为未来勘探开发的矿产资源。本章简要回顾了海底热液系统的发现之旅，概述了SMS矿床的分布、地质背景、地貌、成分、年龄以及矿床内金属的形成和来源问题。本章还对SMS矿床的识别和勘探技术准则进行了探讨。

4.1　引言

海底块状硫化物（SMS）矿床是继铁锰结核和富钴铁锰结壳之后（最新）发现的又一种深海矿产。热液喷口和相关块状硫化物在20世纪70年代末的发现是20世纪海洋科学领域最重大的事件之一。高含量的金属通过热液喷口喷出海底面不仅具有重要科学意义而且具有重大经济价值。目前，我们已经知道SMS矿床赋存在洋中脊扩张中心和火山弧系统中，而结核和结壳则分布在深海盆内和海山上，它们的资源潜力堪比陆上金属矿产。

海底块状硫化物被认为是陆上火山成因块状硫化物（VMS）矿床的现代类比物，VMS与整个地球演化史同步，形成期从太古代贯穿至新生代（Hannington et al.，2005；Franklin et al.，2005）。迄今为止，VMS已经为全球供给了超过一半规模的Zn和Pb、7%的Cu、18%的Ag以及相当数量的Au和其他副产品金属（Singer，1995）。考虑到现代SMS形成的地质年代还相对较新，估计其资源量不如VMS，尽管如此，它们将作为支撑未来全球经济发展的重要金属供给源。并且，未来采矿技术已经在持续设计中，而SMS矿床中金属提取方法已经出现了，这些方法与VMS矿床相似。

4.2　热液系统和SMS矿床调查研究史回顾

热液喷口和海底块状硫化物的发现和研究工作涉及漫长岁月的海上调查和理论模拟预测。最初发现的是热液羽状流和含金属沉积物，它们指示了近底水体和海底沉积物中存在热液活动。

人类首次发现近底水体中存在着温度和盐度异常源自俄罗斯"Vityaz"号调查船于1886—1889年在红海的科考工作。而半个多世纪后的1948年，瑞典科考船"信天翁"号在红海获得的相似成果依旧没有引起当时科学界的注意。

首次获取自海底的含金属沉积物样品来自英国海军（HMS）"挑战者"号在1873—

1876 年间的著名考察。这些以高铁、低铝为典型特征的沉积物是在东太平洋海隆（EPR，East Pacific Rise）附近拖网获得的。美国军舰（USS）"卡内基"号在 20 世纪 40 年代再次获取到了这种不寻常的含金属沉积物样品（Revelle，1944），然而，当时并没有对这些样品进行细致的分析和研究，从而忽略了其重要性。

这里需要提及的是阿尔弗雷德·魏格纳于 1915 年提出的具有划时代意义的革命性新理论——大陆漂移学说，因为海底热液系统的发现是板块构造理论的绝佳证明。

20 世纪 60 年代，Skornyakova（1964）、Boström 和 Peterson（1966）以及 Bonatti 和 Joensuu（1966）发表论文，阐述了含金属沉积物和富铁锰氢氧化物的结壳的堆积过程并认为这一过程与热液活动相关。深海钻探计划（DSDP，Deep Sea Drilling Project）与第 2 个航次在大西洋海底沉积物底层首次获取了古代含金属沉积物。

在 1963—1965 年国际印度洋科学考察计划框架的指引下，英国"发现"（Discovery）号、美国"Chain"号、"阿特兰蒂斯Ⅱ"（Atlantis Ⅱ）号和德国"流星"（Meteor）号调查船在红海实施大尺度海洋调查研究工作过程中于许多处深海地带发现了含金属沉积物（Miller et al.，1966）。在某些地方还发现了厚达 180 m 的热卤水层（Degens and Ross，1969）。Backer（1982）认为这一现象与暴露在裂谷斜坡上的含盐层溶解有关。

1967 年，以 Fe 和 Cu 的硫化物为代表的高温浸染状硫化物矿化现象就已经在通过拖网从洋中脊处获取到的火山岩样品中被发现了（Baturin and Rozanova，1972）。

与此同时，越来越多的证据表明海底之下存在着尚不为人所知的能量和金属输出源，这为海底热液系统的发现提供了理论依据。Sillitoe（1972）指出，在现代海底存在与古代蛇纹岩中相似的杂岩，这些杂岩由海底岩石和伴生黄铁矿组成。基于理论计算与实际观测到的海洋中热通量的差异，Wolery 和 Sleep（1976）提出了海底岩石中存在着流体循环的设想。

后来，能获取到的相关信息和新数据越来越多，海洋新技术特别是深海拖曳系统和潜水器在海底热液系统的发现过程中起到了关键性作用。1976 年，斯克里普斯（Scripps）海洋研究所的 Kathleen Crane 使用深海拖曳系统在加拉帕戈斯洋中脊水深 2 500 m 处拍摄到了黑色玄武岩上的大型白色蛤类，同时还测得了高达 2.5℃的温度异常。1977 年，在相同位置观测到了从玄武质熔岩裂缝中溢出的暖（17℃）流体。玄武岩喷溢区域高密度附着的蛤和管虫随后被确定为典型的热液生活群落（Corliss et al.，1979）。

世界上首次获取到海底块状硫化物样品则要归功于国际 CYAMEX 计划（法国、美国和墨西哥）1978 年在 EPR 21°N 使用法国"Cyana"载人潜水器进行的调查研究工作（Cyamex，1978；Francheteau et al.，1979）。但该硫化物矿物是在陆上实验室分析过程中被发现的。翌年在该区域使用"阿尔文"（Alvin）号载人潜水器首次拍摄到了高耸在玄武岩基底之上的硫化物黑烟囱体，同时测得喷口流体的温度高达 350℃（Spiess et al.，1980）。与这些热液喷口伴生的独特化能合成生物群落的存在使得海底热液喷发事件的发现更具重要性。

在这之后新的热液喷口的发现进展迅速，在最初的 5 年里所有被发现的热液喷口都集中在太平洋各洋脊处，包括加拉帕戈斯洋脊、EPR 的北部和南部以及位于太平洋东北部的洋脊（戈达洋脊、胡安德富卡洋脊和勘探者洋脊），而在其他海域中并没有发现海底热液喷发现象。由此推测，海底热液系统也许只能形成在中速到快速扩张的洋脊上，而太平洋内全扩张速率为 6~18 cm/a 的洋脊正好符合以上条件。然而，1985 年在大西洋洋中脊（MAR，Mid-Atlantic Ridge）首次发现了热液活动，自此占全球洋脊总长度 60% 的慢速和超慢速扩张洋脊也开始被认为是热液活动和 SMS 矿床颇具前景的赋存区域。位于 MAR 26°08′N 的 TAG 热液区是在横断大西洋地质剖面计划中被发现的（Rona et al.，1986）。该热液区内热液丘体的直径可长达 200 m，高 50~60 m。后来证明这样规模的 SMS 矿床在慢速扩张的洋中脊环境中比较典型。

在与俯冲作用相关的火山弧系统内发现热液烟囱体的意义不亚于在洋脊上的发现（Booth et al.，1986）。在汤加—克马德克、伊豆小笠原、马里亚纳和马努斯海盆等火山弧和弧后环境中发现热液烟囱体后，热液系统与大洋板块汇聚带之间存在的联系就得到了证实（Ishibashi and Urabe，1995；Binns and Scott，1993）。因此定义了与岩石圈板块边缘相关的孕育热液系统的两个基本地质构造体系，它们分别是离散型板块边缘（洋中脊系统）和汇聚型板块边缘（岛弧系统）。

对海底块状硫化物样品进行的测试分析工作证实了它是一种新型的海洋矿产，其赋存有高含量的 Cu、Zn、Pb、Au、Ag 和诸如 Co、Cd、Mo、In、Te、Se、Bi 和 Ge 等稀有金属。

自在 EPR 发现首个黑烟囱以来的 SMS 矿床勘探工作的详细历史可以在 Rona and Scott（1993），Lowell et al.（1995），Ishibashi and Urabe（1995）的评述中查阅。

4.3 SMS 矿床的分布和地质构造特征

热液系统和海底块状硫化物遍布全球（图 4.1）。目前，我们已知的热液区的数量已接近 500 处，且估计其数量将最终增长到当前的三倍（Beaulieu et al.，2015）。另一项基于调查研究程度较高区域内已知硫化物矿床的丰度和分布特征的研究工作，估算出现代海底大型硫化物矿床的数量也许有 1 000~5 000 个（Petersen et al.，2016）。"地缘政治研究"统计工作显示，在具有商业前景的 SMS 矿床中，58% 位于国际公海区域内，36% 位于专属经济区内，而 6% 位于不同国家的大陆架主张延伸区域内（Petersen et al.，2016）。

各 SMS 矿床所展示出的多种多样的属性特征（地质多样性）与其赋存的不同地质构造背景相关（German，2008；Fouquet et al.，2010）。洋中脊（MOR，Mid-Ocean Ridges）和岛弧系统（IAS，Island Arc Systems）这两类全球性的构造体系可以被划分为 SMS 矿床的第一级地质多样性。其中，2/3 的热液系统分布在洋中脊上，1/3 与岛弧系统相关，这恰好直接对应着 MOR 和 IAS 的长度（分别为 66 000 km 和 22 000 km）。

洋中脊不同特征可通过扩张速率来划分，其 1~18 cm/a 的全扩张速率可以划分为以下 5 类：

超快速：>12.0 cm/a；

快速：8.0~12.0 cm/a；

中速：4.0~8.0 cm/a；

慢速：2.0~4.0 cm/a；

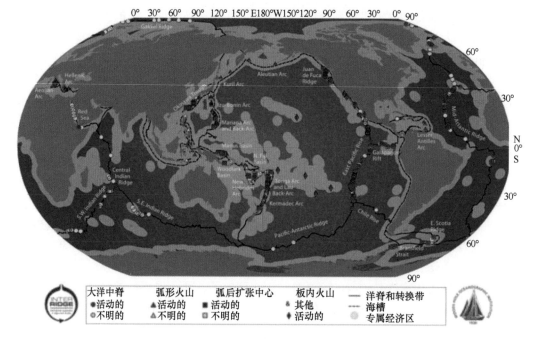

图 4.1　海底热液系统的全球分布

（引自 InterRidge 组织，http：/www. interridge. org/irvents/）

超慢速：< 2.0 cm/a。

不同扩张速率的洋脊在形貌、分段性、增生模式以及地球物理和地球化学上的特征都是不同的。位于不同扩张速率洋脊上的热液矿床其吨位和品位的差异是在 MOR 系统内进行其地质多样性第二级划分的主要依据。而在岛弧系统这种被认为是古代 VMS 矿床的主要形成构造环境中（Franklin et al.，2005），也用同样的方式进行划分。在岛弧系统中，SMS 矿床主要分布在前缘弧火山、火山弧裂谷以及弧后扩张中心等区域内。大陆边缘火山弧内的过渡型弧火山和大陆边缘火山弧同样可以赋存大规模的 SMS 矿床（Monecke et al.，2014）。

第一批海底热液喷口是在属于洋中脊系统的 EPR 被发现的，且地球上绝大部分的海底热液区都分布在此构造环境内。热液喷口数量与其扩张速率具有明显的相关性，因为扩张速率决定了岩浆活动的强度。因此，在快速到中速扩张洋脊上，岩浆活动控制着热液作用的形成及强度。而在慢速和超慢速扩张环境下则广泛存在另一种情形，即构造条件成为最主要的控制因素。

因此，在洋中脊环境下存在着两种类型的热液系统，它们在一系列属性特征上有着明显的差异，其中尤以 SMS 矿床资源潜力为甚（表 4.1）。

表 4.1　赋存在东太平洋海隆（EPR）和大西洋中脊（MAR）上的
SMS 矿床的地质构造和参数对比

参数		EPR	MAR
构造特征/岩浆作用			
扩张速率（cm/a）		6~16	<2，2~4
围岩类型		玄武岩	玄武岩、辉长岩–橄榄岩
控矿构造特征		中央地堑、离轴火山	洋脊轴部、洋底核杂岩
SMS 矿床			
成矿年龄（a）		$n \times 10^0 \sim n \times 10^3$	$n \times 10^0 \sim n \times 10^5$
单个丘体的平均规模（m）		$n \times 10^0$	$n \times 10^0 \sim n \times 10^2$
多个丘体的平均规模（m）		$n \times 10^1$	$n \times 10^1 \sim n \times 10^3$
热液区的间隔距离（km）		$n \times 10^0 \sim n \times 10^1$	$n \times 10^1 \sim n \times 10^2$
估算的资源量（t）		$n \times 10^0 \sim n \times 10^3$	$n \times 10^3 \sim n \times 10^6$
金属含量	Cu/Zn	较低	较高
	Au	较低	较高

对位于不同扩张速率洋脊上的 SMS 矿床吨位的估算（Hannington et al.，2010，2011；Beaulieu et al.，2015；German et al.，2016）显示，赋存在慢速到超慢速扩张洋脊上的矿床的资源前景优于快速到中速扩张的洋脊（图 4.2）。

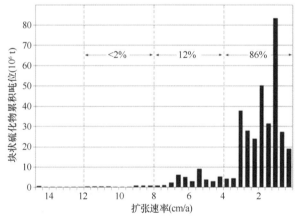

图 4.2　位于洋中脊上的海底块状硫化物矿床的期望累积吨位与
扩张速率之间的关系（German et al.，2016）

不同扩张速率洋脊上 SMS 矿床的资源潜力与其数量之间明显相矛盾，这可以通过分布在快速到中速扩张洋脊上的矿床规模小而数量多来解释。

对 SMS 矿床地质多样性进行第三级划分的目的是要将分布在不同扩张速率洋脊上的 SMS 矿床区分开来。这其中区分度最高的是位于慢速扩张洋脊上的 SMS 矿床。基于洋脊增生模式和围岩类型，慢速扩张洋脊上分布的 SMS 矿床的地质构造控矿特征可分为以下两类：围岩为玄武岩的对称增生模式和围岩为辉长岩-橄榄岩的非对称增生模式（Escartin et al.，2008）。在典型慢速扩张脊 MAR，这种分类被描述为"岩浆控矿型"（以火山作用为主）和"构造控矿型"（火山作用减弱，以构造作用为主）（German et al.，2016）。MAR 赤道以北区域分布的矿床中有一半其围岩为岩浆成因的玄武岩，而另一半的围岩为构造成因的以大洋核杂岩（OCC）为代表的深部洋壳和地幔岩石（辉长岩-橄榄岩）（表 4.2）。大洋核杂岩因构造作用而沿着拆离断层抬升，因此使得断层下盘的深部辉长岩-橄榄岩能在海底面出露，这也许为热液流体提供了运移通道（Smith et al.，2006；MacLeod et al.，2009；Tivey et al.，2003；McCaig et al.，2007）。围岩为玄武岩的矿床能赋存在裂谷的轴部区域内；在这种情况下，它们常常集中在新火山区域中（轴部火山脊）——这是玄武质火山作用最年轻的产物。围岩为玄武岩的矿床也能出现在裂谷斜坡或裂谷山脉顶部等轴外环境中。这种构造环境对超铁镁质围岩控制的矿床同样很典型。在慢速扩张洋脊中最后一级划分是基于在洋脊构造段发育的拆离断层上盘或下盘相关的 SMS 矿床（表 4.2）。

表 4.2　MAR 赤道以北区域内 SMS 矿床的地质环境

构造环境				
增生模式				
对称增生			非对称增生	
在断裂带中的位置				
轴部区域			轴外区域	
与洋核杂岩/拆离断层的关系				
不相关			相关	
			上盘	下盘
围岩类型				
玄武岩				辉长岩—橄榄岩
E 型洋中脊玄武岩	N 型洋中脊玄武岩			
Menez Gwen	Puis des Folles	Krasnov	Semenov	
Lucky Strike	Snake Pit	Peterburgskoye	Ashadze—4	Ashadze—1, 2
	Broken Spur	Zenith—Victory		Irinovskoye
		Yubileynoye	TAG	Logatchev
	Squid Forest			Pobeda
		Surprize		24° 30′ N
				Rainbow

4.4　SMS 矿床的形貌特征

SMS 矿床的形貌特征由热液系统所处的演化阶段和地质环境的变化共同决定。单个活动和（或）非活动黑烟喷发（烟囱体）的出现一般属于 SMS 矿床形成的早期阶段（未成熟期），其高度可从几厘米到 45 m 不等（Petersen et al.，2016）（图 4.3 和图 4.4）。

图 4.3　Ashadze-1 热液区喷出的黑烟，照片是在法国-俄罗斯蛇纹岩联合考察航次（2007）中由 "Victor" 号 ROV（遥控水下机器人）所拍摄的。照片的版权归属于法国海洋开发研究院（IFREMER）

在中速扩张的胡安德富卡洋脊的 Endeavor 段上，一典型的年轻（最大年龄不超过几千年）玄武质围岩活动热液区的形貌，可做如下描述："活动热液区内随处可见陡峭的硫化物结构体，其常可高出海底面几十米，且每个结构体上都分布着多个活动的高温喷口"（Jamieson et al.，2014）（图 4.5）。

位于慢速扩张的大西洋中脊的超镁铁质基底上，分布着 "似森林状" 的烟囱堆积体，每平方米中有多个（多达 10 个）30~40 cm 高的结构体（Firstova et al.，2016）（图 4.6）。此热液区（Ashadze-1）相当年轻（7200 a），但与年龄相同的围岩为玄武岩的矿床相比，其分布特征多有差异。除了都会喷出黑烟的喷口型热液结构体外，其他类型的热液结构体，如存在弥散流溢出现象的似蜂巢状结构体在 TAG 和其他热液区中也可以见到（图 4.7）。

随着时间的流逝，烟囱体开始倒塌，硫化物碎块则会聚集成丘体。似丘状构造广泛分布，其外边缘分布着崩塌的烟囱体（图 4.8）。这些构造出现在加拉帕戈斯洋脊、胡安德富卡洋脊 [Zephyr 丘体的直径约 90 m，高度 26 m，这是迄今为止在 Endeavor 段以及其他许多矿地发现的最大一个硫化物聚集体（Jamieson et al.，2013）]。规模最大的围岩为玄武岩的硫化物丘体发现于 TAG 热液区中，该区域内 Active 丘体和 Mir 丘体的直径达 200 m，高 40~50m。

这些规模巨大的丘体之所以能存在是因为它们的形成过程极为漫长，其形成时间可长达 5 万年（Lalou et al.，1995），这种现象在慢速扩张洋脊上比较典型。规模巨大的似丘状构造也可以在其他地质环境中形成，诸如有沉积物填充的裂谷中。在有金属沉淀于海底

图 4.4 来自大西洋中脊的非活动烟囱体（照片由 V. Malin 所拍摄）

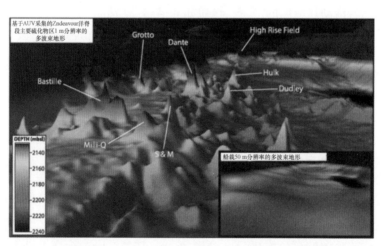

图 4.5 胡安德富卡洋脊 Endeavor 段及其分布的硫化物结构体三维图像。水深数据资料由蒙特利湾水族研究所（MBARI）的 D. Allan B 号 AUV 所搭载的多波束声呐所采集，网格大小为 1 m。右下角的插图为使用网格大小为 50 m 的船载多波束数据生成的相同区域的三维图像。船载多波束的分辨率较低，所以无法用于识别 Endeavor 段上的硫化物结构体（Jamieson et al.，2014）

图 4.6 围岩为超镁铁质岩的 Ashadze-1 矿床（MAR）中分布的小型烟囱体群。烟囱体的氧化程度不一。白色海葵的出现说明仍存在着热液活动。照片是在法国-俄罗斯蛇纹岩联合考察航次（2007）中由"Victor"号 ROV 所拍摄的。照片的版权归属于法国海洋开发研究院

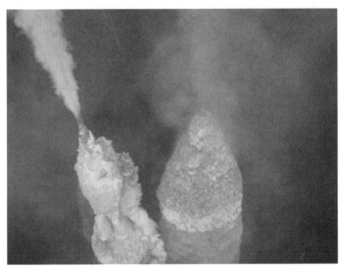

图 4.7 从喷口中喷出的白烟（左）和溢出的弥散流（右）。此热液区位于西南太平洋马努斯海盆（照片由 P Halbach 拍摄）

之下的情况下（例如中谷和冲绳海槽），丘体形成地区的沉积物能有效地俘获金属，从而可使丘体的直径长达 300 m，高度达 50 m（Zierenberg et al.，1998；Takai et al.，2012）。

SMS 聚集体最终转变成硫化物丘体及其破碎产物。处于成熟演化阶段的 SMS 矿床的形貌特征可以通过位于西南太平洋俾斯麦海（Bismarck Sea）的索尔瓦拉（Solwara）1 号热液区来得到较好的展示。作为开采对象且研究程度最高的矿体，其三维图像是由高分辨

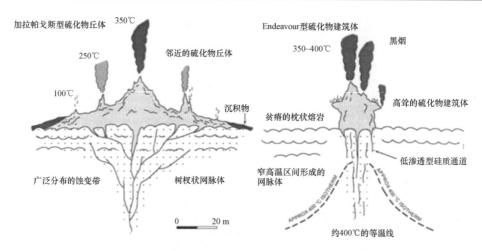

图 4.8　位于太平洋内的海底块状硫化物的形貌特征（Hannington et al.，1995）

率近底水深测量和电磁剖面测量得到的（图 4.9）。

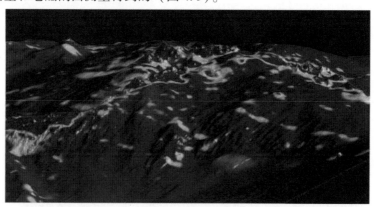

图 4.9　索尔瓦拉 1 号矿床的三维形貌特征

与玄武质围岩热液区不同，围岩为超镁铁质岩的硫化物矿床其形貌特征受到水深、相分离、水力压裂和渗透率等局部因素控制（Fouquet，1997）。在超镁铁质围岩环境下，流体释放明显不如玄武质围岩矿区集中。"弥散流"向上穿过因遭受热液蚀变而更具有渗透性的超镁铁质岩层，形成了相对平坦而无明显丘状隆起的矿床。这种矿床明显不同于常形成于玄武质环境下的圆锥形丘状矿床（图 4.10）。此外，海底面附近的弥漫性高温热液循环产生高度蚀变，并增强了近海底面的硫化物沉淀，引发大规模的网脉状矿化，使镁铁质岩石完全被块状硫化物所交代（Fouquet et al.，2010）。

在大西洋中脊超镁铁质围岩中，还存在着一种特殊的 SMS 构造，即宽 20~25 m、深 1~3 m 的"冒烟喷口"，在其边缘和底部可见小型黑色的烟囱（Bogdanov et al.，1997；Koschinsky et al.，2006；Fouquet et al.，2008；Petersen et al.，2009）。这表明，火山口的形态构造是由于热液泵内部压力过大导致爆炸而形成的（Fouquet et al.，2008，2010）。

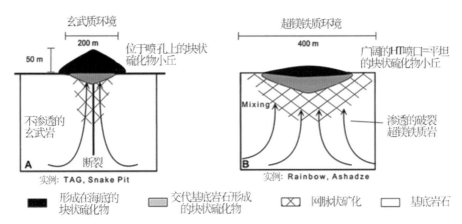

图 4.10 玄武质围岩热液矿床和超镁铁质围岩热液矿床在形貌和流体喷发方式上的差异。相对于玄武质围岩热液系统（a），超镁铁质围岩热液系统（b）中热液流体的喷发很不集中，没有形成真正的丘体；矿床的某些组成部分也许会以超镁铁质岩石的交代产物出现（Fouquet et al.，2010）

4.5 SMS 矿床的成分和年龄

受地球动力学环境、热液循环影响下基岩的性质、水深、相分离作用以及矿床成熟度等因素的影响，热液硫化物矿床成分变化多样（Fouquet and Lacroix，2014）。

SMS 矿床内的主要矿物包括黄铁矿和白铁矿等铁硫化物，以及极具经济价值的黄铜矿（铜硫化物）和闪锌矿（锌硫化物）。除了以上几种矿物外，SMS 矿床中的其他矿物则被归入次要矿物（伴生矿物）的范畴。单从矿床的名字上看，组成矿床的矿物大部分都是硫化物，但以下情况例外：例如在大西洋中脊 SMS 矿床中广泛存在氯铜矿。贵金属 Au 和 Ag 也主要以自然金和自然银形式存在。微量和稀有金属既可以形成独立的副矿物，也可以以类质同象形式赋存在其他载体矿物中。

一般情况下 SMS 矿物既有原生成因的（直接从热液流体中沉淀形成），也有次生成因的（由原生矿物蚀变而成）。矿物在丘体和烟囱体中的分带性由温度控制，也可能由早期相对低温成因的富锌集合体为温度更高的富 Cu 集合体交代而形成。海底 SMS 矿床的风化会导致次生富 Cu 硫化物的形成。高温和低温热液成因矿物是可以识别区分的，高温硫化物矿物常常与硫酸盐、碳酸盐和硅酸盐等非硫化物低温热液产物相伴生（表 4.3）。

表 4.3 热液产物中的矿物类型

高温成因矿物			低温成因矿物				
硫化物			羟基氧化物			碳酸盐	硫酸盐
含 Fe 矿物	含 Cu 矿物	含 Zn 矿物	含 Fe 矿物	含 Mn 矿物	含 Si 矿物		
黄铁矿	黄铜矿	闪锌矿	针铁矿	钙锰矿	石英	文石	硬石膏
白铁矿	斑铜矿	纤锌矿	水针铁矿	水钠锰矿	蛋白石	方解石	重晶石
磁黄铁矿	辉铜矿		赤铁矿	水羟锰矿			
	等轴古巴矿		非晶质体				

与火山成因块状硫化物矿床及其他陆上矿床相比，铜和锌（可高达 10%）以及金（几十个 10^{-6}）和银（几百个 10^{-6}）品位较高，这就使 SMS 作为这些金属的来源而具有经济价值。作为高科技产业不可或缺的稀有元素 Bi、Cd、Ga、Ge、Sb、Te、Tl、In，在某些矿床中也颇为富集，特别是在火山弧环境中形成的矿床。

不同地质构造环境下，海底块状硫化物矿床中金属的平均含量变化极大，具体值见表 4.4。

表 4.4　不同地质环境中海底块状硫化物矿床的金属平均含量

构造背景	矿床数量	Cu	Zn	Pb	Fe	Au	Ag
		%	%	%	%	$\times 10^{-6}$	$\times 10^{-6}$
无沉积物覆盖的洋脊	51	4.5	8.3	0.2	27.0	1.3	94
围岩为超镁铁质岩的洋脊	349	17.9	7.1	0.02	24.8	10.0	56
有沉积物覆盖的洋脊	3	0.8	2.7	0.4	18.6	0.4	64
洋内弧后环境	36	2.7	17.0	0.7	15.5	4.9	202
过渡型弧后环境	13	6.8	17.5	1.5	8.8	13.2	326
大陆裂谷弧	5	2.8	14.6	9.7	5.5	4.1	1260
火山弧	17	4.5	9.5	2.0	9.2	10.2	197

数据来源：德国亥姆霍兹基尔海洋研究中心（GEOMAR）和全俄罗斯大洋地质和矿产资源科学研究所（VNIIO-keangeologia）（数据源自 Petersen et al.，2016，并有所增加）

与成分相对均一的玄武岩（尤其是在快速和中速扩张洋脊）相前的 SMS 矿床富集锌、银和硒。与地幔岩相关的 SMS 矿床富集铜、金和钴。沉积物控制的矿床所含金属含量较低，因为受到非矿石成分的稀释，但有时会富集铅和砷。在诸如西太平洋的火山弧系统中，源岩（主要为安山岩和流纹岩）在成分上存在着多变性。这直接反映在块状硫化物的成分中，这种硫化物常富集 Cu、Zn、Pb、Ag 和 Au。

根据地球化学相关性分析，发现 SMS 矿床中的这些金属与 Cu 和 Zn 这两种主要金属元素相关。其中 Co、Ni、Se 和 In 主要与 Cu 相关，而 Cd、Pb、As、Ag、Sb 和 Ge 主要与 Zn 相关。Au 展示出复杂的行为特征，也许与 Cu 和 Zn 都相关。

SMS 矿床的年龄和形成时间的长短，是判断一个热液系统成熟度以及决定其矿床规模大小的重要参数。SMS 矿床的年龄变化范围较大，从几年到几十万年不等，这主要取决于矿床的构造环境。年龄不超过千年的存活时间较短的热液系统在快速到中速扩张洋脊以及火山弧构造环境中比较常见（de Ronde et al.，2011；Jamieson et al.，2013）。存活时间较长的热液系统（几万年到几十万年）主要分布在慢速和超慢速扩张中心（Cherkashov et al.，2010）。在大西洋中脊上最古老的矿床（Peterburgskoye）年龄已约有 22.3 万年了（Kuznetsov et al.，2015）。SMS 矿床的形成具有周期性，活动期和停止期交替出现。

4.6　SMS 矿床中金属的形成和物质来源

海底块状硫化物矿床是由海底的热烟囱形成的，它是海底以下海水与热源相互作用的结果。热液系统的简要特征如图 4.11 所示。

首先，我们认为海水在通过海底面之下的裂缝下渗及循环过程中改变了其特征（特别是温度、氧化还原电位、盐度和金属含量）。被加热的海水会将围岩中的金属淋滤出来。这个过程中发生的化学反应会导致热的（可高达 400℃）、酸性的和还原性的富含溶解态金属和硫的流体的形成。热液循环由位于近海底面的岩浆房所驱动。因此，热液循环和 SMS 矿床形成的首要前提条件是存在热源。

流体循环的另一个必要条件是地震或构造活动导致海底岩石渗透性升高。

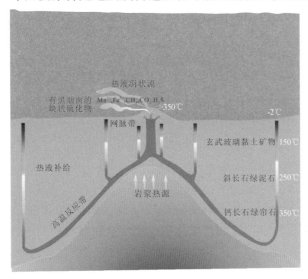

图 4.11　热液系统的简要结构示意图（Jamieson et al.，2016）

这两个前提条件在岩石圈板块边界环境中比较容易得到满足，那里是地球上火山和构造活动最强烈的地方。因此，海底热液系统与洋中脊和岛弧环境下的地质构造息息相关。

海底面之下的热液流体（温度可高达 400℃）排入冷海水（2~4℃）后，热液矿物会沉淀出来形成烟囱体和烟状沉淀物。热液喷流物的颜色主要由其温度所决定，携带悬浮硫化物颗粒的黑烟其温度超过 300℃，而含非硫化物矿物（硫酸盐和碳酸盐）的白烟其温度一般较低（<200℃）（图 4.7）。当持续上升的流体的密度在相应层位变得与底层水的密度相同后，近乎垂直的上涌就会被水平扩散所代替。热液羽状流透镜体一般出现在海底面以上 200~300 m 的深处。其厚度一般为 50~100 m，且以透明度/浊度异常以及气相物质（甲烷、氢气）和金属（Fe、Mn）含量异常为标志性特征。与硫化物矿化作用相关的活动热液区的探测方法就是以测定近海底面水体中这些参数为基础的（见下面的章节）。

Rona 在 1984 年估算出由热液流体携带的金属只有约 5% 能汇聚形成块状硫化物，而剩余95%将在近海底面水体中以烟状物和羽状流的形式扩散开来，从而在热液活动区周边被氧化，形成含金属沉积物层。

在SMS形成的典型再循环模式下，围岩被认为是金属的来源。然而在某些地质环境下，SMS中的金属也可以由岩浆流体来供给。这一般发生在与海底硫化物矿床的形成紧密相关的因俯冲作用而形成的火山中心处。海底弧火山中的喷口流体成分清晰地显示出受到岩浆挥发组分直接供给的影响，这与陆地火山弧岩浆热液系统中的情况相似（Yang and Scott，1996，2006）。

因此，对于热液系统的形成而言，岩浆作用和构造作用这两个主要因素的结合是必要的；在洋中脊环境下导致热液流体形成的主要机制是海底岩层中海水的循环作用，而在岛弧环境下，岩浆也会直接给热液流体供给一定规模的金属。

4.7 SMS矿床的识别标志和勘查战略

当前海底块状硫化物的勘查是以探测热液区周围的水文物理和地球化学异常以及与矿体直接相关的地球物理异常为基础的。与此类似的方法已经成熟地应用于陆上矿床的勘查，但该方法在海洋环境中的应用有着其特定的步骤和途径。

以下参数可用于识别海底热液系统。

（1）水文：近海底面水体的透明度/浊度以及甲烷和锰的含量。在活动热液区上方的羽状流内，它们有明显的异常。这种方法之所以能得到应用是因为异常区的规模远大于异常源（热液区）。

（2）地球化学和矿物学：沉积物中的金属（Fe、Mn、Cu和Zn）和矿物（高温成因的硫化物、低温成因的Fe和Mn的氢氧化物、硫酸盐和碳酸盐）。这些弥散卤素中的成分是由羽状流中散落颗粒形成的，这与硫化物矿体风化形成的物质运移过程相同。与异常大小和来源有关的以上考虑不论对于这些异常的类型还是水文异常来说都是正确的。

（3）地球物理：近海底面水体的自然电位和磁化率。来自围岩和沉积物的这两个参数与直接来自硫化物的是完全不同的。本书建议，勘查SMS矿床时电磁法协同使用。

当前，对块状硫化物矿床的勘查工作主要分区域性普查（大尺度）和详查两阶段进行。在区域性普查阶段，需要进行水深测量和声呐调查以绘制区域地形图，同时还需要进行地质取样和水温剖面测量以识别底层水体和沉积物中是否存在异常。在详查阶段，需要对区域性普查工作中发现的异常和靶体进行详细的实地验证工作。除了硫化物取样工作，开展海底视频和照相以刻画矿体轮廓的工作也是详细勘探阶段的主要方法。

4.8 勘查技术

用于SMS勘查的海洋技术是以上面章节描述的SMS识别和勘查准则为基础的。此处简述一下当前与"国际海底管理局签订的多金属硫化物勘探合同"以及对海底热液系统进行科学考察的航行中所使用的技术和系统。

4.8.1 水文探测技术

CTD 采水器系统是探测与块状硫化物相关的热液喷口所形成的热液羽状流的利器。此外，应用特制的便携自容式海水热液柱自动探测仪（MAPRs，Miniature Autonomous Plume Recorder）也能探测水体中的热液羽状流，这种仪器对国际社会探测热液活动的能力是一场革命（German et al.，2016）。MAPRs 既能用于垂向水体剖面观测点上，也能搭载在深层水体拖曳系统（例如声呐成图系统）上使用。

4.8.2 地质取样技术

不同类型的抓斗（例如电视抓斗）、取芯设备（重力取芯、活塞取芯、水力取芯和箱式取芯）以及拖网都可以用于地质取样（岩石、矿石、沉积物）工作，以满足现场研究和随后陆上实验室研究之需。

4.8.3 遥控与自主工作航行器

有缆拖曳式航行器（遥控式航行器—ROV）和无缆自主航行器（自主式航行器—AUV）是当前 SMS 勘查中区域普查阶段和详查阶段使用的主要技术系统。深水 ROV 通过承载式脐带缆与母船相连且具有模块化的结构特征。根据下潜目的不同，ROV 可以选择搭载机械手、照相机/摄像机、测深仪、声呐、磁力仪、采水器以及能采集诸如自然电位数据和其他水体参数的各种传感器。AUV 也能在其有效载荷范围内搭载诸如声呐、测深仪、水底剖面仪、激光剖面仪、磁力仪以及照相机等探测设备。这些非载人水下设备的主要优势在于其功能多、效率高，且安全性是载人设备无法比拟的。所有的这些因素使得 ROV 和 AUV 成为寻找和研究海底热液系统的科技含量最高和最能满足各种需求的水下设备。

4.8.4 钻探系统

为了研究硫化物矿体的内部结构并评估其资源量，需要进行钻探工作。钻探系统分为以下两大类：

（1）船载钻探系统（井架式）；

（2）海底钻机系统。

第一种方法是通过专用船舶打深井和使用随钻测井技术。然而，这种方法从技术角度上看非常复杂，且成本极高。第二种方法对各类船舶的适应性很强，且效率更高，成本更低，应用性更广。

4.8.5　载人潜水器

载人潜水器在热液系统的发现和研究过程中扮演着极为重要的角色。Cyana、Alvin、Pisces、Nautilus、Mir 和 Shinkai 号载人潜水器对现代海洋调查和研究的贡献极大，必将载入海洋学研究的历史。许多下潜者坚信没有任何设备能替代人的眼睛（特别是具有科学素养的眼睛），因此，每一次下潜获取到的信息都是独一无二的。然而，当前海洋技术发展的主流明显还是机器人系统。

参考文献

Bäcker H (1982) Metalliferous sediments of hydrothermal origin from the Red Sea. In: Halbach P, Winter P (eds) Marine mineral deposits. Glückauf, Essen, pp 102–136

Baturin GN, Rozanova TV (1972) Ore mineralization in the rift zone of the Indian ocean. In: Research of oceanic rift zones. pp 190–202

Beaulieu SE, Baker ET, German CR (2015) Where are the undiscovered hydrothermal vents on oceanic spreading ridges? Deep Sea Res II. http://dx.doi.org/10.1016/j.dsr2.2015.05.001

Bogdanov Y, Bortnikov N, Vikentiev I (1997) New type of modern mineral-forming system: black smokers of hydrothermal field at 14°45′ N, Mid-Atlantic Ridge. Ore Deposit Geol 39(1):68–90 (in Russian)

Bonatti E, Joensuu O (1966) Deep-sea iron deposits from the South Pacific. Science 154(3749):643–645

Booth R, Crook K, Taylor B et al (1986) Hydrothermal chimneys and associated fauna in the Manus back-arc basin, Papua New Guinea. Eos 67(21):489–490

Boström K, Peterson MNA (1966) Precipitates from hydrothermal exhalations on the East Pacific Rise. Econ Geol 61(7):1258–1265

Cherkashov G, Poroshina I, Stepanova T, Ivanov V, Bel'tenev V, Lazareva L, Rozhdestvenskaya I, Samovarov M, Shilov V, Glasby G (2010) Seafloor massive sulfides from the northern equatorial Mid-Atlantic Ridge: new discoveries and perspectives. Mar Georesour Geotechnol 28:222–239

Corliss JB, Dymond J, Gordon LI, Edmond JM, Von Herzen RP, Ballard RD, Green K, Williams D, Bainbridge A, Crane K, Van Andel TH (1979) Submarine thermal springs on the Galapagos Rift. Science 203:1073–1083

Cyamex (1978) Découverte par submersible de sulfures polymétalliques massifs sur la dorsale du Pacifique oriental, par 21°N (projet "Rita"). C R Acad Sci 287:1365–1368

de Ronde CEJ, Massoth GJ, Butterfield DA, Christenson BW, Ishibashi J, Ditchburn RG, Hannington MD, Brathwaite RL, Lupton JE, Kamenetsky VS, Graham IJ, Zellmer GF, Dziak RP, Embley RW, Dekov VM, Munnik F, Lahr J, Evans LJ, Takai K (2011) Submarine hydrothermal activity and gold-rich mineralization at Brothers Volcano, Kermadec Arc, New Zealand. Miner Deposita 46:541–584

Degens ET, Ross DA (eds) (1969) Hot brines and recent heavy metal deposits in the Red Sea. Springer, New York

Escartín J, Smith DK, Cann J, Schouten H, Langmuir CH, Escrig S (2008) Central role of detachment faults in accretion of slow-spreading oceanic lithosphere. Nature 455:790–795

Firstova A, Stepanova T, Cherkashov G, Goncharov A, Babaeva S (2016) Composition and formation of gabbro-peridotite hosted seafloor massive sulfide deposits from the Ashadze-1 hydrothermal field, Mid-Atlantic Ridge. Minerals 6:19. doi:10.3390/min6010019

Fouquet Y (1997) Where are the large hydrothermal sulphide deposits in the oceans? Philos Trans R Soc Lond Ser A 355(1723):427–440

Fouquet Y, Lacroix D (2014) Deep marine mineral resources. Springer, Heidelberg

Fouquet Y, Cherkashov G, Charlou JL, Ondreas H, Birot D, Cannat M, Bortnikov N, Silantyev S, Sudarikov S, Cambon-Bonavita MA, Desbruyeres D, Fabri MC, Querellou J, Hourdez S, Gebruk A, Sokolova T, Hoise E, Mercier E, Kohn C, Donval JP, Etoubleau J, Normand A, Stephan M, Briand P, Crozon J, Fernagu P, Buffier E (2008) Serpentine cruise—ultramafic hosted hydrothermal deposits on the Mid-Atlantic Ridge: first submersible studies on Ashadze 1 and 2, Logatchev 2 and Krasnov vent fields. Inter Ridge News 17:15–19

Fouquet Y, Cambon P, Etoubleau J, Charlou JL, Ondreas H, Barriga FJAS, Cherkashov G, Semkova T, Poroshina I, Bohn M, Donval JP, Henry K, Murphy P, Rouxel O (2010) Geodiversity of hydrothermal processes along the Mid-Atlantic Ridge and ultramafic hosted mineralization: a new type of oceanic Cu-Zn-Co-Au volcanogenic massive sulfide deposit. In: Rona PA, Devey CW et al (eds) Diversity of submarine hydrothermal systems on slow spreading ocean ridges. Geophysical monograph, vol 188. AGU, Washington, pp 297–320

Francheteau J, Needham HD, Choukroune P, Juteau J, Seguret M, Ballard RD, Fox PJ, Normark W, Carranza A, Cordoba A, Guerrero J, Rangin C, Bougault H, Cambon P, Hekinina R (1979) Massive deep sea sulphide ore deposit discovered on the East Pacific Rise. Nature 277:523–528

Franklin JM, Gibson HL, Jonasson IR, Galley AG (2005) Volcanogenic massive sulfide deposits: Economic Geology 100th Anniversary Volume: 523–560

German C (2008) Global distribution and geodiversity of high-temperature seafloor venting. Deep-sea mining: a reality for science and society in the 21st century. Science and policy workshop, 10

German C, Petersen S, Hannington MD (2016) Hydrothermal exploration of mid-ocean ridges: where might the largest sulfide deposits occur? Chem Geol 420:114–126. doi:10.1016/j. chemgeo.2015.11.006

Hannington MD, Jonasson IR, Herzig PM, Petersen S (1995) Physical and chemical processes of seafloor mineralization at mid-ocean Ridges. In: Geophysical Monograph, vol 91. AGU, Washington, pp 115–157

Hannington MD, de Ronde C, Petersen S (2005) Sea-floor tectonicsand submarine hydrothermal systems. In: Hedenquist JW et al (eds) Economic Geology 100th Anniversary Volume, pp 111–141

Hannington MD, Jamieson J, Monecke T, Petersen S (2010) Modern sea-floor massive sulfides and base metal resources: toward an estimate of global sea-floor massive sulfide potential. Spec Publ Soc Econ Geol 15:317–338

Hannington M, Jamieson J, Monecke T, Petersen S, Beaulieu S (2011) The abundance of seafloor massive sulfide deposits. Geology 39:1155–1158 http://dx.doi.org/10.1130/G32468.1

Ishibashi J, Urabe T (1995) Hydrothermal activity related to arc-backarc magmatism in the Western Pacific. In Taylor B (ed) Backarc basins: Tectonics and magmatism. New York, Plenum Press, pp 451–495

Jamieson JW, Hannington MD, Clague DA, Kelley DS, Delaney JR, Holden JF et al. (2013) Sulfide geochronology along the Endeavour segment of the Juan de Fuca ridge. Geochem Geophys Geosyst. doi: 10.1002/ggge.20133

Jamieson JW, Clague DA, Hannington M (2014) Hydrothermal sulfide accumulation along the Endeavour Segment, Juan de Fuca Ridge. Earth Planet Sci Lett 395:136–148

Jamieson JW, Petersen S, Bach W (2016) Hydrothermalism. In: Harff J, Meschede M, Petersen S, Thiede J (eds) Encyclopedia of marine geosciences. pp 344–357

Koschinsky A et al (2006) Discovery of new hydrothermal vents on the southern Mid-Atlantic Ridge (4S–10S) during cruise M68/1. Inter Ridge News 15: 9–15

Kuznetsov V, Tabuns E, Kuksa K, Cherkashov G, Maksimov F, Bel'tenev V, Lazareva L, Zherebtsov I, Grigoriev V, Baranova N (2015) The oldest seafloor massive sulfide deposits at the Mid-Atlantic Ridge: 230Th/U chronology and composition. Geochronometria 42(1):100–106

Lalou C, Reyss JL, Brichet E, Rona PA, Thompson G (1995) Hydrothermal activity on a 10(5)-year scale at a slow-spreading ridge, TAG hydrothermal field, mid-Atlantic Ridge 26-degrees-N. J Geophys Res 100:17855–17862

Lipton I (2012) Mineral Resource Estimate: Solwara Project, Bismarck Sea, PNG. Technical Report compiled under NI43–101. Golder Associates, for Nautilus Minerals Nuigini Inc.

Lowell RP, Rona PA, Von Herzen RP (1995) Seafloor hydrothermal systems. J Geophys Res 100(B1):327–352

MacLeod CJ, Searle RC, Casey JF, Mallows C, Unsworth M, Achenbach K, Harris M (2009) Life cycle of oceanic core complexes. Earth Planet Sci Lett 287:333–344

McCaig AM, Cliff B, Escartin J, Fallick AE, MacLeod CJ (2007) Oceanic detachment faults focus very large volumes of black smoker fluids. Geology 35:935–938

Miller AR, Densmore CD, Degens ET, Hathaway JC, Manheim FT, Mcfarlin PF, Pocklington R, Jokela A (1966) Hot brines and recent iron deposits of the Red Sea. Geochim Cosmochim Acta 30(3):341–359

Monecke T, Petersen S, Hannington MD (2014) Constraints on water depth of massive sulfide formation: evidence from modern seafloor hydrothermal systems in arc-related settings, Econ Geol 109:2079–2101. http://dx.doi.org/10.2113/econgeo.109.8.2079

Petersen S, Kuhn K, Kuhn T, Augustin N, Hékinian R, Franz L, Borowski C (2009) The geological setting of the ultramafic-hosted Logatchev hydrothermal field (14°45′N, Mid-Atlantic Ridge) and its influence on massive sulfide formation. Lithos 112:40–56

Petersen S, Kratschell A, Augustin N, Jamieson J, Hein JR, Hannington MD (2016) News from the seabed—geological characteristics and resource potential of deep-sea mineral resources. Mar Policy 70:175–187. doi:10.1016/j.marpol.2016.03.012i

Peterson MNA, Edgar NT, Von der Borch CC, Rex RW (1970) Cruise leg summary and discussion. In: Init Reports DSDP, vol 2. US Govt Print-Office, Washington

Revelle RR (1944) Marine bottom samples collected in the Pacific Ocean by the "Carnegie" on her seventh cruise. Carnegie Inst Publ 556. Carnegie Inst, Washington

Rona PA (1984) Hydrothermal mineralization at seafloor spreading centers. Earth Sci Rev 20(1):1–104

Rona PA, Scott SD (1993) A special issue on sea-floor hydrothermal mineralization; new perspectives; preface. Econ Geol 88(8):1933–1973

Rona PA, Klinkhammer G, Nelson TA, Trefry JH, Elderfield H (1986) Black smokers, massive sulfides, and vent biota at the Mid-Atlantic Ridge. Nature 321(6065):33–37

Sillitoe RH (1972) Formation of certain massive sulphide deposits at sites of spreading. Trans Inst Min Metall 81(789):13141–13148

Singer DA (1995) World class base and precious metal deposits—a quantitative analysis. Econ Geol 90:88–104

Skornyakova NS (1964) Dispersed iron and manganese in Pacific sediments. Lithol Min Deposit 5:3–20 (in Russian)

Smith DK, Cann JR, Escartin J (2006) Widespread active detachment faulting and core complex formation near 13 N on the Mid-Atlantic Ridge. Nature 443:440–444

Spiess FN, Macdonald KS, Atwater T, Ballard R, Carranza A, Cordoba D, Cox C, Diazgarsia VM, Francheteau J, Guerrero J, Hawkins J, Hamon R, Hessler R, Juteau T, Kastner M, Larson R, Luyendik B, Macdougall JD, Miller S, Normark W, Orcutt J, Rangin C (1980) East Pacific

Rise; hot springs and geophysical experiments. Science 207(4438):1421–1433

Takai K, Mottl MJ, Nielsen SHH, Birrien JL, Bowden S, Brandt L, Breuker A, Corona JC, Eckert S, Hartnett H, Hollis SP, House CH, Ijiri A, Ishibashi J, Masaki Y, McAllister S, McManus J, Moyer C, Nishizawa M, Noguchi T, Nunoura T, Southam G, Yanagawa K, Yang S, Yeats C (2012) IODP expedition 331: strong and expansive subseafloor hydrothermal activities in the Okinawa Trough. Sci Drill 13:9–26

Tivey MA, Schouten H, Kleinrock MC (2003) A near-bottom magnetic survey of the Mid-Atlantic Ridge axis at 26°N: implications for the tectonic evolution of the TAG segment. J Geophys Res 108:2277. doi:10.1029/2002JB001967

Wolery TJ, Sleep NH (1976) Hydrothermal circulation and geochemical flux at mid-ocean ridges. J Geol 84(3):249–275

Yang K, Scott SD (1996) Possible contribution of a metal-rich magmatic fluid to a sea-floor hydrothermal system. Nature 383(6659):420–423

Yang K, Scott SD (2006) Magmatic fluids as a source of metals in arc/back-arc hydrothermal systems: evidence from melt inclusions and vesicles. In: Christie DM, Fisher CR, Lee S-M (eds) Back Arc spreading systems: geological, biological, chemical and physical interactions, vol 166. American Geophysical Union, Geophysical Monograph, Washington, pp 163–184

Zierenberg RA et al (1998) The deep structure of a sea-floor hydrothermal deposit. Nature 392(6675):485–488

格奥尔基·切尔卡绍夫（Georgy Cherkashov）自 1996 年起，任自然资源部全俄海洋地质和矿产资源科学研究所（俄罗斯圣彼得堡 VNIIOkeangeologia）的副主任，是中大西洋海脊的海底块状硫化物（SMS）矿床研究博士。1983—2007 年，担任 13 个俄罗斯和国际远洋科考队的首席科学家，致力于大西洋和印度洋的底块状硫化物矿产的勘探工作。此外，2011—2012 年，他还是国际海洋矿物学会主席。自 2012 年起，他获选为国际海底管理局法律和技术委员会成员。自 2005 年以来，他还兼职圣彼得堡国立大学（海洋地质学）的教授。

第5章 海底磷矿：新西兰查塔姆隆起磷矿、纳米比亚和墨西哥下加利福尼亚近海磷矿的成因、勘探、采矿和环境问题

Hermann Kudrass, Ray Wood, and Robin Falconer

摘要：磷肥的消费增长和价格攀升引发近海磷矿的商业开采。本章从磷矿的成因、勘探现状和采矿理念的角度介绍三个最先进的磷矿工程。新西兰查塔姆隆起磷矿床位于水下400 m，离海岸约500 km，源于晚中新世的半远洋沉积白垩的磷酸盐化。在该磷矿，砾石大小的磷块岩形成了分米厚的残留层，推测资源量达到 2 400×10⁴ t。位于纳米比亚外大陆架的磷矿床是自生的沙粒大小的磷块岩，形成数米厚的含矿层，预计储量达到 6 000×10⁴ t。位于墨西哥下加利福尼亚中大陆架的沙粒大小的磷块岩，估计资源量达 3×10⁸ t。在上述三个磷矿中，磷块岩回收计划通过耙吸挖泥船完成，并通过船载的粒度筛分机器提纯矿石。尽管这三个磷矿都获得了采矿许可证，但环境顾虑已经迫使商业性开采延期。

5.1 引言

陆上磷矿储量已被充分探明，它可保证全世界今后百年的磷肥消费（Orris and Chernoff, 2002）。然而，磷矿全球分布不均且并非全部靠近农业中心，尤其是南半球的大陆缺少磷矿。大部分的磷矿资源广泛分布在北非和努比亚地盾，这些磷矿形成于晚白垩世特提斯洋和古新世—始新世大西洋南缘的浅水环境（Soudry et al., 2006）。其他经济价值较大的磷矿有美国佛罗里达州的始新世磷矿和二叠纪的含磷地层，它们主要供应北美地区的化肥市场。中国晚元古代的沉积磷矿仅可供当地的化肥消费（Li, 1986）。

与可开采的陆上磷矿主要集中在北半球不同，海底磷矿广泛分布在南、北半球。海底磷矿通常发育在大陆的西侧，与强烈的上升流和极肥沃的表层水之下的含氧量最低带有关（Föllmi, 1996；图 5.1）。许多磷矿床位于外大陆架，并拥有可观的商业价值。下面介绍三个目前探明最好的磷矿床——新西兰查塔姆隆起磷矿床、纳米比亚近海磷矿床和墨西哥下加利福尼亚近海磷矿床的成因和资源问题。

5.2 自生型磷块岩和成岩型磷块岩

磷参与了许多关键的生物过程，与硝酸盐、硅酸盐和铁一样，磷是限制海洋中初级生物生产量的组分之一。由于磷在透光层被生物强烈消耗，它在表层海水中耗竭，严重亏

损。通过水体下沉的海洋有机物质通常含 1% 的磷。深海有机物分解可释放一部分磷，这些磷溶解在深层海水中或者被正在下沉的铁氧化物和黏土粒子吸附（Benitez-Nelson，2000；Compton et al.，2000）。因此，洋底沉积物成为有机物、铁氧化物、黏土和磷的第一汇集地。

在沉积物聚集缓慢和洋底水含氧的区域，有机物主要被海底动物群消耗，在海水中循环。在沉积物聚集快的区域，有机物和其中的磷则被埋藏在沉积物中。在上升流层的某些特殊条件下，从肥沃的表层水下沉的有机物流量较高，会使海底变成低氧或缺氧环境，部分有机物也会被硫化物氧化细菌所消耗，这些细菌把多磷酸盐作为能源储存在细胞内（图5.2）。海底水环境的改变会促使这些硫化物氧化细菌释放高浓度的磷（Schulz and Schulz，2005；Goldhammer et al.，2010；Lomnitz et al.，2015），从而使得含钙的磷酸盐可能以非结晶且非常活跃的形态沉淀下来（Schenau et al.，2000；Arning et al.，2009）。另外，鱼类残骸的分解和铁氧化物的解吸也提供了部分磷酸盐（Froelich et al.，1988；Suess，1981；Noffke et al.，2012）。这种自生沉淀会形成鲕粒、球粒、似球粒、薄片、结核或结壳，最终转变成细晶磷灰石。细晶磷灰石是一种碳氟磷灰石，其化学成分为 $Ca_{10}(PO_4)_{4.8}(CO_3)_{1.2}F_{3.2}$（McCellan and Gremillion，1980）。

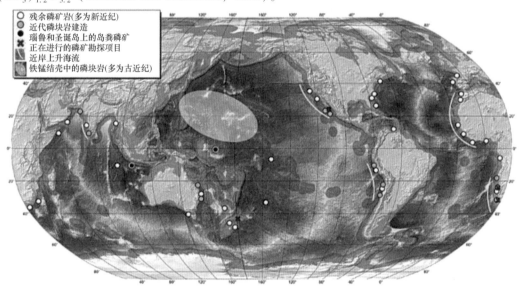

图 5.1　海底磷矿分布

当被细菌释放的磷直接与白垩反应或者替代碳酸盐生物物质，就形成了成岩磷块岩。这种磷化作用产生了不规则的板片、卵石或者胶结沉积物的外壳，它们常含海绿石（Birch，1980）。在大部分海底沉积环境中，自生型和成岩型磷块岩无论在化学上还是力学上都是稳定的，并且倾向在压缩层序里堆积（Bentor，1980；Föllmi，1996）。只有当磷矿在上升洋流体系下，泥岩沉淀的条件常在缺氧泥岩沉积和磷块岩沉积期与簸选与侵蚀期交替出现时，才会堆积大规模的磷矿资源。更新世海平面改变可能造成这两种沉积体制的交替。在东太平洋上升流系统里，厄尔尼诺到拉尼娜现象频繁改变是磷矿在大陆架外边缘

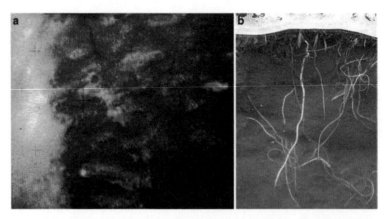

图5.2　（a）在秘鲁上升流水系中沉积物表面的席状硫化物氧化细菌簇，水深 132 m，照片所示的面积为 1 m²。（b）位于秘鲁海域沉积物岩芯的剖面，横穿沉积物的白色串状物为氧化的硫化物–辫硫菌属（Thioploca），岩芯直径 12 cm

富集的另一种机制。大粒度和高密度的自生型磷矿或者成岩型磷矿颗粒容易在滞留沉积中局部地富集，而较细的未经磷化作用的颗粒或者陆源颗粒更容易被移动并输运至更深或其他的沉积中心。

5.3　查塔姆隆起磷矿

5.3.1　区域背景和海底地貌

查塔姆隆起从新西兰南岛至太平洋西南部东西延长约 1 000 km（图5.3）。该隆起为一拉伸的大陆残片，拥有二叠纪—三叠纪基底，顶峰通常在水下 200~400 m。隆起区被渐新世至晚中新世的白垩所覆盖（Falconer et al., 1984）。磷矿主矿体位于南岛和查塔姆群岛之间隆起顶峰的 400 m 深的鞍部。该鞍部的小型形态主要受海底冰山隆脊的影响（图5.4）。底部流冰向北运移产生的沟壑、流冰旋转和翻转造就的冰川坑是最重要的小规模海底地形单元，这些冰川沟和冰川坑的大小在几米至几十千米。沿着这些冰川沟和冰川坑，深达 15 m 的海底沉积会被破坏，海底形态也被重新塑造。含磷的沙粒及其下伏的白垩沉淀在冰川沟和冰川坑的边缘（图5.5）。

海底在漫长的间冰期变得更加平坦，磷矿也在沙的簸选、凹陷充填和出露白垩侵蚀、溶解过程中被重新分布。最突出的冰沟是由一个双隆脊的冰川穿过鞍部东侧时造成的。这两条平行的沟的方向和宽度在 35 km 内发生多次改变，这表明了一些运移的潮流驱动了一块至少 300 m 厚的冰块。一些比较大的冰沟被年轻的冰沟叠加，这些大的冰沟可能是在之前的冰川事件中形成的。类似的巨大撞击可能还在更新世五个主要冰期末期发生过。在查塔姆隆起以南的坎贝尔海底高原，漂流的冰屑的分布表明，在最后一次冰川消退期间，从南极冰架上流出的冰山比前冰川期/间冰期过渡时期（13 万年前）更频繁（Carter et al., 2002）。

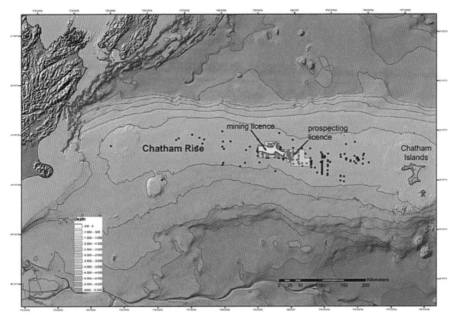

图 5.3　查塔姆隆起水深测量图

黑点代表磷矿采样点，黄色方框代表新西兰查塔姆磷酸盐公司的采矿和探矿权区域

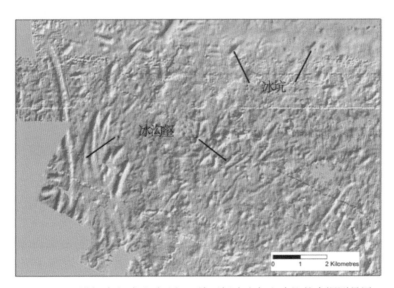

图 5.4　查塔姆隆起磷矿采矿权区域西侧冰沟壑和冰坑的水深测量图

5.3.2　海洋环境

查塔姆隆起大范围的海洋环境受副热带辐合带控制。该辐合带沿着查塔姆隆起的顶部将冷且少盐的次南极水分隔在南部，把温暖的副热带水分隔在北部（Heath，1985）。2011

年秋季、冬季和春季浊度计和测流计的监控显示，海底强流主要受北西方向的潮流控制，潮流速度可能不低于 40 cm/s。

近海底的浑浊度缺乏实测值的约束，但它们的值一般较低且与洋流流速相关性不大。一个滞留沉积的形成表明，洋流在较长的时间内很强大，以至于把细小的物质都移走。冰川漂砾的冲蚀痕、不常见的波痕和深海底栖生物上的沉积物都是这一过程的证据。这些证据表明洋流最快时可移动海底表层的泥质砂。凹地和槽沟底部强烈的生物扰动作用也表明沉积物发生侧向运移，为这些局部沉积中心提供了富含有机质的细小沉积物（图 5.5）。

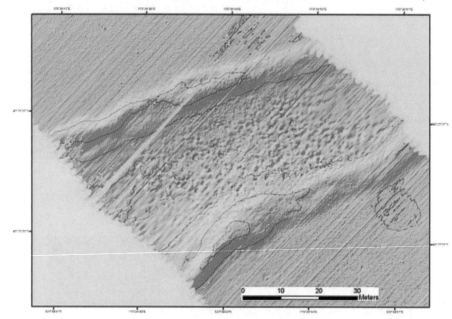

图 5.5　底部受到强烈生物扰动的冰沟

5.3.3　查塔姆隆起磷块岩的形成过程

与其他磷块岩矿床相比，查塔姆隆起磷块岩的远洋环境成因是独一无二的。查塔姆隆起的磷块岩由细晶磷灰石构成，这些细晶磷灰石是早—中中新世超微白垩发生交代而成（Cullen，1980；Kudrass and Von Rad，1984）。在成岩蚀变之前，中新世的白垩暴露在海底，形成了一层硬底质；该硬底质被强烈掘洞，孔洞内部分灌充有氢氧化铁（Von Rad and Rösch，1984）。成岩磷化作用保留了大团块白垩的形态和厘米级的孔洞。大部分磷块岩由细粒至中粒次圆不规则的砾石构成。鲨鱼的牙齿和鲸类动物的骨架碎块，尤其是海豚的听骨，也被磷酸盐化并保持完好。Kudrass 和 von Rad（1984）认为查塔姆隆起磷块岩和其他所有沉积磷块岩一样都是在上升流系统中沉积形成的。两个磷块岩的 Sr 同位素分析表明其形成于 5.2 Ma（McArthur et al.，1990）。然而，海绿石颗粒和磷块岩的海绿石环边 K-Ar 年龄为 10.8～3.8 Ma（Kreuzer，1984）。位于查塔姆隆起东北坡的大洋钻探计划 1125 钻场获得了远洋连续沉积序列。该沉积序列记录了晚中新世至早上新世非常强的生产力信号，沉积速率高达 13 cm/ka，还有在 5.8~4.8 Ma 富含营养物质的 $\delta^{13}C$ 信号（Carter et al.，2004）。这一段高生产力时期正好与查塔姆隆起上升流和磷块岩形成的 Sr 同位素年龄基本一致。

目前的海洋环境很难同时形成上升流和缺氧的海底水条件。由于德雷克海峡在渐新世打开，海洋南部的洋流系统并没有发生根本上的改变，所以相对于子午线的轻微变化副热带辐合带的当前位置并没有明显改变（Carter et al.，2004）。查塔姆隆起以西新西兰古地理的变迁为海洋条件短暂变化提供了一种可能的解释。古地理重建结果表明一条海洋通道大约在 5Ma 穿过了新西兰中部（Wood and Stagpoole，2007）。另外，自磷块岩形成以来，约 50 m 中渐新世和中新世晚期的白垩已被侵蚀掉（Falconer et al.，1984；图 5.7），查塔姆中部隆起的地貌和水深发生了变化，海洋环境可能受到局部影响。

白垩表面发生磷酸盐化之后，可能经历了数轮的泥岩沉淀、磷酸盐释放、泥岩侵蚀和再沉淀，未经磷酸盐化的中新世白垩慢慢被侵蚀。在上述过程中，磷块岩可能被裹上一薄层海绿石（图 5.6），这层海绿石保护着磷块岩免受沉积物–海水界面上的侵蚀。未被保护的磷块岩，尤其是没有海绿石环边的磷酸盐化的鲸鱼骨骼，由于溶解作用而产生深深的凹痕（Cullen，1980）。在磷块岩形成之后的 5 Ma 里，更多的海绿石颗粒沉积下来，约 50 m 厚的白垩经侵蚀和溶解被移除。现代生物（主要有孔虫和海胆的刺）残骸被高度侵蚀的外观表明这种溶解作用依然在起作用。在更新世，火山灰和冰川携带的陆源物质也沉积下来，约占表层沉积物的 10%。

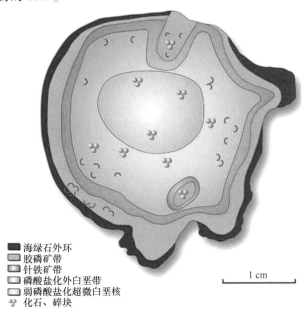

■ 海绿石外环
▨ 胶磷矿带
▨ 针铁矿带
▨ 磷酸盐化外白垩带
□ 弱磷酸盐化超微白垩核
✿ 化石、碎块

1 cm

图 5.6 查塔姆隆起典型磷块岩的剖面示意图（据 von Rad and Rösch，1984 修改）

五百万年的沉淀（图 5.7）、化学和生物蚀变及侵蚀造就了更新世磷块岩的砂砾滞留沉积，并混合有海绿石颗粒、有孔虫和少量的陆源物质（图 5.8）。细粒淤泥部分和黏土级的物质比较少，主要由钙质的微型浮游生物和多种黏土矿物组成。滞留沉积的厚度变化

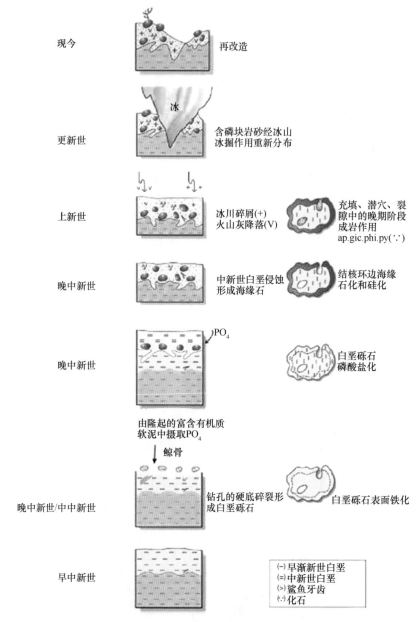

图 5.7 查塔姆隆起中部新近纪沉积演化和磷块岩成因示意图，注意在 5 Ma 的磷酸盐事件后早—晚中新世白垩被侵蚀（据 Kudrass and von Rad，1984 修改）

很大，有的厚度几乎为 0，有的厚度不小于 70 cm，并盖在渐新世半固结白垩之上。

5.3.4　查塔姆隆起磷块岩的分布与组成

磷块岩在查塔姆隆起普遍分布，但具有商业价值的矿体则局限在隆起顶部的鞍部（图

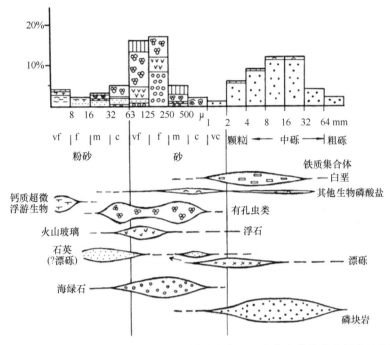

图 5.8 样品（SO17—17GG）粒度大小的双模式分布和一个富含磷块岩的样品的大致组成，
注意粒度>1 mm 的磷灰石含量（据 von Rad and Rösch，1984 修改）

5.3）。富矿面积约 400 km²，介于 179° 05′—179°45′E。磷块岩的矿物尺寸大小为 1 mm 到大于 100 mm（图 5.8），均匀分布在几厘米厚经生物扰动、含海绿石和有孔虫的细沙中（图 5.9）。磷块岩平均约占表面沉积物的 15%。向南和向北，矿体变薄或者被含海绿石的沙粒所掩埋。沙粒向深部逐渐变厚。在东西方向沿隆起顶部 300 km 构成半连续磷块岩矿床，被局部沙洲和洼地隔开，已在上面开展了大量磷块岩取样工作（图 5.3）。

在品位最高的区域，磷块岩含量在水平方向变化较大（Kudrass，1984）。静力探触测量表明，含磷块岩沙层在 50 m 范围内是不连续的。这种高度的空间变异是由冰川掏蚀引起的。这种冰川掏蚀在更新世五次冰期期间扫过鞍部表面，打乱了磷块岩最初相对均匀的分布。

在冰期之间的漫长时期，由于白垩溶解、挖掘孔和海绿石沙粒簸选的联合影响，磷块岩部分被白垩覆盖，白垩又成了表面。因此，白垩的覆盖或多或少又保留下来，但局部高差较大，主要反映了 18 000 年前最后一次冰川期的冰山扰动。

磷块岩的化学组成与粒度相关。对于较大的磷块岩（>8 mm），其核部通常磷酸盐化程度较低，碳酸钙的含量较高，还含有 Sr 和 U（均值为 158 mg/kg）。小磷块岩（1 ~ 8 mm）则完全磷酸盐化，但随着粒度降低，与海绿石覆盖层相关的元素含量升高，如 Si、Al、Fe、K、许多微量元素和稀土元素（图 5.10）。磷块岩中 P₂O₅ 含量比较稳定，介于 19.4%（粗粒部分）和 21.8%（细粒部分）之间。Cd 和 Pb 含量较低，分别为 0.2 mg/kg 和 10 mg/kg，这可能是由于上升流区沉积物的陆源物质补给较少。

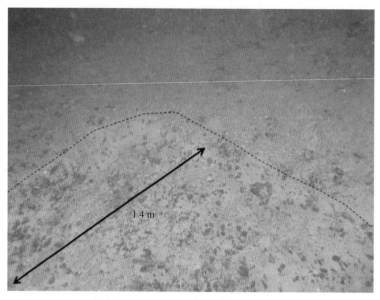

图 5.9　镶嵌在含海绿石、有孔虫沙粒中的磷块岩海底照片

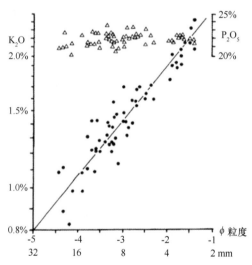

图 5.10　磷块岩 K_2O 含量和 P_2O_5 含量与粒度的关系图（据 Kudrass and Cullen，1982）

5.3.5　资源评估和采矿理念

　　根据"瓦尔迪维亚"号（1978）和"桑尼"号（1981）考察船两次采样的分析结果预测，该矿床拥有 $2\,500 \times 10^4$ t 磷块岩，在 378 km^2 区域的平均覆盖率约 66 kg/m^2（Kudrass，1984）。由于抓斗式取样器并非总能穿透整个含磷块岩的海绿石沙层，因此上述资源量是保守估计。根据富含磷块岩区域和地震相图的相关性推测，在邻近区域可能还有相同数量级的资源量，但是品位和覆盖率会较低。一项对磷矿资源的最新评估（包括新

西兰查塔姆磷酸盐公司的数据）显示磷块岩的推测资源量为 2 340×10⁴ t，边界品位为 100 kg/m²。这个估算依据的是《澳大利亚勘探结果、矿产资源和矿石储量报告标准》。表层沉积物磷块岩平均含量约 15%，据此估算邻近区域的磷块岩资源量可能有 800×10⁴ ~ 1 200 ×10⁴ t（Sterk，2014）。

　　磷块岩结核的回收是靠一艘传统的耙吸式挖泥船完成的（图 5.11）。含磷块岩的海绿石沙被耙头里的喷气流移动到约 50 cm 深处。携带吸水头和泵机的耙臂通过电缆悬挂在船体下方，通过一个铰链从船体垂向上的运动解离。磷块岩和沙粒通过上升管传送到船上，在船上大于 2 mm 的磷块岩将被分选出来并储存。小于 2 mm 的物质大部分是砂和粗粉砂（图 5.8），它们将通过下沉管被送回海底。在下沉管的一端有一个扩散器用来降低排出速率，大部分残渣沉淀在耙臂移动路径附近。耙吸挖泥船装满矿石后，开向新西兰的码头并在码头卸货。按上述流程，每年可在 3 个 10 km² 的采矿区块中回收 150×10⁴ t 磷块岩。采矿最初会面向资源价值高的区域，故作业区域被分隔在采矿许可区域不同的地方。

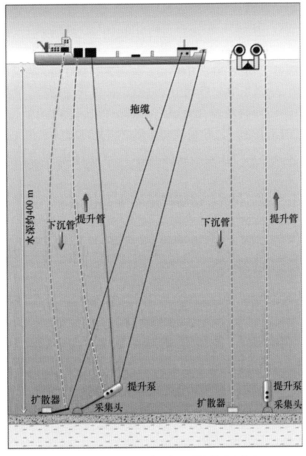

图 5.11　耙吸挖泥船采矿系统的布置图

海底沉积物通过耙头和上升管向上输送，在采矿船中处理，不含磷矿的沉积物再通过下沉管和扩散器送回海底

5.3.6　勘探历史和现状（2015）

Reed 和 Hornibrook（1952）首次描述了查塔姆隆起的磷块岩。Pasho（1976）曾用捕鱼拖网采集磷块岩样品，确定其横向分布范围，并尝试估计了资源量。Cullen（1980）描述了该矿床及其形成过程。在 1978 年和 1981 年，"瓦尔迪维亚"号和"桑尼"号考察船执行了两次采样和剖面测量，考察研究了该矿床的分布和成因，首次对资源量作出可靠的估算（Kudrass and Cullen，1982；Von Rad and Kudrass，1984）。得益于这个考察结果，一家财团获得了勘探许可证，该财团拥有来自新西兰和德国的工业合作伙伴（Fletcher Challenge and Preussag）。然而，由于磷矿价格下跌和深海采矿的技术挑战，该许可证在采矿开工前被终止。

由于瑙鲁和圣诞岛磷矿资源枯竭，新西兰不得不从摩洛哥等很远的地方进口磷矿。长距离运输磷矿大幅提高了新西兰化肥的成本。因而，查塔姆隆起的磷块岩又重新被考虑用作农业的可选资源，农业用磷矿每年进口大约 $100×10^4$ t。现场测试也证明磷块岩可作为直接肥料（Mackay et al.，1984）。

新西兰查塔姆磷酸盐公司在 2008 年获得一份覆盖 3 900 km^2 的勘探许可，在一系列科考船（Tangoroa 号，Tranquil Image 号和 DoradoDiscovery 号）的勘探和环境调查之后，查塔姆磷酸盐公司在 2011 年获得覆盖 820 km^2 的采矿许可（图 5.3）。在一次环境影响评估的公开听证会之后，2015 年 2 月，开采该磷矿所必需的环境许可证未被批准，原因是环境影响评估委员会不确定开采该磷矿会给环境造成多大程度的影响。

5.4　南非和纳米比亚近海磷块岩矿床

5.4.1　南非成岩型磷块岩

南非大陆架沉积物和纳米比亚磷矿省有许多种类型的磷块岩（Birch，1980）。成岩型磷块岩矿起源于碳酸盐岩和生物残骸的磷酸盐化，它在非洲大陆南端大陆架大部分区域构成了 0.5 m 厚的矿层（图 5.12）。磷块岩以团块、卵石和砾石大小的不规则碎块产出，它们起初由含有孔虫灰岩、海绿石质或褐铁矿质砂岩组成。磷化作用发生在从早中新世到第四纪。许多卵石是在间隔数百万年的多次磷化作用过程中产生的（Compton et al.，2002）。阿古拉斯海岸的东南角已经开始了商业勘探，那里的磷块岩盖层被强烈的阿古拉斯洋流簸选，但详情未知。

5.4.2　纳米比亚自生型磷块岩

自生型磷块岩是纳米比亚最重要的磷矿，它是由富含有机质的淤泥中沉淀出的沙粒组成的（Birch，1980），富磷沉积物在水深 180~300 m 的外大陆架和大陆斜坡上部形成了数

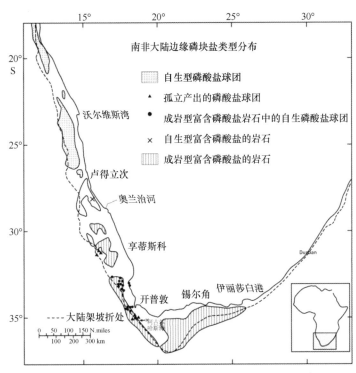

图 5.12 南非和纳米比亚大陆架和大陆斜坡上部的自生型和
成岩型磷块岩分布图（据 Birch，1980）

米厚的连续覆盖层（Bentor，1980；Compton and Bergh，2016；图 5.13）。重力采样管数据显示，富含磷矿的沉积物由两层构成（Sandpiper Project，EIA，2012）。上层沉积物厚 0.1～1.0 m，基质为深棕色细沙粒质含磷球团，镶嵌了粗大的软体动物外壳残骸。外壳碎片尺寸和丰度随着深度增加而降低，而球团和泥的含量增加。

上层的粒度向下变细，逐渐变成下层沉积物。下层的厚度从几厘米到大于 2 m 不等。这一层呈深棕色到微黑色，由略微带泥的细粒磷块岩沙构成。这一层含磷沉积物覆盖在坚硬灰色海相中新世黏土之上，二者界线分明。中新世黏土的侵蚀面有很多孔洞，孔洞内充填了磷块岩沙。两层含磷沉积物有较高的空间连续性，与大陆架坡折处平行。中新世黏土的凹陷处充填了更厚的砂质沉积物。

磷块岩层的沉积历史尚不清楚。软体动物外壳保存程度较差说明沉积物暴露时间较长（Bremner，1980）；有机物中较高的碳氮比表明有机物源自生物生产力较高的内大陆架（Van der Plas et al.，2007）。由于磷块岩的 Sr 年龄从晚中新世跨到第四纪（McArthur et al.，1990；Compton et al.，2002；Compton and Bergh，2016），该富集的磷块岩矿床的形成，是上升流背景下富含有机物沉积泥非常复杂的、频繁重复的磷块岩析出的结果，以及海平面和洋流过程中沉积泥的再活化和磷块岩团块的再富集。

5.4.2.1 Sandpiper 项目前景

纳米比亚海洋磷矿有限公司于 2005 年和 2006 年获得了勘探许可，该勘探区位于外陆

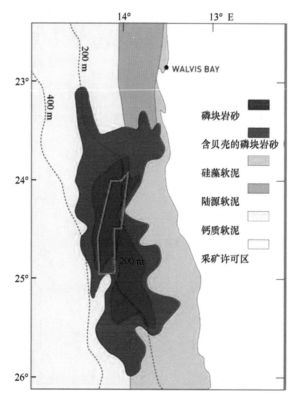

图 5.13　纳米比亚大陆架的沉积物（据 Baturin，2000 修改）和
Sandpiper 工程采矿证许可区域的大致位置

架坡折 200 m 等深线处，宽 25 km，长 100 km。该公司在 2011 年又获得最有找矿潜力区域的采矿许可（图 5.13）。在勘探许可区域，该公司利用一个很大的抓斗和一个 3 m 长的重力取样管在 1 500 多个点采集了样品。在最有找矿潜力区域，采样网格为 400 m×400 m，在其外围沿着 4 km 长的剖面按 1.6 km 的间距间隔采集了样品。

　　此次勘探发现在 220 km² 内蕴藏着 6 000×10⁴ t 磷块岩沉积物，P_2O_5 平均含量为 20.8%（Sandpiper Project，2012；Sterk and Stein，2015）。磷块岩直径 100~500 μm，大部分介于 150~250 μm。提纯之后的磷块岩含 P_2O_5 约 27%。下层沉积物含有较高的 K_2O（1.2%）、Fe_2O_3（4%）、Al_2O_3（5.5%）和 SiO_2（15%），这与海绿石成分较高有关。微量元素含量，如 Cd（70 mg/kg）、As（70 mg/kg）和 U（107 mg/kg），在沉积型磷块岩的正常含量范围之内（Sandpiper Project，2012）。

　　在整个采矿许可区域，预测还有 140×10⁴ t 的资源量，但 P_2O_5 的含量较低。在勘探许可区域，可能蕴藏 20×10⁸ t 磷块岩沉积物，P_2O_5 平均含量为 10%。

5.4.2.2　采矿理念

　　首选的采矿目标是水下 220 m 处最富的磷块岩。目前采矿作业尚未开始，根据提案是通过一个传统的吸扬式开底挖泥船回收磷块岩，泥浆储存在船上。这种采矿船的构造与查塔姆隆起采矿工程所使用的相似（图 5.11）。耙头每次回收 50 cm 厚的沙层，故需要采矿船多次往返才能采完最厚的磷块岩沉积层。采矿作业会保留数分米厚的磷块岩沙层作为中新世黏土的盖层。多余的水会通过船下的低密度沉积物柱子排走，沉积物柱子含有来自泥浆的大部分细小颗粒（<125 μm），大约占采集沉积物的10%~20%。当装满泥浆，采矿船将航行约100 km抵达纳米比亚鲸湾港以南的海岸，并通过管道把泥浆传送进一个陆地上的缓冲池。磷块岩处理包括：筛选去除粒度较大（>1 mm）的生物碎屑，在锥形螺旋式分离器冲洗以分离细粒泥质颗粒，从而提高磷块岩的含量。处理所用的水是在除盐车间生产的。处理后的最终产品预计含有28% P_2O_5，预计年产量约300×10⁴ t（Sandpiper Project，2012）。

5.4.2.3 环境问题

Sandpiper工程位于近海的最低含氧带附近，最低含氧带形成于沿岸上升流作用下生物生产力的强力影响（Birch，1980；Shannon，1985）。一种非常特殊的底栖动物区系已经适应了这种海底的低氧环境。它的特征是多样性较低，局部动物数量较高（Levin，2003；van der Plas et al.，2007）。大型底栖动物区系主要为环节蠕虫，甲壳纲动物很少。

环境影响评估认为采矿会产生如下几个最明显的影响：

（1）在采矿区的底栖动物区系丧失；

（2）耙头会搅动海底沉积物，这些沉积物再沉淀会干扰邻近挖掘路线的底栖动物区系；

（3）细小颗粒和溶解的元素从采矿船排出的泥浆水沉淀下来，它们会改变水体，从而干扰水层生态系统。

采矿对底栖动物区系的影响是暂时的，因为如果磷块岩沙粒没有被全部挖走，它们似乎可以再繁殖。另外，水体的变化对生态系统没有明显的影响，而且受水体影响的区域只占纳米比亚渔场很小的一部分。

然而，作为纳米比亚经济的重要组成部分，渔业和环保团队反对该采矿计划。他们担心，由于缺少深部沉积物缺氧孔隙水中有机物、甲烷、硫化氢和溶解的微量元素（如Cd、Ni、As）的含量数据，评价未能充分认识采矿溢出物和耙头的干扰带来的毒性作用和氧气耗竭。另外，评估没有充分考虑海面和海底洋流有强烈的季节变化。在2013年的一场公众听证会之后，纳米比亚政府发布了暂停采矿的决定，在允许采矿作业前要更加详细地调查采矿对海洋生态的环境影响。在重新评估后，之前的磷矿开采项目在2016年10月收到了环境许可证。

5.5 下加利福尼亚近海磷矿

关于下加利福尼亚岸上和近岸的磷块岩及它们与墨西哥下加利福尼亚半岛上升流的关系的研究已持续很多年。在孤立的近海平台上，磷化作用使白云岩和中新世灰岩被胶结。品位最高的自生磷块岩团块位于半岛中心附近的大陆架中部（D'Anglejan，1967）。在狭窄的大陆架，磷块岩呈磨圆度高和分选好的黑色团块产出，粒度大小125~150 μm，它们镶嵌在泥质陆源沙里。在分选较好的沙层中，磷块岩的粒度和非磷块岩的粒度表明它们运移或改造的历史是相似的。磷块岩在水深 50~100 m 处的品位最高，达到 40%。在若干较深大陆架描述有最近形成的磷块岩（Jahnke et al.，1983），但是大部分大陆架的磷块岩被解释为长期残留沉积，它们是在低海平面期间聚集形成的（D'Anglejan，1967）。

美国奥德赛海洋勘探公司调查了大陆架富含磷块岩的区域。该公司获得了 Don Diego 远景区的勘探许可证。该远景区位于 Ulloa 海湾外 40 km，介于 25°50′—26°20′N，水下 70~90 m。根据 199 个钻孔数据，潜在资源量预计达到 3.27×10^8 t，P_2O_5 平均含量为 18.5%。含磷块岩的沉积物将通过一艘耙吸挖泥船回收。在船上，将磷块岩筛选成一定大小的精矿、储存到一定数量后送上货船。剩余粗粒和细粒物质（约占 50%）将通过一个垂直水落管被返还到海底。数值模型预测，通过水落管返还的沉积物扩散距离最远 4 km。预计采矿对环境，尤其是渔场、鲸类和龟类的影响较小。然而，许多利益相关者如环保组织、渔业和旅游业担心水下采矿可能带来的负面影响。奥德赛海洋勘探公司已经着手准备一项更加细化的环境影响评估，目前正与墨西哥政府监管机构就环境许可展开讨论。

5.6 海底磷矿展望

本章简要描述了三个正在考虑进一步开发的成矿远景区（见图 5.1）：新西兰查塔姆隆起、纳米比亚和墨西哥下加利福尼亚。这些磷矿离它们的潜在消费者都非常近，会大幅降低运输成本。相对于陆上采矿，水下采矿还具有其他优势，包括：基础设施成本较低，机动性强，采矿船可以很容易为下一个工程转移或改装，可把矿石运送至多个陆内分配的港口。这些磷矿资源的开发需要加强采矿对环境的影响方面的认识以及商业和技术可行性。

其他几个磷矿远景区正在作科学研究。例如，瑙鲁和智利的外大陆架强烈的上升流区域可能是一个磷矿勘探的远景目标，因为研究数据表明这里陆源碎屑的稀释效应可能很小，从拉尼娜到厄尔尼诺现象的频繁变化可能会改变氧化还原条件和海底洋流，而这些正是磷块岩沉淀及其通过侵蚀和簸选进一步富集的必需条件。

迄今为止，经验表明环境许可是这些项目开发的最主要障碍。随着认识的深入，我们能更好地评估采矿对当地渔场和海洋生态系统的影响，最终会把这些影响降低到可以接受的水平。利用现有认识说服利益相关群体相信采矿收益胜过未知的环境影响是一个很大的挑战。

参考文献

Arning ET, Lückge A, Breuer C, Gussone N, Birgel D, Peckmann J (2009) Genesis of phosphorite crusts off Peru. Mar Geol 262(1–4):68–81. doi:10.1016/j.margeo.2009.03.006

Baturin GN (2000) Formation and evolution of phosphorite grains and nodules on the Namibian shelf, from recent to Pleistocene. In: Glenn CR, Prevot-Lucas L, Lucas J (eds) Marine authigenesis: from global to microbial, vol 66. Society of Economic Paleontologists and Mineralogists, Special Publication, pp 185–199

Benitez-Nelson CR (2000) The biogeochemical cycling of phosphorus in marine systems. Earth-Sci Rev 51:109–135

Bentor YK (ed) (1980) Marine phosphorites—geochemistry, occurrence, genesis, vol 29. Society of Economic Paleontologists and Mineralogists, Special Publication, pp 1–249

Birch GF, (1980) A model of penecontemporaneousphosphatizationby diagenctic and authigenic mechanisms from thewestern margin of southern Africa. In: Bentor YK (ed) Marine phospho-rites: geochemistry, occurrence, genesis, vol 29. Society of Economic Paleontologists and Mineralogists, Special Publication, pp 33–18

Bremner JM (1980) Concretionary Phosphorite from SW Africa. J Geol Soc Lond 1980(137): 773–786

Carter L, Neil HL, Northcote L (2002) Late Quaternary ice-rafted events in the SW Pacific Ocean, off eastern New Zealand. Mar Geol 191:19–35

Carter RM, McCave IN, Carter L (2004) Leg 181 synthesis: fronts, flows, drifts, volcanoes and the evolution of the southwestern gateway to the Pacific Ocean, Eastern New Zealand. In: Richter C (ed) Proceedings of ODP, Scientific Results. doi:10.2973/odp.proc.sr.181.210.2004

Compton JS, Bergh EW (2016) Phosphorite deposits of the Namibian shelf. Mar Geol 380:290–314. http://dx.doi.org/10.1016/j.margeo.2016.04.006

Compton JS, Mallinson D, Glenn CR, Filippelli G,Föllmi K, Shields G, Zanin, Y (2000) Variations in theglobal phosphorus cycle. In: Glenn CR, Prevot-Lucas L, Lucas, J (eds) Marine authigen-esis: from global to microbiology, vol 66. Society of Economic Paleontologists and Mineralogists, Special Publication, pp 21–33

Compton JS, Mulabasina J, McMillan IK (2002) Origin and age of phosphorite from the Last Glacial Maximum to Holocene transgressive succession off the Orange River, South Africa. Mar Geol 186:243–261

Cullen DJ (1980) Distribution,composition and age of phosphorites on the Chatham Rise, east of New Zealand, vol 29. Society of Economic Paleontologists and Mineralogists, Special Publication, pp 139–148

D'Anglejan BF (1967) Origin of marine phosphorites off Baja California, Mexico. Mar Geol 5:15–44

Falconer RKH, Von Rad U, Wood R (1984) Regional structure and high-resolution seismic stratig-raphy of the central Chatham Rise (New Zealand). Geologisches Jahrbuch D65:29–56

Föllmi B (1996) The phosphorus cycle, phosphogenesis and marine phosphate-rich deposits. Earth-Sci Rev 40:55–124

Froelich PN, Arthur MA, Burnett WC, Deakin N, Hensley V, Jahnke R, Kaul L, Kim K-H, Roe K, Soutar A, Vathakanon C (1988) Early diagenesis of organic matter in Peru continental margin sediments: phosphorite precipitation. Mar Geol 80:309–343

Goldhammer T, Brüchert V, Ferdelmann TG, Zabel M (2010) Microbial sequestration of phospho-rus in anoxic upwelling sediments. Nat Geosci 3:557–561. doi:10.1038/NGEO913

Heath RA (1985) A review of the physical oceanography of the seas around New Zealand—1982. NewZeal J Freshwater and Mar Res 19:79

Jahnke RA, Emerson SR, Roe KK, Burnett WC (1983) The present day formation of apatite in the Mexican continental margin sediments. Geochim Cosmochim Acta 47:259–266

Kreuzer H (1984) K-Ar dating of glauconitic rims of phosphorite nodules (Chatham Rise, New Zealand). Geologisches Jahrbuch D65:121–127

Kudrass HR (1984) The distribution and reserves of phosphorite on the central Chatham Rise (SONNE-17 Cruise 1981). Geol Jahrb D65:179–194

Kudrass HR, Cullen DJ (1982) Submarine phosphorite nodules from the central Chatham Rise off New Zealand—composition, distribution, and resources (Valdivia cruise 1978). Geol Jahrb D51:3–41

Kudrass HR, von Rad U (1984) Geology and some mining aspects of the Chatham Rise phosphorite: a synthesis of the SONNE-17-results. Geologisches Jahrbuch D65:233–252

Levin J (2003) Oxygen minimum zone benthos: adaption and community response to hypoxia. Oceanogr Mar Biol Annu Rev 41:1–45

Li Y (1986) Proterozoic and Cambrian phosphorites-regional review: China. In: Cook PJ, Shergold JH (eds) Proterozoic and Cambrian phosphate deposits of the world, Volume 1—Proterozoic and Cambrian phosphorites. Cambridge University Press, Cambridge, pp 42–62

Lomnitz U, Sommer S, Dale AW, Löscher CR, Noke A, Wallmann K, Hensen C (2015) Benthic phosphorus cycling in the Peruvian oxygen minimum zone. Biogeosciences 12(16755–16801):2015. doi:10.5194/bgd-12-16755-2015

Mackay AD, Gregg PEH, Syers JK (1984) Field evaluation of Chatham Rise phosphorite as a phosphatic fertiliser for pasture. New Zeal J Agric Res 27(1):65–82

McArthur J et al (1990) Dating phosphogensis with strontium isotopes. Geochim Cosmochim Acta 54:1343–1351

McCellan GH, Gremillion LR (1980) Evaluation of phosphatic raw material. In: Khasawneh FE et al (eds) The role of phosphorus in agriculture. American Society Agronomy, Madison, pp 43–80

Noffke A, Hensen C, Sommer S, Scholz F, Bohlen L, Mosch T, Graco M, Wallmann K (2012) Benthic iron and phosphorus fluxes across the Peruvian margin. Limnol Oceanogr 57(3):851–867. doi:10.4319/lo.2012.57.3.0851

Orris GJ, Chernoff CB (2002) Data set of world phosphate mines, deposits, and occurrences. USGS, Open File Report 02-156

Pasho DW (1976) Distribution and morphology of Chatham Rise phosphorites, vol 77. Memoir of the New Zealand Oceanographic Institute, Wellington, pp 1–27

Reed JJ, Hornibrook N d B (1952) Sediments from the Chatham Rise, vol 77. Memoir of the New Zealand Oceanographic Institute, Wellington, pp 173–188

Sandpiper Project (2012) 80th Annual IFA Conference May 2012, Doha Qatar

Sandpiper Project: Environmental Impact Assessment Report for the Marine Consent, Draft Report (2012) http://www.namphos.com/project/sandpiper/environment/item/57-environmental-marine-impact

Schenau SJ, Slomp CP, De Lange GJ (2000) Phosphogenesis and active formation in sediments from the Arabian Sea oxygen minimum zone. Mar Geol 169:1–20

Schulz HN, Schulz HD (2005) Large sulphur bacteria and the formation of phosphorite. Science 307:416–414

Shannon LV (1985) The Benguelaecosystem.Part I. Evolution of the Benguela, physical features and processes. Oceanogr Mar Biol Annu Rev 23:105–182

Soudry D, Glenn CR, Nathan Y, Segal ID, VonderHaar ID (2006) Evolution of Tethyan phosphogenesis along the northern edges of the Arabian–African shield during the Cretaceous–Eocene as deduced from temporal variations of Ca and Nd isotopes and rates of P accumulation. Earth Sci Rev 78:27–57

Sterk R (2014) Technical report and mineral resource estimate on the Chatham Rise Project in New Zealand, NI43 101

Sterk R, Stein JK (2015) Seabed mineral deposits: a review of current mineral resources and future developments. Deep Sea Mining Summit. Aberdeen, Scotland, 10 February 2015, p 37

Suess E (1981) Phosphate regeneration from sediments of the Peru continental margin by dissolution of fish debris. Geochim Cosmochim Acta 45:577–588

Von Rad U, Rösch H (1984) Geochemistry, texture, and petrography of phosphorite nodules and associated foraminiferal glauconite sands (Chatham Rise, New Zealand). Geologisches Jahrbuch D65:129–178

van der Plas AK, Monteiro PMS, Pascall A (2007) Crossshelf biogeochemical characteristics of sediments in the central Benguela and their relationship to overlying water column hypoxia. Afr J Mar Sci 29:37–47

Wood RA, Stagpoole VM (2007) Validation of tectonic reconstructions by crustal volume balance: New Zealand through the Cenozoic. Geol Soc Am Bull 119:933–943

赫尔曼·库德拉斯（Hermann Kudrass）退休前是德国地质调查局的一名海洋地质学家。他在海洋领域开展了砂石、重矿物、磷矿、锰结核和结壳资源的调查，在东南亚地区开展古气候调查和海平面研究。2007 年退休后，担任德国不来梅大学德国海洋环境研究中心（Marum）和新西兰查塔姆隆起磷矿有限公司的科学顾问。

瑞·伍德（Ray Wood），海洋地球科学家，34 年来一直在新西兰地理科学院工作直到退休。他带领或参与了多次海洋调查，主要对新西兰专属经济区（EEZ）的地质、资源和构造演化史（tectonic history）进行考察。目前，担任查塔姆磷矿公司的首席运营官，该公司计划在新西兰的海底区域开采磷块岩。同时，他还是帮助阿曼划定 200 海里专属经济区以外大陆架外部界限技术小组的组长。

罗宾·福尔科纳（Robin Falconer）是咨询公司罗宾·法尔科纳有限公司的主要负责人。1995—2008 年，他曾担任新西兰地质与核科学研究所（GNS Science）的主任研究员（general manager research）和自然灾害组组长。在此之前，他担任了长达 14 年的海洋研究和调查的独立顾问，更早的时候曾担任过加拿大地质调查局的独立顾问。他在新西兰和国际上从事一系列工作，主要有海洋矿产资源和石油勘探、海底调查、天气分析、海洋学、环境研究、地理信息系统、地质灾害评估和计算机制图。1980 年开始开展查塔姆隆起磷块岩工作，在查塔姆磷矿有限公司（CRP）公司担任了 6 年的顾问，目前是该公司的董事。

第6章 利用人工神经网络和经典地质统计学方法进行 CC 区结核资源评价

Andreas Knobloch, Thomas Kuhn, Carsten Rühlemann,
Thomas Hertwig, Karl-Otto Zeissler, and Silke Noack

摘要: 多金属结核勘探合同区面积为 $7.5×10^4$ km^2,本研究的目的是利用人工神经网络统计学方法预测整个区域多金属结核的丰度。地形和回波强度信息及其他数据资料(包括箱式取样站位信息)用于模型输入数据。基于预测结果,计算得出了不同边界品位的结核资源量,并按照国际标准规范,对估算资源量进行了分类。总体而言,镍、铜、钴、锰和钼等金属资源量的估算也是基于预测结果和结核平均金属含量进行的。

6.1 引言

6.1.1 工区范围

由于多金属结核是分布于深海沉积物表面的一种二维矿体,因此结核的勘探需要开展大面积的调查。这种大面积的勘探需要利用测深和回波强度等声学数据在足够的时间内才能完成(Kuhn et al.,2010)。多金属结核主要的经济评价参数是金属品位和丰度参数。结核金属品位在数千平方千米范围内往往相对稳定。例如,东太平洋 CC 区的多金属结核 Ni+Co+Cu 金属含量变异系数(CoV)小于 10%。相反,结核丰度在此区域变异系数大于 30%。

结核丰度和金属品位信息只能通过箱式重要点位取样获取。实际上,相对于大范围的勘探区域(75 000 km^2),箱式取样点位信息非常有限。通常情况下,箱式取样点位往往只有数百个,其测深和回波强度采样点却高达数百万个。对利用非常有限的取样点信息估算大范围勘探区域的结核资源而言,利用经典的地质统计学方法是不能很好地进行结核资源评价的。因此,我们采取的办法是,利用人工神经网络方法揭示多金属结核空间分布的控制因素,这些因素与测深和回波数据存在一定的关系。本章介绍了如何利用人工神经网络方法确定多金属结核空间分布,并与经典的统计方法(克里格法)进行对比分析,最终利用该方法对结核资源进行评价和分类。

6.1.2 数据资料

研究所使用的主要数据包括：

◇ 数字高程模型（地形数据），分辨率约为 100 m；

◇ 回波强度数据，分辨率约为 100 m；

◇ 结核丰度和金属品位；

◇ 航迹数据（Wiedicke-Hombach and Shipboard Scientific Party，2009，2010）。

此外，同时获取和使用了下述数据或数据源：

◇ 海水叶绿素 a（mg/m³）季平均含量和年平均含量数据，该数据源于 MODIS Aqua 数据，分辨率为 4 km（NASA，2014）；

◇ 海水表面夜间水温度（℃）季平均和年平均数据，该数据源于 MODIS Aqua 数据，分辨率为 4 km（NASA，2014）；

◇ 海水中颗粒有机碳（POC，mg/m³）季平均含量和年平均含量数据，该数据源于 MODIS Aqua 数据，分辨率为 4 km（NASA，2014）；

◇ 在 0 m（海平面），4 200 m 和 4 899 m 水深处平均海流速度（沿 U 和 V 矢量方向）数据，分辨率为 1/3°（大约 37 km；NOAA，2014）。

6.1.3 软件

我们使用 advangeo 预测软件进行了建模。该软件由 Beak 公司于 2007—2012 年开发，其向使用 ArcGIS 10.0 软件（Beak，2012）的地理信息系统（GIS）使用者提供了用于建模的人工神经网络（ANN）工具。此外，该软件还嵌入了经典的地质统计学方法（泛克里格方法和块段克里格方法），该方法是利用 ArcGIS 10.0 的地质统计学分析扩展模块实现的。

所有建模所使用的数据均被转换为 ArcGIS 的矢量（shp）和栅格（grd）数据格式。为了使用 advangeo 中的 ANN 工具和 ArcGIS 软件，所有的输入数据必须转换为栅格数据格式。建模结果也是以栅格数据格式体现，即用 x，y 以及 z 数据描述模型值，此时，结核丰度值单位为 kg/m²。

6.2 研究区概述

6.2.1 地形

此次研究使用了 CC 区东部和中部面积约 75 000 km² 的多波束地形数据。地形数据是 US-American R/V Kilo Moana 航次调查中利用 12 kHz 的 EM120 多波束系统获取的（Wiedicke-Hombach and Shipboard Scientific Party，2009，2010）。4 000~5 000 m 水深的栅

格水声地形数据分辨率大致为 100～125 m。工作区位于夏威夷和墨西哥之间的 CC 区内，覆盖了从海管局获取的多金属结核合同区（图 6.1）。工作区水深为 1 460～5 200 m，地形表现为线性的山脊，并发育地堑构造，山脊往往宽数千米，长数十千米，山脊上的小山高度大约数百米。这些地形构造可能是东太平洋隆起扩张的遗迹。海山是该区域另一种地形，从小海山到较大海山，它们相对于周边海盆甚至高达 2 500 m（图 6.2）。虽然该区域地形相当复杂，但 70% 的区域地形坡度小于 3°。

图 6.1　东北太平洋 CC 区多金属结核勘探合同区位置

（每个承包者勘探合同区面积为 75 000 km²）

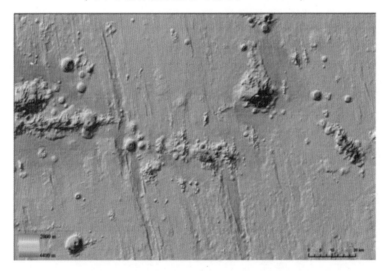

图 6.2　CC 区典型区域地形图（图中显示大范围区域为平坦区域，局部发育不同的海山类型和山脊）

6.2.2　回波强度

在利用 EM120 多波束系统获取地形数据的同时，也获取了多波束回波强度数据。回波强度数据经过处理后得到了研究区声呐灰度图（图6.3）。回波强度数据提供了关于海底地质特征的信息。回波强度高值表示该区域可能发育硬质的基岩，而低值可能揭示了存在未固结的沉积。对于6.5~160 kHz的声回波强度数据，沉积覆盖之上发育结核和未发育结核的区域回波强度差值大致在11~13 dB，这可以用于区分沉积物和结核分布区域（Scanlon and Masson，1992；Mitchell，1993）。更进一步来说，12 kHz多波束回波强度数据的分析显示，它能够区分以小型结核（结核长轴小于4 cm）为主的区域和以大型结核（结核长轴大于4 cm）为主的区域（Ruhlemann et al.，2013）。相对于大中型结核分布区，小型结核分布区结核丰度一般较低。

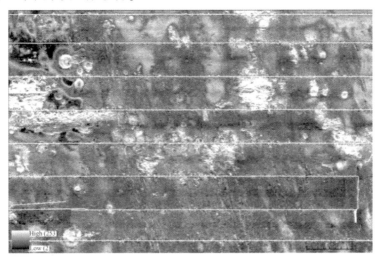

图6.3 多波束回波强度图（该图范围同图6.2）
（途中白色水平条带为测线轨迹，轨迹上的回波强度数据在建模计算时进行了剔除）

就物理原理而言，回波数据与结核分布存在联系，这使得未开展箱式取样调查的区域结核丰度的预测主要依赖于水下声学资料。然而，回波强度和结核分布的关系并非简单的线性关系，因此，需要利用回波强度一阶和二阶导数的统计量，而且需要分析每个参数（包括原始数据和它们的导数）的作用，我们使用的方法是人工神经网络法。

6.3 多金属结核丰度估算

6.3.1 理论背景

6.3.1.1 人工神经网络方法（ANN）

用于预测制图的主要方法一般指以下两种：知识驱动法和数据驱动法。知识驱动法有相关参数的模糊逻辑分析法和纯排序法，它们都基于专家知识。数据驱动法有证据权法、人工神经网络、罗吉斯蒂回归分析或随机森林法。数据驱动的人工神经网络方法也受知识驱动，因为数据的准备和处理要基于专家知识和经验。

人工神经网络（ANN and Hassoun，1995；Kasabov，1996；Haykins，1998；Bishop，2008）是一种用于综合地质、地球物理或地球化学等不同类型信息的有力工具，并能够发现这些不同类型信息的内在关系。许多地质事件或现象产生的诱发因素不止一个，而要将这些诱发因素之间的联系揭示清楚往往很困难，尤其是需要分析的数据量非常大的时候。而以人工神经网络方法为代表的多元地质统计方法能够研究和帮助解释和解决这些地质和其他有关问题。

人工神经网络是基于生物神经系统功能特性发展起来的。它由人工神经元组成，这些神经元在一个多层的网络中被相互连接。信息接收、信息处理和信息传递等生物处理过程，可以通过一些简单的数学公式在软件中进行模拟。网络中不同层神经元的连接由所谓的关联权重来确定。在人工神经网络中，权重决定信息的传递速度。在生物神经网络中，神经元之间的信息传递可相互进行，也可以通过训练让其沿某个确定的方向进行。

一个神经元能够从与其相连接的多个神经元中接收信息或数据。这些信息被处理成单一的信息通过一个传递函数输送出去。多数情况下，使用一个简单的求和函数。用激活函数计算一个神经元的输出状态，并确定信息传递给其他与其连接的神经元的传递方式和时间。通常情况下，S型函数被用作激活函数。

神经网络拓扑关系描述各层神经元的构成。它确定隐藏层的数量和各隐藏层中的神经元的数量，以及输出层里的神经元的数量。输入层里的神经元数量由大量不同类型输入信息自动确定。拓扑关系还确定某些规则，比如神经元之间有多少连接，信息如何贯穿整个网络。实际研究中，使用了一种多层感知器。它是一种简单的神经网络，包括一个具有 n 个输入神经元的输入层，一个隐藏层和一个输出层里的神经元。信息只能前馈处理。图 6.4 提供一个神经网络结构的示意图以及在神经网络内神经元之间接收和传递信息的函数。

对于神经网络的训练，一般使用误差反馈方法。该方法通过考虑输出信号的差错度调整神经元之间的权重。训练本身是一个认知过程，该过程贯穿多次训练，训练次数已事先确定，期间网络接收来自模型区已知事件和现象的数据。然后，网络减少或增加各神经元之间的权重，以便降低网络的总误差，正确预测已知位置的数据。

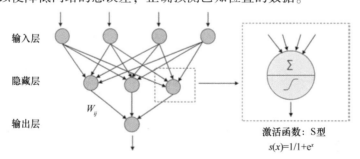

图 6.4　多层认知拓扑关系图（左）和所使用的传导和激活函数示意图（右）（Barth et al.，2014）

6.3.1.2　经典地质统计学（克里格法）

克里格法是一种众所周知的用于离散点插值的地质统计学方法。相比其他传统的插值方法，该方法的优点在于它考虑了数据的空间变化，这种变化可以通过变差函数进行确定和描述。变差函数在数学上表述了每个地理方向上数据的空间变化特征。对克里格方法而言，变差模型的尺度、变程和块金效应是需要输入的参数（Akin and Siemens，1998）。变差函数的变程确定样本点之间的最大距离，在这个距离范围内，两两样本点在统计学上具有相关性。尺度表示数据集的变化无随机成分。块金效应则表示随机成分。

为了预测任何未知区域，邻近区域的值将被加权进去，这能够保证误差较低。计算误差依赖于变差函数的拟合质量。在实际研究中，会经常使用经典克里格和块段克里格。

6.3.2 数据处理

在神经网络建模过程中，为保证使用数据规范有效，需要对数据进行一些必要的处理。因为研究区内的测深和回波强度具有不同的统计分布，它们的方差和平均值是不同的，所以这些数据集必须进行 Z 变换并重新调整。变换后的数据具有相同的均值和一个方差，该方差的宽度是原有标准差的两倍。

在下一步预处理过程中，利用移动平均过滤器对测深和回波强度数据集进行了滤波处理。该过滤器是一个移动方格，用于平均周围的数据值。测深数据选用 3×3 移动方格，回波强度数据选用 5×5 移动方格。接下来，根据目前的调查结果（Ruhlemann et al.，2013），回波强度数据集被分为四类：Class 1：沉积物覆盖区，无结核分布；Class 2：小结核分布区（<4 cm）；Class 3：中—大型结核区（>4 cm）；Class 4：强反射区，基岩出露区。

利用 ArcGIS 的空间分析扩展模块由测深和回波强度数据可推算出以下导数：曲面的坡度（一阶导数）、坡向和曲率（二阶导数）。其中，坡向指的是某个点上坡度最大的方向。沿南北和东西方向的方向坡度是根据两组不同的栅格数据集计算的。曲率处理得到了另外三个数据，即垂直曲率——坡度最陡方向的曲率，水平曲率——曲面等值线方向的曲率（也即垂直于坡度最陡方向的曲率），最大曲率——包含了垂直和水平曲率。此外，测深数据处理得到了流向和汇流累积，用于解释底流的路径。

一个问题是，测量中测到的回波强度数据其绝对值沿船航迹方向变化明显。为了不在人工神经网络训练过程中使用该数据，在航迹线两边 500 m 范围内进行了缓冲区处理。任何缓冲区范围内的采样点不参与人工神经网络训练。另外，海山区域也没有参与建模计算。这是因为一般认为该区域未发现成矿的锰金属资源。以上这些区域都没有参与处理、建模和成矿预测。然而，海山斜坡底部区域的数据参与了建模。

此外，利用测深及其导出的坡度和曲率对一些线性构造进行了识别和勾画。最终，我们还得到了一些特殊的栅格数据集，它包含了到最近线性构造和海山的距离信息，该距离栅格数据集是通过 ArcGIS 的空间分析工具中的欧氏距离工具计算的，较低的值表示到最近线性构造或海山的距离较短。这些栅格数据在 ANN 中的使用是为了得到多金属结核丰度的空间分布与构造和海山形成之间的关系。

最后且最重要的一步预处理是训练样本数据的选择和处理。训练和校准 ANN 模型非常必要，如前面提到的，已知的一些锰结核丰度数据被用于训练模型。此次共获取了 214 个锰结核丰度数据，经过对原始丰度数据合理性检验，适用于训练目的的数据只有 209 个。还对某些分布较近的数据进行了平均化处理。这是因为计划的预测分辨率为 100 m。

所有分布较近的，距离在 100 m 之内的数据点都进行了平均，因此只剩下 200 个可使用的数据。最后，利用前面提到的沿航迹周边长 500 m 缓冲区对受影响的采样点数据进行了过滤，最终，仅 182 个结核丰度数据用于 ANN 建模和进一步分析。

6.3.3　模型生成和校准

为了用 ANN 建模，前述的所有数据层各自作为独立的输入层输入，并分配给各自神经元。此次建模共使用了 73 个输入数据层。另外，所有的输入数据均被转换为具有相同范围大小的栅格数据，分辨率均为 100 m。

所有的输入数据均进行了正规化和重采样处理，使数据值都处于 0~1 区间，目的是使得 ANN 模型的预测结果也具有相同的数量级，结果值也在 0~1 范围内。训练数据（锰结核丰度）也被重新处理，使其处于 0~1 区间，以便用作训练样本数据。通过初始计算之后，为了便于解释，最后输出层的结果须重新转换为原始数据分布。

用训练数据建立和校准模型的主要目的是寻找输入数据的模式，该模式与训练区域的训练数据值有关。高相关性的输入数据层权重高于低相关性数据层。最为困难的是寻找多变量空间中这些相关性，这是因为 ANN 是一次使用所有的输入层用于训练，而不是一个一个的。由于有些数据层可能不包含相关信息，即不存在样本点结核丰度和分布关系的信息，因此在进行建模时这些数据层的权重很低，甚至完全将它们排除在 ANN 之外。这可以通过具有不同输入数据层组合的 ANN 训练模型进行检验。与仅仅包括噪声信息的输入数据层组合建立的模型相比，包括具有较高相关性输入数据层组合建立的模型预测误差较小。

样本训练时迭代次数大于 1 000 次。最终，117 个不同的输入数据层组合被用于 ANN 的训练。每个模型的预测误差用 182 个训练位置原始测量丰度值减去预测值，再求均方根误差（RMSE）来表示。

6.4　建模结果

使用下述数据层组合得出的 ANN 模型误差最小：
◇ 回波强度（经过滤、分类）：class 1——沉积层、平坦区域且无结核分布；
◇ 回波强度（经过滤、分类）：class 2——小结核分布；
◇ 回波强度（经过滤、分类）：class 3——中-大结核分布；
◇ 回波强度（经过滤、分类）：class 4——硬基底；
◇ 回波强度（经 Z 变换、过滤）：绝对值；
◇ 测深（经过滤）：汇流累积；
◇ 测深（经过滤）：坡度；
◇ 测深（经 Z 变换，过滤）：绝对值；
◇ 线性构造：欧氏距离，最大值为 15 km；
◇ 海山：欧氏距离，最大值为 13.5 km；

◇ 叶绿素 a 浓度：年平均值（从春季开始）；

◇ 夜间海水表面温度：年平均值（从春季开始）；

◇ 颗粒有机碳含量：年平均值（从春季开始）；

◇ 4 200 m 水深底流：u 矢量平均值；

◇ 4 899 m 水深底流：u 矢量平均值；

◇ 4 200 m 水深底流：v 矢量平均值；

◇ 4 899 m 水深底流：v 矢量平均值。

图 6.5 显示了 1 000 次迭代训练误差（均方根误差）的变化，结果显示迭代 700 次以后出现了稳定的平台值，不再有明显的振荡变化。此外，图 6.6 提供了测量锰结核丰度和预测结核丰度的关系曲线，关系曲线的拟合度 R^2 为 0.801 6，显示了满意的预测结果。在 ArcGIS 中预测结果被编成栅格图（如图 6.7 所示），图中包括调查区域锰结核丰度绝对值的预测结果，单位为 kg/m²。图 6.2、图 6.3 与图 6.7 对比揭示了回波强度、地形坡度以及离线性构造和海山的距离对结核丰度的影响。

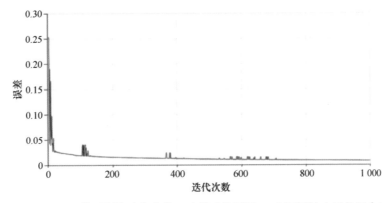

图 6.5　ANN 模型训练迭代曲线（建模时使用了 17 个不同输入层的组合）

为了更好地理解不同输入层对预测结果的影响，评估了神经网络中所有神经元的权重。权重评估利用的方法是 Olden 算法（Olden and Jackson，2002；Olden et al.，2004），在此算法中还计算了所谓的连接权重。连接权重通过将连接于某个输入层中特定神经元的所有权重加在一起得出。另外，借助 Garson 算法，得出了单个输入层的权重相对于整个神经网络中所有神经元的总权重的百分比。

基于 Garson 算法，大多数重要的输入层如下（按重要性排序）：

◇ 回波强度（经过滤、分类）：class 1——沉积物，平台区域且无结核分布，43%；

◇ 地形（经过滤）：坡度，15%；

◇ 4 899 m 水深底流：v 矢量平均值，13%；

◇ 水深（经 Z 变换，过滤）：绝对值，11%。

最终，对预测结果进行了留一交叉验证（LOOCV）。验证结果显示了参数和训练数据系列的可靠性和稳健性，以及锰结核丰度的空间分布的代表性。总共有 182 个交叉验证模型，其中每次验证都把一个训练值留在外面，并且都要计算在不参加训练的训练点上模型

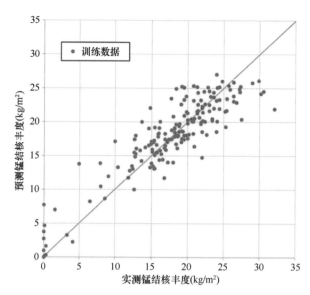

图 6.6　实测和预测锰结核丰度关系曲线（RMSE = 2.98 kg/m², R^2 = 0.801 6）

的预测值。如图 6.8 所示，导出的交叉验证曲线说明模型总体上拟合较好。然而，交叉验证的均方根误差为 6.332 kg/m²，这表明锰结核丰度预测值的平均相对误差为 35%。这个较高的均方根误差表明模型针对某个训练点十分敏感。结核丰度接近 0 时的预测值通常会存在预测比较高的问题。进一步来说，训练样本点（处于箱式核心部分，面积为 0.25 m²）的分辨率和回波强度（每个回波强度"像素"的面积为 10 000 m²）的分辨率的较大差异，可能也是交叉验证的均方根误差较高的原因之一。

　　除了基于整个区域受训的 ANN 预测模型之外，我们对工作区内的四个子区，基于训练数据值（箱式核心部分样品），利用作为插值工具的泛克里格法建立了一个较小的预测模型。在这四个子区（子区 11，12，61 和 62，图 6.10）中，对所使用的这种插值方法，样本点密度和结核丰度的测量值都完全满足要求。所有四个子区使用了球形变差模型。在克里格模型中使用的范围值为 3 000~7 000 m，表明锰结核丰度的空间变化。在变差函数中使用的结核丰度的块金值为 2~3 kg/m²；仅子区 12 块金值较高，为 18 kg/m²。除子区 12 之外，所有块金值加起来占数据集总变化的 16%~23%，仅子区 12 占 71%。

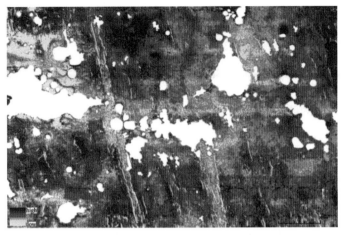

图 6.7　部分锰 CC 区锰结核丰度预测结果（单位 kg/m^2）栅格图（该图范围同图 6.2）

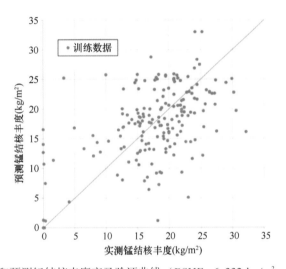

图 6.8　实测和预测锰结核丰度交叉验证曲线（RSME = 6.332 kg/m^2，R^2 = 0.266 2）

6.5　锰结核资源评价

6.5.1　基于人工神经网络的资源评价

为了确保经济效益，锰结核的开采必须满足每年最小开采量的要求。由于结核采集器的尺寸和地面移动速度有限，采集效率为 30%～80%，因此要采集足够的结核必须给出一个确定的最小丰度值。该阈值称为边界值。而在目前，要使结核采矿具有经济效益，其临界值还不清楚。然而，采用我们的方法，根据全区预测结果得到的锰结核丰度值，可以确

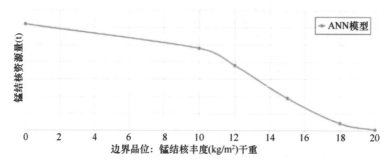

图 6.9　工作区不同边界品位等级对应的锰结核资源量

（图中可见清晰的变化点在 10 kg/m² 干重处，对应的锰结核丰度的湿重是 15 kg/m²）

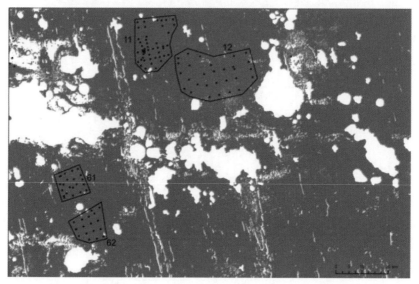

图 6.10　丰度值不小于 15 kg/m²（边界丰度，湿重）锰结核空间的分布

（图中显示了四个子区的位置，还显示了箱式取样站位的地点，
该图是选择结核远景区的基础，该图范围同图 6.2）

定不同等级区域内可开采区域。将每个等级下全部保留区的表面积，与同一等级区内锰结核的平均丰度相乘，就可以得到不同等级对应的锰结核总重量。

图 6.9 显示了结核勘探许可区（75 000 km²）内不同等级下估算的总资源量。图中可见一个明显的断点，在该位置资源量大幅度减少。这表明，当高于此边界品位值时，采矿的经济效益降低，因为覆盖面积可能变得太小、太分散，整个研究区总的结核吨位可能太低。曲线上断点与当前基于技术设备和经济评价所假定的开采边界品位值相一致，约为 15 kg/m²（基于湿资源；干资源的丰度约为 10 kg/m²）。

根据不同的结核边界丰度值，可以划分各远景区，这些区域中丰度超过边界值的结核分布面积较大。

根据每个箱式核心位置得到的锰结核平均金属含量，可以按照不同的临界值计算金属

168

吨位。为此，有必要确认干资源量的结核丰度。

6.5.2　基于克里格模型的资源评价

类似于人工神经网络模型用于资源评价一样，运用泛克里格模型对 4 个子区（图 6.10）的锰结核资源量进行估算。

图 6.11 显示了泛克里格模型预测得到的 4 个子区锰结核资源量与人工神经网络预测模型计算结果的对比情况。比较显示，两种不同方法计算结果相似，并对人工神经网络模型的预测结果和泛克里格模型的独立结果进行了验证。然而，需要注意的是，即使用两种方法计算得到的锰结核资源量十分接近，但预测的锰结核空间分布仍有差异。

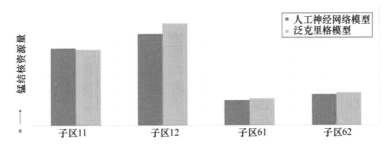

图 6.11　在 15 kg/m^2 边界丰度（湿）下，计算得到的工区东部 4 个子区的锰结核资源量（t）—人工神经网络和泛克里格模型计算结果对比

与人工神经网络方法相比，泛克里格法的优势在于，对于模型区 4 个子区的任意点都可以计算绝对估计误差。它提供了估计误差大致的空间分布情况，并能够显示缺少训练数据而进行合理插值的区域。计算了相对估计误差（RPE）。以 95% 的概率分布于区间 [$PV-RPE$（$in\%$）；$PV+RPE$（$in\%$）] 之内的值被认作真值，其中 PV 是预测值，结核丰度单位为 kg/m^2。相对估计误差（RPE）计算公式如下：

$$RPE[\%] = 2 \times PE/PV \times 100$$

式中，PE 为绝对估计误差。

块段克里格被应用于泛克里格计算结果（即分辨率为 100 m 的点克里格），其目的是估算 500 m×500 m、1 000 m×1 000 m、2 000 m×2 000 m、5 000 m×5 000 m 不同块段尺寸下的绝对估计误差和相对估计误差。

通过对比克里格模型绝对估计误差和相对估计误差，可以认为较大块段尺寸产生较小的估计误差。在块段尺寸为 500 m×500 m、1 000 m×1 000 m 时，块段克里格与点克里格的计算结果非常相似。当块段尺寸为 1 000 m×1 000 m、2 000 m×2 000 m 甚至 5 000 m×5 000 m 时，结果变得几乎相同。假设技术块段尺寸为 2 000 m×2 000 m 时，4 个子区的相对估计误差在 16%~26% 之间（图 6.12）。

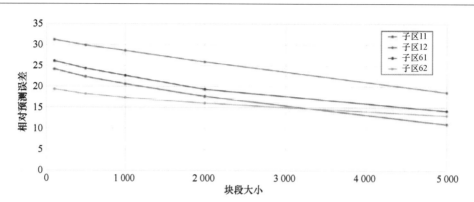

图 6.12　基于块段克里格和不同块段尺寸得到的结核丰度（湿重）相对估计误差（%）曲线

6.6　锰结核资源的分类

根据锰结核资源计算结果，利用地质统计学关键值可以对 4 个子区的矿产资源量进行分类。通常，基于地质认识掌握程度对矿产资源进行分类。根据 CRIRSCO 标准（2012），资源定义为：地壳中或地壳上富集或产出的具有经济效益的原始物质。根据原始物质的几何特征、含量、质量和数量，可以看出它们在经济上具备开采可行性。

根据地质认识掌握程度，JORC 标准（2012；根据认识水平来划分）发布后，将矿产资源分为 3 类：推断的资源量、控制的资源量和探明的资源量。根据 Benndorf（2015），基于统计的关键值，以下两种准则可用于评估对矿产资源的地质认识水平：

- 在一定的置信区间内，计算的矿产资源量的精度；
- 矿产资源的连续性及其测试含量。

在上述基础上，利用克里格模型的相对估计误差和取值范围对估算的矿产资源量进行分类。必须说明的是，JORC 标准没有定义将某种矿产资源划入上述三个类别之一所要求的绝对精度。另外，必须意识到，精度通常是和假定的置信区间密不可分的。

如前所述，基于克里格计算结果，按 5% 的置信区间确定的相对估计误差的置信水平为 95%。了解了这些，4 个子区的矿产资源可以基于 GDMB（1983）进行分类。在 GDMB（1983）中，提供了一个表，它与 JORC 标准中知识分类相关联，将每一种分类的平均估计误差可接受度最大化。基于此，认为探明的资源量有不足 10% 相对估计误差；控制的资源量有 10%~20% 相对估计误差；推断的资源量有 20%~30% 相对估计误差。

因此，假定边界丰度为 15 kg/m²（湿重），开采块段尺寸为 2 000 m，则 4 个子区中有 3 个可以划分为控制的资源量，只有子区 12 被划分为推断的资源量（表 6.1）。正如之前讨论的，克里格模型的变程可用于评估矿床分布及其丰度的连续性。这可通过比较一定面积内的平均采样间距和变差函数的变程来实现。根据 Benndorf（2015），可以按如下方法进行分类：探明的资源量假定基本平均采样间距小于变程的一半；控制的资源量假定平均采样间距在二分之一变程到一倍变程之间；推断的资源量假定平均采样间距大于一倍变程（图 6.13）。由此得出，较之基于相对预测误差的分类，4 个子区中的 3 个子区可以使用相同的矿产资源分类。基于此，认为探明的资源量有不足 10% 相对估计误差；控制的资源量有 10%～20% 相对估计误差；推断的资源量有 20%～30% 相对估计误差。对子区 62，矿产资源可以视作探明的资源量（与前面的控制资源作相比；表 6.1）。

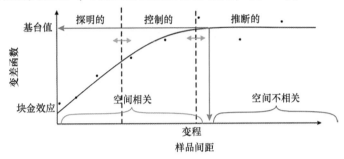

图 6.13　基于矿床的连续性使用变程得出的计算矿床连续性的
资源分类（引自 Benndorf，2015）

表 6.1　基于计算精度（估计误差）或资源连续性（变程）的子区结核资源量 JORC 分类方案

子区	块段尺寸（m）	相对估计误差（%）	置信水平（%）	JORC 类别	变程（m）	平均采样间距（m）	JORC 类别
11	2 000	17.6	95	控制的	3 000	2 380	控制的
12	2 000	25.9	95	推断的	4 000	4 679	推断的
61	2 000	19.3	95	控制的	4 000	2 592	控制的
62	2 000	16.0	95	控制的	7 000	3 049	探明的

6.7　结论和建议

综上所述，运用人工神经网络方法，对太平洋 75 000 km² 的锰结核丰度成功进行了估算。该方法能够对空间分辨率为 100 m×100 m 的锰结核丰度的空间分布进行精确描述。该预测基于由 17 个不同的输入数据层组成的最终模型。最重要的信息源是，通过回波强度数据推断出的没有锰结核的平坦区域，以及根据测深数据得到的斜坡区。该模型利用 182 个采样点进行训练，这些点具有以 kg/m² 为单位的结核丰度测量值。对该模型采用交叉验证进行了检验。另外，它可以通过克里格的独立模型方法得到充分验证，该方法在工区内 4 个子区中得到相同的预测结果。

根据预测的全区丰度，可以计算结核的总湿资源量。根据所得总湿资源量，按不同的临界品位估算了锰结核的总资源量。除此之外，为了在 4 个子区内使用克里格结果进行资源估算，对不同大小的块段确定了绝对估计误差和相对估计误差，误差范围为 16%～26%。基于相对估计误差，在估计置信水平 95% 的假设下，4 个子区的资源量分为控制的资源量或推断的资源量。通过变差模型的范围值和平均采样间距的对比，将 4 个子区内的矿产资源量进行了分类。运用该方法，4 个子区的资源量被划分为控制的乃至探明的资源量。

为了提高矿产资源量分类的准确性，相对估计误差需要降低。这可以通过提高采样密度以及减小平均采样间距来实现。通过对比克里格平均变程来减小采样间距，同样可以提高矿产资源量分类。为了模拟采样密度的改善程度，已另将一些克里格模型在由人工采样点形成的人工加密采样网络条件下进行运算，该采样网络基于初始克里格模型的结果人工布设加密的采样点。然后，重新计算估计误差。通过加密，对比相对估计误差的变化和采样密度的变化，可以确定将矿产资源量划为探明资源量所要求的平均采样距离。

通过增加重要的、相关的输入数据层以及训练点，可以进一步改进人工神经网络预测结果。水下图像的分析，能够得到有关结核覆盖率和结核大小分布的信息，这些信息与水体声学数据（比如回波强度数据）的相关性都是相当重要的输入数据。另外，通过增加水流信息的数据也可实现预测结果的改进。如本研究中使用的来自 NOAA 的少量低分辨率水流数据集显示出其与锰结核分布具有一定的关系。

建议在工区的 4 个子区之一内，选择一个小区进一步开展采样网络加密化的调查工作。只有这样，才有可能检验增加相应的采样密度是否会导致估计误差的下降，这是将矿产资源量定为探明的资源量所必需的。

参考文献

Akin H, Siemens H (1988) Praktische Geostatistik: Eine Einführung für den Bergbau und die Geowissenschaften. Springer, Berlin, p 304

Barth A, Knobloch A, Noack S, Schmidt F (2014) Neural network based spatial modeling of natural phenomena and events. In: Khosrow-Pour M (ed) Systems and software development, modeling, and analysis: new perspectives and methodologies. IGI Global, p 186–211. ISBN 13: 9781466660984

Beak (2012) advangeo® prediction software user's guide. Version 2.0 for ArcGIS 10.0. Beak Consultants GmbH, Freiberg, 2007–2012

Benndorf J (2015) Vorratsklassifikation nach internationalen Standards–Anforderungen und Modellansätze in der Lagerstättenbearbeitung. Markscheidewesen 122(2–3):6–14

Bishop MC (2008) Neural networks for pattern recognition. Oxford University Press, Oxford

Brown W, Groves D, Gedeon T (2003) Use of Fuzzy membership input layers to combine subjective geological knowledge and empirical data in a neural network method for mineral-potential mapping. Nat Resour Res 12(3):183–200. doi:10.1023/A:1025175904545

CRIRSCO (2012) International Reporting Template for the public reporting of Exploration Results, Mineral Resources and Mineral Reserves. Committee for Mineral Reserves International Reporting Standards, ICMM, Nov 2013. http://www.crirsco.com/templates/international_reporting_template_november_2013.pdf. Accessed 31 Jan 2015

GDMB (1983) Klassifikation von Lagerstättenvorräten mit Hilfe der Geostatistik: Vorträge einer Diskussionstagung der Fachsektion Lagerstättenforschung in der GMDB. Schriftenreihe der GDMB; Heft 29. Herausgeber: Gesellschaft Deutscher Metallhütten-und Bergleute r. V., Clausthal-Zellerfeld. Wissenschaftliche Redaktion: W. Ehrismann und H. W. Walter. Verlag Chemie, Weinheim, Deerfield Beach, Basel

Hassoun M (1995) Fundamentals of artificial neural networks. MIT Press, Cambridge, p 537

Haykins S (1998) Neural networks: a comprehensive foundation, 2nd edn. Prentice Hall, Upper Saddle River

JORC (2012) The JORC code. Australasian code for reporting of exploration results, mineral resources and ore reserves. AusIMM, Carlton. http://www.jorc.org/docs/jorc_code2012.pdf. Accessed 31 Jan 2016

Kasabov NK (1996) Foundations of neural networks, fuzzy logic, and knowledge engineering. MIT Press, Cambridge

Kuhn T, Rühlemann C, Wiedicke-Hombach M (2012) Developing a strategy for the exploration of vast seafloor areas for prospective manganese nodule fields. In: Zhou H, Morgan CL (eds) Marine minerals: finding the right balance of sustainable development and environmental protection. The Underwater Mining Institute, Shanghai, K1-9

Lamothe D (2009) Assessment of the mineral potential for porphyry Cu-Au ± Mo deposits in the Baie-James region. Document published by Géologie Québec (EP 2009-02). http://collections. banq.qc.ca/ark:/52327/bs1905189. Accessed 24 Oct 2010

Mitchell NC (1993) Comment on the mapping of iron-manganese nodule fields using reconnaissance sonars such as GLORIA. Geo-Mar Lett 13:244–247

NASA (2014) Ocean Color Web: Data Access-Level 3 Browser. Aqua MODIS Data. Ocean Biology Processing Group (OBPG), NASA Goddard Space Flight Center. http://oceancolor. gsfc.nasa.gov/cgi/l3. Accessed 5 Nov 2014

NOAA (2014) OSCAR: Ocean Surface Current Analyses–Real time. Data Download for Ocean Surface Currents. OSCAR Project Office, Earth and Space Research. http://www.oscar.noaa. gov/datadisplay/oscar_datadownload.php. Accessed 5 Nov 2014

Olden JO, Jackson DA (2002) Illuminating the "black box": a randomization approach for understanding variable contributions in artificial neural networks. Ecol Model 154:135–150

Olden JD, Joy MK, Death RG (2004) An accurate comparison of methods for quantifying variable importance in artificial neural networks using simulated data. Ecol Model 178:389–397

Rühlemann C, Kuhn T, Vink A, Wiedicke M (2013) Methods of manganese nodule exploration in the German license area. In: Morgan CL (ed) Recent developments in Atlantic seabed minerals exploration and other topics of timely interest. The Underwater Mining Institute, Rio de Janeiro, p 7

Scanlon KM, Masson DG (1992) Fe-Mn nodule field indicated by GLORIA, North of the Puerto Rico Trench. Geo-Mar Lett 12:208–213

Wiedicke-Hombach M, Shipboard Scientific Party (2009) Cruise Report "Mangan 2008", RV Kilo Moana, 13 Oct–22 Nov 2008. Bundesanstalt für Geowissenschaften und Rohstoffe, Hannover, 89 pp

Wiedicke-Hombach M, Shipboard Scientific Party (2010) Cruise Report "Mangan 2009", RV Kilo Moana, 20 Oct–27 Nov 2009. Bundesanstalt für Geowissenschaften und Rohstoffe, Hannover, 64 pp

安德烈阿斯·克诺勃洛赫（Andreas Knobloch），地质学家，是德国比克咨询有限公司国际活动部主任。他专注于勘探目标、矿产资源管理和信息系统开发的研究。2010 年以来，他代表德国联邦地球科学和自然资源研究所（BGR）负责使用人工神经网络和地质统计学对 CCZ 德国合同区的锰结核进行预测绘图。

托马斯·库恩（Thomas Kuhn），海洋地质学家，就职于德国联邦地球科学和自然资源研究所（BGR），专注于铁锰沉淀物、岩石和沉积物中微量元素的固相关联和结构控制研究，以及海底图像的自动分析、地质统计资源估算和锰结核区勘探的水声数据分析，前后赴世界各大洋参加科学考察航次，累计超过 25 次。

卡尔斯腾·瑞勒曼（Carsten Rühlemann），海洋地质学家，就职于德国联邦地球科学和自然资源研究所（BGR），也是德国合同区锰结核勘探项目经理，参加了 20 多次远洋科考。

托马斯·何特文是一名化学家，也是德国贝克咨询有限公司地球科学与环境部负责人，主要从事重晶石、萤石、铜、锡和金矿床的勘探，以及矿产资源管理、地质统计学和土壤科学等研究。

卡尔–奥托·泽斯勒是一名地理数学家，在德国贝克咨询有限公司从事 GIS 开发和分析工作，主要从事数学方法在地质勘查绘图中的应用以及计算机辅助技术在矿产勘探方面的开发研究。

西尔克·诺阿克是一名矿山测量工程师，在德国贝克咨询有限公司从事数据库和地理信息系统开发工作。自 2008 年以来，负责开发 Advangeo 预测软件，并专门研究人工神经网络和相关分析技术。

第7章 印度洋和太平洋锰结核分布的统计特征及其在评估共性水平和勘探规划中的应用

T R P Singh，M Sudhakar

摘要： 本章展示与印度洋和太平洋海底锰（多金属）结核分布有关统计数据的分析结论。统计得出的结论是，印度洋和太平洋内大小不一的结核区的结核具有共同的结核分布模式。更重要的是，从结核丰度的变异系数、变异函数的参数（包括相近但高水平的块金系数）以及丰度值的单峰对数正态频率分布等方面，研究显示，两个大洋的结核区分布特征有惊人的相似性。印度洋和太平洋研究区估计方差的计算证实了给定条件下误差的方差和结核区面积的乘积的稳定性。最后，由于已有数据证实，结核丰度数据为勘探规划提供了关键性参数，再次针对两个海洋的不同取样网格计算了不同规模结核矿场的估计误差。得出的结论是，对给定的采样网格（比如 $0.15°$），在面积为 $75\,000\ \mathrm{km}^2$ 的结核区，其估计误差不超过印度洋和太平洋相应平均丰度值的 $\pm 10\%$。

7.1 引言

众所周知，在赤道北太平洋的克拉里昂—克利珀顿断裂带（CC 区）以及中印度洋海盆（CIOB）广泛分布含铜、镍、钴和锰的多金属结核。目前，许多国家或国家资助的机构与国际海底管理局（ISA）签订了在 CC 区勘探多金属锰结核的合同。印度是唯一一个在中印度洋海盆开展多金属结核勘探的合同承包者。除了水深调查之外，在 CC 区和中印度洋海盆均开展了大量的结核取样作业，分析结核的丰度（$\mathrm{kg/m}^2$）和金属品位，以评价结核资源量。本章节的数据来源于多个合同承包者和其他机构的勘探数据。由于无法获取原始勘探数据，因此本研究利用了变差函数模型等方法开展统计分析，以期得出关于两大洋结核分布的有意义的推论。变异函数的参数可用来预测给定大小结核区的估计精度，也可用来规划勘探密度以达到预定估计精度。

来自中印度洋海盆的样品几乎都是通过无缆抓斗获取的，每个取样站位开展 5～7 次抓斗取样（Jauhari et al.，2001）。柱状取样作业有限。同样，CC 区所有取样数据也来自无缆抓斗（ISA，2010，技术研究：No. 6）。无缆抓斗被公认为评价结核丰度的最佳取样工具（Hennigar et al.，1986）。CC 区和中印度洋海盆的取样工具的一致性是开展结核分布统计分析和对比研究的基础。

本章研究的目标是：（a）研究 CC 区和中印度洋海盆不同区域的结核丰度和品位的相对变化，为以后的勘探计划提供参考；（b）验证 CC 区和 CIOB 不同大小研究区面积和估算方差关系的有效性；（c）为不同大小结核区估算精度的预测提供直观的解决方案；（d）调查关于在什么程度上能作出两个海洋区结核分布统计属性共性的某些结论。

7.2　数据来源及属性

本研究使用的数据主要包括 CC 区及 CIOB 各研究区样品丰度、金属品位及其平均值、方差和标准差。本研究利用了根据 CC 区及 CIOB 的实验变差值建立的变差模型、丰度频率分布图表。

（1）ISA 技术研究：第六期（ISA，2010）和研讨会资料（ISA，2009）[研究区域为图 7.1 的 ISA1 ~ ISA4 区块和总研究区（TCCZ）]。

（2）鹦鹉螺矿业公司：2012 年 11 月 22 日发布的关于汤加近海开采有限公司合同区和该合同区外但位于 CC 区内保留区的数据。汤加近海开采有限公司合同区包括其他三个合同区：日本深海资源开发有限公司勘探区块、法国海洋开发研究所勘探附近区块、俄罗斯海洋地质作业南方生产协会勘探区块。

（3）研究中印度洋海盆研究区域的未出版的论文集（Sudhakar，1993）：研究区域位于图 7.2 的目标区、优选区、开辟区 P1 部分、开辟区 P2 部分和总开辟区 P。

由于在此清晰地定义了数据的来源，所以在下文将不再提及数据来源，以免重复。

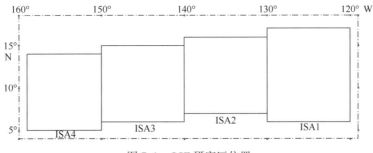

图 7.1　CCZ 研究区位置

7.3　结核矿床丰度和金属品位的变异性研究

研究目的是探讨结核丰度（kg/m^2）以及铜、镍、钴和锰等金属品位的变异性。最简单的度量变异性的参数是样本的方差。然而，在许多情况下，变异系数蕴含的信息量更多，因为它在同时考虑平均值和方差的基础上给出一个相对度量（Koch and Link，1971）。变异系数是标准差与平均值的比值，用百分比表示。变异系数对于比较两个或更多变量如丰度和金属品位的变异性，或者是比较不同区域的同一个变量的变异性特别有用。

表 7.1 列出了中印度洋海盆不同研究区域的结核丰度和金属品位的变异系数值（CV）。根据表 7.1 中的数据可以得出以下两个有趣的发现：

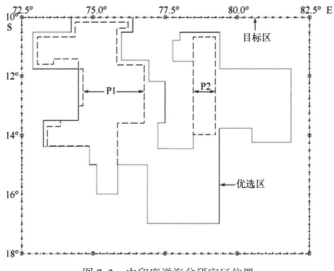

图 7.2　中印度洋海盆研究区位置

（1）无论研究区域的大小如何，不同区域的结核丰度和金属品位的变异系数值都是惊人地相似。因此，开辟区 P1（118 000 m²），开辟区 P2（32 000 km²），总开辟区 P（150 000 km²），优选区（405 750 km²）和目标区（960 000 km²）结核丰度和金属品位的变异系数值差不多。目标区的变异系数值相对高一些可能是由于统计了一些结核贫瘠区，导致平均丰度值偏低。

（2）所有研究区域的结核丰度的变异系数明显高于金属品位的变异系数。

表 7.2 列出了 CC 区的不同研究区域的结核丰度和金属品位的变异系数值。根据表7.2 中的数据可以得出以下有趣的发现：

（1）CC 区大部分区域的结核丰度和 Mn、Co、Ni 和 Cu 的金属品位的变异系数值的大小排序非常相似。除了汤加近海开采有限公司的区块面积小于 15 000 km² 外（四个区块面积总共约 50 000 km²），其他研究区域面积均不小于 500 000 km²。汤加近海开采有限公司的区块面积小可能导致结核丰度的变异系数值偏低，但是金属品位的变异系数值却与其他区域相似。

（2）所有研究区域的结核丰度的变异系数明显高于金属品位的变异系数。

根据上述关于对 CC 区和中印度洋海盆的评论，可以得出以下结论：

• 在区域尺度上，当以变异系数表示丰度和金属品位的变异性的时候，CC 区和中印度洋海盆内所有研究区域的变异系数相当。此外，更有趣的是，CC 区和中印度洋海盆之间的结核丰度和金属品位的变异性也具有可比性。因此，除了 CC 区中面积较小的汤加近海开采有限公司区块和中印度洋海盆的目标区外，CC 区和中印度洋海盆的研究区域均具有共同的变异特征。

• CC 区和中印度洋海盆的结核丰度的变异性远远超过金属品位的变异性。因此，在制订勘探计划和开展估计精度分析时，结核丰度成为关键因素，并且在确定勘探密度时，不需要单独或附加考虑金属品位。

表 7.1 中印度洋海盆不同区域结核丰度和金属品位的变异系数（%）

中印度洋海盆不同区域（面积/km²）	丰度	锰	钴	镍	铜
目标区（960 000）	111	16	36	26	35
优选区（405 750）	82	17	37	28	40
开辟区 P1（118 000）	77	14	38	24	28
开辟区 P2（32 000）	80	14	29	20	30
开辟区 P（150 000）= P1+P2	78	14	38	23	29

表 7.2 CC 区不同区域结核丰度和金属品位的变异系数（%）

CC 区不同区域（面积/km²）	丰度	锰	钴	镍	铜
汤加近海开采有限公司区块					
1. 日本深海资源开发有限公司勘探区块（<15 000）	50	10	18	21	35
2. 俄罗斯海洋地质作业南方生产协会勘探区块（<15 000）	67	16	22	20	27
3. 法国海洋开发研究所勘探区块（<15 000）	42	8	13	8	13
4. 日本深海资源开发有限公司勘探区块（<15 000）	53	5	10	6	8
汤加近海开采有限公司合同区外保留区（>400 000）	74	15	40	16	24
ISA 研究区域					
1. 研究区域总面积（4 190 000）	85	13	21	15	21
2. ISA 1（1 056 000）	89				
3. ISA 2（1 405 000）	87				
4. ISA 3（966 000）	70				
5. ISA 42（764 000）	61				

注：汤加近海开采有限公司区块和汤加近海开采有限公司合同区外保留区的面积是根据鹦鹉螺矿业公司发布的数据外推的

7.4 结核丰度统计分布特征的进一步研究

在确定结核丰度（kg/m²）是制订勘探计划的主要影响因素之后，现更进一步讨论结核丰度分布的统计特征及其影响。表 7.3 和表 7.4 分别归纳了中印度洋海盆和 CC 区结核丰度的平均值、标准差/方差、丰度值范围，以及采样数量 N 和平均采样网格 d。此外，由中印度洋海盆和 CC 区结核丰度的实验变差函数所建立的球状变差模型如下：

$$\gamma(h) = C_0 + C\left[\frac{3}{2} \cdot \frac{h}{a} - \frac{1}{2}\left(\frac{h}{a}\right)^3\right], \quad h \leq a$$

印度洋海盆和CC区在式中的各参数值如下：

参数	中印度洋海盆	CC区
C_0（块金方差）	5.0（kg/m²）²	13.0（kg/m²）²
C（结构方差）	11.0（kg/m²）²	17.5（kg/m²）²
a（变程）	1°	3°

在接下来的分析，将会用到相关的指数变差模型 $\gamma(h) = C_0 + C(1 - e^{-h/\alpha})$。该式中参数 C_0 和 C 保持不变，但该式中的 a（指数变差模型）= 0.5a（球状变差模型）（Singh，1980）。

表7.3 中印度洋海盆不同区域结核丰度的基本统计特征

中印度洋海盆不同区域（N, d）	平均值（kg/m²）	标准差（kg/m²）（方差）（kg/m²）²	范围（kg/m²）
目标区（N=1 412，d=0.15°~0.30°，平均d=0.24°）	3.6	4（16）	0~20
优选区（N=903，d=0.15°~0.24°，平均d=0.19°）	5.12	4.2（17.6）	
开辟区P1（N=429，d=0.15°）	5.6	4.3（18.5）	
开辟区P2（N=107，d=0.15°）	5.1	4.1（16.8）	
开辟区P（P1+P2）（N=536，d=0.15°）	5.5	4.3（18.5）	0~20

注：N为样本数量，d为平均采样网格

表7.4 CC区不同区域结核丰度的基本统计特征

CC区不同区域（N, d）	平均值（kg/m²）	标准差（kg/m²）（方差）（kg/m²）²	范围（kg/m²）
汤加近海开采有限公司区块			
1. 日本深海资源开发有限公司勘探区块（N=18，d=0.27°）	10.12	5.08（25.8）	2.7~18.0
2. 法国海洋开发研究所勘探区块（N=88，d=0.12°）	8.82	5.87（34.5）	0.0~26.0
3. 俄罗斯海洋地质作业南方生产协会勘探区块（N=78，d=0.13°）	9.98	4.2（17.6）	1.3~21.0
4. 日本深海资源开发有限公司勘探区块（N=42，d=0.18°）	7.68	4.09（16.7）	0.1~16.4
汤加近海开采有限公司合同区外保留区（N=2 188，d=0.14°）	8.21	6.06（36.7）	0.0~52.2
ISA研究区域			
1. 研究区域总面积（N=3 611，d=0.34°）	6.72	5.52（30.5）	0.0~44.0
2. ISA 2（N=791，d=0.36°）	6.6	5.9（34.8）	0.0~44.0
3. ISA 3（N=1 051，d=0.36°）	7.9	6.9（47.6）	0.0~38.2
4. ISA 4（N=958，d=0.317°）	5	3.5（12.3）	0.0~21.0
5. ISA 5（N=811，d=0.307°）	7.2	4.4（19.4）	0.0~26.0

注：N为样本数量，d为平均采样网格

从表 7.3 的中印度洋海盆的统计数据可以看出，开辟区 P1、开辟区 P2、开辟区 P 和优选区的结核丰度的平均值都非常接近，但目标区除外，原因在前面解释过，可能是因为该区的统计包括了一些结核的贫瘠区，从而导致结核丰度平均值显著下降。表中数据显示，中印度洋海盆各研究区域的标准差和方差基本一致。由变异模型所计算的方差为 16（kg/m^2）^{2}，与各个研究区域的实际方差值十分接近。然而，代表总方差中的混沌分量的块金方差显著偏高，高达 31%。

对表 7.4 提供的 CC 区的数据需要针对各研究区的背景进行分析，各研究区的面积从不到 15 000 km^2 到多达 4 000 000 km^2。然而，总体而言，不同区域的结核丰度平均值显示了合理的相似性。如果将面积较小的汤加近海开采有限公司区块排除在外，结核丰度平均值的相似度是相当高的。结核丰度的标准差在小范围内变动（4~6 kg/m^2）。由变差模型所计算的方差为 30.5（kg/m^2）^{2}，与面积达 4 000 000 km^2 的 ISA 研究区域的实际方差一致，与其他面积较大的研究区域的实际方差也具有可比性。然而，代表总方差中的混沌分量的块金方差显著偏高，高达 43%。

7.5 中印度洋海盆和 CC 区的变异性比较研究

根据表 7.3 和表 7.4 关于中印度洋海盆和 CC 区的统计数据，可以得出以下结论：

（1）中印度洋海盆各区域结核丰度的平均值表现出较普遍的一致性。同样，CC 区面积较大的区域也显示出结核丰度的平均值具有相似性。在区域尺度上，海底结核分布的同质性在中印度洋海盆和 CC 区结核丰度的单峰对数频率分布上也有反映（Singh and Sudhakar，2015）。不过，值得注意的是，CC 区的结核分布区（400 000 000 km^2）要比中印度洋海盆的结核分布区（40 000 000 km^2）大很多。此外，CC 区各个区域结核的平均丰度也显著高于中印度洋海盆各个区域结核的平均丰度。

（2）虽然中印度洋海盆和 CC 区内不同区域的结核丰度标准差/方差接近。但是 CC 区的标准差/方差比中印度洋海盆高。中印度洋海盆的结核丰度标准差为 4~4.5 kg/m^2，CC 区的结核丰度标准差为 4~6 kg/m^2，CC 区的标准差较大。CC 区的方差也较大，因为 CC 区结核丰度值范围为 0~52 kg/m^2，而中印度洋海盆结核丰度值范围为 0~20 kg/m^2，而且 CC 区结核的平均丰度比中印度洋海盆大。

（3）根据 CC 区变差函数导出的结核变程（3°）比中印度洋海盆的相应变程（1°）要大。这与 CC 区内均匀分布着的每个结核区的面积（每个约 400 000 000 km^2）约为中印度洋海盆内较小结核区面积的 10 倍相一致。

7.6 与结核分布区域面积有关的估计方差

众所周知，与大多数矿床不同，结核矿床是在海底的单层沉积。因此，对结核矿床所使用的体积和估算方差的关系可简化为面积和估算方差的关系。建议调研结核区的面积和具有该面积的结核区的估算方差（估算精度的度量）之间是否存在某种简单的联系，这种关系可以用于某些实际应用。为此，作为一个开始步骤，下面将给出估计方差的一般表达式。

假定结核区域为一个二维平面区域，X 方向的宽度为 S，Y 方向的宽度为 T。假设区域在 Y 方向 n 个点上取了样，样本间隔为 Δy（$\Delta y = T/n$），在 X 方向 m 个点上取了样，样本间隔为 Δx（$\Delta x = S/m$），因此样本总数量为 $m \times n$。现在定义一个离散函数 $Z_{ij} = Z(X_i, Y_j)$，$i = 1, \cdots, m$；$j = 1, \cdots, n$。其中（X_i, Y_j）表示样品点的位置，Z 表示结核丰度（kg/m^2）。我们在区域范围（S, T）内计算 $Z_e(S, T)$ 的平均值如下：

$$Z_e(S, T) = \sum_{i=1}^{m} \sum_{j=1}^{n} Z_{ij}/(m \cdot n)$$

区域范围（S, T）内的结核丰度真平均值 $Z_t(S, T)$ 为：

$$Z_t(S, T) = \lim_{m, n \to \infty} [Z_e(S, T)] = (1/(S \cdot T)) \int\int^{S\,T} Z(x, y)\,dxdy$$

估计方差或者估计精度，同估计平均值与真平均值之间的差（e）的方差有关，用 $Var(e)$ 表示。估计方差 $Var(e)$ 的计算公式如下：

$$Var(e) = E(e)^2 = E\{[Z_e(S, T)] - [Z_t(S, T)]\}^2$$
$$= Var(Z_e(S, T)) + Var(Z_t(S, T)) - 2Cov.[Z_e(S, T) \cdot Z_t(S, T)] \quad (7.1)$$

对不同大小区块尺度和采样间隔，可以利用任一有效的协方差函数评价式（7.1）中 $Var(e)$ 的表达式。不幸的是，没有与上述表达式（7.1）等价的分析工具，故每次都必须进行数值计算。但是，Singh（1978）使用具有形式 $r(h) = C \cdot e^{-h/a}$ 的指数协方差函数为此提供了一个直观的解决方案，其中 C 表示结构方差，a 表示与相应球状函数范围相关的一个特征参数。对于实际应用，此参数有以下关系：a（指数模型）$= 0.5a$（球状模型）。直观的解决方案用变量 b/a 和 d/a 的结构方差 C 表示 $Var(e)$（其中 $b = \sqrt{(S \cdot T)}$，b 是相应的正方形的边长，用指数协方差模型的参数 a 表示；d 是相应的正方形网格的边长）。

对于给定的采样间距，给定的面积与对应的估计方差 $Var(e)$ 之间的关系可以通过式（7.1）的数值计算来进行评估，尽管它十分繁琐。但是，上面讨论的直观解决方案可以用来定义基本关系。假设误差不相关，可建立下列关系：

（1）$b^2 \cdot Var(e) =$ 区块面积 $\cdot Var(e) =$ 确定的采样间距 d 所对应的常数 （7.2）

（2）对两个采样间距 d_1 和 d_2，以及相应的误差方差 $Var(e_1)$ 和 $Var(e_2)$，

$$Var(e_1)/Var(e_2) = (d_1/d_2)^2 \quad \text{对相同的区块面积} \quad (7.3)$$

上述关系是实用的，因为：（a）通过给定面积的 $Var(e)$ 值 [$Var(e)$ 与区域面积成反比]，可以利用上述关系对面积不同的区域计算误差的方差；（b）对同一块区域，上述关系可通过在给定采样间距下已知的 $Var(e)$ 值预测另外一个采样间距下的 $Var(e)$ 值。

一旦得到 $Var(e)$，估计平均值周围置信度为 95% 的置信区间就可以按 $\pm 2\sqrt{(Var(e))}$ 计算，其中 $\sqrt{(Var(e))}$ 表示标准误差。置信区间有时也用估计平均值 $\bar{Z}$ 以及相对标准误差或相对置信区间表示为 $\pm 2\sqrt{(Var(e))}/\bar{Z}$，用百分比表示。

（1）CIOB 案例

可以使用 CIOB 和 CC 区的有用数据来验证式（7.2）中的表达式。表 7.5 列出了 CIOB 不同研究区域的 $Var(e)$ 和乘积（$Var(e)$·面积）的值。可以观察到，对于三个采样间距几乎等同的研究区域 P1、P2 和 P，所产生的乘积几乎相同。对于优选区和目标区，由于采样间距的不同，乘积也会有所不同。然而，当采样间距为 0.15°时重新计算的乘积显示，这两个区域的结果也与另外三个研究区域（P1、P2 和 P）的乘积相符合。

表 7.5 CIOB 结核丰度的估算方差与面积的关系

研究区域	$Var(e) = (Co/N) + f \cdot C$	$Var(e)$·面积
P1（$d=0.15°$）	0.017 15（$f=0.000\ 5$）	2 024
P2（$d=0.15°$）	0.064 33（$f=0.001\ 6$）	2 058
P（$d=0.15°$）	0.014 27（$f=0.000\ 45$）	2 140
优选区（$d=0.15°-0.24°$），$Av.\ d=0.19°$	0.008 83（$f=0.000\ 3$）	3 583（2 239）
目标区（$d=0.15°-0.30°$），$Av.\ d=0.24°$	0.005 74（$f=0.000\ 2$）	5 510（2 152）

注：括号中乘积 $Var(e)$·面积表示当 $d=0.15°$时对优选和目标区重新计算的乘积；因子 f 来自直观的解决方案（Singh，1978），方案中区域面积和采样间距分别为 b/a 和 d/a

（2）CC 区案例

表 7.6 列出了 CC 区各研究区域的 $Var(e)$ 值和乘积（$Var(e)$·面积）。ISA1 和 ISA2 区域的乘积几乎相同，两个区域的采样间距也几乎相等。ISA3 和 ISA4 以及总区（TCCZ）的乘积，由于采样间距的差异而有些不同。如果采样间距 $d=0.36°$，重新计算这些乘积，ISA3 和 ISA4 以及总区（TCCZ）所得到的乘积与 ISA1 和 ISA2 的乘积有极好的一致性。

表 7.6 CC 区结核丰度的估算方差与面积的关系

研究区域	$Var(e) = (Co/N) + f \cdot C$	$Var(e)$·面积
ISA1（$d=0.36°$）	0.020 9（$f=0.000\ 26$）	22 070
ISA2（$d=0.36°$）	0.015 9（$f=0.000\ 21$）	22 339
ISA3（$d=0.317°$）	0.017 9（$f=0.000\ 25$）	17 291（2 230）
ISA4（$d=0.307°$）	0.020 9（$f=0.000\ 28$）	15 967（2 187）
TCCZ（ISA1~ISA4）（$d=0.34°$）	0.004 5（$f=0.000\ 05$）	18 855（21 138）

注：括号中乘积 $Var(e)$·面积表示当 $d=0.36°$时对 ISA3、ISA4 和总区重新计算的乘积；因子 f 来自直观的解决方案（Singh，1978），方案中区域面积和采样间距分别为 b/a 和 d/a

CIOB 和 CC 区的计算数据证实，在所考虑的区域面积和采样间距范围内对乘积（Var

（e）·面积）认识是可靠的。可以利用这种关系进行有益的实践推导。

7.7　CIOB 和 CCZ 中选定区域的估计方差计算

利用前文中讨论的用于 CIOB 和 CC 区的球状变差函数以及关系 a（球体）$= 2a$（指数），使用直观的解决方案（Singh，1978）针对 CIOB 和 CC 区中不同面积结核区和不同采样间距计算了估计方差。基于实际情况，选择了以下四种不同大小的结核区面积，这与《联合国海洋法公约》（UNCLOS—Ⅲ）（United Nations，1982）有关：

- 30×10^4 km²，是一个可向国际海底管理局提交申请的申请区最大面积。
- 15×10^4 km²，是国际海底管理局分配给承包者，用于专属勘探继而放弃的申请区最大面积。
- 7.5×10^4 km²，是承包者在区域放弃后可以保留并用于专属勘探的最大面积。
- 7 500 km²，是最有可能的面积，该面积内含有足够大约 20 年开采的结核资源。该面积内可能含有一个结核矿区，也可能含有多个结核矿区组成的集群，并被称之为第一代矿址（FGM）（这超出了 UNCLOS—Ⅲ 的规定范围）。

在计算估计方差时，通常采用 0.075°、0.15° 和 0.30° 三个采样间距 d。表 7.7 和表 7.8 分别列出了 CIOB 和 CC 区的上述四种面积结核区对应的不同采样间距的估计方差 Var（e）值，CIOB 和 CC 区的这些结果分别被绘制成图 7.3 和图 7.4。所提出的直观解决方法可用于任何面积的结核区和给定范围内任何的采样间距。

表 7.7　CIOB 结核区不同面积不同采样间距下的估计方差估算表

结核区面积（km²）	$d = 0.075°$	$d = 0.15°$	$d = 0.30°$
7 500	0.056 0（0.236）	0.228 5（0.478）	0.995 0（0.997）
75 000	0.005 9（0.077）	0.023 8（0.154）	0.103 1（0.321）
150 000	0.002 9（0.054）	0.012 4（0.111）	0.052 1（0.228）
300 000	0.001 4（0.037）	0.006 2（0.078）	0.026（0.161）
乘积（Var（e）·面积）的范围	420~440	1 715~1 860	7 200~7 800

注：括号中的数据为误差/平均值的标准差

表 7.8　CC 区内结核区不同面积不同采样间距下的估计方差估算表

结核区面积（km²）	$d = 0.075°$	$d = 0.15°$	$d = 0.30°$
7 500	0.119（0.345）	0.479（0.690）	1.97（1.403）
75 000	0.012（0.109）	0.048 7（0.220）	0.191（0.437）
150 000	0.006 0（0.077）	0.024 2（0.155）	0.095 7（0.309）
300 000	0.003 1（0.056）	0.012 3（0.111）	0.049 5（0.222）
乘积（Var（e）·面积）的范围	895~930	3 600~3 690	14 400~14 850

注：括号中的数据为误差/平均值的标准差

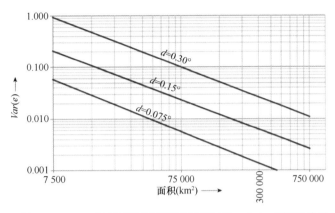

图 7.3 CIOB 内不同采集间距下面积与 $Var(e)$ 之间的关系

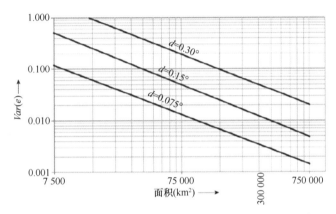

图 7.4 CC 区内不同采集间距下面积与 $Var(e)$ 之间的关系

根据估计方差值的计算结果，可以得出以下重要的认识：

（1）表 7.7 和表 7.8 中提供的数据进一步证实了结核区大小和所考虑的采样间距与估计误差无关的假设。这是因为乘积 $Var(e)$ ·面积在 CIOB 和 CC 区的所有选定区域几乎都是不变的。此外，也验证了前文中提到的估计方差与采样网格之间的关系。

（2）高块金效应对总体估计方差贡献较大，这与面积和采样间隔的大小无关。从表 7.5 和表 7.6 中的数据可以很容易地证明，块金方差对 $Var(e)$ 的贡献总是高于结构方差对 $Var(e)$ 的贡献，这种情况在 CIOB 和 CC 区均如此。

（3）正如预期，对于相同的采样间距，估计方差（或估计误差）随着面积的增大而减小。由此，有代表性的是，对于面积为 75 000 km² 和采样间距 $d = 0.15°$ 的 CIOB，$Var(e)$ 等于 0.023 8 个单位，标准误差等于 0.154 个单位。这意味着，在 95% 置信水平上置信区间将在均值附近 ±0.30 个单位，或者说估计平均丰度（约 5 个单位）附近 ±6%。在相似情况下，CC 区的置信区间在估计丰度均值附近 ±0.40 单位，或者说在估计丰度均值（8 个单位）附近 ±5%。因此，尽管在相同的面积条件下，CC 区的标准误差数值可能高于 CIOB 的标准误差，但由于 CC 区的均值较高，CIOB 和 CC 区的相对误差还是相似的。因此，对 CIOB 和 CC 区中给定的区域，一个给定的采样间距将产生几乎相同的相对估计精度。因此，在 CIOB 和 CC 区中保留面积都约为 75 000 km² 以及采样间距都等于 0.15°的情况下，完全可以估计得到具有置信区间约为丰度平均值±5%的估计丰度。

（4）很明显，采样间距为 0.15°对于面积为 75 000 km² 的区域是合适的，但是对于面积较小区域，如 7 500 km²，则不足以产生相同水平的估计准确度。在面积同样为 7 500 km² 时，所估算的丰度均值，CIOB 置信区间为±1.0 单位左右，CC 区置信区间则为±1.4 单位。对于 CIOB 和 CC 区内面积为 7 500 km² 的区域，若要达到面积为 75 000 km² 时的相对准确度，比如说低于±10%，则需要采样间距为 0.075°或更小。

必须指出的是，上述讨论是在全球层面上针对特定区域进行的，而区域内小尺度要素并未考虑在内。上述结果可为现有和未来承包者规划结核勘探提供借鉴。

7.8　CIOB 和 CC 区中结核分布特征的共性

上述认识形成了一些针对 CIOB 和 CC 区海底结核分布的重要共识。在区域尺度内，CIOB 和 CC 区内结核的分布显示结核丰度的平均值和方差具有显著的一致性。这意味着，在 CIOB 区内，总面积大于 30 000 km² 的结核矿区内结核丰度平均值和方差，与该区内任一区域结核丰度平均值和方差相当。同样，在 CC 区内，总面积大于 100 000 km² 的结核矿区内结核丰度平均值和方差，与该区内任一区域结核丰度平均值和方差相当。同样，在 CC 区内，任何面积大于 10×10^4 km² 的结核区，也将具有与该区内任一面积相仿的结核区相似的结核丰度平均值和方差。丰度和金属品位的变异性可以用变异系数来表示，在相似的面积条件下，CIOB 内的结核区与 CC 区内的结核区在丰度变异系数和金属品位变异系数上具有明显的共性。在 CIOB 和 CC 区内，区域尺度上结核丰度分布的均匀性也反映在丰度单峰对数正态频率分布上。变差函数的参数也比较相似。结核丰度值的分布表明，尽管在区域尺度上存在一致性，但由于结核区的块金系数较高，丰度在局部表现出极不稳定的特征。这种情况在 CIOB 和 CC 区内均存在。

在 CIOB 和 CC 区内，结核区面积和采样间距都给定的情况下，结核丰度具有近乎相等的相对估计精度值。这一分布模式的共性是非常重要的。这意味在 CIOB 和 CC 区进行结核采样可以采用同样的采样策略。然而，当考虑结核区的面积和绝对丰度值时，其共性就被打破了。结果表明，不仅 CC 区中结核区的总面积比 CIOB 中结核区的总面积大 10 倍，其平均丰度值也明显高于 CIOB 平均丰度值。这反映在 CC 区现有承包者群体以及未来潜在合同承包者群体上，这也与以下结论一致，虽然 CC 区将会有 18 份新的矿区承包合同与国际海底管理局签订，但中太平洋海盆未来新矿区的申请几乎没有可能（Singh and Sudhakar，2015）。如下建议值得借鉴：在 CC 区中，第一代矿址覆盖具有 20 年开采期的最有利地区，仅仅需要可承包矿区面积 75 000 km² 的 10%左右。

7.9 结论

通过审查各种来源的现有数据，可以清楚地得出这样的结论：在 CC 区和 CIOB 所有研究区域内，结核丰度和金属品位的变异性（以变异系数表示）都是可比较的。研究还表明，任何一个结核区中结核丰度的变异性都远远高于金属品位的变异性，因此丰度是勘探规划的关键控制性参数。

根据现有的各种变异参数，计算了 CIOB 和 CC 区所有研究区域的估计方差。结果表明，对各种大小的区域和所考虑的采样间距，估计方差和结核区面积的乘积在采样间距给定的情况下是不变的。结果还表明，对给定的结核区，与两个采样间距 d_1 和 d_2 相对应的估计方差 $Var(e_1)$ 和 $Var(e_2)$，存在如下关联：

$$Var(e_1)/Var(e_2) = (d_1/d_2)^2$$

这些结果可实际应用于勘探规划编制。

最后，在 CIOB 和 CC 区，还针对选出的不同大小结核区（它们与现有承包者或未来承包者有关）计算了作为采样间距函数的估计方差。这些结果表明，对于任何给定面积的结核区，无论是在 CIOB 还是在 CC 区，在相同的采样间距下产生几乎相同的丰度相对估计误差。因此，在 CIOB 或 CC 区，对面积为 75 000 km² 的任一结核区，0.15°的采样间距将得出一个低于平均丰度±10%的估计误差。

研究结果发现，CIOB 和 CC 区在结核分布特征上具有明显的相似性。结论是，在区域尺度上，结核丰度的分布在 CIOB 和 CC 区中均有较高的均匀性。然而，局部而言，由于 CIOB 和 CC 区内的块金系数较高，结核丰度表现不稳定。

虽然 CIOB 和 CC 区中结核分布的相对特征具有很大的相似性，但在考虑结核区面积和绝对丰度值时，其共性就消失了。CC 区中结核矿场的面积是 CIOB 中结核矿场面积的 10 倍以上，且 CC 区结核平均丰度值明显高于 CIOB 结核平均丰度值。因此，未来潜在承包者对 CC 区的关注要大于对 CIOB 的关注。

致谢：感谢印度政府地球科学部部长，感谢他的全面鼓励和支持，还感谢国际海底管理局批准使用相关数据和地图。特别感谢 HS Mandal 博士在绘图方面给予的支持。

参考文献

Hennigar HF, RE Dick, Foell EJ (1986) Derivation of abundance estimates for manganese nodule deposits; Grab sampler recoveries to ore reserve. In: Offshore technology conference, OTC 5237, Houston, May 1986, 5 p

ISA (2009) Workshop on the results of a project to develop a geological model of polymetallic nodule deposits in the Clarion-Clipperton zone International Seabed Authority, Kingston, 14–17 Dec 2009

ISA (2010) A geological model of polymetallic nodule deposits in the Clarion-Clipperton fracture zone, 2010. Technical Study: No. 6. eBook by the International Seabed Authority, Kingston. ISBN: 978-976-95268-2-2, p 211

Jauhari P, Kodagali VN, Sankar SJ (2001) Optimum sampling interval for evaluating ferromanganese nodule resources in the Central Indian Ocean. Geo-Mar Lett 21:176–182

Koch GS Jr, Link RF (1971) The coefficient of variation—a guide to the sampling of ore deposits. Econ Geol 66:293–301

Nautilus Minerals: Press Release (Nov 2012) Nautilus Minerals Defines 410 million tonne inferred mineral resource. http://www.nautilusminerals.com

Singh TRP (1978) Estimation accuracy in relation to control spacing in sampling of ore deposits: Graphic solutions. J Math Geol 10(6):691–697

Singh TRP (1980) An investigation on the relationship among the models of covariances function used in Geology. Indian J Earth Sci 7(2):109–118

Singh TRP, Sudhakar M (2015) Estimating potential of additional mine sites for polymetallic nodules in Pacific and Indian Oceans. Int J Earth Sci Eng 8(4):1938–1941

Sudhakar M (1993) Geostatistical analysis of polymetallic nodules from the Indian Ocean and a comparative studies from the Pacific Ocean deposits. Unpublished Ph.D. thesis, Indian School of Mines, Dhanbad, p 287

United Nations (1982) United Nations Convention on Law of the Sea (UNCLOS). United Nations, New York

ＴＲＰ辛格（ＴＲＰ Singh）博士在 IIT Kharagpur 获得应用地质学硕士学位，在荷兰代尔夫特获得采矿勘探专业学位及矿石评价硕士学位，在奥斯马尼亚大学获得采矿地质统计学博士学位。在 NMDC 供职之后，辛格博士于 1981 年加入了印度工程师公司（EIL）。在 EIL 工作期间，辛格博士担任政府海洋开发部海底采矿项目的项目经理。在筹备委员会会议期间，还担任联合国深海海底采矿技术专家组的成员。辛格博士继续担任地球科学部常设委员会（MOES）成员，同时是 MOES 的名誉顾问。

马鲁萨杜·苏达卡尔（Maruthadu Sudhakar）博士拥有 Dhanbad 印度矿业学院的应用地质学博士学位，伦敦政治经济学院的海洋法和海洋政策硕士学位。已在主要的国家研究所/机构服务了 34 年以上，包括 NIO，NCAOR，MoES 和 NCESS。目前担任海洋生物资源和生态中心主任。他对理解深海床资源、海洋学调查和极地科学做出了贡献；在海上度过了大约 1 500 天，也领导了对印度洋、南大洋和南极洲的几次考察探险。自 2007 年以来，他还当选为国际海底管理局法律和技术委员会的成员，并与许多专业机构有联系。

第8章 多金属结核分布特点评估及其对深海采矿的意义

Rahul Sharma

摘要：本章节探讨多金属结核和相关海底特征的分布特点，为采矿业设计合适的采矿系统提供信息。另外，本章节探讨不同的采矿率（$1×10^6 \sim 3×10^6$ t/a）下可能出现的不同情况，以找出能解决环境问题的最优采矿率。本章节同时还提出了一些公式，只要做一些修改，就能适用于任何一种深海矿产。

8.1 引言

多金属结核在全世界主要海洋的深海盆地中均有大量发育（Cronan，2000），近40年多金属结核富含的 Mn、Cu、Ni 和 Co 的消费需求增长了3%（Sudhakar and Das，2009），因此多金属结核持续成为学者的关注热点。由于世界金属市场价格一直在波动，实际上多金属结核一直还没有被开发利用，但是预测在21世纪，这些沉积矿床将会成为金属元素的替代来源（Lenoble，2000；Kotlinski，2001）。在水深较浅和近海岸的海底，有一些企业已经计划启动在一些岛国专属经济区内开采海底块状硫化物（Gleason，2008）。随着科技的不断发展，将来深海多金属结核开采也会成为现实，因为它们松散地分布于海底（图8.1），只需要铲起来，相对于与海底固结在一起的块状硫化物和铁锰结壳，更容易开采。

本章节探讨结核的分布特征和相关海底特征，以及它们对不同采矿率（$1×10^6 \sim 3×10^6$ t/a）下采矿情况的影响，目的是为采矿业设计合适的采矿系统和优化采矿率提供信息，同时解决环境问题。本章节同时还提出一些方程式用于评估多金属结核和相关海底特征之间的关系。这些方程式也适用于其他深海矿产的估算。

8.2 结核特征和相关属性参数的估算

基于自返式抓斗、采泥式（vanveen）抓斗、电视抓斗、柱状取样器以及回波探测浅地层剖面仪等方法手段可获取与多金属结核的分布、数量、多金属结核与基岩和地形的关系等方面有关的信息（Kunzendorf，1986），单镜头水下照相系统和深拖照相系统也被证明是研究多金属结核分布特征的有效手段（Bastien-Thiry，1979；Fewkes et al.，1979；Sharma，1993）。结核的特征参数估算方法如下。

8.2.1 覆盖面积的计算方法

根据取样设备的尺寸可以计算采样期间发现的矿床的面积和体积。当基于海底影像作估算时，在海底由影像所覆盖的面积通过海底上面照相机的高度（距离 X）以及照相机的镜头视角（角度 θ）（图 8.2）计算如下：

$$D = X\tan\theta \tag{8.1}$$

这里，$D = L \times \dfrac{1}{2}$（$L$ 单位为 m）。

所以，$2D = L$（L 为照相覆盖的海底范围的长度，单位为 m）；$\dfrac{2}{3}L = B$（B 为照相覆盖的海底范围的宽度，单位为 m）。

因此，照相覆盖的海底面积 A 为：

$$A = L \times B (A\,单位为\,\mathrm{m}^2) \tag{8.2}$$

此外，一些受关注的特征属性的尺寸（例如，结核和结壳的大小或者直径）可根据垂直影像，利用以下比例因子（S_f）计算：

$$S_f = (A/A_p)^{1/2} \tag{8.3}$$

式中，A_p 为影像的面积。

覆盖率（C）与一个特征属性（如结核或结壳）的覆盖面积以及影像在海底的覆盖面积有关，它可以用百分比表示，并且计算如下：

$$C = (A_c/A_p) \times 100 \tag{8.4}$$

式中，A_c 为结核或者结壳在影像中总的覆盖面积。

可利用不同的方法估算 A_c 大小，例如人工点计数方法（Fewkes et al.，1979）和电子图像分析方法（Park et al.，1997；Sharma et al.，2013）。

8.2.2 结核丰度的计算方法

基于抓斗或者箱式取样的结核丰度（N_g）的计算方法是，在抓斗或者箱式取样器的面积之内获得的结核的重量除以抓斗或者箱式取样器的面积，单位是 $\mathrm{kg/m}^2$（Frazer et al.，1978）。有学者尝试过基于海底影像计算结核的丰度（Felix，1980；Handa and Tsurusaki，1981；Lenoble，1982；Sharma，1993）。在利用海底影像计算结核丰度的方法中最简易的为 Handa 和 Tsurusaki（1981）提出的方法：

$$N_p = 7.7 \times C \times D/100 \tag{8.5}$$

式中，N_p 为海底影像范围内的丰度（单位为 $\mathrm{kg/m}^2$），C 为结核的覆盖率（%），D 为结核的平均直径（单位为 cm）。覆盖率（C）由公式（8.4）计算得出。结核平均直径（D）利用公式（8.3）中的比例因子（S_f）计算得出。为了获得更高的准确度，常量（此公式中为 7.7）可以根据沉积矿床的具体情况赋值。

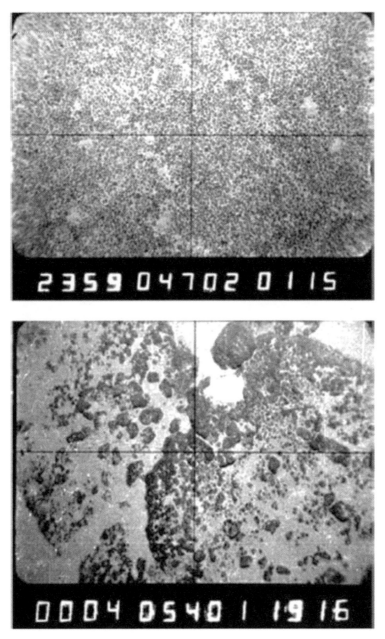

图 8.1 海底结核（上图）和结壳（下图）

由于海底照相只拍到裸露海底的结核，而抓斗还能获得埋藏型结核，因此根据抓斗计算的和根据海底影像计算的结核丰度可能不一样。在此，相对丰度（R_a）给出基于海底影

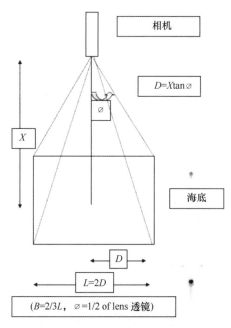

图 8.2　照相覆盖的海底范围的计算

像的结核丰度（N_p）和基于抓斗的结核丰度（N_g）的百分比，计算方法为：

$$R_a = (N_p/N_g) \times 100 \qquad (8.6)$$

相对丰度的另一价值是，还可以用作埋藏型结核的一个指标，帮助确定采矿区开采深度。

8.3　结核特征的分布和相关属性参数

结核特征的频率分布会影响采矿。表 8.1 和表 8.2 为基于公开发表的文献提供的样品数据统计的太平洋和印度洋深海盆地结核特征的频率分布。必须注意的是，这些研究统计的是在不同深海盆地中面积较大的区域，目的是了解不同地质背景下结核的分布特征，并非对潜在的矿区开展资源评价。通常，矿区在相对较小的地区有较高的结核密度。

8.3.1　结核频率分布：大小、覆盖率、丰度

8.3.1.1　结核大小分布特征

以每 2 cm 为划分等级，太平洋不同的深海盆地的结核大小分级统计结果显示，大量的样品集中在 2~4 cm 的大小级别（49%~58%），其次为<2 cm 的大小级别（11%~40%）和 4~6 cm 的大小级别（最高达 31%），只有少数样品属于 6~8 cm 和>8 cm 大小级别。然而，其他盆地以每 3 cm 为一等级的统计结果显示，大量的样品集中在<3 cm 的大小级别（72%~89%）。

表 8.1　太平洋结核特征的频率分布

大小（cm）

参数/位置（样本数量）	<2	2~4	4~6	6~8	>8	参考文献
中太平洋海盆（3 512）#	40	49	9	1.5	0.5	Usui (1986)
麦哲伦海槽（61）#	11	49	31	7	2	Usui and Nakao (1984)
彭林海盆（84）#	40	58	1	1	—	Usui (1994)

大小（cm）

参数/位置（样本数量）	<3	3~6	>6	参考文献
萨摩亚海盆（947）#	89	10	1	Glasby et al. (1980)
拉罗汤加西南海盆（1 003）#	72	26	2	Glasby et al. (1980)
拉罗汤加南部海盆（1 526）#	78	18	4	Glasby et al. (1980)

覆盖率（%）

参数/位置（样本数量）	0	<10	10~20	20~30	30~40	40~50	50~60	60~70	70~80	>80	参考文献
中太平洋海盆（125）+	76	10	8	3	2	1					Usui (1986)
麦哲伦海槽（57）+	14	4	26	21	9	14	9	4	—		Usui and Nakao (1984)
彭林海盆（68）+	0	4	15	10	15	10	3	13	19	10	Usui (1994)

丰度（kg/m²）

参数/位置（样本数量）	<5	5~10	10~15	15~20	20~25	>25	参考文献
中太平洋海盆（90）+	67	14	12	7	—	—	Usui (1986)
麦哲伦海槽（61）+	36	16	12	8	16	11	Usui and Nakao (1984)
彭林海盆（84）+	32	13	12	17	5	21	Usui (1994)

结核埋藏深度（cm）

参数/位置（样本数量）	0~50	50~100	100~200	200~300	300~400	400~500	500~600	>600	参考文献
秘鲁海盆（54）+	13	0	0	10	18	37	9	13	Cronan (2 000)
秘鲁海盆（12）+	33.3	58.3	8.3	—	—	—			Stoffers et al. (1982)
中太平洋海盆（29）# +	86								Usui (1986)

注：+为运算次数，#为结核数量

表 8.2　印度洋结核特征的频率分布

参数/位置（样本数量）	分级（样品数量百分比%）										参考文献
大小（cm）	<2	2~4	4~6	6~8	>8						
中印度洋海盆（9 000）#	9×	67	20	3	1						Sharma（1998）
中印度洋海盆（171）#	1	23	53	16 3	7						Sarkar et al.（2008）
毛里求斯专属经济区（635）#	35	58	6	0.5	0.5						Nath and Prasad（1991）
重量%/大小	<2	2~4	4~6	6~8	>8 cm						
中印度洋海盆（9 000）#	9×	40	35	11	5						Sharma（1998）
毛里求斯专属经济区（635）#	8	65	16	7	4						Nath and Prasad（1991）
覆盖率（%）	0	<10	10~20	20~30	30~40	40~50	50~60	60~70	70~80	>80	
中印度洋海盆（988）+	67	18	6.5	3	2.8	1.8	0.6	0.5	0.1	0.1	Sharma（1998）
丰度（kg/m²）	<5	5~10	10~15	15~20	20~25						
中印度洋海盆（725）+	56	25	13	5.5	0.5						Sharma（1998）
中印度洋海盆（479）+	67	23	8	2	—						Kodagali and Sudhakar（1993）
中印度洋海盆（47）+	38	19	28	15	—						Sarkar et al.（2008）
中印度洋海盆（23）* +	43	48	9	—	—						Jauhari et al.（2001）
毛里求斯专属经济区（13）+	77	23	—	—	—						Nath and Prasad（1991）
结核埋藏深度（cm）	0~50	50~100	100~200	200~300	300~400	400~500	>500				
中印度洋海盆（57）#	33	11	16	14	14	7	5				Pattan and Parthiban（2007）

注：* 为每个站位的平均丰度，×指碎片统计在内，+为运算次数，#为结核数量

在印度洋，中印度洋海盆大量的结核样品大小集中在 2~4cm 的大小级别（23%~67%），其次为 4~6 cm 的大小级别（20%~53%）。但是在毛里求斯专属经济区，分布有大量小于 2 cm 的结核（35%）。若用重量百分比（%）统计，印度洋大量的结核集中分布在 2~4 cm 的大小级别（40%~65%），其次为 4~6 cm 的大小级别（16%~35%）。因此，无论是用数量还是用重量统计，结果均表明 2~4 cm 是印度洋大部分结核的大小，其次为4~6 cm。

8.3.1.2 结核覆盖率分布特征

在中太平洋海盆和中印度洋海盆，正如根据海底影像观察到的那样，大部分海底（68%~76%）没有结核覆盖。10%~18% 的海底结核覆盖率小于 10%，只有 1%~8% 的少数海底结核覆盖率能超过 10%。在太平洋的麦哲伦海槽和彭林海盆，15%~26% 的海底结核覆盖率达 10%~20%。说明由于地质背景的不同，有些深海盆地结核的覆盖率更高。由于中太平洋海盆和中印度洋海盆一些区域的海底沉积物还分布有部分埋藏型结核，甚至只有埋藏型结核，因此在这些区域仅根据海底影像得出的结核覆盖率偏低（Fewkes et al.，1979；Sharma，1989a）。

8.3.1.3 结核丰度分布特征

在太平洋，大量的海底抓斗取样站位（32%~67%）的结核丰度为亚边界值（<5 kg/m^2），而丰度为准边界值（5~10、10~15、15~20、20~25、>25 kg/m^2）（图 8.1）的抓斗取样站位占 7%~21%。而印度洋，大量抓斗站位（38%~77%）的结核丰度为亚边界值，其他抓斗站位的丰度为准边界值（图 8.2）。但是这些数据是基于盆地的大范围统计，待开展详细资源评价后，选定的第一代矿址应该具有更高的结核丰度，才能确保开采具有技术和经济可行性。

将中印度洋海盆 964 个同时开展了海底照相和抓斗取样的站位进行对比分析，结果表明 426 个站位（占 44%）的海底照相和抓斗取样均显示有结核，206 个站位（占 21%）的海底照相和抓斗取样均显示无结核。在剩余 332 个站位（占 35%）中，56 个站位（占6%）海底照相显示有结核而抓斗取样显示无结核，276 个站位（占 29%）海底照相显示无结核而抓斗取样显示有结核（图 8.3）。在海底照相和抓斗取样均显示有结核的站位中，71% 的站位具有高度的结核丰度一致性（R_a~100%），在剩余站位中，结核丰度一致性范围为 30%~90%。这表明在很多站位，大量的结核裸露在海底，因此海底照相和抓斗取样均显示了结核。在某些站位，分布有埋藏型结核，它们的埋藏度为 10%~70%（$R_a = 30$%~90%）。另外，基于海底照相方法计算的结核丰度结果显示，76.5% 的站位结核丰度低（<5 kg/m^2），只有少数站位结核丰度大于 5 kg/m^2。而基于抓斗取样方法计算的结核丰度结果显示，48.4% 的站位结核丰度小于 5 kg/m^2，51.6% 的站位结核丰度大于 5 kg/m^2。这表明了中印度洋海盆发育有埋藏型结核（图 8.4）。

尽管抓斗取样器能采集到离海底表层 20~30 cm 深处的结核，然而穿透海底表层几米的柱状取样器已发现埋藏型结核通常发育在离海底表层 1~2 m 的深处（Stoffers et al.，1982）。但是在太平洋（Usui，1986；Cronan，2000）和印度洋（Pattan and Parthiban，2007）偶尔也发现有些结核埋藏深度大于 5 m。

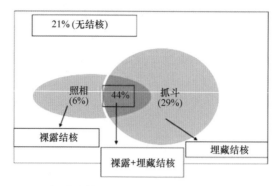

图 8.3　基于抓斗取样和海底照相方法结核产出情况的维恩图

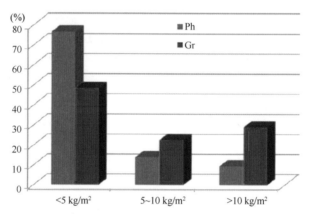

图 8.4　基于抓斗取样和海底照相方法结核丰度的分布

8.3.2　结核与不同底质的关系

结核矿床与不同的海底底质有关联，例如沉积物和岩石。海底底质也会影响结核的开采。研究发现，结核的相对丰度（R_a）在沉积物薄的海底较高（>50%），在沉积物较厚的海底 R_a 明显变小，在沉积物很厚的海底 R_a 更小，这是由于埋藏型结核数量增多造成的。反之，在岩石裸露的海底，无沉积物的地方海底影像和抓斗取样两者的结核丰度一致性相当高（R_a = 90% ~ 100%），局部分布有沉积物的地方结核丰度一致性较低（R_a < 60%）（Sharma，1993）。

8.3.2.1　沉积物盖层效应

对约 20 000 张印度洋海底影像进行分析，结果表明约三分之二（65%）的照片显示无结核覆盖（例如，无裸露结核），17% ~ 21%的影像显示低结核覆盖率（1% ~ 20%），约11%的影像显示中等结核覆盖率（20% ~ 50%），有少部分影像显示高结核覆盖率（50% ~ 80%）（Sharma et al.，2010）。事实上，在很多影像没有发现结核覆盖的地方，抓斗取样采集到了结核样品，说明这些地方的"沉积物–水界面边界层"（SWIB）之下发育有埋藏型结核（Sharma，1989a）。对结核区的声透层开展厚度探测的声学数据显示，沉积物最上层厚度变化大，从数米到数十米不等（Sharma，1989a）。

同样地，对太平洋的研究表明"沉积物-水界面边界层"下埋藏有结核，并使得在某些站位仅根据海底影像无法识别（Fewkes et al.，1979），即使如此，通过抓斗取样却能采集到这些结核样品。结核埋藏的程度取决于结核的大小和形状，以及"沉积物-水界面边界层"的厚度（Cronan and Tooms，1967；Felix，1980）。因此，在开展结核分布评价时，海底影像数据与抓斗取样数据可以相互补充，共同研究结核的产出情况，包括裸露的和埋藏的。

由于"分馏"效应，海底影像中的结核看起来比实际小并且结核丰度的估计值偏低，因为结核的平均直径小了，所以导致这些站位结核丰度被低估（Sharma，1989a）。海底影像和抓斗取样的结核覆盖率和丰度与"沉积物-水界面边界层"厚度成反比关系，因为"沉积物-水界面边界层"厚度越大，海底影像能观察到的结核和抓斗取样能采集到的结核就越少（Sharma，1989a）。Horn等（1973）在太平洋观察到结核贫瘠的地方主要是由于结核被沉积物掩埋或者潜在的结核核心被沉积物覆盖，停止结核的生长。

8.3.2.2 裸露岩石的分布

裸露岩石在海底影像中表现为黑色的硬底质（图8.1）。裸露岩石表面通常发育一层可称为"结壳"的铁锰氧化物。在太平洋部分海底，裸露岩石/结壳的分布显示它们的覆盖率变化很大，从1%到100%不等。其中，63.5%的海底其覆盖率（<20%）低，14%的海底其覆盖率（20%~50%）中等，22.5%的海底其覆盖率（>50%）高（Yamazaki and Sharma，1998）。根据中印度洋海盆海底影像得出类似结果，裸露岩石/结壳覆盖率变化很大，从1%到100%不等。其中，约48%的海底其覆盖率（<20%）低，34%的海底其覆盖率（20%~50%）中等，17%的海底其覆盖率（>50%）高（Sharma et al.，2010）。

这些海底裸露的岩石主要是被风化的玄武岩，而玄武岩为海底火山喷发的产物，例如现在海山的主要组成就是玄武岩。经海底侵蚀，裸露的岩石会破碎成屑，成为结核成核的核心（Iyer and Karisiddaiah，1988）。岩石破碎后沿着海山和海丘的斜坡或者侧翼往下搬运。以这些破碎的岩屑为核心，不断增生长大，物质来源为水沉积的氧化物和海床的金属元素，从而富集了大量的结核（Iyer and Sharma，1990）。这种现象可用"种子"假说解释，因为结核的规模主要受控于这些"种子"的分布，"种子"或称为成核核心的岩屑（Horn，1973）。

8.3.3 不同地形下的结核分布

当将中印度洋海盆的裸露的结壳/岩石的覆盖率数据按水深和距离绘成图时，结果发现它们主要分布于海山/海丘的顶部。相对平坦的沟谷，沉积物较少的海山/海丘下斜坡则出现较多的结核（Iyer and Sharma，1990；Sharma and Kodagali，1993；Sharma et al.，2010）。这意味着地形可能是控制结核、岩石和沉积物分布的重要因素：

（1）海山/海丘的顶部主要分布有裸露的岩石（和铁锰结壳），无沉积物覆盖，也无结核。

（2）海山/海丘的上斜坡为有结壳的裸露岩石和有结核的薄沉积物两者的过渡带。

（3）海山/海丘的下斜坡有结核区和薄沉积物覆盖层。

（4）平坦区和沟谷区分布有部分或完全裸露的结核（也可能根本没有结核），原因是沉积物盖层的厚度不一。

在太平洋也开展了结核、裸露岩石/结壳和沉积物分布的研究（Yamazaki and Sharma, 2000），研究结果揭示了以下的地形控制作用：

（1）15°~40°坡度区：以结壳分布为主；

（2）7°~15°坡度区：为结壳和结核分布之间的过渡带；

（3）3°~7°坡度区：以沉积物分布为主；

（4）0°~3°坡度区：以结核分布为主。

以上研究成果表明，不同的深海盆地的结核、裸露岩石/结壳和沉积物的分布模式相似，但是在不同区域地质背景下，分布模式可能会有细微的差别。

8.4 采矿相关变量的估算

基于一个区域的沉积矿床特征可以估算与采矿相关的变量。在本节中，将以 5 kg/m² 的丰度值为边界，以 20 年为采矿期限，对各采矿相关变量进行估算（UNOET, 1987）。

8.4.1 采矿率的估算

采矿率通常是指开采可用于选冶的干结核的速率。但是，还必须开采大量的湿结核，在选冶之前要计算水分（含水率）的损失。干结核和湿结核采矿率计算方法如下：

（1）已知干结核采矿率 $MR_{(dry)}$，计算湿结核采矿率 $MR_{(wet)}$：

$$MR_{(wet)} = 100 \times MR_{(dry)} / (100 - W_{c(nod)}) \tag{8.7}$$

（2）已知湿结核采矿率 $MR_{(wet)}$，计算干结核采矿率 $MR_{(dry)}$：

$$MR_{(dry)} = MR_{(wet)} - (W_{c(nod)} \times MR_{(wet)} / 100) \tag{8.8}$$

式中，$MR_{(dry)}$ 和 $MR_{(wet)}$ 的单位为 Mt/a。$W_{c(nod)}$ 为结核含水率（%）。

8.4.2 金属产量（M_p）的估算

$$M_p = T_{MC} \times MR_{(dry)} \tag{8.9}$$

式中，T_{MC} 指可萃取金属的总含量（%）。$MR_{(dry)}$ 和 M_p 的单位为 Mt/a。

8.4.3 金属价值（M_v）的估算

$$M_v = M_p \times mp \times 1\ 000 \tag{8.10}$$

式中，M_p 指金属生产量（单位为 Mt），mp 指金属价格（单位为 $/kg）。

注：mp 乘以 1 000 是为了将每千克金属价格转化为每吨金属价格。

8.4.4 基于 UNOET（1987）估算总可采面积

$$M = A_t - (A_u + A_g + A_a) \tag{8.11}$$

式中，

A_t——区域总面积；

A_u——由于地形不可采区域面积；

A_g——低于边界品位的面积；

A_a——低于边界丰度的面积。

8.4.5 基于 UNOET（1987）估算矿区大小（A_s）

$$A_s = A_r \times D/(A_n \times E \times M) \tag{8.12}$$

式中，

A_s——矿区大小（单位为 km²）；

A_r——每年的开采率或者回收率（单位为 t/a，t 为干重）；

D——可持续开采的期限（单位为 a）；

A_n——指可采区的平均结核丰度（单位为 kg/m²）；

E——开采设备的效率（%）；

M——可开采面积的比率（占区域总面积的比率）。

8.4.6 每年接触面积（A_c）的估算

$$A_c = MR_{(dry)}/A_n \tag{8.13}$$

式中，A_n指可采区的平均结核丰度（单位为 kg/m²）。

8.4.7 矿石每日产量的估算

$$O_p = MR_{(dry)}/D \tag{8.14}$$

式中，D指开采天数。

8.4.8 受干扰的沉积物体积（V_s，单位为 m³）的估算

$$V_s = A_c \times D_p \times C_s/100 \tag{8.15}$$

式中，A_c指接触面积；D_p指穿透深度（单位为 m）；C_s指沉积物覆盖率（%）。

8.4.9 受干扰的湿沉积物重量（单位为 t）的估算

$$W_{s(wet)} = V_s \times D_s \tag{8.16}$$

式中，D_s 指沉积物密度（单位为 g/cm^3）。

注：密度单位 g/cm^3 乘以 1 000 可换算成单位 kg/m^3。

8.4.10 受干扰的干沉积物重量（单位为 t）的估算

$$W_{s(dry)} = W_{s(wet)} \times (100 - W_{c(sed)})/100 \tag{8.17}$$

式中，$W_{c(sed)}$ 指沉积物含水率（%）。

8.4.11 废矿重量（单位为 Mt）的估算

$$M_u = MR_{(dry)} \times (100 - T_{MC})/100 \tag{8.18}$$

式中，T_{MC} 指可萃取金属的总含量（%）。

8.5 基于地质因素的采矿估算

8.5.1 干结核和湿结核采矿率的估算

有关结核采矿的文献表明，多年来，不同的学者提出的采矿率从 1~25 Mt/a 不等（表 8.3）。考虑到结核中含水量（水分）为 25%（Mero，1977），最终采矿率确定为 1.5 Mt/a（如 ISA 2008 年所建议）和 3 Mt/a（按 1987 年联合国统计数据计算）（表 8.4），因此，每年至少必须开采 2 Mt 湿结核，才能达到 1.5 Mt 干结核的目标。

另一方面，如果考虑湿结核的开采率为 1.5 Mt/a，则每年只能开采 1.125 Mt 结核。如果采矿率为 3 Mt/a，这些数量就要翻倍。然而，为了避免干结核和湿结核的采矿率之间出现混淆，建议从今以后应以干结核或湿结核明确表示采矿率。以 MR$_{(干)}$ 表示的干结核的采矿率是最终可供进一步处理的数量；而以 MR$_{(湿)}$ 表示的湿结核的采矿率应用来表示为了获得足够的 MR$_{(干)}$ 所必须开采的湿结核的采矿率。

对于给定的 MR$_{(湿)}$，MR$_{(干)}$ 可能因地而异，这取决于结核的平均含水量。在勘探期间必须估计每个矿区的结核平均含水量，以便确定要开采的湿结核的目标数量，从而达到所需的干结核采矿率。

表 8.3 多金属结核采矿率建议表

序号	建议人	采矿速率
1	Flipse et al.（1973）	1~5 Mt/a（干结核量）
2	Kaufman（1974）	1 Mt/a（干结核量）
3	Siapno（1975）	1 Mt/a（干结核量）
4	Pearson（1975）	1~25 Mt/a（干结核量）
5	Lenoble（1980）	2.1~3 Mt/a（干结核量）
6	OMI（1982）	3 Mt/a（干结核量）
7	OMA（1982）	2.1 Mt/a（干结核量）
8	Academie des Sciences（1984）	3 Mt/a（干结核量）
9	Dick（1985）	1~2 Mt/a（干结核量）
10	UNOET（1987）	3 Mt/a（干结核量）
11	Herrouin et al.（1991）	1.5 Mt/a（干结核量）
12	ISA（2008）	1.5 Mt/a（干结核量）
	平均值（考虑所有值及范围内的中值）	2.9 Mt/a（干结核量）
	平均值（考虑所有值及范围内的中值，不包括 4 号异常范围）	2.1 Mt/a（干结核量）

注：除序号 12 外，其余建议的采矿率均指干结核。

表 8.4 基于结核含水率的实际和最终采矿率

实际采矿速率	结核含水率（%）	最终采矿速率
1.5 Mt/a（干结核量）	25	2.000 Mt/a（湿结核量）
3.0 Mt/a（干结核量）	25	4.000 Mt/a（湿结核量）
1.5 Mt/a（干结核量）	25	1.125 Mt/a（干结核量）
3.0 Mt/a（干结核量）	25	2.250 Mt/a（干结核量）

8.5.2 不同开采率下的金属产量

干结核不同采矿率（1~3 Mt/a）的金属产量估算表明，Mn 的年产量为 0.24~0.72 Mt，Ni 的 0.011~0.033 Mt，Cu 的 0.010 4~0.312 Mt，Co 的 0.001~0.003 Mt，在一定金属品位下，金属总产量从 0.262 4 Mt（采矿率 1 Mt/a）到 0.787 2 Mt（采矿率 3 Mt/a）不等（表 8.5）。

表 8.5　不同采矿率情况下金属产量估计值

金属[a]	干结核采矿速率（Mt/a）				
	1.0	1.5	2.0	2.5	3.0
Mn	0.24	0.36	0.48	0.6	0.72
Ni	0.011	0.165	0.022	0.027 5	0.033
Cu	0.010 4	0.015 6	0.020 8	0.035 0	0.312
Co	0.001	0.001 5	0.002	0.002 5	0.003 0
每年合计	0.262 4	0.393 6	0.524 8	0.656 0	0.787 2
总计（20 年）[b]	5.248	7.872	10.496	13.120	15.744

注：（a）Mn = 24%，Ni = 1.1%，Cu = 1.04%，Co = 0.1%（Jauhari and Pattan，2000）；

　　（b）预计一个矿址采矿期为 20 年（UNOET，1987）

8.5.3　不同采矿率下采矿参数估计值

与多金属结核采矿有关的各种参数的估计值是针对干结核的 1~3 Mt/a 的采矿率计算出来的（表 8.6），本节讨论了它们的影响。

8.5.3.1　可采面积估算

根据公式（8.5），可采面积估计可以通过从提供给承包者的总面积（A_t）减去由于不利地形因素（A_u）、品位（A_g）和丰度（A_a）而形成的非开采面积得到。考虑 A_u 为 20%（UNOET 联合国统计数据，1987），并假设 A_g 为 15% 和 A_a 为 15%，从 $A_t = 75\,000$ km² 中（配给每个承包者的最大面积）减去它们，总可采面积（M）将为 37 500 km²（Sharma，2011）。然而，对于每个"承包者"结果可能不同，这取决于所分配的实际面积和不同矿区的其他基本条件，包括地形、品位和丰度。

8.5.3.2　矿址面积（大小）

根据公式（8.6），在结核丰度（A_n）为 5 kg/m² 和采矿系统效率（E）为 25%（如 UNOET，1987 年）的情况下，对不同的采矿率，矿址面积为 4 267~12 800 km²（表 8.6）。在其他情况不变的情况下，A_n 和 E 的变化会改变矿址（A_s）的大小。此外，可以合理地推断第一代潜在矿址中有较高的结核丰度值（$A_n = 8~10$ kg/m²），并随着技术的进步将提高采矿系统的效率（E）。这将大大减少矿址（A_s）规模，将采矿活动限制在较小的地区，从而减少对环境的影响，特别是因为第一代采矿开始于结核丰度较高的地区。

8.5.3.3　接触面积

矿址面积的估算考虑了开采的持续时间和开采效率，而接触区是采矿过程中将被剥离的实际面积，并与相关沉积物的体积有关，这些沉积物将受到扰动，从而对海底生态系统造成环境影响。在不同采矿率、平均结核丰度为 5 kg/m² 以及年作业时间约 300 d 的情况下，实际接触面积（被剥离）在 200~600 km²/a，即 0.66~2 km²/d（表 8.6），相对于发现这些结核的海洋盆地面积而言，实际上微不足道。此外，由于实际矿址的平均结核丰度预计高于此处考虑的边界值，实际剥离的面积（或海底的"接触面积"）将比这里估计的小得多。

8.5.3.4 矿石产量

不论结核丰度如何，每年约 300 个工作日共开采 1~3 Mt 结核，矿石产量将达到 3 333~10 000 t/d（表 8.6），这不仅需要起重的机器穿越超过 5 km 的水体使它们到达海面，而且还需要采矿平台上的其他基础设施。因为结核中不同金属组成与世界不同金属的需求存在差异，所以，大规模采矿对不同金属价格的影响越来越得到人们的关注（Pearson，1975）。因此，要维持金属价格的平衡，就必须对不同金属矿石产量进行合理优化，因为过量生产（超过需求）可能导致金属价格下降，最终导致深海采矿无利可图。

表 8.6 不同采矿率情况下多金属结核的采矿参数估计

每年工作 300 天的估算	采矿率（干结核）					备注
	每年 1.0 Mt	每年 1.5 Mt	每年 2 Mt	每年 2.5 Mt	每年 3.0 Mt	
矿址面积[a]	4 267 km²	6 400 km²	8 533 km²	10 667 km²	12 800 km²	就洋盆面积而言是微不足道的
每年接触面积[a]	200 km²	300 km²	400 km²	500 km²	600 km²	即每天 0.66~2 km²
每天矿石产量	每天 3 333.3 t	每天 5 000 t	每天 6 666.6 t	每天 8 333.25 t	每天 10 000 t	需要相应的贮藏和运输设备
受扰动海底沉积物的量	每天 60 000 t	每天 90 000 t	每天 120 000 t	每天 150 000 t	每天 180 000 t	主要的环境影响源
扰动的沉积物的重量（湿重）（密度 1.15 g/m³）	每天 69 000 t	每天 103 500 t	每天 138 000 t	每天 172 500 t	每天 207 000 t	可能以泥浆形成随洋流运输到邻近地区
扰动的沉积物的重量（干重）（水含量 80%）	每天 13 800 t	每天 20 700 t	每天 27 600 t	每天 34 500 t	每天 41 400 t	主要是微细黏土（50%~60%），可能长期悬浮
处理不需要的物质（金属含量 26%）	每年 0.74 Mt	每年 1.11 Mt	每年 1.48 Mt	每年 1.85Mt	每年 2.22 Mt	寻找建筑用途或环境友好型处理方法

注：a 表示截止丰度为 5 kg/m²（结核开采的最低要求，UNOET（1987））

8.5.3.5 扰动沉积物的体积和重量

根据一项研究，海底结核与沉积物的比例为 1∶9（Sharma，2011），因此在采矿期间，大量沉积物将受到扰动。就结核采集机在沉积物中的最小穿透量 10 cm 而言，海底受扰动的沉积物总量将取决于采矿率（表8.6），大致在 60 000~180 000 m³/d 之间，这将是环境受破坏的一个主要来源，需要采取某些措施，将其限制在海底而不是运输到海面或甚至经由水柱中途排放。影响羽流扩散的关键因素是黏土颗粒（<4u）比例高（>50%），可长期悬浮，然而结核碎屑沉降速度较快。即使预计正在开采的地区的结核丰度相对较高，由于结核与沉积物的比率较低，在提升结核之前，最好在靠近海底的地方筛选出尽可能多的沉积物，以使该区域不受环境影响。

由于沉积物的湿密度为 1.15 g/cm³（Khadge and Valsangkar，2008），即 1 150 kg/m³，根据不同采矿率（表8.6），载有水的沉积物的总重量为 69 000~207 000 t/d。同样，由于水约占湿沉积物总重的80%（Khadge and Valsangkar，2008），每天开采所扰动的固体颗粒的重量将在 13 800~41 400 t 之间变化（表8.6）。再次指出，这里所考虑的结核与沉积物的比率仅对大的面积而言，其中包括没有任何结核覆盖和低结核覆盖率的位置，而第一代矿址预计在结核密集分布区，其中相关的沉积物占比较小，导致较少沉积物颗粒受扰动。

8.5.3.6　冶金加工后的多余物

如果四种金属（Mn、Cu、Ni、Co）被提取，总金属含量约为26%（Jauhari and Pattan，2000），那么剩余的74%的多余物，处于区间 0.74~2.22 Mt/a（表8.6），将不得不被处理掉，这可能是一个重大的环境挑战。特别是由于这种加工预计将在陆基工厂进行，因此如此大量的物质将需要适当的处置，否则就必须考虑其他用途。

8.6　地质因素对采矿设计的影响

8.6.1　结核特征

由于结核的大小从 1 cm 到 10 cm 不等，并且大小分布随不同的位置而变化，采矿系统必须被设计成适合最佳的结核尺寸以便有效地回收并将它们泵到海面。在结核采集机上使用破碎机有助于使提升到海面的结核保持大小一致性，使用缓冲器有助于将它们储存在海底中部水平，然后将它们定量地泵到采矿平台上以节约能源。海底结核的集中度与采矿系统所回收的结核数量有直接关系，因为结核越集中，就可以在更短时间内回收更大的结核量，反之亦然。

在山谷和平原部位，结核的集中度较低，相比之下沿崎岖地形和海山与深海丘陵底部低缓坡度部位结核的集中度较高，可促进结核的采集。此外，局部地形变化和沉积物厚度以及结核的片状分布也可能影响采集机的性能。因此，建议集矿系统在清扫海底之前，应能够在声学或摄影上探测具有较高结核集中度的区域（Sharma，1993）。

8.6.2　与不同底质的相关性

采矿设备将遇到如海底的沉积物和与结核有关的岩石等底质。覆盖在埋藏型结核

(Felix，1980）之上的沉积物可能影响结核的采集回收，因为结核被沉积物覆盖的范围比例为0~100%不等（Sharma，1989b）。为了提高效率，结核采集机必须设计成能穿透到沉积物中，以收集至少一部分埋藏的结核。结核与沉积物的结合强度也将是结核采集机设计中需要考虑的一个关键因素，为此，使用喷水式推进器可能有助于将结核从海底取出。将大量沉积物与结核一起抽运，不仅会增加能源消耗，而且如果碎片处置处于或接近海面，也会造成重大的环境问题。因此需在透光层之下的较深海域排放沉积物，以减少对水柱中海洋生物的影响。另一种办法是，应建立一种机制，在靠近海底的地方将其清洗干净，以确保只抽取结核。

基底基岩出露可能会成为结核采集器的障碍，基岩出露在海底几十米范围内，经常出现在海山斜坡以及深海平原的结核区中。需要仔细绘制这些区域的地图，以便确定采矿系统可能无法工作或可能因硬底物的出现而受到破坏的地点。海底照相资料显示，在结核和结壳同时存在的区域，存在结核与基底基岩出露的过渡带，需要对结核采矿区域的边界进行填图。因此，结核采集器应能够识别这些区域，并能够围绕着这些露头"操纵"或在这些露头上面"飞行"，以避免对采矿设备的任何损坏。

8.6.3 与地形的关系

由于海底由深海丘陵（>200 m地形）、海山（>1 000 m）、深海平原和山谷组成，采集器应设计成适应一定坡度，但较陡的区域和起伏较频繁的区域可能会给结核采集器的作业带来问题。中印度洋海盆部分区域的地形分析表明，大部分（92%）区域的坡度为$0°$~$3°$，其余地区的坡度较高（高达$15°$）（Kodagali，1989）。在太平洋一个结核区中的坡度研究表明，坡度<$3°$以结核为主，坡度$3°$~$7°$以沉积为主，坡度$7°$~$15°$为过渡带，坡度大于$15°$以岩石/结壳为主（Yamazaki and Sharma，2000）。因此，集矿系统必须能够安全高效地适应海底地形及不同底质和结核分布区的变化特征。

8.6.4 采矿率优化

年回收率将取决于向大型加工设施提供充足矿料的需求（UNOET，1987）。考虑到不同采矿率的金属产量（表8.5），最佳的结核开采率是至少为1.5Mt/a干结核（最好是2.0Mt/a），以便提供适当的金属量以及投资的净回报。这尤其适用于钴等金属，这些金属的含量很低，因为1.5Mt/a的干结核开采速率只能生产1500 t钴。

8.6.5 矿山生产与矿址面积

据估计，不同开采速率（表8.6）条件下，矿址面积为4 267~12 800 km²，每天将回收3 333~10 000 t结核（矿石）。矿址面积将根据平均结核丰度和采集机装置的效率来确定。这个矿址将是可采区域内的一小部分，根据结核品位、丰度和地形条件的最佳组合来划定，第一个开始采矿的地点称为第一代矿址。就边界丰度5kg/m²而言，海底矿址面积

（约 4 200~12 800 km²）以及接触面积（实际将被剥离）（<1~2 km²/d），相对于可采区域将是极小的面积。

8.6.6　环境影响和废物处理

对海底环境影响的主要来源是采集结核时采集机的移动（Thiel et al.，1998）。早期的研究表明，与自然的大规模海洋环流和沉积物再分配过程相比，深海采矿的总体影响将很小（Amos et al.，1977）。对采矿过程中的海底和海面排放也进行了估算（Morgan et al.，1999）。目前的估计表明，矿址的实际面积以及被采矿系统剥离的面积（即接触面积）会非常小（表 8.6），即使对于最低的结核丰度（5 kg/m²）。再者，预计在第一代矿址中结核丰度较高，接触面积可能仍然较小（图 8.5 和图 8.6），实际开采限制在分配给承包者的区域中的一个微小区块。但受扰动的沉积物总体积（60 000~180 000 m³/d），以及湿沉积物即悬浮态沉积物重量（69 000~207 000 t/d），还有干沉积物即固态颗粒重量（13 800~41 400 t/d），似乎数量很巨大，但与水体的面积和体积相比，并不是很大。

必须注意确保这些沉积物尽可能靠近海底，以避免被水流输送到邻近地区。此外，黏土（<4u）是这些沉积物（Khadge and Valsangkar，2008）的主要成分（>50%），很可能在相当长的一段时间内处于悬浮状态。因此，必须设计适当的装置，以确保与结核有关的大部分沉积物不排到水柱中，而是尽可能靠近海底，以减少对物理化学条件的影响，以免进而影响海洋生态系统中的生物群落。

除了将结核从海底提升到采矿平台之外，另一个环境担忧是在预处理和海上运输过程中以及往岸上搬运时矿石的排放或泄漏，这可能增加表层水的浊度，影响这些地区的生物生产力。此外，在海上处理的情况下，废弃化学品的排放可能比排放采矿废水更危险（Amos et al.，1977）。最后，处理冶金加工后遗留下来的不需要的材料（0.74~2.22 Mt/a）是必须解决的主要问题。寻找替代用途，如可以选择用于土地改造或作为农业材料（Wiltshire，2000；Wiltshire，本书）。

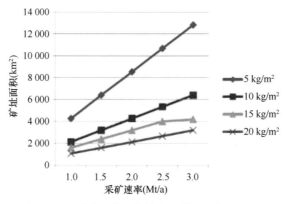

图 8.5　不同采矿率和结核丰度情况下的矿址面积

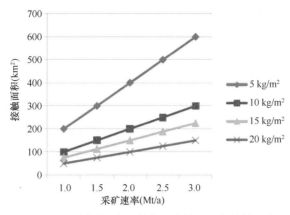

图8.6 不同采矿率和结核丰度情况下的接触面积

8.7 结论

本章中提出的几个公式可用于评价不同矿物特性，也可用于采矿系统不同组成部分的设计。此外，还提出了与采矿有关的估算公式，如金属产量（和价值）、矿址面积（大小）、矿石产量以及因采矿率不同而受到干扰的沉积物体积和重量。考虑到金属价值和估计支出，建议结核的采矿率应至少为 1.5 Mt/a，最好是 2 Mt/a；对较低的采矿率，金属产量将极低，尤其是钴等低含量金属。

建议在提及采矿率时用干结核的形式表示，表示为"采矿率（干）"，因为它代表了将提供给加工厂用于冶炼所开采的结核的绝对数量。"采矿率（湿）"一词可用于描述在去除不同矿点之间可能不同的结核平均含水量（水分）后，为达到采矿率（干）而必须开采的湿结核数量。

结核大小（0～10 cm），覆盖率（1%～90%），丰度（5～25 kg/m²）和埋藏深度（几厘米至几米）等分布和变化特征，结核与沉积物、基岩等不同底质空间分布关系，以及地形对结核分布的控制作用等因素是设计结核采矿系统需考虑的关键地质因素。结核采集机必须是一种智能装置，可以适应坡度的变化、片状分布以及部分至全部埋藏于沉积物–水界面边界下的结核和在结核区中出现的岩石/结壳露头。从摄影数据中得到的估算值只考虑暴露的结核，而从抓斗中获得的丰度数据只考虑部分埋藏的（到抓斗"咬"到的深度）结核，这些计算值可能偏低，意味着实际上在那个位置可能有更多的结核。

承包者要求的区域组成如下：

（1）勘探区——承包者最终保留的区域或管理局分配给拥有专属勘探权的承包者的区域。

（2）可采区——由于地形、坡度和丰度等原因，在减去不可采面积后，分配面积中可采的部分。

（3）矿址——在指定区域内进行采矿作业的最后地点。

尽管分配给不同承包者的合同区面积较大，但最终在海床上被剥离的面积（或接触区），与分配区域的海洋盆地面积相比要小得多，即使有几个矿址位于其中。

鉴于开采结核时预计会有大量的相关沉积物受到干扰，需要采取必要措施，以将这些沉积物限制在海底矿区内，尽量减少将其运往邻近地区的机会。另一个需要关注的问题是如何处理和"使用"大量采矿后留下来的废物。

然而，已有的研究主要集中在设计结核开采和处理技术的核心领域，也需要对以下后勤支持方面给予关注，包括在采矿平台的矿石处理、存储和发电设施，以及用于运输矿石的供应船、物资和人员，特别是考虑到矿区的远距离和不确定的天气条件。

随着陆地资源的枯竭和其他可供工业使用的金属来源的缺乏，结核采矿今后可能成为现实，采矿时机取决于当前条件下市场的成本（Rona，2003）。正如 Morgan（2000）得出的乐观结论："如果能够贯彻海底采矿的国际规则，免除对深海海底开发强加无理的限制，肯定会对这些矿床开展商业性开发。"

参考文献

Academie des Sciences (1984) Les nodules polymetalliques. Faut-il exploiter les mines oceaniques? Gauthier-Villiars, Paris

Amos AF, Roels OA, Garside C, Malone TC, Paul AZ (1977) Environmental aspects of nodule mining. In: Glasby GP (ed) Marine manganese deposits. Elsevier, Amsterdam, pp 391–437

Bastien-Thiry H (1979) Sampling and surveying techniques. In: Manganese nodules: dimensions and perspectives, UNOET. Reidel, Dodrecht, pp 7–19

Cronan DS (ed) (2000) Marine mineral deposits handbook. CRC Press, Boca Raton

Cronan DS, Tooms JS (1967) Subsurface concentration of manganese nodules in Pacific sediments. Deep-Sea Res 14:112–119

Dick R (1985) Deep-sea mining versus land based mining. In: Donges JB (ed) The economics of deep-sea mining. Springer, Berlin, pp 2–60

Felix D (1980) Some problems in making nodule abundance estimates from seafloor photographs. Mar Min 2:293–302

Fewkes RH, McFarland WD, Reinhart WR Sorem RK (1979) Development of a reliable method for evaluation of deep sea manganese nodule deposits. Bureau of Mines Open File Report 64-80, US Department of the Interior Bureau of Mines, p 91

Flipse JE, Dubs MA, Greenwald RJ, (1973) Pre-production manganese nodules activities and requirements. Mineral resources of the deep seabed, hearings of the sub-committee on minerals, materials and fuels of the US Senate Committee on Interior and Insular affairs (15 March), pp 602–700

Frazer JZ, Fisk MB, Elliott J, White M, Wilson L (1978) Availability of copper, nickel, cobalt and manganese from ocean ferromanganese nodules. Annual Report, June 30, 1977-August 31, 1978, US Department of Commerce, SIO Reference 78-25, pp 105–138

Glasby GP, Meylan MA, Margolis SV, Backer H (1980) Manganese deposits of the Southwestern Pacific Basin. In: Varentsov IM, Grasselly GY (eds) Geology and geochemistry of manganese, vol III. Hungarian Academy of Science, Budapest, pp 137–183

Gleason WM (2008) Companies turning to seafloor in advance of next great metals rush. Min Eng 60:14–16

Handa K, Tsurusaki K (1981) Manganese nodules: relationship between coverage and abundance in the northern part of Central Pacific Basin, vol 15. Geological Survey of Japan, pp 184–217

Herrouin G, Lenoble JP, Charles C, Mauviel F, Bernard J, Taine B (1991) French study indicates profit potential for industrial manganese nodule venture. Trans Soc Min Metall Explor 288:1893–1899

Horn DR, Horn BM, Delach MN (1973) Factors which control the distribution of ferromanganese nodules and proposed research vessel's track, North Pacific. Technical report No 8, NSF-GX33616, Washington DC, p 19

ISA (2008) Report on the International Seabed Authority's workshop on Polymetallic nodule mining technology: current status and challenges ahead. International Seabed Authority, Jamaica. ISBA/14/LTC/3, p 4

Iyer SD, Karisiddaiah SM (1988) Morphology and petrography of pumice from the Central Indian Ocean Basin. Indian J Mar Sci 17:333–334

Iyer SD, Sharma R (1990) Correlation between occurrence of manganese nodules and rocks in a part of the Central Indian Ocean Basin. Mar Geol 92:127–138

Jauhari PJ, Pattan JN (2000) Ferromanganese nodules from the Central Indian Ocean Basin. In: Cronan DS (ed) Handbook of marine mineral deposits. CRC Press, Boca Raton, pp 171–195

Jauhari P, Kodagali VN, Sankar SJ (2001) Optimum sampling interval for evaluating ferromanganese nodule resources in the Central Indian Ocean. Geo-Mar Lett 21:176–182

Kaufman R (1974) The selection and sizing of tracts comprising a manganese nodule ore body. In: Pre-prints offshore technology conference, vol. II. Houston, pp 283–289

Khadge NH, Valsangkar AB (2008) Geotechnical characteristics of siliceous sediments from the Central Indian Basin. Curr Sci 94:1570–1573

Kodagali VN (1989) Morphometric studies on a part of Central Indian Ocean. J Geol Soc India 33:547–555

Kodagali VN, Sudhakar M (1993) Manganese nodule distribution in different topographic domain of the Central Indian Basin. Mar Georesour Geotechnol 11:293–209

Kotlinski R (2001) Mineral resources of the world's ocean—their importance for global economy in the 21st century. In: Proceedings of the ISOPE Ocean mining symposium, Szczecin, Poland, pp 1–7

Kunzendorf H (1986) Marine mineral exploration. Elsevier, Amsterdam, p 300

Lenoble JP (1980) Polymetallic nodules resources and reserves in the North Pacific from the data collected by AFERNOD. Oceanol Int 80:11–18

Lenoble JP (1982) Technical problems in ocean mining evaluation. In: Varentsov IM, Grasselly GY (eds) Geology and geochemistry of manganese, vol III. Hungarian Academy of Science, Budapest, pp 327–342

Lenoble JP (2000) A comparison of possible economic returns from mining deep-sea polymetallic nodules, polymetallic massive sulphides and cobalt-rich ferromanganese crusts. In: Proceedings of the workshop on mineral resources, International Seabed Authority, Jamaica, pp 1–22

Mero JL (1977) Economic aspects of nodule mining. In: Glasby GP (ed) Marine manganese deposits. Elsevier, Amsterdam, pp 327–355

Morgan CL, Odunton N, Jones AT (1999) Synthesis of environmental impacts of deep seabed mining. Mar Georesour Geotechnol 17:307–357

Morgan CL (2000) Resource estimates of the Clarion-Clipperton manganese nodule deposits. In: Cronan DS (ed) A handbook of marine mineral deposits. CRC Press, Boca Raton, pp 145–170

Nath BN, Prasad MS (1991) Manganese nodules in the exclusive economic zone of Mauritius. Mar Min 10:303–335

OMA (1982) Application by Ocean Mining Associates for an exploration license, filed with NOAA, US Dept. of Commerce (18-2-1982)

OMI (1982) Application for and notice of claim to exclusive exploration rights for manganese nodule deposits in the NE Equatorial Pacific Ocean, filed with NOAA, US Dept. of Commerce (19-2-1982)

Park SH, Kim DH, Kim C, Park CY, Kang JK (1997) Estimation of coverage and size distribution of manganese nodules based on image processing techniques. In: Proceedings of the second Ocean mining symposium, Seoul, 24–26 Nov, pp 40–44

Pattan JN, Parthiban G (2007) Do manganese nodules grow or dissolve after burial? Results from the Central Indian Ocean Basin. J Asian Earth Sci 30:696–705

Pearson JS (1975) Ocean floor mining. Noyes Data Corporation, New Jersey

Rona PA (2003) Resources of the ocean floor. Science 299:673–674

Sarkar C, Iyer SD, Hazra S (2008) Inter-relationship between nuclei and gross characteristics of manganese nodules, Central Indian Ocean basin. Mar Georesour Geotechnol 26:259–289

Sharma R (1989a) Effect of sediment-layer boundary layer on exposure and abundance of nodules: a study from seabed photographs. J Geol Soc India 34:310–317

Sharma R (1989b) Computation of nodule abundance from seabed photographs. In: Proceedings of offshore technology conference, Houston, 1–4 May, pp 201–212

Sharma R (1993) Quantitative estimation of seafloor features from photographs and their application to nodule mining. Mar Georesour Geotechnol 11(4):311–331

Sharma R (1998) Nodule distribution characteristics and associated seafloor features: factors for exploitation of deep-sea Fe-Mn deposits. Society for Mining, Metallurgy and Exploration INC, vol 304, pp 16–22

Sharma R (2011) Deep-sea mining: economic, technical, technological and environmental consideration for sustainable development. Mar Technol Soc J 45:28–41

Sharma R, Kodagali VN (1993) Influence of seabed topography on the distribution of manganese nodules and associated features in the Central Indian Basin: a study based on photographic observations. Marine Geology, 110(1–2):153–162

Sharma R, Sankar SJ, Samanta S, Sardar AA, Gracious D (2010) Image analysis of seafloor photographs for estimation of deep-sea minerals. Geo-Mar Lett 30:617–626

Sharma R, Khadge NH, Jai Sankar S (2013) Assessing the distribution and abundance of seabed minerals from seafloor photographic data in the Central Indian Ocean Basin. Int J Remote Sens 34:1691–1706

Siapno WD (1975) Exploration technology and ocean mining parameters. American Mining Congress Convention, San Fransisco, p 24

Stoffers P, Sioulas A, Glasby GP, Thijssen T (1982) Geochemical and sedimentological studies of box core from western sector of the Peru Basin. Mar Geol 48:225–240

Sudhakar M, Das SK (2009) Future of deep seabed mining and demand-supply trends in Indian scenario. In: Proceedings of ISOPE Ocean mining symposium, Chennai, pp 191–196

Thiel H, Angel MV, Foell EJ, Rice AL, Schreiver G (1998) Environmental risks from large scale ecological research in the deep-sea: a desk study. In: Marine science and technology, official publication of the European Communities, vol XIV, p 210

UNOET (1987) Delineation of mine sites and potential in different sea areas. UN Ocean Economics and Technology Branch and Graham & Trotman Limited, London

Usui A (1986) Local variability of manganese nodule deposits around the small hills in the GH81-4 area. In: Nakao S (ed) Marine geology, geophysics and manganese nodules around deep-sea hills in Central Pacific basin, report of Geological Survey of Japan no. 21, pp 98–159

Usui A (1994) Manganese nodule facies in the western part of the Penrhyn Basin, south Pacific

(GH83-3 Area). In: Usui A (ed) Marine geology, geophysics and manganese nodules in the Penrhyn Basin, South Pacific, report of Geological Survey of Japan no. 23, pp 87–164

Usui A, Nakao S (1984) Local variability of manganese nodule deposits in GH80-5 area. In: Nakao S, Moritani T (eds) Marine geology, geophysics and manganese nodules in the northern vicinity of Magellan Trough, rcport of Gcological Survcy of Japan no. 20, pp 106–121

Wiltshire JC (2000) Innovations in marine ferro-manganese oxide tailings disposal. In: Cronan DS (ed) Handbook of marine mineral deposits. CRC Press, Boca Raton, pp 281–308

Wiltshire J.C., (this publication). Sustainable Development and its Application to Mine Tailings of Deep Sea Minerals. In: Sharma R. (Ed.) Deep-sea mining: resource potential, technical and environmental considerations, Springer, Pp. ___

Yamazaki T, Sharma R (1998) Distribution characteristics of co-rich manganese deposits on a seamount in the Central Pacific Ocean. Mar Georesour Geotechnol 16:283–305

Yamazaki T, Sharma R (2000) Morphological features of Co-rich manganese deposits and their relation to seabed slopes. Mar Georesour Geotechnol 18:43–76

拉胡尔·夏尔马（Rahul Sharma）博士（rsharma@nio. org，rsharmagoa@ gmail. com）是印度果阿邦国家海洋研究所的科学家，"海洋采矿环境研究"跨学科专家小组组长。地质学硕士和海洋科学博士。专业特长是勘探和环境数据应用于海底采矿。他编写了3期科学杂志专刊、1本会议论文集，发表了35篇科学论文、20篇文章，并在国际研讨会上发表50篇论文。

他曾作为访问学者出访日本，作为客座教授出访沙特阿拉伯，作为联合国工业发展组织的一员参与欧洲、美国和日本的深海采矿技术现状评估工作，担任牙买加的国际海底管理局应邀发言嘉宾和顾问，参与联合国《世界海洋评估报告 I》的编写工作。

第二部分
深海采矿技术：概念及应用

第9章 深海采矿系统设计的
基本岩土工程考虑

Tetsuo Yamazaki

摘要： 锰结核、海底多金属硫化物和富钴锰结壳作为未来金属资源的重要性已被广泛认知。但是，这些资源的岩土工程信息比较少，无法为采矿系统设计提供参考。本章主要介绍了上述这些资源及其相关沉积物岩土工程特征的基础研究成果。分析了岩土工程特征对采矿系统设计的影响，进一步讨论了采矿系统设计中一些附加的工程和经济性因素。

9.1 引言

海底锰结核、块状硫化物和富钴锰结壳作为未来的金属资源而被广为关注（Mero，1965；Halbach，1982；Lenoble，2000）。缺乏岩土工程信息是其一直没有进行商业开发的原因之一。

锰结核是第一个公认的深海矿物资源（Mero，1965；Cronan，1980），人们在采矿系统的研发（Welling，1981；Herrouin et al.，1989；Yamada and Yamazaki，1998）及其对环境的影响上（Burns et al.，1980；Foell et al.，1990；Yamazaki and Kajitani，1999）做了很多研究工作。锰结核赋存的深海沉积物是采矿系统设计的一个重要对象（Richards and Chaney，1981）。本文总结了锰结核和深海沉积物的一些重要岩土工程特征。

最近，日本在北太平洋对海底块状硫化物和富钴锰结壳进行了积极的勘探调查（Usui and Someya，1997；Nishikawa，2001）。调查结果显示，海底块状硫化物和富钴锰结壳有着更大的金属资源潜力（Yamazaki，1993；Iizasa et al.，1999）。另一方面，文献中关于采矿系统设计的信息十分有限（Halkyards，1985；Yamazaki et al.，1990）。尽管文献中介绍了一些海底块状硫化物、富钴锰结壳及其海底沉积物的岩土工程特征样本数据，但相关数据的积累依然缺乏。

9.2 岩土工程特征对采矿系统设计的重要性

图9.1为深海矿产资源开采系统示意图，主要包括采矿船、管道和提升泵组成的矿石提升系统以及海底采矿车。根据金属矿物的不同赋存深度（例如，锰结核一般分布在距海平面5 000 m左右的海底，块状硫化物分布在距海平面1 500 m左右的海底，富钴锰结壳分布在距海平面2 000 m左右的海底）和生产率，采矿船以及提升系统的尺寸和能力会有不同。尽管整体采矿系统是类似的，但是由于资源分布和岩土工程特性的不同，采矿车会

有很大区别。

锰结核通常分布在水深 4 000~6 000 m 的海底，太平洋地区克拉里昂—克利珀顿断裂带（CCFZ）以赋存着密集并且高质量的锰结核而著称（Padan，1990；ISA，2008）。这些结核直径一般为 1~15 cm，一半埋在松软的深海沉积物中。根据 CCFZ 的勘探结果，预计锰结核商业开采的第一阶段平均湿结核丰度为 10 kg/m^2（Herrouin et al.，1989）。结核分布简单模型如图 9.2 所示。在这种情况下，结核的覆盖率只有 15%。从图中可以很容易地看出海底沉积物的岩土工程特征对锰结核采矿车设计的重要性。由于其较高的采集效率和可靠性已在规模化的模型试验中被验证，如图 9.3 所示的水力收集装置可能会被用于锰结核采集（Yamada and Yamazaki，1998）。此外，关于收集系统，也有学者研究了机械-水力复合式结核采集装置（Hong et al.，1999；Schulte et al.，2001）。

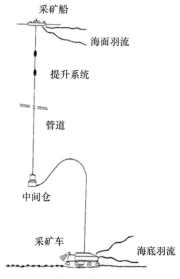

图 9.1 采矿系统和羽流示意图

无论如何，采矿系统设计所需的最基本参数是沉积物的岩土工程特征。拖曳式和自行式行进机制也严重受沉积物性质的影响（Yamazaki and choi，1989；Hong and Choi，2001）。在结核的采集和移动过程中，大量的海底沉积物被重塑和重新悬浮，进而形成了如图 9.1 所示的海底沉积物羽流。有些沉积物通过提升系统同海水和结核一起被输送到了采矿船，那些不能与海水分开的沉积物和结核碎片则从船上被排放到水面，并形成浑浊的羽流。这些羽流可能会对海洋生态系统造成影响（Ozturgut et al.，1978；Foell et al.，1990）。学者们研究了在采矿试验和人工试验中以及采矿试验和人工试验后一些基本的环境影响（Burns et al.，1980；Ozturgut et al.，1980；Thiel and Forschungsverbund Tiefsee-Umweltsschutz，1995；Yamazaki and Kajitani，1999）。另一方面，针对当前的环境问题，有学者提出了将沉积物和含结核的海水排放到海水底层的建议（Agarwal et al.，2012）。在上述两种情况下，水柱中的羽流行为都受到沉积物岩土工程特征的影响。

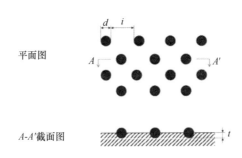

平面图

A-A'截面图

直径：d=5.0 cm
间距：i=11.2 cm
埋藏深度：t=2.5 cm

结核密度：2.0 g/cm³ (湿重)
沉积物密度：1.2 g/cm³ (湿重)
覆盖率：15%

图 9.2　10kg/m²（湿重）结核分布模型

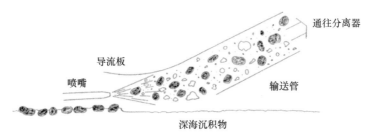

图 9.3　锰结核水力采集装置

表 9.1　与其他深海矿产资源相比，海底块状硫化物的总体分布特征

	锰结核	块状硫化物	富钴锰结壳
距海平面深度	4 000~6 000 m	700~3 500 m	800~2 500 m
分布区域地势	平坦的海底	海隆和弧后的扩展中心	海岛和海山的斜坡
			平顶海山的顶部
基体	沉积物	玄武岩	玄武岩
		变质岩	玄武碎屑岩
			石灰岩
形态	结核	海底的烟囱和土丘	结壳
			结核
沉积量	覆盖率：<50%	数千万吨的多金属矿体	厚度：<20 cm
			覆盖率：<100%
	丰度：<40 kg/m²		丰度：<200 kg/m²

续表

	锰结核	多金属硫化物	富钴锰结壳
金属含量	Co：<0.5%	Au：$<20\times10^{-6}$	Pt：$<2\times10^{-6}$
	Ni：<2%	Ag：<1%	Co：<2%
	Cu：<2%	Cu：<15%	Ni：<1%
	Mn：<35%	Pb：<25%	Cu：<0.5%
	Fe：<25%	Zn：<25%	Mn：<35%
		Fe：<40%	Fe：<25%

海底块状硫化物是由与扩张中心相关联的热液过程形成的，板块构造运动一般活动在水深 1 200~3 500 m 的地方（Rona and Scott，1993）。与其他深海矿产资源相比，海底块状硫化物的总体分布特征如表 9.1 所示。在日本的冲绳和伊豆—小笠原（Izui-Ogasawara）地区，水深 700~1 800 m 的地方发现了富含 Au 和 Ag 的黑矿型矿床（Halbach et al.，1989；Iizasa et al.，1999）。硫化物的岩土工程特征是海底采矿车采掘和推进机构设计的主要因素。然而，从岩土工程的观点来看，在这三种资源中，有关硫化物的岩土工程信息是最少的（Crawford et al.，1984；Yamazaki and Park，2003）。由于当前硫化物商业开采的兴趣高涨（Malnic，2001），一些硫化物的岩土工程特征已经被评估（Nautilus Minerals，Inc.，2007）。如果在矿区附近存在活动的热液喷口，则可能会出现完全不同的生态系统响应。

富钴锰结壳分布在水深 800~2 500 m 的海山上。赤道太平洋地区被认为是高潜力地区（Halbach，1982；Manheim，1986）。富钴锰结壳分布示意图如图 9.4 所示，不仅是结壳及其基底的岩土工程特征，还有海底沉积物的岩土工程特征，都是海底采矿车设计的重要因素。开采富钴结壳的环境影响可能与锰结核采矿的环境影响相似。

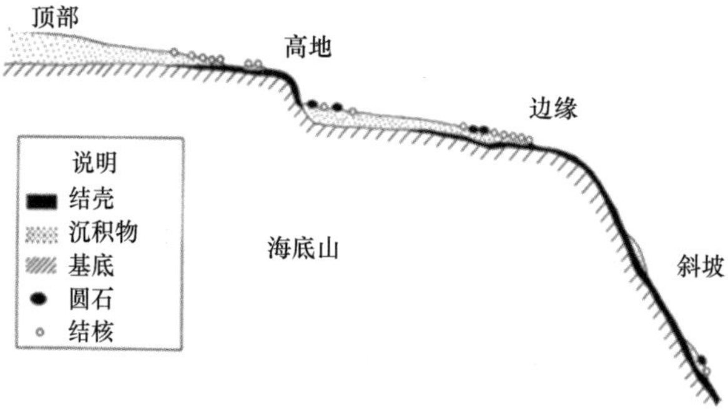

图 9.4　富钴锰结壳分布示意图

由于这三种资源都处于深水中，它们的应力状态受到高围压的影响。在围压作用下，材料抗压强度会线性增加。然而，压力对抗拉强度和抗剪强度没有影响或影响较小（Yamaguchi and Nishimatsu，1991）。确定岩石材料的拉伸强度和沉积物的抗剪强度是岩土工程中最重要的。其他岩土工程特征，像密度和抗压强度等，在采矿系统矿石提升机构设计和矿石后处理破碎机的机械设计中都是非常重要的参数。另一方面，沉积物粒度分布是影响羽流行为的关键因素。

9.3 深海矿物的岩土工程特征

9.3.1 锰结核和深海沉积物

9.3.1.1 锰结核

测试密度和孔隙度是锰结核的物理性质。首先将待测锰结核放在真空水罐中浸水 48 小时。然后在水饱和条件下，测量结核在水中和空气中的重量。105℃高温干燥 24 小时后，再测定完全干燥的条件下结核在空气中的重量。采用以下方程计算体积密度、固体密度和孔隙度：

$$\rho_b = \frac{W_w}{(W_w - W_s)/\rho_w}$$

$$n = \frac{W_w - W_o}{W_w - W_s}$$

$$\rho_s = \frac{\rho_b - n\rho_w}{1 - n}$$

其中，ρ_b 为体积密度；ρ_s 为固体的密度；ρ_w 为水的密度；W_w 为空气中湿重；W_s 为水中湿重；W_o 为空气中干重；n 为孔隙度。

测量抗压强度、抗拉强度、功指数、普氏系数、肖氏硬度和显微维氏硬度等岩土工程特性。在水饱和条件下制成的柱状试件，用于单轴抗压强度测量。结核本身在没有任何处理的情况下进行点荷载抗拉强度测量。抗拉强度计算公式如下（Hiramatsu et al.，1965）：

$$S_t = 0.9 P_p / d^2$$

其中，S_t 为抗拉强度；d 为加载点之间的距离；P_p 为点荷载下的失效载荷。

这些用来测试的样本是在 GH81-4 航次中（GSJ，1986）从中太平洋盆地采集的。测试结果如表 9.2 所示，根据航次报告中一篇文章（Usui，1986）所提到的结核分类方法，表中将结核分成了三类。

表 9.2 锰结核的岩土工程特性

结核类型	r	s	s.r
体积密度（g/cm³）	1.98	—	2.02
抗压强度（MPa）	1.4~4.0	—	0.4~1.1
抗拉强度（MPa）	0.2~0.3	—	0.1~0.3
功指数（kWh/t）	8.27		10.4
普氏系数	1.33		1.11
肖氏硬度	13~27	20~32	14~21
显微维氏硬度	11~26	16~28	12~27

注：s 表示表面光滑的结核；r 表示表面粗糙的结核；s.r 表示表面处于中间状态的结核

锰结核的尺寸大小不仅是集矿系统设计的重要数据，也是潜在矿址远程声学分析的重要数据（Magnuson，1983）。Sundkvist 介绍了一些样本分布情况（1983），该文以海底照片中结核横截面面积作为相对频率的代表方程，介绍了瑞利概率分布。如图 9.5 和图 9.6 所示，从 R/V Hakurei-maru 航次 GH79-1 在太平洋中部盆地的数据中可以得到（NRIPR，1989）相对频率与结核长轴的威布尔概率分布关系，以及累积频率与结核长轴的高斯概率分布关系。这些结核粒度分布的数值模拟对了解潜在矿区的岩土工程特征具有十分重要的意义。

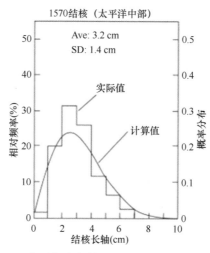

图 9.5　相对频率与结核长轴的威布尔概率分布

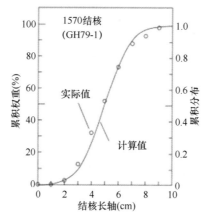

图 9.6　累积频率与结核长轴的高斯概率分布

9.3.1.2　深海沉积物

（1）沉积物取样

深海沉积物的岩土工程特征，如粒度分布、固体密度、体积密度、含水量、圆锥贯入阻力和抗剪强度等，是锰结核采矿系统设计的关键数据，Richards 和 Chaney 讨论了其重要性（1981）。

通常情况下，铲箱取样器的边长为50 cm，可用于表面沉积层的大量取样。一个直径约10 cm，长度40~50 cm从铲箱中取样的子芯被带回陆地实验室进行岩土测试。含水量和随深度变化的十字板抗剪强度等一些特性，则在船上从箱式取样器表面开始每隔6 cm取样测量（Yamazaki et al.，1995a）。

对于较深的取样，使用的是芯管内径约6 cm的活塞式取样器。含水量和十字板抗剪强度在船上从样品表面开始每隔50 cm取样测量。下一节详细描述了一种大直径的重力岩芯取样器（LC）在1994年被用于深海沉积物的深度取样，岩芯被带回陆地实验室进行岩土工程特性测量。

（2）静力特性

在陆地实验室中测量了包括含水量和十字板抗剪强度在内的岩土工程特性。通过比较陆地和船上测量的含水量和十字板抗剪强度值，有利于了解子芯管的运输条件。粒度分布、浓度，如Atterberg液体极限和Atterberg塑料极限、单轴抗压强度和三轴抗压强度都在陆地实验室得到了测量。一些物理扰动后沉积物强度的降低是影响采矿车推进机构设计的重要因素（Richards and Chaney，1981）。在每个岩芯位置上测量原始十字板抗剪强度后，将十字板完全旋转几次，并将其值作为相应位置的重塑值，二者的比值为抗剪强度的灵敏度。

$$s = \tau_o / \tau_r$$

式中，s为灵敏度；τ_o为原始十字板抗剪强度；τ_r为重塑十字板抗剪强度。

图9.7、图9.8、图9.9、图9.10、图9.11、图9.12和表9.3展示了包括从三轴压缩强度数据计算出的内部摩擦角和内聚力等岩土工程特性样本数据，图9.13是从重力岩芯取样器测得的岩土工程特性数据。将直径为35 mm、长度为70 mm的多个试样不同围压下的内摩擦角和内聚力作为莫尔破坏圈的切线向线。

（3）动力特性

采用一种新开发的方法对深海沉积物进行了动态特性分析（Yamazaki et al.，1995c），该方法是基于对圆柱形试件上圆盘碰撞器下落行为的测量。圆盘碰撞器的质量是500 g，直径为35 mm。为了获得约1 m/s的接触速度，圆盘碰撞器的自由落体高度设置在试样或样品上方15 cm左右的地方。动态测试原理如图9.14所示，从接触试件或样品的前0.05 s开始测量圆盘碰撞器的位移直到圆盘碰撞器停止。应用弹簧和阻尼器并联组成的Voigt模型（图9.15）和沉积物的应力—应变方程对数据进行分析。碰撞器的运动方程为：

$$x'' + \frac{A\eta}{lm}x' + \frac{Ak}{lm}x - g = 0$$

其中，x为碰撞器位移；A为沉积物横截面积；l为沉积物长度；η为沉积物动力黏度；k为沉积物弹性模量；m为碰撞器质量；g为重力加速度；x'为一阶微分；x''为二阶微分。

如果已知沉积物的横截面积和长度，通过代入实测的位移数据和计算得到的速度和加速度，可以通过该方程得到动力黏度和弹性模量（Yamazaki et al.，1995c）。

由于低强度和高灵敏度的特性，不可能在十字板抗剪强度小于4 kPa的子芯样品中形成圆柱体试样。在估算沉积物动态响应过程中起着重要作用的表层沉积物，其十字板抗剪

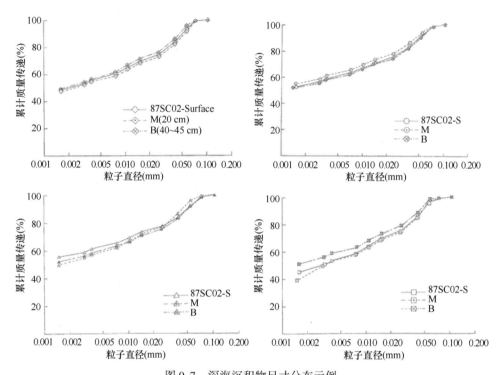

图 9.7 深海沉积物尺寸分布示例

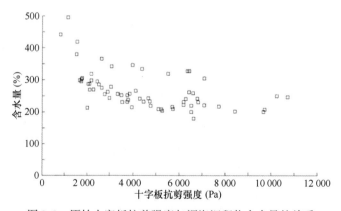

图 9.8 原始十字板抗剪强度与深海沉积物含水量的关系

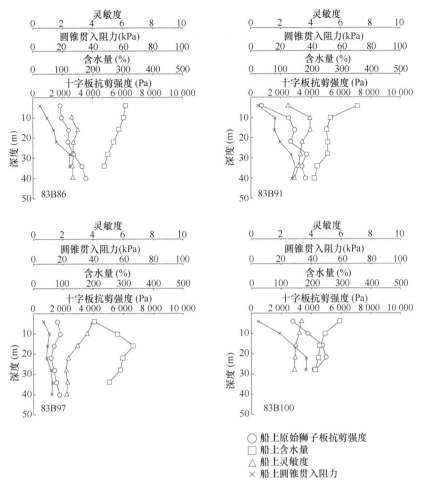

图 9.9 船上测量结果示例

强度大部分都小于 4 kPa，因此必须直接测量子芯样品的动态响应。然而，对于子芯样品而言，不可能指定与碰撞接触变形相关的横截面积和长度。为了解决这个问题，开发了一种外推方法来假设子芯样品中的横截面面积与长度的比率（Yamazaki et al.，1995c）。在该方法中，在形成试样的可能强度范围，即当十字板抗剪强度大于 4 kPa 时，对子芯样品和圆柱形试样均测量碰撞器的下降量。从试样碰撞试验结果中推导出试样的弹性模量和动力黏度。另一方面，在子芯样品碰撞测试结果分析中，截面面积与长度的比值被设定为未知因素。由于给出了所得到的弹性模量和动力黏度，这个比值是可以计算出来的。假定十字板抗剪强度低于 4 kPa 时，横截面积与长度之比可以从高于 4 kPa 时的数据外推得到。这个假设的背景来自沉积物强度相关因素的连续性。例如，如图 9.7 所示，在研究范围内，含水量和十字板抗剪强度之间的关系具有明显的连续性，且在有限范围内几乎是线性的。图 9.16 和 9.17 总结了由这些过程推导出来的弹性模量和动力黏度。

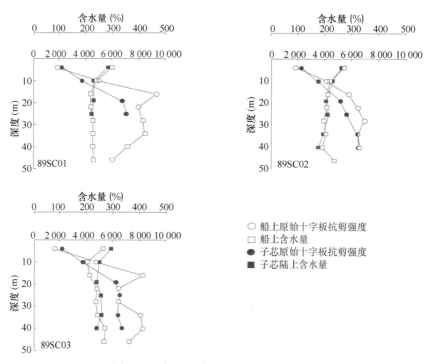

图 9.10 船上和陆地测量结果对比示例

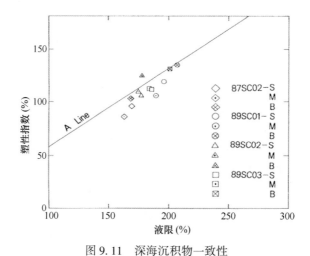

图 9.11 深海沉积物一致性

30 000
20 000
10 000
0
差应力 (Pa)
87SC02-M(20 cm)
0 20 000 40 000 60 000 80 000 100 000
轴向应力 (Pa)
89SC01-M
89SC02-M
89SC03-M

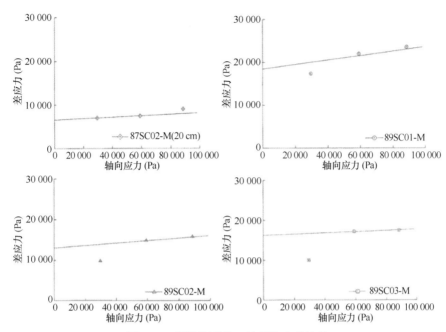

图 9.12 深海沉积物三轴压缩实验结果

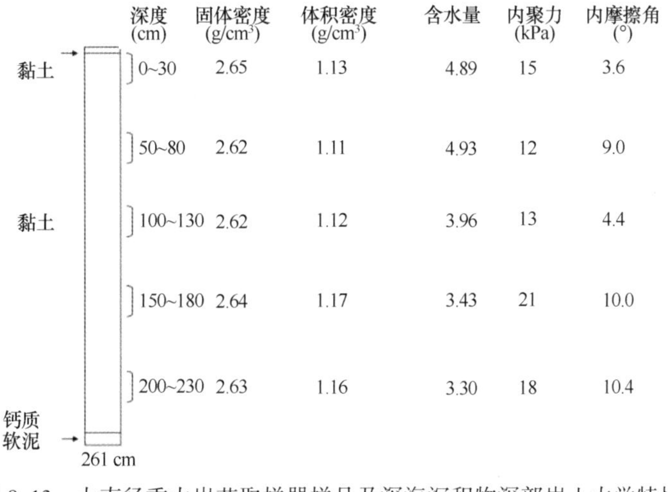

深度 (cm)
固体密度 (g/cm^3)
体积密度 (g/cm^3)
含水量
内聚力 (kPa)
内摩擦角 (°)
黏土
0~30 2.65 1.13 4.89 15 3.6
50~80 2.62 1.11 4.93 12 9.0
黏土
100~130 2.62 1.12 3.96 13 4.4
150~180 2.64 1.17 3.43 21 10.0
200~230 2.63 1.16 3.30 18 10.4
钙质软泥
261 cm

图 9.13 大直径重力岩芯取样器样品及深海沉积物深部岩土力学特性

表 9.3 图 9.12 中内聚力和内摩擦角计算

试样编号	内聚力（kPa）	内摩擦角（°）
87SC02	3.3	0.4
89SC01	9.2	1.5
89SC02	6.5	0.8
89SC03	8.1	0.4

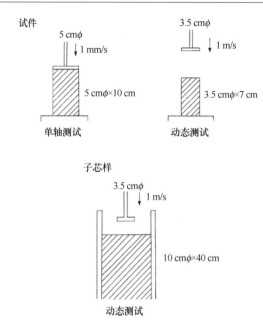

图 9.14　圆柱试样的静态单轴实验、动态实验以及子芯样品的动态实验示意图比较

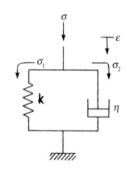

图 9.15　动态特性分析物理模型

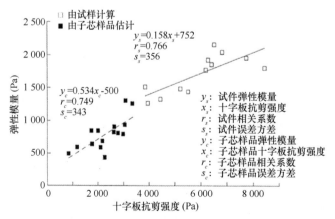

图 9.16　深海沉积物的动态弹性模量与十字板抗剪强度之间的关系

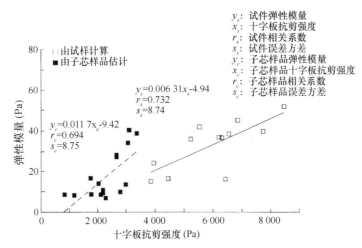

图 9.17 深海沉积物动态黏度系数与十字板抗剪强度的关系

（4）原位测试

由于深海沉积物搬运到船上及陆地实验室时，其特性易受影响，因此了解深海沉积物岩土工程特性的最好方法是原位测试。本书作者进行了先驱性试验和提案（Tsurusaki et al.，1984；Yamazaki et al.，2005），Babu 等报道了一个成功的结果（2013）。

9.3.2 海底块状硫化物

与锰结核测试流程相同，对作为海底块状硫化物的基本物理特性的密度、孔隙度和 P 波速度进行了测量，并使用与多金属结核相同的方程计算了饱和密度和孔隙度。

此外，对抗压强度、抗拉强度、杨氏模量、泊松比、肖氏硬度和显微维氏硬度等岩土工程特性也进行了测量。由于样品数量不够，在某些情况下很难制成标准的圆柱形试验样品。因此，单轴抗压强度测定使用长 20 mm×宽 20 mm×高 40 mm 的矩形柱状试件，点负荷抗拉强度测定使用不规则形状的试件。拉伸强度计算使用与锰结核相同的方程。

实验测试了从东太平洋海隆的 Gorda Ridge（Malahoff，1981）以及冲绳海槽的 Izena Calderon 使用载人潜水器收集的样品，测试结果如表 9.4 所示（Yamazaki et al.，1990；Yamazaki and Park，2003）。表 9.5 给出了其中一些样品的金属含量。金属含量和岩土工程特性之间表现出很好的相关性，相关性的例子如图 9.18 所示（Yamazaki and Park，2003）。

表 9.4　海底块状硫化物的岩土工程特性

岩土工程特性	A	B	C	D	E	F	G	H1	H2	I1	I2	J1	J2	K
体积湿密度	3.298	4.022	3.140 6	2.801	2.914	2.387	3.358	2.554	2.688	3.861	3.682	3.388	3.349	3.364
含水量	0.115 5	0.038 4	0.146 7	0.165	0.141	0.207	0.126	0.214	0.174	0.059	0.081	0.128	0.148	0.095
固体密度（g/m³）	4.63	4.55	4.49	4.25	4.17	3.64	4.976	4.273	4.008	4.66	4.765	5.095	5.49	4.413
孔隙度（%）	37	15	39	45	40	48	41	53	45	22	29	42	48	31
P波速度（km/s）	3.4	3.5	3.1	1.9	2.3	1.8	3.55	2.76	2.49	3.2	2.93	2.45	2.65	2.56
抗压强度（MPa）	24	38.2	21	3.45	6.37	3.13	11.05	10.26	12.58	18.1	14.93	18.52	11.69	19.22
抗拉强度（MPa）	2.23	4.09	3.04	0.61	0.8	0.14	2.4	2.54	1.81	4.54	2.42	5.21	2.18	2.33
杨氏模量（GPa）	21.9	35.2	18.5	5.7	7.8	22.5	1.448	1.794	3.836	4.51	5.108	4.859	1.745	5.813
泊松比	0.15	0.28	0.47	0.31	0.27	0.31	-0.022	0.009	0.133	0.025	0.053	0.032	0.01	0.039
肖氏硬度	10.2	18.3	14.6	1.5	9.4	5.2	39.01	1.8	7.65	23.32	14.41	12.3	16.94	10.54
显微维氏硬度	162	218	154	0	59	0	635	137	0	188	0	0	0	291

表9.5 海底块状硫化物样品的金属含量

鉴定	A	B	C	G	H	I	J	K
Au（g/t）	12.8	6.3	5.9	1.3	5.72	0.55	3.98	0.82
Ag（g/t）	967	491	676	65.8	500+	500+	476	500+
Cu（%）	13.33	0.895	8.14	0.16	0.01	2.75	1.03	4.7
Pb（%）	16.05	18.75	21.29	0.08	0.14	16.86	10.08	20.25
Zn（%）	29.95	50.2	28.45	0.86	0.6	44.1	20.98	31.83
Fe（%）	2.98	3.41	5.37	44.4	0.77	4.16	19.39	4.15

注：Ag 中的"500+"意味着该值超出分析范围

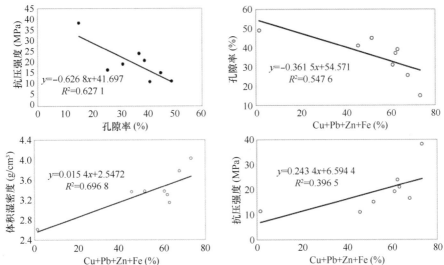

图9.18 海底块状硫化物的金属含量与岩土工程特性之间具有良好相关性的例子

9.3.3 富钴锰结壳和海山沉积物

9.3.3.1 结壳和底质

除抗压强度外，富钴锰结壳及其基底的测量项目和方法与海底块状硫化物几乎相同。由于结壳和部分底质太薄弱，样品数量不够，甚至矩形试件都难以得到，因此，选择使用不规则形状的试件用于抗压强度测量。为了避免尺寸效应，在水饱和条件下使用重量范围为 30~50 g 的片状样本进行测试。根据常规单轴载荷试验方法使用下面的方程计算抗压强度（Protodyakonov，1960）：

$$S_c = 5.26 P_1 / V^{2/3}$$

式中，S_c 为抗压强度；P_o 为常规加载下的失效载荷；V 为试件体积。

表9.6 是对中太平洋赤道地区、马库斯岛的东南部和西南部地区以及 Okinotori-shima

岛周围采集的样本进行测试的结果，图 9.19、图 9.20 和图 9.21 显示了密度、抗压强度和抗拉强度的频率。

表 9.6　富钴锰结壳及底质的岩土工程特性

岩土工程特性	结壳	底质
密度（g/cm³）	1.65~2.17	1.44~2.92
孔隙度（%）	43~74	7~69
P 波速度（m/s）	2 090~3 390	1 760~5 860
抗压强度（MPa）	0.5~16.8	0.1~68.2
抗拉强度（MPa）	0.1~2.3	0.0~18.9

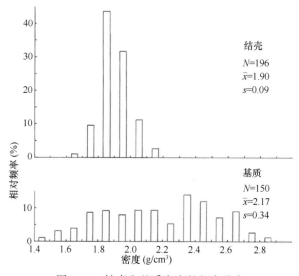

图 9.19　结壳和基质密度的频率分布

9.3.3.2　海山沉积物

（1）海山沉积物样品

海山沉积物的尺寸分布、固体密度、体积密度、含水量和强度等岩土工程特性是富钴锰结壳采矿系统设计的重要数据。但是，这些特性参数的相关文献极少，只有它们的地质尺寸分类是可用的（Nishimura, 1989）。

从 1991 年开始，大直径重力取样器（LC）被用于富钴锰结壳及海山沉积物的取样（Yamazaki et al., 1993）。LC 的示意图如图 9.22 所示，重力取样器头重 350 kg，岩芯筒重 160 kg。自由落体高度位于海平面之上 3 m 处。岩芯筒长 4 m，外径 140 mm；钻头的外径为 150 mm，略大于岩芯筒；插入岩芯筒的芯管的内径为 110 mm。在钻头后面安装了两个岩芯爪，以免取样过程中岩芯掉出（Yamazaki et al., 1996）。图 9.23 给出了用于岩土工程分析的海山沉积物岩芯样本，样本在 LC 穿透过程中受到干扰，尤其是靠近芯管壁的样本。从海中向船上回收 LC 的同时，会观察到岩芯脱水。这是因为长达 4 m 的芯管的上部

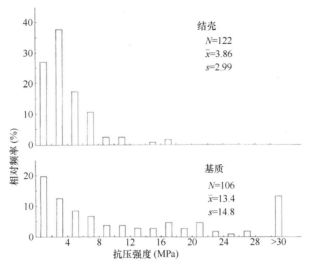

图 9.20 结壳和基质抗压强度的频率分布

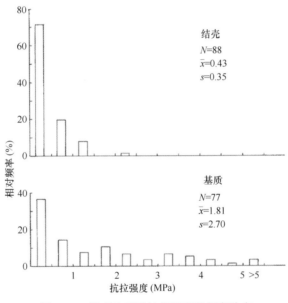

图 9.21 结壳和基质抗拉强度的频率分布

是一个水柱。尽管样本可能已经受到干扰，但是沉积物样品的岩土特性的测量仍然是非常重要和有用的。

（2）岩土工程特性

测量岩芯表面和顶部每 50 cm 一个单元的尺寸分布、固体密度、体积密度和含水量作为海山沉积物的基本物理特征。固体密度、体积密度和含水量之间的关系表示如下：

$$\rho_b = \frac{1 + w}{1/\rho_s + w/\rho_w}$$

231

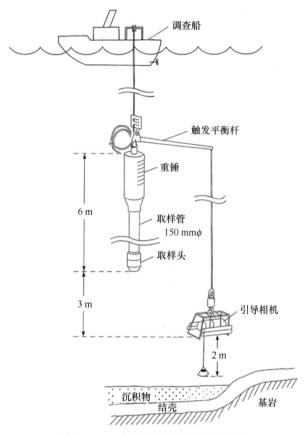

图 9.22　大直径重力取样器的示意图

式中，w 为含水量。

测试的子样品深度标记在图 9.23 中。根据尺寸分布数据和深度选择用于尚未固结且还未排水的三轴抗压强度试验的部件，并在图 9.23 中标出。考虑到靠近管壁的剪切干扰严重，在三轴抗压强度测试中，使用来自某一横截面的两个测试件和来自相邻横截面的另外两个测试件。在 Atterberg 液体极限和 Atterberg 塑料极限测量了一致性，但是在海山沉积物中没有发现塑性。

图 9.24 和图 9.25 为三轴压缩试验的尺寸分布和结果，表 9.7 和表 9.8 展示了其他特性。必须注意的是，大部分没有被选择用于三轴压缩试验的砂质样品与测试的样品相比黏性较差，这些测试的粒度分布和黏性范围较宽，固体密度和含水量高于 Lee（1976）在 Blake Plateau 获得的数据。

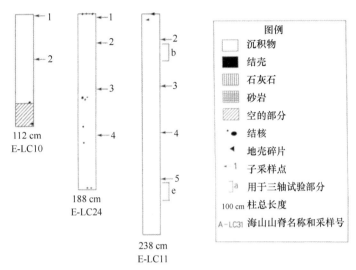

图 9.23 海山沉积物的岩芯样本

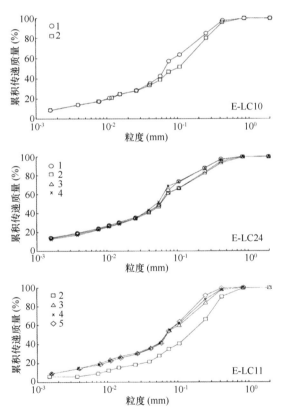

图 9.24 海底沉积物粒度分布

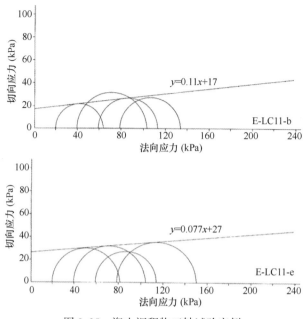

图 9.25　海山沉积物三轴试验实例

表 9.7　海山沉积物的密度和含水率

样品名称	固体密度（g/cm^3）	体积密度（g/cm^3）	含水率
E-LC10-1	2.74	1.50	0.90
E-LC10-2	2.72	1.46	1.00
E-LC11-2	2.78	1.50	0.92
E-LC11-3	2.72	1.50	0.91
E-LC11-4	2.80	1.54	0.83
E-LC11-5	2.70	1.53	0.80
E-LC24-1	2.72	1.46	1.02
E-LC24-2	2.74	1.41	1.17
E-LC24-3	2.74	1.48	0.97
E-LC24-4	2.70	1.43	1.08

表 9.8　海山沉积物的内聚力和内摩擦角

样品名称（深度）	内聚力（kPa）	内摩擦角（角度）
E-LC11-b（40 cm）	17	6.3
E-LC11-e（190 cm）	27	4.4

9.4　与采矿系统交互

9.4.1　与采矿机交互

9.4.1.1　拖曳

如库仑（1776）指出的那样，有两种类型的土壤强度、土壤摩擦力和土壤黏聚力分别与沙土和黏土这两种完全不同的土壤相关联。根据尺度分布，深海沉积物和较细的海山沉积物被划分为黏土，而较粗的海山沉积物被划分为沙土。

海底沉积物对拖曳式采矿车产生的拖曳阻力可以用如下方程表示（Yamazaki et al. ，1989）：

$$F_d = F_f + F_a = k_f q_d A + k_a cA$$

式中，F_d 为侧向拖曳阻力；F_f 为摩擦阻力；F_a 为侧向黏附阻力；k_f 为摩擦系数；k_a 为侧向黏附系数；q_d 为接触压力；A 为接触面积；c 为沉积物内聚力。

采矿车楔入海底沉积物的截割阻力可以用下列方程表示：

$$F_c = k_c cBD$$

式中：F_c 为截割阻力；K_c 为黏聚系数；B 为采矿宽度；D 为切入深度。

作用于矿体的总阻力是拖曳阻力和截割阻力的总和。

$$F_t = F_d + F_c$$

式中，F_t 为总阻力。

从小规模实验中获得深海沉积物的相关系数 $k_f = 0.12$，$k_a = 0.08$，$k_c = 8.2$。由于砂质性质，海山沉积物只有 $k_f = 0.35$。

自行式采矿车所需的牵引力等于推进机构和沉积物之间相互作用的阻力。Hong 和 Choi（2001）已经对履带齿在柔软沉积物上的牵引力和变形效应进行了实验研究。

9.4.1.2　分离力

在岩土工程领域，研究了黏土中埋入物启动时的竖向黏性阻力。主要阻力是泥浆吸力，黏结阻力是其中的一小部分。Vesic（1971）对黏性阻力研究做出了贡献。Ninomiya 等人（1971，1972）提出了黏性阻力的公式，并展示了其有效的案例。Muga（1967）、Liu（1969）、Roderick 和 Lubbard（1975）、Foda（1983）以及 Das 和 Suwandhaputra（1987）研究了负荷持续时间和启动时间以及启动力之间的关系。Foda（1983）、Das 和 Suwandhaputra（1987）也指出了接触压力对启动力的影响。在海底采矿作业中，应该认识到这些研究对吸泥效果欠考虑。当物体从沉积物上被垂直拉起来时，受到的竖向黏性阻力用两种方式表示（Yamazaki et al. ，1989）：

$$F_s = k_p q_d A（当 q_d/c < 1）$$
$$F_s = k_s cA（当 q_d/c \geqslant 1）$$

式中，F_s 为分离力；k_p 为竖向黏性系数（当 $q_d/c<1$）；k_s 为竖向黏性系数（当 $q_d/c \geqslant 1$）。

采矿车在海底行走和从沉积物表面采集锰结核是我们需要考虑分离力的典型例子。从小规模试验获得的系数为深海沉积物 $k_s = 0.42$，海山沉积物 $k_p = 0.04$。由于海山沉积物太硬或者太脆，试验中只能得到这些系数。

9.4.1.3　海底羽流

沉积物的粒度分布是估计海底采矿机产生的海底羽流扩散和再沉积的三维尺寸的关键因素。1994 年在 CCFZ 用拖拽的方式产生了一个人造的海底羽流（Fukushima，1995）。在拖曳区域周围部署了 12 套锚系，配有沉积物捕集器和海流计。实验过程中收集了重新悬浮的沉积物，并测量了水流的速度和方向。在实验后的观察中，用海底相机系统显示了再沉积的空间范围，确认了距离被拖轨道 100 m 范围内的重度再沉积区域（Yamazaki and Kajitani，1999）。利用这些数据，通过计算机模拟分析了海底羽流的分散和再沉积行为（Nakata et al.，1997）。但是在计算机模拟中，拖曳轨迹周围的重度再沉积区域难以复现。

影响羽流沉降行为的两个主要因素是重新悬浮和扩散的深海沉积物的实际有效粒度分布和羽流扩散的密度效应（Jankowski et al.，1996）。然而，在 Nakata 的模拟中，使用 Micro Track 尺寸分布分析法和 Stokes 方程获得了沉积物的粒度分布，没有考虑沉积物颗粒的聚集和密度效应。

研究聚集效应的实验方法是在不含分散剂的海水中分析粒度分布（Yamazaki et al.，2000）。在标准的岩土工程分析中，如 ASTM D422 和 JIS A1204，测量有分散剂（如六偏磷酸钠）时颗粒在蒸馏水中的沉降速度，并通过应用 Stokes 方程计算得到粒度分布。Micro Track 粒度分布分析法与岩土工程分析方法相同。在图 9.26 中，将实验方法的结果与标准分析的结果进行比较。标准岩土工程分析中，累计质量率为 50% 时颗粒平均直径范围为 1.2~1.9 μm；而不含分散剂的海水中颗粒平均直径为 8~9.5 μm，比标准分析中直径增加了 3~8 倍。在没有分散剂的海水中，可目视观察到沉积物颗粒的絮凝。

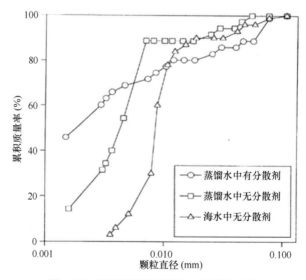

图 9.26　研究沉积物聚集效应的试验方法

在一个小型海水池中进行了一个初步实验来观察颗粒的密度效应（Yamazaki，2000），系统组成和流程如图 9.27 所示。需要注意的是，结果不仅包括密度效应，还包括如壁面效应、底面效应、逆流效应等其他因素，以及混合和释放之间的沉积物颗粒的絮凝。该混合物的沉积物浓度约为 5%（重量），羽流的沉降速度由透射表给出的浓度记录结果计算得到。在实验中，羽流随密度下降而迅速沉降。运用 Stokes 方程，根据实验数据计算得到等效粒径分布。图 9.28 显示了等效粒径分布与其他粒径分布分析的示例比较，平均直径比标准分析中的直径增加了约 100 倍。

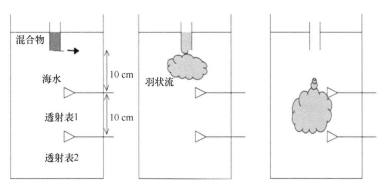

图 9.27　显示羽流行为的装置和程序

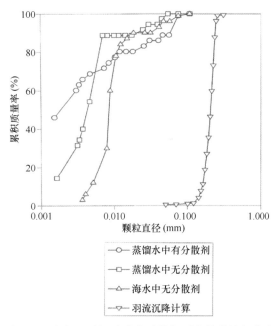

图 9.28　根据羽流沉降速度计算得到的等效粒径分布

9.4.2　与提升系统的相互作用

9.4.2.1　结核的磨损

矿石在通过水力提升管道从海底提升到水面的过程中会发生磨损。锰结核的磨损在图9.29所示的30 m泵送设备中进行测试，结核和水不断循环直到通过泵的时间等于预计通过5 000 m商业级提升泵的时间（Yamazaki et al., 1991）。测试中产生了大量的粉末。磨损后结核的最终粒度尺寸分布如图9.30所示，较细的结核与深海沉积物的粒度分布重叠。

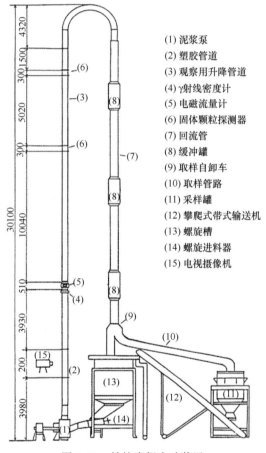

(1) 泥浆泵
(2) 塑胶管道
(3) 观察用升降管道
(4) γ射线密度计
(5) 电磁流量计
(6) 固体颗粒探测器
(7) 回流管
(8) 缓冲罐
(9) 取样自卸车
(10) 取样管路
(11) 采样罐
(12) 攀爬式带式输送机
(13) 螺旋槽
(14) 螺旋进料器
(15) 电视摄像机

图9.29　结核磨损实验装置

9.4.2.2　沉积物的粉末化

与前面提到的锰结核的磨损相比，人们对水力提升过程中沉积物的粉末化更加缺乏了解，因此人们通过使沉积物在小规模的管道和泵中循环来尝试监测粉末化的过程（Yamazaki and Sharma, 2001a）。实验装置如图9.31所示。比较图9.32和图9.33所示的循环前后的沉积物的两种尺寸分布曲线，可见循环后相对较大的颗粒会粉化成较小的颗粒。而且，循环后粒径在3~4 μm以下的最小颗粒的量保持相同的水平，表明粉末化不产

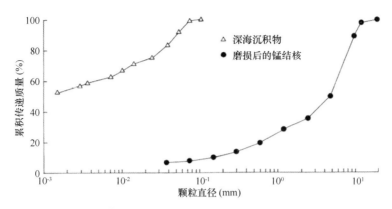

图 9.30　磨损后的锰结核与深海沉积物的粒度分布比较

生最小尺寸的颗粒。为了进一步了解粉末化，需要进行更大规模的实验。

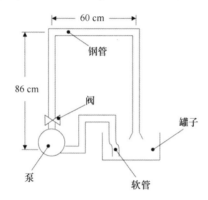

图 9.31　循环试验装置示意图

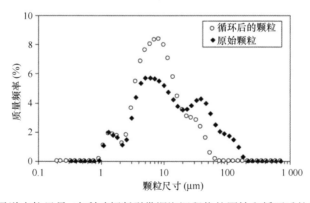

图 9.32　太平洋克拉里昂-克利珀顿断裂带深海沉积物的原始和循环后的粒度分布比较

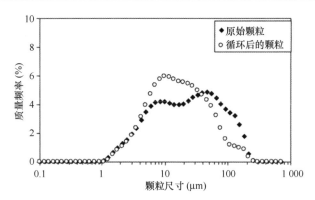

图 9.33　印度洋中印度海盆深海沉积物的原始和循环后的粒度分布比较

9.5　深海采矿系统的实际设计

尽管目前还没有实际的深海矿产资源开采系统在运行，但过去的 40 年，人们提出了几种深海采矿方法。在 20 世纪 60 年代和 70 年代，国际财团是锰结核开采技术研发活动的主角，这其中 Ocean Mining Associates，Ocean Mining Inc. 和 Ocean Minerals Company-Lockheed 三个财团在 CCFZ 对原型开采系统和部件进行了一些测试（Welling，1981；Kaufman et al.，1985；Bath，1989；Shaw，1993）。在 20 世纪 80 年代和 90 年代，几个国家开始进行采矿技术研究（Herrouin et al.，1989；Inokuma，1995；Yang and Wang，1997；Hong and Kim，1999；Muthunayagam and Das，1999）。尽管一些技术上的重要数据仍然是保密的，但是从相关学术出版物中可以看出采矿系统的轮廓。其中，许多研究与采矿系统的设计（Amsbaugh，1982；Welling，1982；Kollwentz，1990；Schwarz，2001；Deepak et al.，2001；Handschuh et al.，2001；Deepak et al.，2007；Abramowski and Cepowski，2013）、立管的结构和行为（Grote and Burns，1981；Chung et al.，1981；Rogers and Abramson，1981；Yasukawa et al.，1995；Ohta and Morikawa，1997；Yasukawa et al.，1999；Yoon et al.，2003；Hong et al.，2011；Min et al.，2013）、提升系统的设计和立管的流体动力学行为（Clauss，1978；Burns and Suh，1979；Bernard et al.，1987；Shimizu et al.，1992；Xia et al.，1997；Yoon et al.，2000，2001，2005；Chung et al.，2001；Hong et al.，2003a，2003b；Park et al.，2005，2007a，2007b，2009；Sobota et al.，2005，2007a，2007b，2013；Palarski et al.，2007；Vlasak and Chara，2007；Hubinsk et al.，2013；Vlasak et al.，2011；Petryka et al.，2013；Ramesh et al.，2013）、海底采矿技术（Li and Zhang，1997；Hong et al.，1997；Hong et al.，1999；Deepak et al.，1999；Yamazaki et al.，1999；Choi et al.，2003；Kim et al.，2003；Lee et al.，2003；Schulte et al.，2003；Choi et al.，2005；Grebe and Schulte，2005；Junget et al.，2005；Kim et al.，2005；Won et al.，2005；Lee et al.，2009；Schulte and Schwarz，2009；Wang et al.，2009；Kim et al.，2011；Lee et al.，2011；Rajesh et al.，2011；Cho et al.，2013；Kim et al.，2013；Lee et al.，2013；Zheng et al.，2013）有关。现在随着机器人技术的不断进步，

与采矿系统和采矿车控制有关的文献正在增加（Schulte et al. , 2001；Wang et al. , 2003；Hong and Kim, 2005；Yeu et al. , 2005；Dai et al. , 2011；Han et al. , 2011；Wang et al. , 2011；Han and Liu, 2013；Liu et al. , 2013；Yeu et al. , 2013；Yoon et al. , 2013）。

对于当前商业化兴趣较浓的海底块状硫化物，尽管几乎没有相关文献出版（Parenteau, 2010；Stanton and Yu, 2010；Smith, 2010），实际的采矿系统建设仍然在发展进步中，每天4 000 t开采量的采矿系统将于2018年开始运行（Nautilus Minerals, Inc. , 2015）。

对富钴锰结壳进行的研究较少（Halkyard, 1985；Latimer and Kaufmar, 1985；Aso et al. , 1992；Chung, 1994, 1998；Yamazaki et al. , 1995b, 1996）。

从这些研究看来，深海矿产资源开采系统的最终组成部分是采矿船舶或平台、带潜水泵的矿石提升管道或气力提升系统，以及海底拖曳式集矿机或自行式采矿车。深海矿产资源开采系统设计所需的主要参数是生产率、运行时间和包括岩土工程特性在内的分布特征。人们提出的商业开采生产率从每年 $150×10^4$ t干结核到 $300×10^4$ t干结核不等（Johnson et al. , 1986；Herrouin et al. , 1989），海洋采矿系统的运行时间预计为每年 $250～300$ 天（Andrews et al. , 1983；Hillman and Gosling, 1985；Herrouin et al. , 1989）。

9.6　环境影响研究和 BIE 的规模

人们预计在海底以及尾矿和废水排放区域受到的环境影响最大（Thiel et al. , 1998）。当然，对海底和水柱的影响是无法避免的，但在采矿设备的开发和开采作业的规划过程中必须考虑到这些影响并且尽量减少影响。

美国国家海洋和大气管理局（NOAA）于1972—1981年在CCFZ进行了深海采矿环境研究（DOMES），在Ocean Mining Inc. 进行的两次中试规模采矿试验中调查了基线情况并监测了环境影响。这些研究测量了排放物中颗粒物的浓度，评估了海面和海底羽流对生态的影响。

德国和美国对深海环境影响进行了深入研究和评估。南太平洋深处锰结核区域（DIS-COL）的干扰和再生实验始于1988年，由一个德国团队组织。海底扰动是在1989年，最新的扰动后监测是在1996年（Thiel et al. , 1995；Schriever et al. , 1997）。NOAA从1991年到1995年，在CCFZ进行了底栖生物的影响实验（BIE I&II）。1993年进行的海底扰动和测量方法非常系统化（Ozturgut et al. , 1997），随后其他研究小组也进行了跟踪。然而，这个项目在1995年停止了，部分结果已经被报道（Trueblood et al. , 1997）。日本于1994年在CCFZ（JET：Fukushima, 1995），IOM 于1995年在CCFZ（IOM-BIE：Kotlinski and Tkatchenko, 1997），印度于1997年在印度洋（INDEX：Desa, 1997）使用与NOAA相同的干扰进行了相同类型的底栖生物的影响实验。DISCOL与BIE干扰海域的机制是不同的。在DISCOL中，重点是放在海底的耕犁；BIE侧重于沉积物再悬浮。

DISCOL的运行时间为两周，BIE为数十个小时，BIE中的干扰路径覆盖的距离从33 km到144 km不等，宽度为 $200～300$ m。另外，Yamazaki 和 Sharma（2001b）利用沉积物的岩土工程特性作为关键因素分析了其他BIE扰动的尺度因子。表9.9总结了BIE干扰的概况，干扰实验中，观察到比预期的商业采矿更小的干扰。

表9.9 BIE的干扰概况

试验名称	编号	干扰持续时间 (min)	行走距离 (km)	平均速度 (km/h)	水含量 (%)	密度 (g/cm³)	沉积物含量 (g/L)	沉积物重量		沉积物体积*		挖掘深度 (mm)
								干 (t)	湿 (t)	回收 (cm³)	遗漏 (cm³)	
(a) JET	199	1 227	32.7	1.6+	78.5+	2.7+	38.3	355+	1 651+	1 427+	2 495+	44+
(b) INDEX	26	2 534	88.3	2.1+	84.5+	2.6+	30.23	580+	3 737+	3 380+	6 015+	38+
(c) NOAA BIE	49	5 290	141+	1.6+	73+	2.7+	33.3	1 500 (1 332+)	4 888	4 000 (4 049+)	4 328 (6 951+)	29+
(d) IOM BIE	14	1 130	35	1.8+	80	2.7+	42.1+	360+	1 800	1573+	1 300 (2 693+)	45+

* 表示原位回收的海底湿沉积物和排放的模拟羽流的总体积。

表中给出的数字 (+) 是由作者计算的, 其他的取自:

(a) Fukushima (1995);

(b) Sharma and Nath (1997); Sharma et al. (1997); Khadge (1999);

(c) Trueblood (1993); Nakata et al. (1997); Gloumov et al. (1997);

(d) Tkatchenko et al. (1996); Kotlinski (个人通讯)

　　1999 年，日本在太平洋海山上的富钴锰结核分布区进行了一项名为 DIETS（对海山的直接影响实验）的新的底栖生物的影响实验，着重分析海底采矿机轨迹上发生的底栖生物的直接破坏（Yamazaki et al.，2001）。在实验中，利用一个刮板系统去除部分海底表面上的结核和沉积物。然后监测该过程对海底生态系统的影响。图 9.34 所示为实验前和实验后立即得到的沉积物中水分含量的垂直分布图，可见含水量高的 1~2 cm 深的表层沉积物随着结核一起被切除并带走。

　　在日本的研发项目中，研究了另一种海底块状硫化物开采的环境友好型方法，估计和评估了对底栖生物的直接破坏情况以及再沉积的影响（Toyohara et al.，2011）。

9.7　结论

　　本章介绍了锰结核、海底块状硫化物和富钴锰结壳等深海矿产资源以及海底沉积物的岩土工程特性，讨论了这些岩土工程特性与采矿系统的相互作用，指出了岩土工程特性对采矿系统设计及环境影响分析的重要作用。本文介绍的数据对于初步了解深海矿产资源的岩土工程特性是有用的。然而，为了设计适合于目标区域的特定采矿系统，必须收集更详细的数据。

参考文献

Abramowski T, Cepowski T (2013) Preliminary design considerations for a ship to mine polymetallic nodules in the Clarion-Clipperton zone. In: Proceedings of 10th ISOPE Ocean mining symposium, Szczecin, pp 198–203

Agarwal B, Hu P, Placidi M, Santo H, Zhou JJ (2012) Feasibility study on manganese nodules recovery in the Clarion-Clipperton zone. LRET collegium 2012 series, vol 2. University of Southampton, Southampton

Amsbaugh JK (1982) Air-lift mining: text from the DEEPSEA VENTURES, INC. Film "Deep Ocean Mining". In: Humphrey PB (ed) Marine mining: a new beginning. Hawaii Department of Planning and Economic Development, pp 72–81

Andrews BV, Flipse JE, Brown FC (1983) Economic viability of a four-metal pioneer deep Ocean mining venture. US Dept. of Commerce, PB84-122563

Aso K, Kan K, Doki H, Iwato K (1992) Effect of vibration absorbers on the longitudinal vibration of a pipe string in the deep sea—Part 1: in case of mining cobalt crusts. Int J Offshore Polar Eng 2(4):309–317

Babu SM, Ramesh NR, Muthuvel P, Ramesh R, Deepak CR, Atmanand MA (2013) In-situ soil testing in the Central Indian Ocean basin at 5462-m water depth. In: Proceedings of 10th ISOPE Ocean mining symposium, Szczecin, pp 190–197

Bath AR (1989) Deep sea mining technology: recent developments and future projects. In: Proceedings of 21st offshore technology conference, Paper No. 5998

Bernard J, Bath A, Greger B (1987) Analysis and comparison of nodule hydraulic transport systems. In: Proceedings of 19th offshore technology conference, Paper No. 5476

Burns JQ, Suh SL (1979) Design and analysis of hydraulic lift systems for deep Ocean mining. In: Proceedings of 11th offshore technology conference, Paper No. 3366

Burns RE, Erickson BH, Lavelle JW, Ozturgut E (1980) Observation and measurements during the monitoring of deep Ocean manganese nodule mining tests in the North Pacific, March-May 1978, NOAA Technical Memorandum ERL MESA-47

Cho S-G, Park S-H, Choi S-S, Lee T-H, Lee M-U, Choi J-S, Kim H-W, Lee C-H, Hong S (2013) Multi-objective design optimization for manganese nodule pilot miner considering collecting performance and manoeuver of vehicle. In: Proceedings of 10th ISOPE Ocean mining symposium, Szczecin, pp 253–260

Choi J-S, Hong S, Kim H-W, Lee T-H (2003) An experimental study on tractive performance of tracked vehicle on cohesive soft soil. In: Proceedings of 5th ISOPE Ocean mining symposium, Tsukuba, pp 139–143

Choi J-S, Hong S, Kim H-W, Yeu T-K, Lee T-H (2005) Design evaluation of a deepsea manganese nodule miner based on axiomatic design. In: Proceedings of 6th ISOPE Ocean mining symposium, Changsha, pp 163–167

Chung JS (1994) Deep-Ocean cobalt-rich crust mining systems concepts. In: Proceedings of MTS-94, Washington, DC, pp 95–101

Chung JS (1998) An articulated pipe-miner system with thrust control for deep-Ocean crust mining. Mar Georesour Geotechnol 16(4):253–271

Chung JS, Whitney AK, Loden WA (1981) Nonlinear transient motion of deep Ocean mining pipe. J Energy Resour Technol 103:2–10

Chung JS, Lee K, Tischler A, Yarim G (2001) Effect of particle size and concentration on pressure gradient in two-phase vertically upward transport. In: Proceedings of 4th ISOPE Ocean mining symposium, Szczecin, pp 132–138

Clauss G (1978) Hydraulic lifting in deep-sea mining. Mar Min 1(3):189–208

Coulomb CA (1776) An attempt to apply the rules of maxima and minima to several problems of stability related to architecture. Mem Acad R Sci, Paris 7:343–382

Crawford AM, Hollingshead SC, Scott SD (1984) Geotechnical engineering properties of deep-Ocean polymetallic sulfides from 21°N, East Pacific Rise. Mar Min 4:337–354

Cronan DS (1980) Underwater minerals. Academic Press, London, 362

Dai Y, Liu S, Cao X, Li Y (2011) Establishment of an improved dynamic model of the total deep Ocean mining system and its integrated operation simulation. In: Proceedings of 9th ISOPE Ocean mining symposium, Maui, pp 116–123

Das BM, Suwandhaputra H (1987) Bottom breakout of objects resting on soft clay sediment. In: Proceedings of the 8th national conference on soil mechanics and foundation engineering, Warsaw, pp 189–194

Deepak CR, Pugazhandi M, Paul S, Shajahan MA, Janakiraman G, Atmanand MA, Annamalai K, Jeyamani R, Ravindran M, Schulte E, Panthel J, Grebe H, Schwarz W (1999) Underwater sand mining system for shallow waters. In: Proceedings of the 3rd ISOPE Ocean mining symposium, Goa, pp 78–83

Deepak CR, Shajahan MA, Atmanand MA, Annamalai K, Jeyamani R, Ravindran M, Schulte E, Handschuh R, Panthel J, Grebe H, Schwarz W (2001) Developmental test on the underwater mining system using flexible riser concept. In: Proceedings of the 4th ISOPE Ocean mining symposium, Szczecin, pp 94–98

Deepak CR, Ramji S, Ramesh NR, Babu SM, Abraham R, Shajahan MA, Atmanand MA (2007) Development and testing of underwater mining systems for long term operations using flexible riser concept. In: Proceedings of the 7th ISOPE Ocean mining symposium, Lisbon, pp 166–170

Desa E (1997) Initial results of India's environmental impact assessment of nodule mining. In: Proceedings of the international symposium on environmental studies for deep-sea mining, Metal Mining Agency of Japan, Tokyo, pp 49–63

Flipse JE (1983) Deep-Ocean mining economics. In: Proceedings of the 15th offshore technology conference, Paper No. 4491

Foda MA (1983) Breakout theory for offshore structures seated on sea-bed. In: Proceedings of the conference on geotechnical practice in offshore engineering, Austin, pp 288–299

Foell EJ, Thiel H, Schriever G (1990) DISCOL: a longterm largescale disturbance—recolonisation experiment in the Abyssal Eastern Tropical Pacific Ocean. In: Proceedings of the 22nd offshore technology conference, Paper No. 6328

Fukushima T (1995) Overview "Japan Deep-sea Impact Experiment = JET". In: Proceedings of the 1st ISOPE Ocean mining symposium, Tsukuba, pp 47–53

Gloumov I, Ozturgut E, Pilipchuk M (1997) BIE in the Pacific: concept, methodology and basic results. In: Proceedings of the international symposium on environmental studies for deep-sea mining, Metal Mining Agency of Japan, Tokyo, pp 45–47

Grebe H, Schulte E (2005) Determination of soil parameters based on the operational data of a ground operated tracked vehicle. In: Proceedings of the 6th ISOPE Ocean mining symposium, Changsha, pp 149–156

Grote PB, Burns JQ (1981) System design considerations in deep Ocean mining lift system. Mar Min 2(4):357–383

GSJ (1986) Marine geology, geophysics, and manganese nodules around deep-sea hills in the Central Pacific Basin August-October 1981(GH81-4 Cruise), Geological Survey of Japan, 257 p

Halbach P (1982) Co-rich ferromanganese seamount deposits of the Central Pacific Basin. In: Halbach P, Winter P (eds) Marine mineral deposits—new research results and economic prospects, Marine Rohstoffe und Meerestechnik, Bd 6. Verlag Gluckkauf, Essen, pp 60–85

Halbach P, Nakamura K, Wahsner M, Lange J, Kaselitz L, Hansen R-D, Yamano M, Post J, Prause B, Seifert R, Michaelis W, Teichmann F, Kinoshita M, Marten A, Ishibashi J, Czerwinski S, Blum N (1989) Probable modern analogue of Kuroko-type massive sulfide deposit in the Okinawa Trough back-arc basin. Nature 338:496–499

Halkyard JE (1985) Technology for mining cobalt rich manganese crusts from seamounts. In: Proceedings of the OCEANS'85, vol 1, pp 352–374

Han Q, Liu S (2013) A new path tracking control algorithm of deepsea tracked miner. In: Proceedings of the 10th ISOPE Ocean mining symposium, Szczecin, pp 273–278

Han Q, Liu S, Dai Y, Hu X (2011) Dynamic analysis and path tracking control of tracked underwater miner in working condition. In: Proceedings of the 9th ISOPE Ocean mining symposium, Maui, pp 92–96

Handschuh R, Grebe H, Panthel J, Schulte E, Wenzlawski B, Schwarz W, Atmanand MA, Jeyamani R, Shajahan MA, Deepak CR, Ravindran M (2001) Innovative deep-Ocean mining concept based on flexible riser and self-propelled mining machine. In: Proceedings of the 4thth ISOPE Ocean mining symposium, Szczecin, pp 99–107

Herrouin G, Lenoble J, Charles C, Mauviel F, Bernard J, Taine B (1989) A manganese nodule industrial venture would be profitable—summary of a 4-year study in France. In: Proceedings of the 21st offshore technology conference, Paper No. 5997

Hillman CT, Gosling BB (1985) Mining deep Ocean manganese nodules: description and economic analysis of a potential venture. US Bureau of Mines, IC 9015

Hiramatsu Y, Oka Y, Kiyama H (1965) Rapid determination of the tensile strength of rocks with irregular test piece. J Min Metall Inst Jpn 81(932):1024–1030 (in Japanese with English abstract)

Hong S, Choi J-S (2001) Experimental study on Grouser shape effects on trafficability of extremely soft seabed.In: Proceedings of the 4th ISOPE Ocean mining symposium, Szczecin, pp 115–118

Hong S, Kim K-H (1999) Research and development of deep seabed mining technologies for polymetallic nodules in Korea. In: Proceedings of the proposed technologies for mining deep-seabed polymetallic nodules, International Seabed Authority, pp 261–283

Hong S, Kim H-W (2005) Coupled dynamic analysis of underwater tracked vehicle and long flexible pipe. In: Proceedings of the 6th ISOPE Ocean mining symposium, Changsha, pp 132–140

Hong S, Choi J-S, Shim J-Y (1997) A kinematic and sensitivity analysis of pickup device of deep-sea manganese nodule collector. In: Proceedings of the 2nd ISOPE Ocean mining symposium, Seoul, pp 100–104

Hong S, Choi J-S, Kim J-H, Yang C-K (1999) Experimental study on hydraulic performance of hybrid pickup device of manganese nodule collector. In: Proceedings of the 3rd ISOPE Ocean mining symposium, Goa, pp 69–77

Hong S, Kim H-W, Choi J-S (2003a) A new method using Euler parameters for 3D nonlinear analysis of marine risers/pipelines. In: Proceedings of the 5th ISOPE Ocean mining symposium, Tsukuba, pp 83–90

Hong S, Choi J-S, Kim H-W (2003b) Effects of internal flow on dynamics of underwater flexible pipes. In: Proceedings of the 5th ISOPE Ocean mining symposium, Tsukuba, pp 91–98

Hong S, Choi J-S, Kim H-W, Yeu T-K, Kim J-H, Kim Y-S, Kang S-G, Rheem C-K (2011) Experimental study on vortex-induced vibration of a long flexible pipe in sheared flows. In: Proceedings of the 9th ISOPE Ocean mining symposium, Maui, pp 70–77

Hubinský P, Rodina J, Hanzel J, Rudolf B (2013) Identification of vertical deep-Ocean pipe end-point position. In: Proceedings of the 10th ISOPE Ocean mining symposium, Szczecin, pp 234–238

Iizasa K, Fiske RS, Ishizuka O, Yuasa M, Hashimoto J, Ishibashi J, Naka J, Horii Y, Fujiwara Y, Imai A, Koyama S (1999) A Kuroko-type polymetallic sulfide deposit in a submarine silicic caldera. Science 283:975–977

Inokuma A (1995) Current status of deep-sea mineral resources development in Japan. In: Proceedings of the 1st ISOPE Ocean mining symposium, Tsukuba, pp 9–13

International Seabed Authority (ISA) (2008) Polymetallic nodule mining technology—current trends and challenges ahead. In: Proceedings of the Workshop jointly organized by the International Seabead Authority and the Ministry of Earth Sciences, Government of India, National, Institute of Ocean Technology, Chennai, 18–22 Feb 2008, ISBN 978-976-8241-08-5 (pbk)

Jankowski JA, Malcherek A, Zielke W (1996) Numerical modeling of suspended sediment due to deep-sea mining. J Geophys Res 101(C2):3545–3560

Johnson CJ, Otto JM (1986) Manganese nodule project economics: factors relating to the pacific region. Resour Policy 12(1):17–28

Jung J-J, Yoo J-H, Lee T-H, Hong S, Kim H-W, Choi J-S (2005) Metamodel-based multidisciplinary design optimization of Ocean-mining vehicle system. In: Proceedings of the 6th ISOPE Ocean mining symposium, Changsha, pp 157–162

Kaufman R, Latimer JP, Tolefson DC (1985) The design and operation of a Pacific Ocean deep Ocean mining test ship: R/V Deepsea Miner II. In: Proceedings of the 17th offshore technology conference, Paper No. 4901

Khadge, NH (1999) Effects of benthic disturbance on geotechnical characteristics of sediment from nodule mining area in the Central Indian Basin. In Proceedings of 3rd ISOPE Ocean mining symposium, Goa, pp 138–144

Kim H-W, Hong S, Choi J-S (2003) Comparative study on tracked vehicle dynamics on soft soil: single-body dynamics vs. multi-body dynamics. In: Proceedings of the 5th ISOPE Ocean mining symposium, Tsukuba, pp 141–148

Kim H-W, Hong S, Choi J-S, Yeu T-K (2005) Dynamic analysis of underwater tracked vehicle on extremely soft soil by using Euler parameters. In: Proceedings of the 6th ISOPE Ocean mining symposium, Changsha, pp 132–140

Kim H-W, Hong S, Lee C-H, Choi J-S, Yeu T-K, Kim SM (2011) Dynamic analysis of an articulated tracked vehicle on undulating and inclined ground. In: Proceedings of teh 9th ISOPE Ocean mining symposium, Maui, pp 70–77

Kim H-W, Lee C-H, Hong S, Oh J-W, Min C-H, Yeu T-K, Choi J-S (2013) Dynamic analysis of a tracked vehicle based on a subsystem synthesis method. In: Proceedings of the 10th ISOPE Ocean mining symposium, Szczecin, pp 279–285

Kollwentz W (1990) Lessons learned in the development of nodule mining technology. Mater Soc 14(3/4):285–298

Kotlinski R, Tkatchenko G (1997) Preliminary results of IOM environmental research. In: Proceedings of the international symposium environmental studies for deep-sea mining, Metal Mining Agency of Japan, Tokyo, pp 35–44

Latimer JP, Kaufman R (1985) Preliminary considerations for the design of cobalt crusts mining system in the U.S. EEZ. In: Proceedings of the OCEANS'85, vol 1, pp 378–399

Lee HJ (1976) DOSIST II—an investigation of the in-place strength behavior of marine sediments. Technical Note N-1438, Naval Civil Engineering Laboratory, Port Hueneme

Lee T-H, Lee C-S, Jung J-J, Kim H-W, Hong S, Choi J-S (2003) Prediction of the motion of tracked vehicle on soft soil using Kriging metamodel. In: Proceedings of teh 5th ISOPE Ocean mining symposium, Tsukuba, pp 144–149

Lee T-H, Lee M-U, Choi J-S, Kim H-W, Hong S (2009) Method of metamodel-based multidisciplinary design optimization for development of a test miner. In: Proceedings of the 8th ISOPE Ocean mining symposium, Chennai, pp 270–275

Lee C-H, Kim H-W, Hong S, Kim S-M (2011) A study on the driving performance of a tracked vehicle on an inclined plane according to the position of buoyancy. In: Proceedings of the 9th ISOPE Ocean mining symposium, Maui, pp 104–109

Lee C-H, Kim H-W, Hong S (2013) A study on dynamic behaviors of pilot mining robot according to extremely cohesive soft soil properties. In: Proceedings of the 10th ISOPE Ocean mining symposium, Szczecin, pp 210–214

Lenoble J-P (2000) A comparison of possible economic returns from mining deep-sea polymetallic nodules, polymetallic massive sulphides and cobalt-rich ferromanganese crusts. In: Proceedings of the workshop on mineral resources of the international seabed area, International Seabed Authority, Lenoble, pp 1–22

Li L, Zhang J (1997) The China's manganese nodules miner. In: Proceedings of the 2nd ISOPE Ocean mining symposium, Seoul, pp 95–99

Liu CL (1969) Ocean sediment holding strength against breakout of partially embedded objects. In: Proceedings of the conference on civil engineering in the Oceans II, ASCE, Miami, pp 105–116

Liu S, Wang G, Li L, Wang Z, Xu Y (2013) Virtual reality research of Ocean poly-metallic nodule mining based on COMRA's mining system. In: Proceedings of the 5th ISOPE Ocean mining symposium, Tsukuba, pp 104–111

Magnuson AH (1983) Manganese nodule abundance and size from bottom reflectivity measurements. Mar Min 4:265–296

Malahoff A (1981) Comparison between Galapagos and Gorda spreading centers. In: Proceedings of the 13th offshore technology conference, Paper No. 4129

Malnic J (2001) Terrestrial mines in the sea; Industry, research and government. In: Proceedings of the proposed technology for mining deep-seabed polymetallic nodules, International Seabed Authority, pp 315–331

Manheim FT (1986) Marine cobalt resources. Science 232:600–608

Mero JL (1965) The mineral resources of the sea. Elsevier Oceanography Series, vol 1, Amsterdam

Min C-H, Hong S, Kim H-W, Choi J-S, Yeu T-K (2013) Structural health monitoring for top-tensioned riser with response data of damaged model. In: Proceedings of the 10th ISOPE Ocean mining symposium, Szczecin, pp 239–245

Muga BJ (1967) Bottom breakout forces. In: Proceedings of the conference on civil engineering in the Oceans I, ASCE, San Francisco, pp 596–600

Muthunayagam AE, Das SK (1999) Indian polymetallic nodule program. In: Proceedings of the 3rd ISOPE Ocean mining symposium, Goa, pp 1–5

Nakata K, Kubota M, Aoki S, Taguchi K (1997) Dispersion of resuspended sediments by Ocean mining activity-modeling study. In: Proceedings of the international symposium on environmental studies for deep-sea mining, Metal Mining Agency of Japan, Tokyo, pp 169–186

Nautilus Minerals, Inc. (2007) Presentation slide in BMORoadshow, Oct 2007

Nautilus Minerals, Inc. (2015) Presentation slide of Annual General Meeting (AGM) in Toronto, on Tuesday, 16 June 2015

Ninomiya K, Tagaya K, Murase Y (1971) A study on suction breaker and scouring of a submersible offshore structure. In: Proceedings of the 3rd offshore technology conference, Paper No. 1445

Ninomiya K, Tagaya K, Murase Y (1972) A study on suction and scouring of sit-on-bottom type offshore structure. In: Proceedings of the 4th offshore technology conference, Paper No. 1605

Nishikawa N (2001) Drilling survey at the Suiyo seamount in the Izu-Ogasawara Arc, Japan. In: Proceedings of the 4th ISOPE Ocean mining symposium, Szczecin, pp 25–30

Nishimura A (1989) Seafloor sediments in Izu and Ogasawara region. In: Res. rep. of study on evaluation methods of hard mineral resources associated with submarine hydrothermal activities for F.Y. 1988, Geological Survey of Japan, pp 52–57 (in Japanese)

NRIPR (1989) Annual Research Report of R&D for manganese nodule mining system, National Research Institute of Pollution and Resources, 119 p (in Japanese)

Ohta T, Morikawa M (1997) Bending strength of lifting pipes handling of pipe connection in manganese mining system. In: Proceedings of the 2nd ISOPE Ocean mining symposium, Seoul, pp 68–74

Ozturgut E, Anderson GC, Burns RE, Lavelle JW, Swift SA (1978) Deep Ocean mining of manganese nodules in the North Pacific: pre-mining environmental conditions and anticipated mining effects. NOAA Technical Memorandum ERL MESA-33

Ozturgut E, Lavelle JW, Steffin O, Swift SA (1980) Environmental investigation during manganese nodule mining tests in the North Equatorial Pacific, in November 1978. NOAA Technical Memorandum ERL MESA-48

Ozturgut E, Trueblood DD, Lawless J (1997) An overview of the United States' benthic impact experiment. In: Proceedings of the international symposium on environmental studies for deep-sea mining, Metal Mining Agency of Japan, Tokyo, pp 23–31

Padan JW (1990) Commercial Recovery of Deep- Seabed Manganese Nodules: Twenty Years of Accomplishments. Mar Min 9:87–103

Palarski J, Plewa F, Sobota J, Strozik G (2007) Analysis of two-phase mixture flow in vertical pipeline, pump. In: Proceedings of the 7th ISOPE Ocean mining symposium, Lisbon, pp 201–204

Parenteau T (2010) Flow assurance for deepwater mining. In: Proceedings of the 29th international conference on Ocean, offshore and Arctic engineering, Shanghai, OMAE2010-20185

Park Y-C, Yoon C-H, Lee D-K, Kwon S-K (2005) Design of hydrocyclone for solid separation. In: Proceedings of the 6th ISOPE Ocean mining symposium, Changsha, pp 119–123

Park J-M, Yoon C-H, Park Y-C, Kim Y-J, Lee D-K, Kwon S-K (2007a) Three dimensional solid-liquid flow analysis for design of two-stage lifting pump. In: Proceedings of the 7th ISOPE Ocean mining symposium, Lisbon, pp 171–176

Park Y-C, Yoon C-H, Kim Y-J, Lee D-K, Park J-M, Kwon S-K (2007b) Separation of manganese nodules from solid-liquid mixture using hydrocyclone. In: Proceedings of the 7th ISOPE Ocean mining symposium, Lisbon, pp 158–161

Park J-M, Yoon C-H, Kang J-S (2009) Numerical prediction of a lifting pump for deep-sea mining. In: Proceedings of the 8th ISOPE Ocean mining symposium, Chennai, pp 229–232

Petryka L, Zych M, Hanus R, Sobota J, Vlasak P (2013) Application of the cross-correlation method to determine solid and liquid velocities during flow in a vertical pipeline. In: Proceedings of the 10th ISOPE Ocean mining symposium, Szczecin, pp 234–238

Protodyakonov MM (1960) New methods of determining mechanical properties of rocks. In: Proceedings of the international conference on strata control, Paris, Paper No. C2

Rajesh S, Gnanaraj AA, Velmurugan A, Ramesh R, Muthuvel P, Babu MK, Ramesh NR, Deepak CR, Atmanand MA (2011) Qualification tests on underwater mining system with manganese nodule collection and crushing devices. In: Proceedings of the 9th ISOPE Ocean mining symposium, Maui, pp 110–115

Ramesh NR, Thirumurugan K, Rajesh S, Deepak CR, Atmanand MA (2013) Experimental and computational investigation of turbulent pulsatile flow through a flexible hose. In: Proceedings of the 10th ISOPE Ocean mining symposium, Szczecin, pp 246–252

Richards AF, Chaney RC (1981) Present and future geotechnical research needs in deep Ocean mining. Mar Min 2(4):315–337

Roderick GL, Lubbard A (1975) Effect of object in situ time on bottom breakout. In: Proceedings of the 7th offshore technology conference, Paper No. 2184

Rogers AC, Abramson HN (1981) Flow-induced excitation of long pipe strings for deep Ocean mining applications. Mar Min 2(4):347–355

Rona PA, Scott SD (1993) A special issue on sea-floor hydrothermal mineralization: new perspectives. Econ Geol 88:1935–1975

Schriever G, Ahnert A, Borowski C, Thiel H (1997) Results of the large scale deep-sea impact study DISCOL during eight years of Investigation. In: Proceedings of the international symposium on environmental studies for deep-sea mining, Metal Mining Agency of Japan, Tokyo, pp 197–208

Schulte E, Schwarz W (2009) Simulation of tracked vehicle performance on deep sea soil based on soil mechanical laboratory measurements in Bentonite soil. In: Proceedings of the 8th ISOPE Ocean mining symposium, Chennai, pp 276–284

Schulte E, Grebe H, Handschuh R, Panthel J, Wenzlawski B, Schwarz W, Atmanand MA, Deepak CR, Jeyamani R, Shajahan MA, Ravindran M (2001) Instrumentation and control system of a sand mining system for shallow water. In: Proceedings of the 4th ISOPE Ocean mining symposium, Szczecin, pp 108–114

Schulte E, Handschuh R, Schwarz W (2003) Transferability of soil mechanical parameters to traction potential calculation of a tracked vehicle. In: Proceedings of the 5th ISOPE Ocean mining symposium, Tsukuba, pp 123–131

Schwarz W (2001) An advanced nodule mining system. In: Proceedings of the proposed technologies for mining deep-seabed polymetallic nodules, International Seabed Authority, pp 39–54

Sharma R, Nath BN (1997) Benthic disturbance and monitoring experiment in Central Indian Ocean Basin. In: Proceedings of the 2nd ISOPE-Ocean mining symposium, Seoul, pp 146–153

Sharma R, Parthiban G, Sivakholundu KM, Valsangkar AB, Sardar A (1997) Performance of benthic disturber in Central Indian Ocean, National Institute of Oceanography, Goa, Tech. Report NIO/TR-4/97, 22

Shaw JL (1993) Nodule mining—three miles deep! Mar Georesour Geotechnol 11:181–197

Shimizu Y, Tojo C, Suzuki M, Takagaki Y, Saito T (1992) A study on the air-lift pumping system for manganese nodule mining. In: Proceedings of the 2nd international offshore and polar engineering conference, vol 1, pp 490–497

Smith G (2010) Deepwater seafloor resource production—development of the World's next offshore frontier. In: Proceedings of the 29th international conference on Ocean, offshore and Arctic engineering, Paper No OMAE2010-20350

Sobota J, Boczarski S, Petryka L, Zych M (2005) Measurement of velocity and concentration of nodules in vertical hydrotransport. In: Proceedings of the 6th ISOPE Ocean mining symposium, Changsha, pp 251–256

Sobota J, Palarski J, Plewa F, Strozik G (2007a) Movement of solid particles in vertical pipe. In: Proceedings of the 7th ISOPE Ocean mining symposium, Lisbon, pp 197–200

Sobota J, Vlasak P, Strozik G, Plewa F (2007b) Vertical distribution of concentration in horizontal pipeline - density and particle size influence. In: Proceedings of the 8th ISOPE Ocean mining symposium, Chennai, pp 220–224

Sobota J, Vlasak P, Petryka L, Zych M (2013) Slip velocities in mixture vertical pipe flow. In: Proceedings of the 10th ISOPE Ocean mining symposium, Szczecin, pp 221–224

Stanton P, Yu A (2010) Interim use of API codes for the design of dynamic riser systems for the deepsea mining industry. In: Proceedings of the 29th international conference on Ocean, offshore and Arctic engineering, Paper No OMAE2010-20189

Sundkvist KE (1983) Size distribution of manganese nodules. Mar Min 4:305–316

Thiel H, Forschungsverbund Tiefsee-Umweltsschutz (1995) The German environmental impact research for manganese nodule mining in the SE Pacific Ocean. In: Proceedings of the 1st ISOPE Ocean mining symposium, Tsukuba, pp 39–45

Thiel H, Angel MV, Foel EJ, Rice AL, Schriever G (1998) Marine science and technology—environmental risks from large-scale ecological research: a desk study. Contract No. MAS2-CT94-0086, Office for Official Publications of European Communities

Tkatchenko G, Radziejewska T, Stoyanova V, Modlitba I, Parizek A (1996) Benthic impact experiment in the IOM Pioneer Area : testing for effects of deep-sea disturbance. In: Proceedings of the international seminar on deep sea-bed mining technology, China Ocean Mineral Resources R&D Assc., Beijing, pp C55–C68

Toyohara T et al (2011) Environmental researches within Japan's approach for Seafloor Massive Sulfide (SMS) mining. In: Proceedings of the 30th international conference on Ocean, offshore and Arctic engineering, Paper No. OMAE2011-49906

Trueblood DD (1993) US cruise report for BIE – II cruise, NOAA Technical Report. Mem. OCRS 4, National Oceanic and Atmospheric Administration, 51 p

Trueblood DD, Ozturgut E, Pilipchuk M, Gloumov IF (1997) The ecological impacts of the Joint U.S.-Russian Benthic Impact Experiment. In: Proceedings of the 2nd ISOPE Ocean mining symposium, Seoul, pp 139–145

Tsurusaki K, Itoh F, Yamazaki T (1984) Development of in-situ measuring apparatus of geotechnical elements of sea floor. In: Proceedings of the 16th offshore technology conference, Paper No. 4681

Usui A (1986) Local variability of manganese nodule deposits around the small hills in the GH81-4 area. Marine geology, geophysics, and manganese nodules around deep-sea hills in the Central Pacific basin August-October 1981(GH81-4 Cruise), Geological Survey of Japan, pp 98–159

Usui A, Someya M (1997) Distribution and composition of marine hydrogenetic and hydrothermal manganese deposits in the Northwest Pacific. In: Nicholson K, Hein JR, Buhn B, Dasgupta S (eds) Manganese mineralization: geochemistry and mineralogy of terrestrial and marine deposits. Geol. Soc. London Spec. Publ., London, pp 177–198

Vesic AS (1971) Breakout resistance of objects embedded in Ocean bottom. J Soil Mech Found Div Am Soc Civ Eng 97(SM9):1183–1203

Vlasak P, Chara Z (2007) Effect of particle size and concentration on flow behavior of complex slurries. In: Proceedings of the 7th ISOPE Ocean mining symposium, Lisbon, pp 181–187

Vlasak P, Chara Z, Kysela B, Sobota J (2011) Flow behavior of coarse-grained slurries in pipes. In: Proceedings of the 9th ISOPE Ocean mining symposium, Maui, pp 158–164

Wang Z, Liu S, Li L, Yuan B, Wang G (2003) Dynamic simulation of COMRA's self-propelled vehicle for deep Ocean mining system. In: Proceedings of the 5th ISOPE Ocean mining symposium, Tsukuba, pp 112–118

Wang S-P, Gui W-H, Ning X-L (2009) Research on the path planning for deep-seabed mining vehicle. In: Proceedings of the 8th ISOPE Ocean mining symposium, Chennai, pp 295–298

Wang Z, Rao Q, Liu S (2011) Dynamic analysis of seabed-mining machine-flexible hose coupling in deep sea mining. In: Proceedings of the 9th ISOPE Ocean mining symposium, Maui, pp 143–148

Welling CG (1981) An advanced design deep sea mining system. In: Proceedings of the 13th Offshore technology conference, Paper No. 4094

Welling CG (1982) R.C.V. Air-lift mining: text from the Film "Harvesting the Bounty of Ocean". In: Humphrey PB (ed) Marine mining: a new beginning. Hawaii Department of Planning and Economic Development, pp 82–92

Won M-C, Cha H-S, Shin S-C (2005) Development of an extended Kalman filter algorithm for the localization of underwater mining vehicles. In: Proceedings of the 6th ISOPE Ocean mining symposium, Changsha, pp 175–180

Xia J, Xie L, Zou W, Tang D, Huang J, Wang S (1997) Studies on reasonable hydraulic lifting parameters of manganese nodules. In: Proceedings of the 2nd ISOPE Ocean mining symposium, Seoul, pp 112–116

Yamada H, Yamazaki T (1998) Japan's Ocean test of the nodule mining system. In: Proceedings of the 8th international offshore and polar engineering conference, pp 3–19

Yamaguchi U, Nishimatsu Y (1991) Introduction of Rock mechanics. University of Tokyo Press, 331 p (in Japanese)

Yamazaki T (1993) A re-evaluation of cobalt-rich crust abundance on the Pacific seamounts. Int J Offshore Polar Eng 3:258–263

Yamazaki T, Kajitani Y (1999) Deep-sea environment and impact experiment to it. In: Proceedings of the 9th international offshore and polar engineering conference, pp 374–381

Yamazaki T, Park S-H (2003) Relationship between geotechnical engineering properties and assay of seafloor massive sulfides. In: Proceedings of the 13th international offshore and polar engineering conference, pp 310–316

Yamazaki T, Sharma R (2001a) Preliminary experiment on powderization of deep-sea sediment during hydraulic transportation. In: Proceedings of the 4th ISOPE Ocean mining symposium, Szczecin, pp 44–49

Yamazaki T, Sharma R (2001b) Estimation of sediment properties during benthic impact experiments. Mar Georesour Geotechnol 19(4):269–289

Yamazaki T, Tomishima Y, Handa K, Tsurusaki K (1989) Experimental study of adhesion appearing between plate and clay. In: Proceedings of the 8th international conference on offshore mechanics and Arctic engineering, vol 1, pp 573–579

Yamazaki T, Tomishima Y, Handa K, Tsurusaki K (1990) Engineering properties of deep-sea mineral resources. In: Proceedings of the 4th Pacific congress on marine science and technology, pp 385–392

Yamazaki T, Tsurusaki K, Handa K (1991) Discharge from manganese nodule mining system. In:

Proceedings of the 1st international offshore and polar engineering conference, pp 440–446

Yamazaki T, Igarashi Y, Maeda K (1993) Buried cobalt rich manganese deposits on seamounts. Resource Geology Special Issue, Tokyo, No. 17, pp 76–82

Yamazaki T, Tsurusaki K, Handa K, Inagaki T (1995a) Geotechnical properties of deep Ocean sediment layer. J Min Mater Process Inst Jpn 111:309–315 (in Japanese with English abstract)

Yamazaki T, Chung JS, Tsurusaki K (1995b) Geotechnical parameters and distribution characteristics of the cobalt-rich manganese crust for the miner design. Int J Offshore Polar Eng 5(1):75–79

Yamazaki T, Tsurusaki K, Inagaki T (1995c) Determination of dynamic geotechnical properties of very fine and weak clayey soils by using a collision test. J Jpn Geotech Soc 47(12):23–27 (in Japanese)

Yamazaki T, Tsurusaki K, Chung JS (1996) A gravity coring technique as applied to cobalt-rich manganese deposits in the Pacific Ocean. Mar Georesour Geotechnol 14:315–334

Yamazaki T, Kuboki E, Yoshida H (1999) Tracing collector passes and preliminary analysis of collector operation. In: Proceedings of the 3rd ISOPE Ocean mining symposium, Goa, pp 55–62

Yamazaki T, Kuboki E, Yoshida H, Suzuki T (2000) A consideration on size distribution of resuspended deep-sea sediments. In: Proceedings of the 10th international offshore and polar engineering conference, vol 1, pp 507–514

Yamazaki T, Kuboki E, Matsui T (2001) DIETS: a new benthic impact experiment on a seamount. In: Proceedings of the 4th ISOPE Ocean mining symposium, pp 69–76

Yamazaki T, Komine T, Kawakami T (2005) Geotechnical properties of deep-sea sediments and the in-situ measurement techniques. In: Proceedings of the 6th ISOPE Ocean mining symposium, Changsha, pp 48–55

Yang N, Wang M (1997) New era for China manganese nodules mining: summary of last five years' research activities and prospective. In: Proceedings of the 2nd ISOPE Ocean mining symposium, Seoul, pp 8–11

Yasukawa H, Ikegami K, Minami T (1995) Simulation study on motions of a towed collector for a manganese nodule mining system. In: Proceedings of the 1st ISOPE Ocean mining symposium, Tsukuba, pp 61–68

Yasukawa H, Ikegami K, Minami T (1999) Motion analysis of a towed collector for manganese nodule mining in Ocean test. In: Proceedings of the 9th international offshore and polar engineering conference, vol 1, pp 100–107

Yeu T-K, Hong S, Kim H-W, Choi J-S (2005) Path tracking control of tracked vehicle on soft cohesive soil. In: Proceedings of the 6th ISOPE Ocean mining symposium, Changsha, pp 168–174

Yeu T-K, Yoon S-M, Hong S, Kim J-H, Kim H-W, Choi J-S, Min C-H (2013) Operating system of KIOST pilot mining robot in inshore test. In: Proceedings of the 10th ISOPE Ocean mining symposium, Szczecin, pp 265–268

Yoon C-H, Kwon K-S, Kwon O-K, Kwon S-K, Kim I-K, Lee D-K, Lee H-S (2000) An experimental study on lab scale air-lift pump flowing solid-liquid-air three-phase mixture. In: Proceedings of the 10th international offshore and polar engineering conference, vol 1, pp 515–521

Yoon C-H, Kwon K-S, Kwon S-K, Lee D-K, Park Y-C, Kwon O-K (2001) An experimental study on the flow characteristics of solid-liquid two-phase mixture in a flexible hose. In: Proceedings of the 4th ISOPE Ocean mining symposium, Szczecin, pp 122–126

Yoon C-H, Park Y-C, Lee D-K, Kwon K-S, Kwon S-K, Sung W-M (2003) Behavior of deep sea mining pipe and its effect on internal flow. In: Proceedings of the 5th ISOPE Ocean mining symposium, Tsukuba, pp 76–82

Yoon C-H, Park Y-C, Lee D-K, Kwon S-K, Lee J-N (2005) Flow analysis of solid-liquid mixture in a lifting pump. In: Proceedings of the 6th ISOPE Ocean mining symposium, Changsha, pp 101–105

Yoon S-M, Yeu T-K, Hong S, Kim H-W, Choi J-S, Min C-H, Kim S-B (2013) Study on geometric path tracking algorithm for tracked vehicle model. In: Proceedings of the 10th ISOPE Ocean mining symposium, Szczecin, pp 265–268

Zheng H, Hu Q, Yang N, Chen Y, Yang B (2013) Suspension principle of deep-sea miner and drag tests. In: Proceedings of the 10th ISOPE Ocean mining symposium, Szczecin, pp 286–290

山崎哲夫（Tetsuo Yamazaki）先后获得北海道大学工学学士学位（1976 年），工程硕士学位（1978 年）和工程博士学位（1981 年）。自 1981 年起他一直在国家资源与环境研究所担任研究员，自 2001 年起担任国家高级工业科学和技术研究院高级研究员，之后他从 2008 年起担任大阪府立大学教授。他的研究领域包括深海矿产资源的岩土特性，深海采矿技术，环境影响监测和评估技术以及深海采矿的经济评估。

第10章 深海采矿技术概述

M A Atmanand, G A Ramadass

摘要：本章的内容出自印度国家海洋技术研究所（NIOT）深海采矿领域团队已发表的文献。首先简要介绍了深海采矿技术。然后介绍了印度深海采矿历史和目前的研究情况。接着通过介绍在 500 m 水深铺设和采集模拟结核的试验，对深海活动中的一些子系统和基础设施进行了描述。最后介绍了原位沉积物土工测试仪的设计、开发和测试工作，并阐述了 6 000 m 深海采矿系统的未来工作。这些内容大部分已经在会议和期刊上报道过了，并在本章结尾以参考文献的形式加以引用。

10.1 引言

世界上的海洋覆盖了约 2/3 的地球表面积，其面积超过 3.6×10^8 km²。海洋占据了我们的星球表面。即使在今天，它们的特性和潜力也没能被充分地探索和了解。虽然今天我们对世界上的海洋范围及其表层活动行为有了很好的了解，但是对其水下部分仍知之甚少。比起距我们更近的海底，人类却对距我们更远的月球表面有着更多的了解。虽然人类早已对沿海地区进行了开发和利用，但对深海的探索起步却很晚。1831 年至 1836 年期间，查尔斯·达尔文搭乘"贝格尔"号舰进行了第一次科学航行。

深海勘探是海洋工程中一个具有挑战性的前沿领域，主要有以下几个原因：

- 海洋环境十分恶劣；
- 作业时间长（几年）；
- 距离海岸位置远；
- 对气候的长期预测是不可靠和困难的；
- 工作深度太大以至于不能依赖之前的经验；
- 在高压环境中，任何工程系统的零部件都很难正常工作。

除此之外，还存在系统及其组件维护间隔必须承受较长的服务时间（约 3 000 小时）的冗余性和可靠性问题。任何一个因素都会给深海系统的设计、施工、维护和经济性带来工程上的挑战。

自从 1873—1876 年"挑战者"号在大西洋航行，并在那时第一次发现铺满洋底最深处的、包含铁和锰的"深褐色岩状结石"大片区域以来，为了能在 21 世纪上半叶对这些结核物进行经济开采，人类走过了漫长的道路。80 多年来，科学家们对这些结核一直都保持着好奇。此后，在 20 世纪下半叶有关深海的海洋研究技术得到了巨大发展，使得这些结核迅速变成了科学研究的对象。近年来，由于技术的不断发展和突破，同时考虑到陆上资源的枯竭，这些在深海海底开采的多金属结核物在不久的将来必将成为 Mn、Cu、Co

和 Ni 的重要矿产资源。与此同时，1978 年的首例深海采矿试验（1978 年由美国、日本、加拿大和德国组成的 OMI 财团在太平洋，从 5 500 m 的水深处采集了 800 t 的结核。OMA 和 OMCO 也做了一些后续试验）确定了资源开采技术的可行性，尽管开采技术需要进一步发展（Halkyard，1985）。

锰结核是尺寸范围为厘米到分米，外形像马铃薯的块状锰和铁氧化物，它们分布在约 5 500 m 深处的大部分深海平原，这些深海平原由大洋沉积而成（图 10.1 和图 10.2）。这些结核数量巨大且覆盖了海底的大部分区域。例如，位于夏威夷东南部国际海域的中东太平洋 CC 区和中印度洋都被认为存在着潜在的经济价值。这些区域均属于《联合国海洋法公约》的管辖范围，该法于 1994 年 11 月生效，由位于牙买加首都金斯敦的国际海底管理局来管理。品位相对较高的矿区大约占锰结核分布总面积的 10%，其 Cu、Ni 和 Co 的平均含量大约为 2.4%，品位类似于陆上的镍铜硫化物矿石，例如安大略省的萨德伯里矿（Exon et al.，1992）。海底锰结核中的铜资源约占陆地已知储量的 10%。锰是钢铁生产中的一种基本元素，同时也有着其他的工业用途，品位较高的锰结核中锰含量达 20%~25%，随着陆上矿产资源的减少，或许有一天它会变得具有经济开采价值。

锰结核的丰度和等级往往在远离陆地的地方最高，在那里，海洋水体中沉降的沉积物稀释度最低，微生物分解效率也很高。后者起到了重要作用，因为金属输运到海底主要是通过水柱中的钙质微生物的降解来实现的。

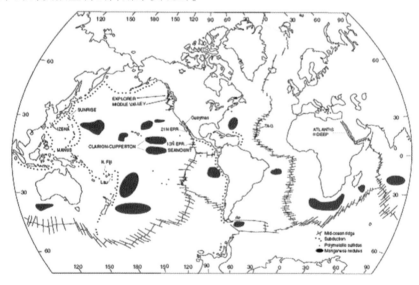

图 10.1　锰结核以及海底块状硫化物的分布（Scott，2011）

10.2　历史回顾

印度已经从国际海底管理局获得了一个位于中印度洋海盆的勘探矿区，并且一直致力于锰结核开采技术的研究。从 5 000~6 000 m 深的松软海底进行锰结核的深海开采是一项

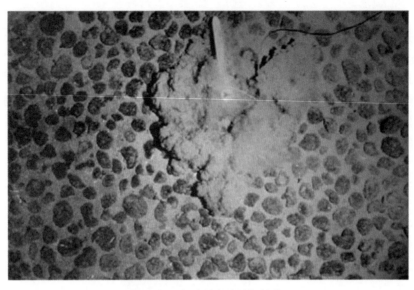

图 10.2 太平洋海底的锰结核

注意相机触发器（15 cm 外径）与海底接触引起的沉积云（sediment cloud）。照片由美国地质调查局提供

重大的技术挑战。印度拥有强大的科技基础，并正基于印度政府地球科学部（MoES）的多金属结核（PMN）项目，进行着多金属结核的勘探和开采研究。这也是印度地球科学部为提升社会经济效益，促进海洋科学技术在海洋非生物资源勘探上的发展和利用而做的主要研究工作之一。这个多学科的项目是由多机构参与执行的。1981 年 1 月 26 日，印度海洋调查船"Gaveshani"号，第一次在印度洋采集到多金属结核样品。印度的持续努力促使其在印度洋发现了一个具有多金属结核开采前景的矿区，并于 1982 年确立了先驱投资者的身份。随后，1987 年 8 月，印度与日本、法国、苏联（现俄罗斯）一起成为首批注册登记的先驱投资者，并获得一块多金属结核专属勘探区。今天，印度是唯一一个在印度洋拥有多金属结核专属勘探区的国家，而其他国家的勘探矿区都位于太平洋海域。印度专属勘探矿区如图 10.3 所示。在印度政府地球科学部的多金属结核项目中，调查和勘探、开采技术、冶炼以及环境影响分析是印度正在努力研究的四大方向。

印度没有已知的 Co 和 Ni 资源，陆地上的 Cu 资源也正在枯竭。对这些金属进口的依赖度每年都在大幅增长。中印度洋海盆（CIOB）的多金属结核开采为减少对这些金属的进口依赖度提供了最可能的解决方案。在 $15 \times 10^4 \ km^2$ 的先驱投资者区域内可用的资源量为 7.59×10^8 t 湿结核，6.07×10^8 t 干结核。其中可提取 85×10^4 t 的 Co，700×10^4 t 的 Ni，650×10^4 t 的 Cu。如果按照所提议的具有经济可行性的开采方案，即以每年 $200 \times 10^4 \sim 300 \times 10^4$ t 的结核量进行开采，这意味着采矿可以持续几百年。

考虑到印度目前 Cu、Ni 和 Co 的消耗量，深海资源将能在未来满足印度资源需求中的很大一部分。虽然这些结核中的 Mn 含量不具有吸引力，然而在 Cu、Co 和 Ni 的提取过程中，发现还可以很大程度地提取锰铁。这四种金属的提取将会提高多金属结核的金属价值。印度矿区的可用资源价值，根据前两年的平均市场价格估值约为 12 万亿卢比（约 1 700 亿美元）。

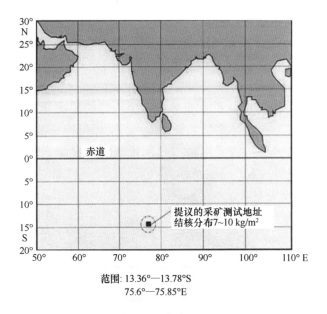

范围: 13.36°—13.78°S
75.6°—75.85°E

图 10.3 印度矿区

在印度政府地球科学部的多金属结核项目中，调查和勘探、开采技术、冶炼以及环境影响分析是印度正在努力研究的四大方向。在过去 20 年中，位于印度果阿（Goa）的国家海洋学研究所（NIO），带着明确的目标以分阶段的方式，对勘探区进行了系统的网格采样和调查。这些调查是在印度调查船"Gaveshani"号和"SagarKanya"号上进行的，船舶由 Skandi，Farnella，G A Reay，Nand Rachit，Sidorenko 和 Boris Petrov 等租船公司支持。勘探了超过 $400×10^4$ km^2 的面积区域，并且对 10 000 多个位置进行了多金属结核的采样操作，所用的采样设备包括自返式抓斗、柱状取样器、多波束测深系统以及深拖照相系统。据此获得的大量数据使人们对矿区的盆地地形和资源潜力有了更深入的了解。同时，在许多地方也进行了环境影响评估和回迁研究。根据《联合国海洋法公约》的第二号决议规定，印度已经放弃了 50% 的专属勘探区，并确定了进行深海采矿技术开发的第一代矿区。

从 5 000~6 000 m 深的柔软海底进行锰结核的深海开采是一项重大的技术挑战。印度采取分阶段的方式，一直致力于这项复杂技术的研发工作。为了尽量减少开发成本和相关风险，将初步的工作重点放在了设备在浅水区长期运行的功能实现和质量保证方面，接下来便是进一步发展深水设备。印度对各种深海采矿方案都进行了初步的研究，并选择了软管提升方案（Grebe，1997）。印度开发了一种水下采矿系统，并于 2000 年在印度海域 410 m 水深处，由印度国家海洋技术研究所（NIOT）和德国锡根大学的工程设计研究所（IKS）对软管提升方案进行了验证（Deepak et al.，2001a，2001b）。这些测试为开展进一步的研究提供了信心，也促使了采矿系统和母船有效的改进。2006 年 3 月，在果阿海岸 451 m 水深处对改进后的系统进行了长时间的运行测试。

10.3　当前的技术

从 5 000~6 000 m 深的柔软海底进行锰结核的开采是具有重大技术挑战的。现有的大部分深海采矿概念都是基于 20 世纪晚期各个财团进行的海试（Brink and Chung，1981；Chung et al.，1980；Chung and Tsurusaki，1994）。这些系统或有一个自行式集矿装置（Chung and Tsurusaki，1994），或采用拖曳式的集矿装置（Heine and Suh，1978；Chung and Olagnon，1996）。集矿装置将结核从海底收集后，直接或通过中间仓存储单元泵送到提升系统。提升系统是靠水力或气力来提升的。水力提升系统在三个不同水深安装多级离心泵（Kuntz，1979；Chung，1996；Deepak et al.，2001a，2001b）。在气力提升的情况下，会在中间水深处注入压缩空气，固体颗粒则以三相混合物的形式被提升。印度近期开发了一种水下采矿系统，并于 2000 年在印度海域 410 m 水深处，由印度国家海洋技术研究所（NIOT）和德国锡根大学的工程设计研究所（IKS）对软管提升方案进行了验证（Atmanand et al.，2000）。

软管提升系统是在 1994 年《联合国海洋法条约》（第三次联合国海洋法）生效后所开发的一种新型的海洋采矿系统。能进行自推进和远程控制的履带式采矿机边在海底移动边收集结核。与一般的管道提升系统不同的是，该系统拥有多台采矿设备（图 10.4），而且用软管提升系统代替了硬管提升系统，并用一台正排量泵替代了多级离心泵。在 Handschuh 等人的研究中对整个系统进行了详细的讨论（2001）。

软管提升系统的开发分以下 4 个阶段进行：

- 第一阶段，通过在水下 400~500 m 处进行采矿作业验证软管提升方案（Deepak et al.，2007）。

- 第二阶段，通过给母船装备动力定位系统来对第一阶段所提出的系统进行长时间工作性能的评估。

- 第三阶段，开发集矿和破碎装置，并将它们装配到第二阶段开发的水下采矿设备上。

- 第四阶段，通过水下采矿系统在中印度洋海盆采集锰结核来验证软管提升采矿的方案。

印度计划在多机构和多国参与下进一步发展这一复杂的深海采矿技术，以促使国内外现有技术、资源和潜力的利益最大化。为此，印度制定了一个关于深海多金属结核开采技术的联合发展计划。该计划由多个部门参加，其中包括位于印度金奈的国家海洋技术研究所（NIOT），地球科学部（MoES，之前也叫海洋开发部）的技术部门以及德国锡根大学的工程设计研究所（IKS）。IKS 已从事有关 6 000 m 水深的水下现代化采矿装备测试与技术开发工作 18 年之久。IKS 也开发了一种在 500 m 水深工作的履带式集矿机。除最后一阶段外，前三阶段的工作均已由印度国家海洋技术研究所（NIOT）完成。

第一阶段中，在 500 m 水深处对采用软管提升方案的深海采矿系统进行了验证。为此，NIOT-IKS 联合团队对 IKS 开发的履带式集矿机进行了改进，同时还集成了采砂系统、机械手、泵送系统以及其他附属子系统，在印度海域对浅海采矿技术进行了验证（图

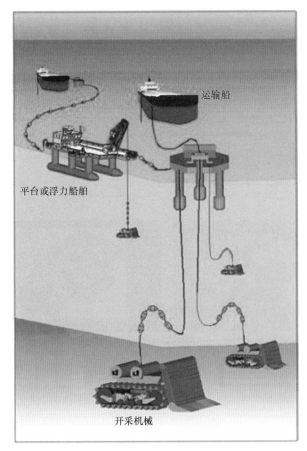

运输船

平台或浮力船舶

开采机械

图 10.4　采用软管提升方案的综合采矿系统

10.5）。履带式集矿机的设计工作水深可达 6 000 m。当集矿机在海底移动时，橡胶履带的渐开线齿廓会压实海底，并使海底沉积物的扰动最小化。经过在 60 m 和 120 m 水深的两次初步试验后（1998 年 10 月和 1999 年 4 月），在 2000 年 3 月至 9 月期间进行了最终试验，通过采砂行为成功地验证了综合采矿系统（IMS）。为了克服试验期间面临的困难，该部门的研究船只 ORV Sagar Kanya 配备了动力定位系统（DPS）和布放回收系统（LARS）。

此外，他们也对履带式集矿机的浮力系统和其他系统进行了改进，以便能在海底更好地进行工作和泵送砂浆。对改进后的系统在 451 m 深处进行了行走和泵送测试，在 515 m 深处单独进行了泵送测试。这些试验表明了在未来的多金属结核开采系统中应用这种技术的信心。

在第三阶段中，对采集和破碎系统进行了浅水域的研究与验证，最大化利用第一阶段所开发的系统实现了人工铺设结核的采集。

在 6 000 m 水深处用综合采矿系统（IMS）开采结核，需要对新开发的和关键的部件进行验证。这些新型和关键的部件并不是指采砂系统中的部件，而是指采集器和破碎机。为了最大限度地减少技术的不确定性，建议在进行成本密集型商业规模投资之前，

500 m深的水下采矿系统

500 m深带机械手和切削器的
水下采矿系统

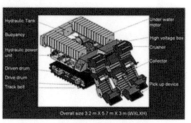

500 m深带收集器和破碎器的
水下采矿系统(2008—2009)

图 10.5 印度国家海洋技术研究所（NIOT）研发的 500 m 水深的水下采矿系统

对这些新系统进行研发、测试和验证以满足 6 000 m 水深的应用。因此，为了实现从 6 000 m水深开采结核的最终技术目标，研发过程应分阶段进行。表 10-1 为水下采矿系统的技术参数。

表 10-1　水下采矿系统的技术参数

水下采矿机		软管接头	6 m 间隔
总长	3 400 mm	软管卷扬机重量	500 kg（SWL）
总宽	3 450 mm	软管卷扬速度	0.5 m/s（最大）
空气中重量	13 t	电源，控制和仪表系统	
水中重量	7.2 t		
工作水深	500 m	电缆	多芯电导体
运行速度	0.5 m/s		
最大速度	0.75 m/s	抗断强度	400 kN
最大倾角	8.5°	功率	120 kW at 3 000 V
泥浆流量	可达 45 m³/h	信号传输	两条光纤 TCP/IP
浓度	30%（最大）	数据采集	基于 PXI 系统

水下采矿机		软管接头	6 m 间隔
矿产量	12 t/h（最大）	传感器	速度，姿态，视频
颗粒尺寸（最大）	8 mm	电缆绞盘	1.6 m 直径 × 1.4 m 长
软管提升系统		电缆卷扬速度	0.5 m/s
软管直径	75 mm		
软管卷轴长度	100 m		

10.4 水下采矿系统的浅水试验研究

在采矿系统的开发过程中，也对许多子系统进行了研究，其中一部分是：
- 深海高压舱中液压装置的研发；
- 声学定位和成像系统的研发；
- 集矿机与海底相互作用的研究；
- 水下破碎系统的研发；
- 软管提升系统；
- 如高压舱、试验水池、绞盘测试设备和印度本土深海设备等测试设备的研发。

10.4.1 深海高压舱中液压装置的研发

包括液压动力组件、液压马达、方向控制阀、伺服阀、比例控制阀以及在水下采矿机中使用的压力补偿器和减压阀等其他装置的液压系统，通常要由陆基系统改进后才能适用于深海采矿系统。这些系统必须在高压舱室测试合格后，才可用于深海采矿。设计了模拟深海采矿中所出现载荷的加载回路，并在高压舱中对这些系统进行了测试。关于水下动力装置（HPU），轴向柱塞马达和用于水下履带式集矿机的比例控制阀的高压试验如图 10.6 所示。

10.4.2 声学定位系统的研发

水下采矿系统的准确定位对有效开采来说是至关重要的。具有深海发射器和长基线接收器的水下声学定位系统被认为是最精确的定位系统。然而，它们在深水环境下的性能还需进一步验证。海底声学公司一直都在对定位系统进行相关的开发研究。康斯伯格公司开发出了一套 408S 系统，并对其进行了初步的潜水测试（图 10.7）。

水下声学定位系统包括一套发射器和一套接收器。安装在履带式集矿机上的发射器发送一个信号（脉冲），并由安装在海底的接收器来接收。该脉冲信号会激活海底的接收器，并立即响应发射器。发射器会利用它的电子装置计算出接收器相对于水面母船的一个精确

图 10.6　高压舱中的水下液压系统测试

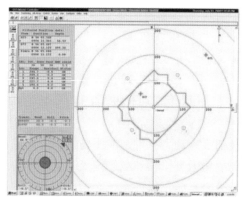

图 10.7　用于深海采矿的 HPR 480S 系统原理图以及试验得到的位置数据

位置。该系统工作在 21 000 ~ 32 500 Hz 的中频（MF）模式和 9 500 ~ 15 750 Hz 的低频（LF）模式。发射器发出的波束宽度为 ±30°。

10.4.3　水下成像系统

由履带式集矿机在工作时产生的浑浊往往使水下相机无法成功拍摄海底的多金属结核，因此，为了看清结核需要寻找另一种解决方案，比如用成像质量高的声呐系统（SONAR）。由于现有的声呐系统（SONAR）不能够从海底沉积物中把结核物区分出来，故通过与制造商讨论交流，计划开发初步用于浅海的声呐成像设备。在印度国家海洋技术研究所（NIOT）的试验水池中用一种高频的声呐系统（DIDSON 声呐）进行了试验。试验过程中获得的结核图像如图 10.8 所示，图像质量是可以接受的。在下一阶段，该系统将会被改进以适用于深海环境。

(a)   (b)

图 10.8 放入测试池之前放置在膨润土层上的结核的真实图像

10.4.4 集矿机与海底相互作用的调查研究

为了研发有效的锰结核采矿系统，需要对集矿设备与海底的相互作用进行深入研究。必须详细研究采矿过程中作用于集矿设备上的各种不同的力。采用理论方法和试验研究来评估随着质量、时间、空间和切入深度等因素的变化，提升结核、切割沉积物以及移动沉积物–结核所用的力。为了进行试验研究，已设计并制造了一套测试装置（图 10.9）。

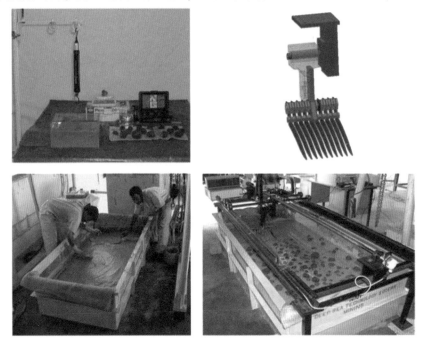

图 10.9 锰结核采矿系统中拾取装置的试验研究

试验是在一个水池中进行的，模拟了深海沉积物的土力学性质。试验所用的沉积物是由膨润土–水混合物制作的，并采用了一种特殊的固结流程以获得与真实沉积物类似的抗剪强度（图 10.10）。已经将试验结果运用到了深海拾取装置和采集装置的设计上。

图 10.10　确定结核破碎力的试验研究

10.4.5　水下破碎系统的研发

从海底采集的多金属结核必须要破碎成 30 mm 以下的粒径大小，以方便结核颗粒顺利通过软管。已有人详细研究了结核的破碎特性，并开发出了具有侧向输送能力的水下钉式破碎机。用锰结核和模拟结核对已开发的破碎机进行的试验研究如图 10.11 所示。

10.4.6　软管提升系统

必须进行深入的研究以估计系统的压力损失进而确定正排量泵的尺寸。同时需要开展进一步的试验研究，以了解软管提升系统堵塞的可能性。在马德拉斯理工学院（IIT Madras）的机械实验室中（图 10.12），由印度国家海洋技术研究所（NIOT）改进的设备以及其他一些可用的设备在这些研究过程中已经得到了有效的利用。确定系统的最大粒径和最大提升浓度是最关键的研究。研究过程中需要将不同尺寸的颗粒混合以获得类似于中印度洋海盆（CIOB）的粒径分布，进而开展关于系统压降特性的研究试验。

还需要为提升软管开发制造一种缆索。该缆索将由特殊材料制成，以承受泥浆泵所产生的压力，并且在布放或回收操作期间还能承受履带式集矿机和软管自身的重量。软管和

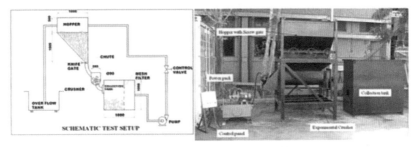

图 10.11　锰结核破碎机的研究试验装置

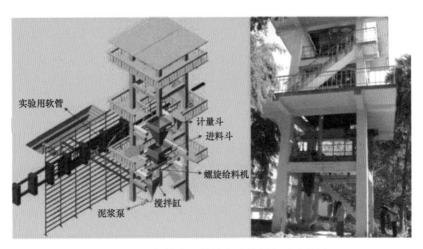

图 10.12　软管中锰结核流动的研究试验装置

电缆与缆索连在一起。在缆索上每隔一定距离固定一个浮子，使得脐带缆成悬链线形状。对该软管提升系统进行分析，并将分析结果用于最终的系统设计。

10.4.7　测试设备和印度本土深海设备的开发

为测试深海子系统、组件和集成系统所开发的测试设备包括一个可以对组件和设备进行高达 900 bar 压力测试的高压舱。此高压舱有一个直径为 1 m、宽 3 m 的测试空间。通过深挖印度国家海洋技术研究所（NIOT）的现有水池和建造码头来实现试验水池的搭建。

这个试验水池深 4 m，能够用于水下采矿系统的浅水测试（图 10.13）。在印度国家海洋技术研究所（NIOT）的一体化海湾，开发出了一种可测试重达 15 t 深海绞车的设备。另外，还开发了用于测试深海电气、电子和光纤通信系统的有关设备。

图 10.13　水下机器测试池

10.5　浅水域中模拟结核的铺设与采集

为了进行下一阶段的研究，必须设计开发一个集矿系统，并在 500 m 水深处对它进行试验。由于在 500 m 水深处不存在结核，所以要准备模拟结核，并将其铺设在海床上以供开采。本节将介绍模拟结核的铺设与采集系统。

远程操作的模拟结核铺设系统包括带有定位推进器的海底料斗、旋转叶片给料机、液压动力单元、伺服阀组、摄像机、深度传感器、液位计、声呐系统、运动参考单元（MRU）、数据采集系统和光纤通信系统（图 10.14）。通过引自地面的脐带缆对结核铺设系统进行供电和远程操作。在设备布放和回收期间，脐带缆还可用来承受结核铺设系统的重量。水下系统被船拖动，同时该船又采用动力定位以保持所需的路径。通过闭环控制使海底结核铺设系统中的推进器与船舶航向保持一致，进而保持料斗在运动过程中的方位。该系统可在 3 级海况下工作。可以对推进器的运动进行单独或成对的手动控制。

10.5.1　机械系统

模拟结核铺设系统的主要驱动装置为液压系统。液压系统的回路如图 10.15 所示。液压系统由以下主要子系统组成。

图 10.14 带模拟结核铺设系统的叶片给料机

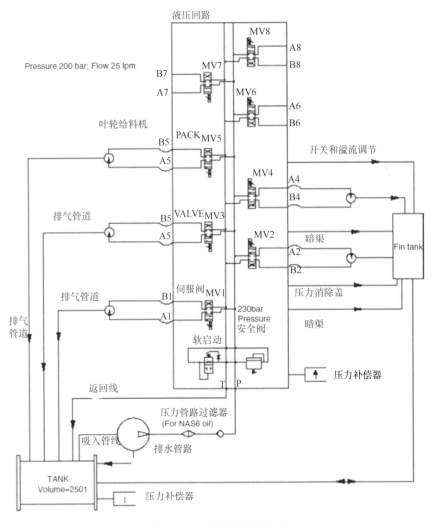

图 10.15 液压系统原理图

10.5.2　液压动力装置

主液压泵是设计用于液压开路系统的斜盘式变量轴向柱塞泵。泵的排量为 100 cm³，在 200 bar 压力下运行。

10.5.3　伺服阀组

通过伺服阀组对液压推进器和叶片给料机进行操作。伺服阀组包括 8 个伺服阀，这些伺服阀都具有压力小的特性，且适用于标准应用。8 个伺服阀以 77 L/min 的额定流量运行时，会产生 70 bar 的压降，而以 40 L/min 的流量正常运行时，会产生 19 bar 的压降。用电流放大器来驱动阀组。伺服阀组件的最大输入压力为 280 bar，最大流量为 350 L/min。液压泵由一台转速为 1 450 rpm 的电动机所驱动。

10.5.4　叶片给料机

设计和开发了水下叶片给料机用于铺设来自料斗中的模拟结核。叶片给料机是用于输送结核的装置，其通过行星齿轮箱与径向柱塞马达进行连接。给料机从料斗中吸出结核并以可控和均匀的速度进行铺设，以获得平坦的结核面。叶片给料机的速度为 0~5 rpm。

10.5.5　推进系统

推进系统主要由 4 个螺旋桨式的水力推进器来进行前后左右移动，其中每一个水力推进器都配有一个排量大约为 28 cm³ 的轴向柱塞马达。水力推进器规格为 250 bar 的压力，排量为 25 L/min，在 1.5 节航速时可产生 250 N 的推力。单个推进器所需的相应流量为 250 L/min。

10.5.6　配电系统

作业船 SagarKanya 上有一个 500 kVA、660V/380V、50 Hz 的三相电源，通过船上的专用配电板将电源分配到各个子系统。船上另外还有一个独立的 75 kVA、380V/380V、50 Hz 的三相电源，该电源与甲板上运行的其他电力设备完全电流隔离。电力配送系统的详细情况如图 10.16 所示。

甲板上有一个独立的 500 kVA 的高压变电器为一个规格为 60 kW 的 3 000 V、50 Hz 的交流三相潜水电机供电，这个电机是用来驱动漏斗式布放系统的液压动力单元（HPU）的。甲板上有一个中压软启动开关可以用来启动这个大功率电机。软启动开关保证电机在启动的过程中不会出现瞬时大电流。

一根长达 800 m 的水下电-光缆可以为漏斗式布放系统提供电力传输，而这根光缆是通过卷扬机来提升下放的。电力以及遥感信号通过一个高压滑环耦合在卷扬光缆上并且一直通到海底，这其中有一系列特殊设计的压力补偿装置来补偿压力。

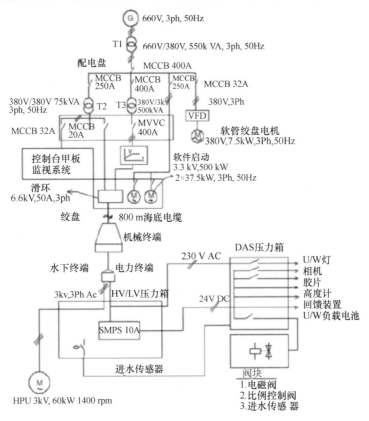

图 10.16　电力系统

10.5.7　测控系统

料斗的数据采集与控制系统（DACS）由一个具有嵌入式控制器的模块构成。硬件系统是由工作在 LabVIEW 上的实时图形化软件模块、可编程控制器（CFP）组成。

水下系统部分、所有的水下传感器以及控制器都会与 CFP 以及独立的嵌入式数据采集系统相互通信。数模转换以及测控系统的示意图如图 10.17 所示。其中 64 位的嵌入式模块（CFP2020）包含了一个 10/100 的以太网、一个 RS-485 端口和三个 RS-232 端口。船上主控台的实时嵌入式控制系统（ICP CON7188XA）会与所有的交互式设备以及船上的子系统进行通信。作为操作者与 DAC 系统之间的 GUI 交互界面中心的工业 PC 机被连接到 SAFC-CFD 网络上。独立的嵌入式模块与船以及人机交互设备之间有信息交互。

10.5.8　软件

软件是在 LabVIEW（一种图形化编辑语言，美国国家仪器公司研制开发）上运行的。

269

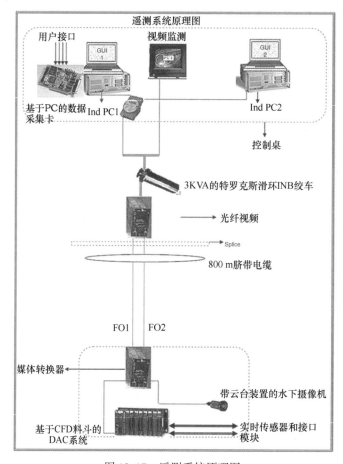

图 10.17　遥测系统原理图

硬件系统以及 CFP 独立嵌入式系统都在 LabVIEW 上实时运行。因为软、硬件的提供商是一家，所以可以确保软、硬件的良好兼容。

10.5.9　模拟结核的研制

过去我们是用木屑作为内核以及黏土作为壳来制作模拟结核的，如图 10.18 和图 10.19 所示。模拟结核需要在空气中放置 4 天，然后在窑中烧制 3 天。为了获得和真实结核一样的密度、硬度以及结构，混合了不同比例的煤灰、果壳等材料作为内核。研究发现，以砖土和木屑作为内核，砖土作为外壳，然后经过烧结得到的模拟结核同真实结核的密度、硬度以及抗冲击性都很相似。2008 年，Yoon 在水力提升实验中使用了模拟结核。模拟结核的尺寸分布也和中印度洋海底的真实锰结核的尺寸分布一致，例如 25～30 mm 的占 15%，40～50 mm 的占 40%，60～70 mm 的占 35%，大于 70 mm 的占 10%。表 10-2 为模拟结核与实际结核的特性比较。

表 10-2 模拟结核与实际结核的特性比较

编号	参数	多金属结核	模拟结核
1	密度	1 500 kg/m³	1 500~1 600 kg/m³
2	莫氏硬度	1~2	1~2
3	综合冲击试验指数	56%	55%

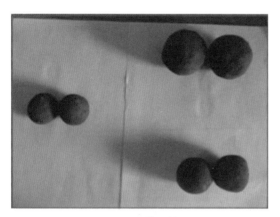

图 10.18 模拟结核

图 10.19 模拟结核的剖面图

10.5.10 操纵

我们可以通过电脑上数据采集系统的前端界面控制模拟结核的布放。前端界面采用 Lab-VIEW 软件开发完成。给料机和推进器必要的控制开关已内置在界面中，可以通过软件来单独或者同时控制电控开关。在屏幕上可看到例如液压元器件的温度和压力、液位计、电子元器件的温度和压力、深度、结核铺设系统的方位、下潜深度等数据，如图 10.20 所示。

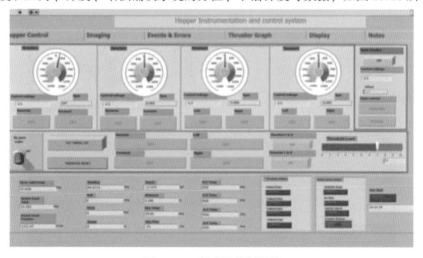

图 10.20 仪表及控制系统

271

在实际铺设工作开展前，我们首先在 20 m 深的浅海对模拟结核铺设系统进行了试验。其中料斗系统装载了 700 kg 的模拟结核。采用 SagarKanya 船上的布放回收系统进行了试验装置的布放。通过一个叶轮式的给料机，将模拟结核铺设至 20 m 深的海底。模拟结核的铺设过程采用摄像机和成像声呐记录下来。

10.5.11　520 m 水深的海试

带有 1.5 t 模拟结核（干重）的铺设系统在金奈海岸（Chennai coast）进行布放（13.3°N，80.7°E）。该系统悬浮在 520 m 深的地方，离海底大约 2 m。使用布放回收系统（LARS）完成设备的布放调试。布放过程中，以每 20 ~ 300 m 的间隔深度测试系统的工作状态。在确保水下各子系统的正常工作后，我们通过给料机和推进器的操作，成功地将模拟结核布放至海底。在这个过程中，母船是通过动力定位并以小于 0.5 kn 的航速航行，料舱的运动是通过推进器的操作来控制的。如图 10.21、图 10.22、图 10.23 和图 10.24 所示，利用声呐和水下摄像机捕捉到了模拟结核从料舱中被铺设的图像。结核铺设完毕之后，母船再次沿着铺设轨迹行走以观察结核覆盖的海底。

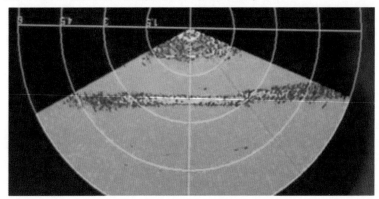

图 10.21　铺设模拟结核前的声呐图像

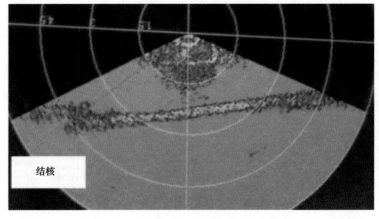

图 10.22　模拟结核在铺设过程中的图像

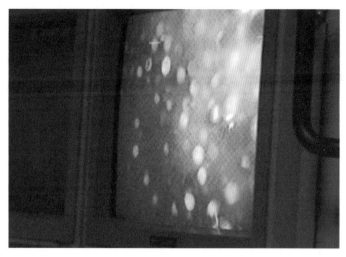

图 10.23 给料机中落下的模拟结核

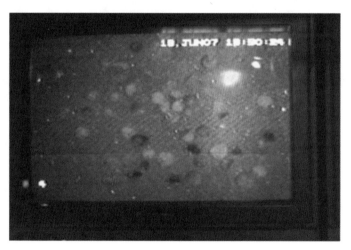

图 10.24 通过水下摄像机观察到模拟结核覆盖的海底

10.6 模拟结核采矿系统的开发

2007 年，利用前文所述可远程控制的模拟结核铺设系统在印度金奈海岸的某些地段铺设了模拟结核。2010 年 10 月，在进行集矿机以及破碎机海试时，同样的模拟结核铺设系统被用来铺设模拟结核。

海底模拟结核铺设系统被动力定位的母船拖曳前进以保持预定的轨迹。水下模拟结核布放系统的推进器通过闭环控制，以保证料舱方位与船舶航向一致。这个系统可以在 3 级海况下正常运作。同时，推进器的运动可以单独地或者成对地进行手动控制。通过内置的运动控制算法，参照船舶航向和声学定位系统来控制位置轨迹参数以保证料舱方位与船舶航向一致。

10.6.1　采矿机

海底采矿机由履带车、机械采集装备、防滑带式输送机、矿石破碎机、双缸正排量泵以及大颗粒输送系统组成。海底采矿机的模型如图 10.26 所示。作为能远程控制的电液系统，采矿机上配置有三个集矿机构以及防滑带式输送机、矿石破碎机和软管渣浆泵系统（如图 10.27）。采矿机在海底以 0.15~0.5 m/s 的速度移动，采矿时以 0.15 m/s 的速度移动，非采矿时以 0.5 m/s 的速度移动。采矿机上的各种专用控制器通过脐带缆中的光纤与母船通信，接受来自母船控制台的指令。

图 10.25　正在布放的模拟结核铺设系统

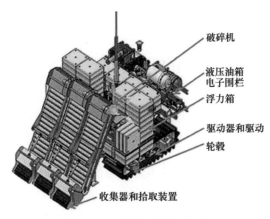

图 10.26　海底采矿机模型

图 10.27　正在布放的海底采矿机

10.6.2　海底采矿机规格

海底采矿机规格见表 10-3。

表 10-3　海底采矿机规格

总长	6 200 mm
总宽	3 400 mm
空气中重量	20.8 t
水中重量	8.8 t
作业深度	500 m
工作行走速度	0.15 m/s
最大行走速度	0.5 m/s
最大爬坡角	8.5°
矿浆泵排量	可达 45 m³/h
输送浓度	30%
矿石生产量	8 t/h（最大）
颗粒粒径（最大）	25 mm
软管提升系统	
软管尺寸	75 mm
软管卷轴长度	100 m
软管接头间隔	6 m
软管卷扬机重量	500 kg（安全工作负荷）
软管卷扬速度	0.5m/s（最大）

续表

多触点的机电设备	
破断力	500 kN
功率	180 kW，3 000 V
信号传输	两根 TCP/IP 光缆
数据采集	基于 PXI 的系统
传感器	速度、艏向、纵倾、横摇、图像
电缆绞车	直径 1.6 m，长 1.4 m
辅助绞车重量	12 t
电缆卷扬速度	0.5 m/s

10.6.3 船载测控系统

船载测控系统可以收集水下履带式行走装置的所有电气信号。可移动的控制台是一个全权控制采矿系统的人机接口控制中心（HMI）。除了监控水下系统之外，控制室可以通过船上的闭路视频（CCTVs）网络监控甲板上的各种操作。

船上的数据采集和控制系统（DACS）配备有一台实时控制器以及两台工业计算机（DACS）分别担任主、从控制器，测控系统工作原理如图 10.28 所示。所有的人机交互设备，如操纵杆和按钮，都是通过一个接线盒和输入输出设备相连接的。实时控制器、主控制器、从属控制器及海底控制器通过 TCP/IP 协议网络连接起来，成为人机接口控制中心。从图 10.28 中可以看出，软、硬件的控制信号都可以实时直接与海底测控系统连接，并且进行相关的操作。

海底采矿设备的电力是通过一根长达 800 m 的电-光缆从母船输送下去的（海底中液压马达用的是 3 kV 的三相交流电，海底测控系统用的是 220 V 的交流电）。这根电-光缆由船上的卷扬机控制。电力和测控信号通过安装在卷扬机上的高压滑环耦合在一起，从母船一直延伸到海底采矿机尾部特定的压力补偿装置（FITA）。电缆和光缆在 FITA 处分别用高压外壳和电子外壳隔开。3 kV 和 220 V 的电源线通过高压电力系统分配给子系统。传感器和控制设备使用的是由低压配电箱通过开关电源（SMPS）输出的 24 V 直流电。履带式采矿车在采矿作业时需要的总功率大概为 160 kW，其中 5 kW 用于测控系统。

履带式行走车的自动控制模式通过船上的主控电脑实现，手动控制模式通过操纵杆和拨动开关实现（如图 10.29 所示）。这台主控电脑还配备有数字量和模拟量 I/O 接口。用于控制推进器、提升泵旁通阀、泥浆泵、照相机以及灯光的开/关控制信号均由主控计算机和从控计算机发送给水下测控系统。

10.6.4 遥测系统

为了检测和控制履带式行走车，利用绞车和脐带缆构建了一个数据-视频遥测系统，

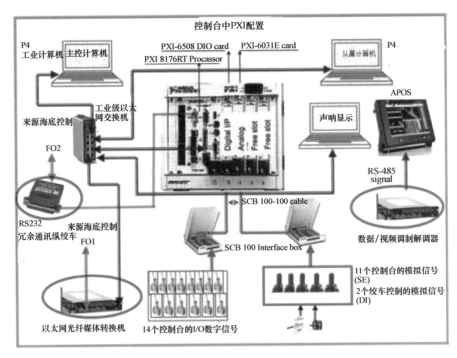

图 10.28 船载数据采集和控制系统原理图

图 10.29 船上控制室

实现了母船与水下测控系统的通信。脐带缆中有一根 9/125 μm 的单模光纤。光信号的传播波长一般为 1 310~1 550 μm。一组媒体转换器被放置在海底的电子外壳和船的绞车滚筒内。可被媒体转换器转换成视频电信号的光信号通过绞车上的电滑环传送。整个遥测系统使用了三根光纤。第一根光纤是用来进行 100 Mbps 的以太数据通信的。第二根光纤连接

277

了另一个多媒体转换器，其包含了 10 Mbps 的以太网通信、两个视频以及两个 RS232 链路，可追溯到以太网和视频链路。第三根光纤是用来传输 4 个视频信号以及两个 RS-485 信号的。全部的视频测控系统如图 10.30 所示。

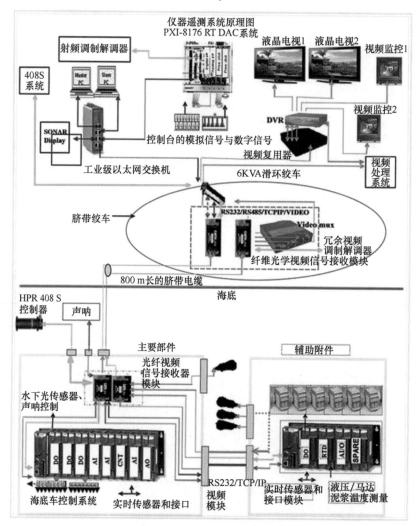

图 10.30　数据-视频测控系统

10.6.5　动力定位系统

动力定位系统（DP）是根据动态全球定位系统（DGPS）提供的位置，利用计算机对采集的各种参数（如风、浪、流、船的姿态等）自动地进行计算，进而控制各推进器的推力大小，使船舶在无锚的情况下保持航向和位置的"纹丝不动"。我们通过动力定位系统来保持船与海底采矿车的状态。动力定位系统也可以保证海底采矿车根据我们预定的路径作业。图 10.31 为 Sagar Nidhi 船上典型动力定位系统作业的示意图（致谢：康士伯海事）。

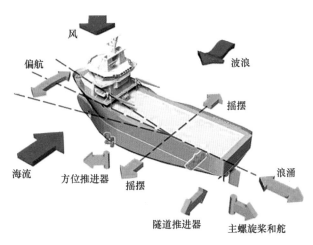

图 10.31 基于 DP 控制的船舶模型

10.6.6 声学定位系统

SagarNidhi 母船上配备有高精度声学定位系统（HiPAP）以便确定履带式采矿车与母船的相对位置。声学定位软件以一种超短基线（SSBL）的模式追踪履带式采矿车。

同时，为了确定履带式行走车的水下位置，其上也装备有多目标的应答器。采矿车在海底按照特定的轨迹运动，其监控模式如图 10.32 所示。这套系统可以避免矿区重采，从而提高效率。一套超声定位系统包括一个超声发射装置以及一系列的超声接收器。只要收到超声接收器的信号，超声发射装置就会对采矿车上的超声接收器做出应答。

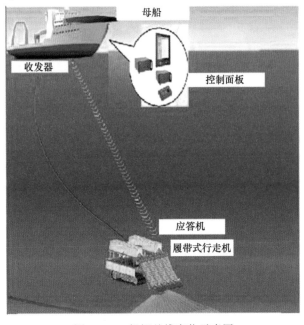

图 10.32 超短基线定位示意图

279

10. 6. 7　系统测试

在 Angria 海岸（16°13.600′N，72°04.427′E）512 m 水深处测试了配备收集和破碎装置的水下采矿车。图 10.33 所示为船上控制台看到的 Angria 海岸测试地点。到达 Angria 海岸后，提取分析了两个地方的岩芯样本（岩芯样本结果如图 10.34 所示），以确定最佳的采矿车测试地点。对土壤样本分析完毕后，我们用多波束测深系统确定了海底坡度以测试采矿车的机动性能。图 10.35 展示了 Angria 海岸的地形。

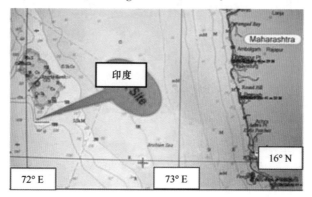

图 10.33　印度 Malvan 海岸测试地点

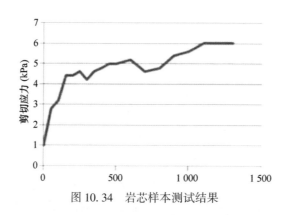

图 10.34　岩芯样本测试结果

10. 6. 8　布放回收系统

我们通过印度地球科学部的 Ⅱ 级动力定位科考船 Sagar Nidhi 上的 A 架对海底采矿车进行布放。首先利用模拟结核铺设系统在特定位置铺设模拟结核，然后布放采矿车。通过船的动力定位系统以 0.5 kn 的航速前进和叶片式给料机以 10~15 kg/m² 的速度铺设结核以得到预定的采矿路径，如图 10.36 所示。

除了主要的脐带缆绞车之外，还使用了两个辅助绞车来布放采矿车，直到采矿车穿过

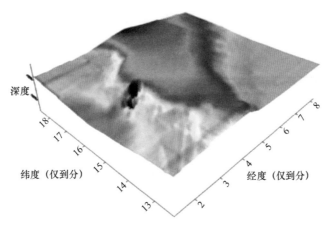

图 10.35 Angria 海岸测试地点海底地貌

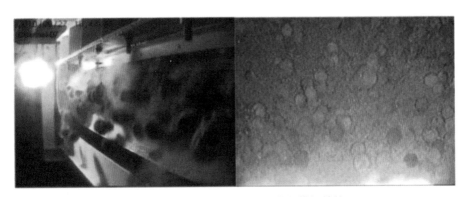

图 10.36 叶片式给料机与海底的模拟结核

波浪区域，如图 10.37 所示。机电铠装电缆每隔一定间距与软管和浮力材料绑在一起，当采矿车下放穿过波浪区域后，则由电缆（安全工作负荷为 15 t 重）承受采矿车的重量。

在采矿车着地之前，确定模拟结核的铺设位置是很重要的。Sagar Nidhi 船上的声呐定位系统（APOS）和动力定位系统，为采矿车的精确布放和着陆发挥了巨大的作用。为了配合电缆下放，母船在采矿车着陆后以 2 m 的步长向前移动 30 m。电缆被放出进而形成 S 型。然后泵输送系统以 10 m³/h、20 m³/h、30 m³/h、45 m³/h 的流量慢慢启动，根据声学定位系统提供的信息，采矿车按照指定的路线移动。采矿车移动 30 m 收集模拟结核、破碎模拟结核，并将其输送至海面，至此系统测试完毕（Rajesh et al.，2011）。

10.7 原位沉积物土工测试仪

多金属结核综合采矿系统的优化设计主要由 5 000~6 000 m 深的极软海床的沉积物性质决定。在设计过程中必须考虑土体的承载强度和抗剪强度，对采矿机的整体重量分布和牵引力进行配置。沉积物的抗剪强度为海底采矿机的可操纵性和控制提供了有用的信息。

图 10.37　正在布放的水下采矿车

此外，还必须划定矿区识别低强度的脆弱区域，在这些区域采矿机可能会出现突然沉陷而无法恢复。现已开发了一种可远程操作的 6 000 m 深原位沉积物测试仪，它拥有用于软土和浅穿透深度取样的锥度试验仪和十字板剪切测试仪，在中印度洋盆地 5 462 m 水深圆满完成了土壤特性测量，设备性能得到验证（Muthukrishna Babu et al. , 2014）。

参考文献

Amudha K, Rajesh S, Ramesh NR, Babu M, Abraham R, Deepak CR, Atmanand MA (2009) Development and testing of remotely operated artificial nodule laying system at 500 m water depth. In: Proceedings of 8th ocean mining symposium of international society of offshore and polar engineers, Chennai, 20–24 Sept 2009, pp 233–238

Atmanand MA, Shajahan MA, Deepak CR, Jeyamani R, Ravindran M, Schulte E, Panthel J, Grebe H, Schwarz W (2000) Instrumentation for underwater crawler for mining in shallow waters. In: Proceedings of international symposium of autonomous robots and agents, Singapore, 26 May 2000

Brink AW, Chung JS (1981) Automatic position control of 300000 tons ship during ocean mining operations. In: Proceedings of offshore technology conference, Houston, OTC 4081, pp 205–224

Chung JS (1996) Deep ocean mining: technologies for manganese nodules and crusts. Int J Offshore Polar Eng 6(4):244–254

Chung JS, Olagnon M (1996) New research directions in deep-ocean technology developments for underwater vehicles and resources. Int J Offshore Polar Eng 6(4):241–243

Chung JS, Tsurusaki K (1994) Advances in deep-ocean mining research. In: Proceedings of 4th international offshore and polar engineering conference, ISOPE, vol 1, Osaka, pp 18–31

Chung JS, Whitney AK, Loden WA (1980) Nonlinear transient motion of deep ocean mining pipe. In: Proceedings of offshore technology conference, Houston, OTC 3832, pp 341–352

Deepak CR, Shajahan MA, Atmanand MA, Annamalai K, Jeyamani R, Ravindran M, Schulte E, Handschuh R, Panthel J, Grebe H, Schwarz W (2001a) Developmental tests on the underwater mining system using flexible riser concept. In: Proceedings of 4th ocean mining symposium of international society of offshore and polar engineers, Szczecin, 23–27 Sept 2001

Deepak CR, Shajahan MA, Atmanand MA, Annamalai K, Jeyamani R, Ravindran M, Schulte E, Panthel J, Grebe H, Schwarz W (2001b) Developmental tests on the underwater mining system using flexible riser concept. In: Proceedings of 4th ocean mining symposium of international society of offshore and polar engineers, Szczecin, 23–27 Sept 2001

Deepak CR, Ramji S, Ramesh NR, Babu SM, Abraham R, Shajahan MA, Atmanand MA (2007) Development and testing of underwater mining systems for long term operations using flexible riser concept. In: Proceedings of 7th ocean mining symposium of international society of offshore and polar engineers, Lisbon, 1–6 July 2007, pp 166–171

Exon NF, Bogdanov NA, Francheteau J, Garrett C, Hsü KJ, Mienert J, Ricken W, Scott SD, Stein RH, Thiede J, von Stackelberg U (1992) Group report: what is the resource potential of the deep ocean? In: Hsü KJ, Thiede J (eds) Use and misuse of the seafloor. Wiley, Chichester, pp 7–27

Grebe H (1997) General mathematical model for the hose connections between the mobile deep sea devices and their mother stations. Ph.D. Thesis, IKS, University of Siegen, Siegen

Halkyard J (1985) Technology for mining cobalt rich manganese crusts from seamounts. In: Proceedings IEEE oceans '85 conference, San Diego, pp 352–374

Handschuh R, Grebe H, Panthel J, Schulte E, Wenzlawski B, Schwarz W, Atmanand MA, Jeyamani R, Shajahan MA, Deepak CR, Ravindran M (2001) Innovative deep ocean mining concept based on flexible riser and self-propelled mining machines. In: Proceedings of 4th ocean mining symposium of international society of offshore and polar engineers, Szczecin, 23–27 Sept 2001

Heine OR, Suh SL (1978) An experimental nodule collection vehicle design and testing. In: Proceedings of offshore technology conference, Houston, OTC 3138, pp 741–749

Kuntz G (1979) The technical advantages of submersible motor pumps in deep sea technology and the delivery of manganese nodules. In: Proceedings of offshore technology conference, Houston, OTC 3367, pp 85–93

Muthukrishna Babu S, Ramesh NR, Muthuvel P, Ramesh R, Deepak CR, Atmanand MA (2014) In-situ soil testing in the Central Indian Ocean basin at 5462 m water depth. Int J Offshore Polar Eng 24(32):213–217

Rajesh S, Gnanaraj AA, Velmurugan A, Ramesh R, Muthuvel P, Babu MK, Ramesh NR, Deepak CR, Atmanand MA (2011) Qualification tests on underwater mining system with manganese nodule collection and crushing devices. In: Proceedings of 9th ocean mining symposium of international society of offshore and polar engineers, Maui, 19–24 June 2011

Scott SD (2001) Deep ocean mining. J Geol Assoc Can 28(2):87–96

Yoon CH (2008) Solid-liquid flow experiment with real and artificial manganese nodules in flexible hoses. In: Proceedings of the eighteenth international offshore and polar engineering conference, 6–11 July 2008, Vancouver, Canada

阿特玛·南德（M A Atmanand）博士，"G"级研究员，曾任国家海洋技术研究所负责人、海洋采矿项目负责人以及海洋管理人员。电气工程师，教授，在 Calicut 大学获得学士学位，在 Madras 技术研究所获得硕士学位以及博士学位。主要研究方向是深海采矿，比如海底采矿车的研制、原位测试以及采矿车的远程测控。在国际期刊、国家期刊以及国际会议上发表了 90 余篇论文。他还是印度 IEEE 海洋工程学会的首席创始人。

拉玛·达斯（G A Ramadass）博士，印度 Chennai 国家海洋技术研究所的研究员。在印度 Madras 技术研究所获得物理学博士学位。在采矿车的远程控制、深海钻探设备的研制、天然气水合物的开采以及多金属结核的开采方面做出了巨大的贡献。他有四项专利（两项国家级的、两项国际级的），在国际期刊以及国际会议上发表了多篇论文。

第11章　海洋采矿技术应用：深海水资源利用

Koji Otsuka，Kazuyuki Ouchi

摘要： 深海水资源是位于海平面下几百米或者更深位置的海水，作为一种有巨大潜力的可再生资源，有着很大的吸引力，因为大量寒冷稳定的深海水资源在全球输送的热盐循环中可再生。深海水资源中包含大量的无机营养元素（如 N、P、Si），所以它作为促进海洋初级生产的重要资源，一直被重点关注。这一章我们从全球可持续发展的角度出发，描述了深海水资源的基本特征，讨论了深海水资源利用的重要性。同时，我们介绍了几种深海水资源利用技术（如海洋热交换、空气调节、渔业应用、农业应用和淡水产业等）。最后，我们提出一种多用途的深海水资源复杂浮体，作为一种可持续利用的基础设施，它仅仅利用深海水和表层海水资源就能实现发电、生产淡水、提取稀有金属和捕鱼。

11.1　引言

在工业革命之后，世界人口快速增长，截至 2016 年，世界人口已达 73 亿（2016 年美国人口普查局统计）。预计世界人口到 2025 年可达 80 亿（图 11.1）。Meadows 等（2004）揭示了随着人口的增长，全球水资源、食物和能源的供应将会面临严峻的问题。为了保证所需资源产品的供应，则需要消耗大量的淡水、化肥和化石燃料。这些反过来又导致水资源的消耗、贫瘠土地面积扩大和气候的改变，等等。

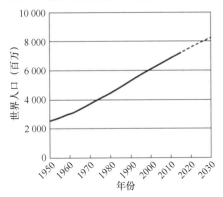

图 11.1　世界人口变化趋势（实线：统计数据；虚线：预测数据）

（资料来源：2016 年美国人口普查）

众所周知，地球表面 70% 的面积被海洋覆盖。海洋和陆地的容积差异远远超过了表面积差异。陆地的平均高度为 840 m，而海洋的平均深度为 3 800 m。水和碳作为构成生物体的基本材料，在海洋中广泛存在。海洋中储存着地球上 97% 的水资源和 85% 的碳资源。因此，为了维持世界人口不断增长下的人类生活，有必要从传统的陆地生产系统向海洋资源利用系统转变。

深海水资源是位于海平面下几百米或者更深位置的海水，作为一种有巨大潜力的可再生资源，有着很大的吸引力。因为大量寒冷稳定的深海水资源在全球输送的热盐循环中可再生。深海水资源中包含大量的无机营养元素（如 N、P、Si），所以它作为促进海洋初级生产的重要资源，一直被重点关注。

这一章我们从全球可持续发展的角度出发，描述了深海水资源的基本特征，讨论了深海水资源利用的重要性。同时，我们介绍了几种深海水资源利用技术（如海洋热交换、空气调节、渔业应用、农业应用和淡水产业，等等）。最后，我们提出一种多用途的深海水资源复杂浮体，作为一种可持续利用的基础设施，它仅仅利用深海水和表层海水资源就能实现发电、生产淡水、提取稀有金属和捕鱼。这将是深海采矿技术的一项至关重要的应用，因为将矿物从海底提升到海面时涉及深海水资源的循环。

11.2　深海水资源的特征

深海水资源相比于表层海洋水资源有几个显著的特征，包括低温、高营养浓度和低活菌数。这一节，我们描述了其基本特征和成因，然后从全球环境可持续发展的角度讨论对其利用的能力。

11.2.1　水温

典型的亚热带太平洋海域年平均水温垂直剖面图如图 11.2 所示。表面混合层的水温大约在 25℃，随着水深到达 100 m，甚至更低，水温急剧下降，到深海 1 000 m 时，水温只有 5℃。

这种低温特性是由全球性热盐循环引起的。Stommel 和 Arons（1960）基于大量海洋监测数据和地球物理理论提出了一个深海循环模型，他们利用这个模型预估世界海洋中各个部分的循环量。预估结果表明，在海洋深层平均每秒有 $4\,000 \times 10^4$ t 的海水在循环，并按图 11.3 所示数量分配到各个大洋（图 11.3）。这意味着在全球巨大的输送机制下，大量的深海水资源可再生。

11.2.2　营养浓度

亚热带太平洋海域年平均硝酸盐浓度剖面图如图 11.4 所示。在海洋表层，硝酸盐的浓度几乎为零，随着海水深度的增加硝酸盐浓度急剧增加，在水深 700 m 处达到浓度峰值。

生物泵导致了这种"高营养浓度"特性的出现。透光层中的无机营养物质被浮游植物等初级生产者在光合作用过程中迅速利用。所产生的生物体通过获取、吸收、排泄和自然

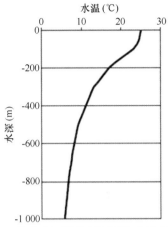

图 11.2　亚热带太平洋海域年平均水温垂直剖面图

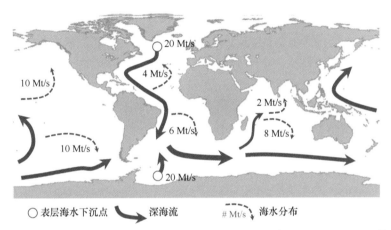

图 11.3　深海环流和各大洋循环水量分布示意图（基于 1960 年 Stommel 和 Arons 的示意图）

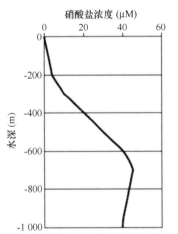

图 11.4　亚热带太平洋海域年平均硝酸盐浓度剖面图

死亡，最后变成腐殖质，被细菌分解沉入深海。在深海中因为没有足够的光照强度进行光合作用，所以被分解的营养物质储存在了深海中。因此，深海水资源包含大量的无机营养物质，很少有有机物和相关的细菌（图 11.5）。

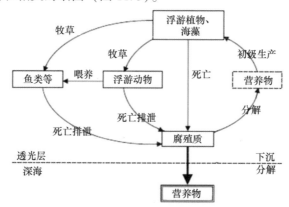

图 11.5　海洋物质循环简图

11.2.3　活菌数

亚热带太平洋海域年平均活菌数如图 11.6 所示。因为活性物质的循环和大量的腐殖质浓度，海洋表面可存活的细菌数目是非常大的。然而细菌数随着海洋深度的增加急剧下降，因为分解只会发生在中间层或者深层，所以在水深 500 m 以下细菌数趋近于零。这种深海低细菌数也是由于生物泵导致的。

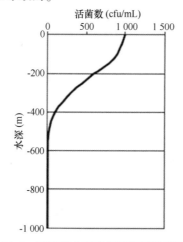

图 11.6　亚热带太平洋海域年平均活菌数

11.2.4 深海水资源的可消耗容量

Avery 和 Wu 等人对海洋热能的总容量进行了一些研究，但是这些研究都是基于海水是一个热储存器。1984 年 Takano 提出巨大的全球循环和气候系统有着密切的关联，为了保持全球循环的驱动力，深海水资源最大可消耗容量不能超过北大西洋深海水资源生产能力的 10%。考虑可再生资源的持续性发展，基于再生率确定可消耗容量是非常重要的。然而，确定为保持现有气候稳定而所需的生产比率是十分困难的。例如，为了知道保持全球循环驱动力的极限条件，我们需要开发大规模的计算机程序，用于精确地模拟气候系统和全球循环之间的关系。尽管有很多研究者声称已经开发出了类似的程序，但是依然需要很长的时间才能获得一些可靠的结果。在这一节中，我们制定出一个临时的标准，假设只有 1% 的再生率（或流量）是可消耗的。

图 11.3 所示为全球循环中各大洋的深海水资源流量，基于前文假设计算得到的可消耗容量如表 11.1 所示。各大洋的可消耗容量都可以用其深海水资源流量乘以 1% 得到。表中右边一栏显示了每天可消耗容量。这些数值代表最多能建多少 100×10^4 t/d 处理能力的深海水资源利用设施，这些设施很可能会在各个海域安装。100×10^4 t/d 处理能力的深海水资源利用设施相当于 5 兆瓦大小的海洋温差发电工厂。这个表证明了各大洋中大多数深海水资源是可消耗的。

表 11.1 各大洋中深海水资源可消耗容量（假设有 1% 的可再生水资源是能被消耗的）

	深海水资源流量 (100×10^4 t/s)	可消耗容量	
		(100×10^4 t/s)	(100×10^4 t/天)
北太平洋	10	0.10	8 640
南太平洋	10	0.10	8 640
北大西洋	4	0.04	3 460
南大西洋	6	0.06	5 180
北印度洋	2	0.02	1 730
南印度洋	8	0.08	6 910

11.3 深海水资源应用

深海水资源有三个至关重要的特征，包括低温、高营养浓度、低细菌数。基于这些特征，已经发展了各种各样的深海水资源应用，如表 11.2 所示。在这一部分，我们介绍几种深海水资源利用技术，如海洋温差发电、空气调节/制冷、渔业应用、农业应用和淡水生产，等等。

表 11.2　各种深海水资源应用及用到的特性

应用	低温特性	高营养浓度特性	低细菌数特性
海洋温差发电[a]	O		
空气调节	O		
制冷	O		
渔业应用	O	O	O
农业应用	O		O
淡水生产			O
食品生产			O
医学应用			O
卫生保健应用			O

11.3.1　海洋温差发电

海洋温差发电是基于深层海水和表面海水的温度差来发电的。1994 年，Avery 和 Wu 提出了两类基本的海洋温差发电系统。在闭环发电系统中，一种低沸点的工作流体（如氨气）交替被表面海水蒸发和被深层海水冷凝（图 11.7）。然后，由涡轮发电机提取从温暖的表层水中获得的热能。在开环发电系统中，表层海水在真空室中蒸发，然后由深层海水冷凝，在这个过程中能够产生淡水，作为海洋发电的副产品。

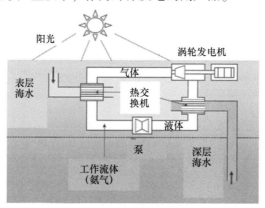

图 11.7　闭环海洋温差发电概念图

最近，两种类型的海洋温差发电设备已经在日本和夏威夷接连建立。2013 年 4 月，一个 50 kW 的海洋温差发电机组在日本久米岛开始工作。2015 年 8 月，另一个 100 kW 的海洋温差发电试验设备在夏威夷大岛开始工作。

11.3.2 空气调节

2000 年 Van Ryzin 和 Leraand 研究表明，深海水资源用于空气调节系统只需要传统系统实现空气调节所需要电能的一小部分，并且已经证明是可靠的和划算的。额外的好处还包括可用于食品储存系统的制冷和制冰。一个典型的空气调节例子能够在位于夏威夷大岛的自然能源实验室的办公楼中看到。夏威夷自然能源实验室的网管中心大楼也是一个学习深海水资源空气调节技术的好地方。

11.3.3 渔业应用

陆地深海水产养殖首先在美国的维尔京群岛实施（Roels et al.，1979）。这些实验表明，利用营养丰富的深海水资源显著提高了微藻和海藻的产量，深海水资源的高纯度和水温控制能力大大提高了鱼类、贝类、龙虾等的生长速度。目前，在夏威夷的自然能源实验室和日本的久米岛，几个利用深海水资源的商业渔业设施在运营着。

11.3.4 农业应用

对农业的土壤温度控制首先在夏威夷大岛的自然能源实验室展开（Daniel，1992）。为了给土壤降温，在耕地周围铺设了细细的冷水管，露珠给土壤保湿。这样使得一些通常只能在寒冷地区种植的蔬菜水果，也可以在热带岛屿种植收获。这项技术已经应用于日本的几家蔬菜栽培研究机构（例如位于久米岛的冲绳县深海水资源研究中心）。

11.3.5 淡水生产

海水淡化有两种方法，一种是热处理方法，如单级或多级的快速蒸馏。上文中的开环海洋温差发电包含这个过程。另一种是薄膜法，包括反渗透和电渗析。使用薄膜法淡化表层海水有一些棘手的前处理和后处理问题，如悬浮物质过滤和污泥排放。这些棘手的前处理和后处理问题在用薄膜法淡化深层海水时可以被忽略，因为深层海水中只有很少的悬浮物质。在日本，考虑到成本问题，大部分海水淡化采用薄膜法。

11.3.6 其他应用

自 20 世纪 90 年代以来，医疗和卫生保健是日本深海水资源的主要应用之一。在日本已经做了一些深层海水对过敏性皮炎的治疗研究。日本和中国台湾也把深层海水用在了化妆品上。1998 年在日本的富山县建成了一个深层海水浴疗养设施。此后，又建了一些类似的设施。此外，深层海水也被用于生产饮料和食品。许多此类的商品在日本和中国台湾销售，它们很受欢迎，因为它们不仅很好吃也有益于健康。

11.4 多用途深海水资源复杂浮体

海洋中有许多孤立的岛屿，几乎所有的岛屿都是由地球的火山活动所形成的。这些岛屿的形状与陆地上的火山非常相似，但其底部位于海面以下约 4 000 m 的海底。因此，利用深海水资源相对容易，因为周围的海水非常深。

在这些孤立的岛屿上，诸如能源、水和食物等基本资源得不到稳定供应。这些岛屿的安全需要稳定、可靠和独立的基础设施。为了满足这些孤岛的基础设施需求，对深海水资源的多重利用进行了研究。2007 年，Ouchi 等人提议围绕着岛屿建造一种桅杆式漂浮建筑，它抽吸 800 m 深的深层海水以及表层水。该装置能生产电力、淡水、种植浮游植物和生产来自深层海水和表层海水的锂。

11.4.1 浮体的概念

近海的深海水资源浮体示意图如图 11.8 所示，它可以作为发电、海水淡化、生产锂和种植浮游植物的基础设施。图中岛屿的长度和宽度分别是 4 km 和 1 km，而且在一年中海流的方向基本是相同的。漂浮物用系泊链和锚固定在海水不受海流影响的岛屿一侧（图 11.8）。为获得足够寒冷并且营养丰富的海水，深海水资源管道长度约为 800 m。

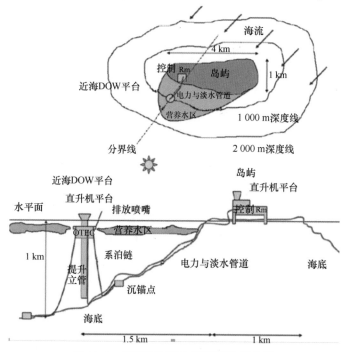

图 11.8 近海的深海水资源浮体示意图

11.4.2 多用途系统的功能

近海的深海水资源浮体的主要功能和多用途系统介绍如下，综合框架图如图 11.9 所示。

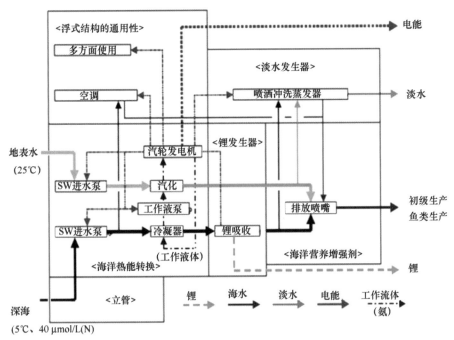

图 11.9　多用途深海水资源复杂浮体工作流程图和功能

11.4.2.1　物质输入

- 深层海水

深度：800 m，温度：5℃，硝酸盐浓度：40 μmol/L。

- 表层海水

深度：5 m，温度：25℃。

11.4.2.2　产品输出

- 电力

海洋温差发电（OTEC）使用 Uehara 循环产生巨大的净电量（占总电量的 70%），通过海底电缆输送到岛上。

- 淡水

淡水是海洋温差发电的副产品。

- 浮游植物

被用作海洋温差发电冷凝器的冷却水之后，深层海水和表层海水混合，并在海洋表面排放。海洋的光合作用是海洋食物链的基础，富含营养成分的深层海水提高了初级生

293

产力。

- 锂

先进电池对于锂的需求正在增加，从深层海水中能够更有效地收集到锂。

11.4.2.3 方法和设备

- 桅杆式半潜船体

为了避免波浪运动，船体有一列小水线面区域，上下层结构分别为控制间和发动机室。这种船体设计由一位研究者于 2003—2008 年，在位于萨米湾的海洋营养增强器 TAKUMI 上建立。

- 立管和提升泵

提升泵使深层海水沿着悬挂于船体的垂直长立管向上运动，同时吸取表层海水，并将深层海水和表层海水一起输送到海洋温差发电厂的热交换机中。

- 海洋温差发电厂

该工厂采用先进的海洋温差发电技术"Uehara 循环发电"，其采用新概念的钛板式换热器，并采用氨水/水混合工作液。在假设深层海水和表层海水之间的温差是 25℃ 的情况下，除去泵、控制装置等的自耗功率，净输出功率是总发电量的 70%。

- 淡水生产设备

喷淋式淡水发生器会在海洋温差发电机工作后，利用剩余温差产生大量的淡水。

- 锂吸收器

为了在低温条件下有效地吸收海水中的锂，吸收器被安装在深层海水的巨大水道中。

- 海洋营养增强器

经过上述操作之后，深层海水仍然含有丰富的营养盐，与表层海水混合一起排放到海洋的透光层，在充足的阳光下可以进行光合作用，在封闭的戈卡斯湾和开阔的萨万湾，Ouchi 等人在 2002 年和 2008 年分别提出了密度流发生器。

- 交通运输设备

船体的上层甲板设有直升机平台，靠近水面的船口设有从上层甲板到船体底部的升降机。

- 吃水深度调整设备

为维护船体、海洋温差发电机及其他设备，提供了压载水舱和抽水/排水泵。

- 宿舍和控制室

为操作人员提供监视、控制以及住宿的房间。

11.4.2.4 运行方法

- 操作人员

为了操作浮体的多个系统，船员们会一直待在浮体上。

- 维护

定期维护是由陆基团队完成的。

11.4.3　5 兆瓦型深海水资源浮体设计

为了给小岛上约 3 000 人口提供电力、淡水和渔业场所，开展了 5 兆瓦（总发电量）类型的深海水资源利用复杂浮体的基本设计。假设该岛屿位于太平洋赤道附近，非常严格的设计条件如下：

最大风速：50 m/s

有效波高：12 m

最大波浪周期：14 s

5 兆瓦级近海的深海水资源复杂浮体的主要参数如表 11.3 所示，总体布置如图 11.10 所示。

表 11.3　5 兆瓦级近海的深海水资源复杂浮体的主要参数

浮体结构	桅杆式半潜浮式结构
高度	65 m
直径	54 m
吃水深度（初始）	40 m（除了立管）
吃水深度（上浮）	16 m（除了立管）
排放海水	48 000 t/h
机房容积	23 000 m³
压载水舱容积	15 000 m³
表层海水池容积	1 420 m³
深层海水池容积	780 m³
废水池容积	2 600 m³
立管直径×长度	2.6 m×760 m
深层海水入口流量×深度	625 000 m³/d×800 m
表层海水入口流量×深度	1 250 000 m³/d×5 m
海水排放流量×深度	1 875 000 m³/d×20 m
总发电量	5 000 kW
净发电量	3 000 kW
系泊系统	锚、锚链和线系多点悬链系泊
电缆	复合电缆由电缆、光缆和水管组成，通过浮力材料铺设在海底

为了保持系泊系统的可靠性和操作系统的稳定性，降低恶劣海况对船舶运动的影响是非常必要的。因此采用如图 11.10 所示的小水线面的单柱梁式结构。

浮体上装有永久性固体压舱物用于稳定浮体，压载水舱可以通过排放压舱水，使浮体达到维护保养时的吃水深度。固体压舱物、压载水舱和水池位于发动机室外，以防止外部碰撞。

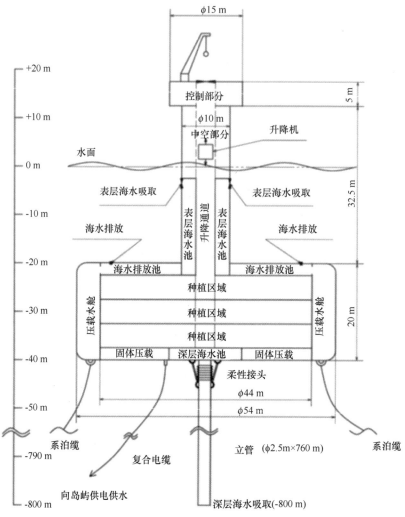

图 11.10　5 兆瓦级近海的深海水资源复杂浮体总体布置图

为了限制浮体旋转引起的电缆缠绕，采用多绳/链悬链系泊系统。

11.4.4　深海水资源浮体可行性研究

研究者针对 1 兆瓦级、10 兆瓦级和 100 兆瓦级深海水资源复杂浮体评估了其制造、装配、操作和运行的价格、成本和利润，评估时假设这些复杂浮体能够产生电力、提供淡水和加强渔业，但是不产出锂金属。评估概要如表 11.4 所示，众所周知大系统能比小系统产生更多的利润。研究表明，5 兆瓦级深海水资源复杂浮体处在盈亏的平衡点上。然而，单单是海洋温差发电就能解决发电成本高的问题，多重深海水资源复杂浮体不仅能够产生电力，而且还能生产淡水，加强渔业和生产锂。平台成本由所有的生产项分摊，所以它相比于太阳能、光伏、风力涡轮机等可再生能源发电系统有着显著的竞争力。

11.4.5 总结

提出了多重利用深海资源的新概念，作为深海水资源利用平台，该平台可以生产电力、淡水、锂，并通过促进浮游植物的繁殖来提高鱼类的产量。对每个系统进行了综合研究，并在赤道附近的一个孤立小岛上设计了 5 兆瓦级深海水资源复杂浮体。同时，对各种不同规模的深海水资源复杂浮体进行了生产价格和运行成本的估算。从这些研究中，我们知道深海水资源复杂浮体在超过 5 兆瓦级规模的情况下才是有利可图的。深海水资源复杂浮体如图 11.11 所示。

我们想把配备有深海水资源复杂浮体的孤立岛屿称为"海洋中的 Ekmene"。Ekmene 来自希腊语，意思是"人类可以居住的地方"。

表 11.4 "海洋中的 Ekmene"近海深水资源利用平台

	项目	单位	0.2×10^6 m³/d	2×10^6 m³/d	20×10^6 m³/d	
容量	提升流量	m³/h	8 333	83 333	833 333	表层温度：20℃
	温差	℃	20	20	20	深层温度：5℃
	立管直径	m	1.2	3.8	12.1	内流速度：2.0 m/s
	浮体直径	m	30	95	300	
	浮体排水量	t	4 500	4 500	450 000	
价格	总输出功率	kW	1 083	10 833	108 333	0.13 kW/（m³·h）
	净输出功率	kW	758	7 583	75 833	总输出功率的70%
	能量（包括海水淡化）	10^5 kWh/a	598	5 979	59 787	开工率：0.9×365 d
	能量（不包括海水淡化）	10^5 kWh/a	434	4 336	43 362	开工率：0.9×365 d
	销售电价	10^6 US $/a	0.7	6.5	65.0	US $0.15/KwH，¥/US $=100
	淡水（占深层海水的0.5%）	t/a	328 500	3 285 000	32 850 000	开工率：0.9×365 d
	海水淡化消耗能量	10^4 kWh/a	164	1 643	16 425	所需能量：5 kWh/t
	淡水价格	10^6 US $/a	0.3	3.3	32.9	US $1.5/t，¥/US $=100
	初级生产（碳重量）	t/a	233	2 328	23 279	硝酸密度：40 μmol/L
	渔业产量（湿重）	t/a	931	9 312	93 116	依据鲲鱼（Iseki 2 000）
	鱼价	10^6 US $/a	0.5	9.3	93.1	50%捕获率，US $1.0/kg，¥ US $=100
	总售价	10^6 US $/a	1.4	19.1	191.0	
成本	人工成本	10^6 US $/a	1.0	2.0	4.0	（10/20/40人）×US $10×10⁶/a
	维护成本等	10^6 US $/a	0.4	2.3	12.4	每年造价的1%
	初始成本折旧	10^6 US $/a	2.2	11.5	61.8	固定折旧年限：20年，利息：0
	总初始建设成本	10^6 US $	44.0	230.7	1 235.8	
	浮式结构建造成本	10^6 US $	25.0	116.0	538.6	2/3
	海洋热能转换装置	10^6 US $	15.0	94.6	597.2	0.8
	海水淡化设备等	10^6 US $	4.0	20.0	100.0	
	总成本	10^6 US $	3.6	15.8	78.1	
	利润	10^6 US $/a	-2.2	3.3	112.9	

图 11.11　海上"Ekmene"概念图

参考文献

Avery WH, Wu C (1994) Renewable energy from the ocean: a guide of OTEC. Oxford University Press, New York

Daniel TH (1992) An overview of ocean thermal energy conversion and its potential by-products. In: Proceedings of Pacific Congress on Marine Science and Tech, PACON-92, pp 263–272

Meadows D, Randers J, Meadows D (2004) Limits to growth—the 30-year update. Earthscan, New York

Ouchi K, Ogiwara S, Kobayashi E, Fukushima K, Yonezawa M, Kato K (2002) Ocean nutrient enhancer—creation of fishing ground using deep ocean water. In: Proceedings of OMAE'02, Oslo Norway

Ouchi K, Jitsuhara S, Watanabe T (2007) Concept design for offshore platform generating electric power, fresh water and nutrient sea (in Japanese). In Conference Proceedings of the Japan Society of Naval Architects and Ocean Engineers, vol 4, pp 205–208

Ouchi K, Otsuka K, Nakatani N, Yamatogi T, Awashima Y (2008) Effects of density current generator in semi-enclosed bay. In: Proceedings of OCEANS 2008

Roels OA, Laurence S, Van Hemelryck L (1979) The utilization of cold, nutrient-rich deep ocean water for energy and mariculture. Ocean Management 5:199–210

Stommel H, Arons AB (1960) On the abyssal circulation of the world ocean—II. An idealized model of the circulation pattern and amplitude in oceanic basins. Deep-Sea Res 6:217–233

Takano K (1984) Ocean energy (in Japanese). Kyoritsu Science Books Series 69, Kyoritsu Shuppan, Tokyo

U.S. Census Bureau (2016) U.S. and World Population Clock. http://www.census.gov/popclock/

Van Ryzin J, Leraand T (2000) Air conditioning with deep seawater: a cost-effective alternative. In: Ocean resource 2000, pp 37–40

大塚浩二（Koji Otsuka）教授，1987年毕业于大阪府立大学（OPU）海洋建筑工程系。分别于1989年、1993年获得了OPU的工程专业硕士和博士学位。在拿到硕士学位后，在OPU的工程学院担任研究助理；1995—1996年，担任夏威夷大学的访问学者；1997—1999年，担任OPU的工程学院的助理教授；1999—2007年，担任OPU的工程学院的副教授；2007—2012年，在OPU的工程学院担任教授。2012年被指派到OPU可持续系统科学学院担任教授。现在是OPU的可持续系统科学学院的院长。

大内和幸（Kazuyuki Ouchi）博士，1970年毕业于日本东京大学海洋工程系，1971年进入日本商船三井公司海运有限公司工作。1991年发明螺旋桨毂帽鳍并得到日本贸易部的奖励。在1994年获得东京大学博士学位后，他成立了大内海洋顾问公司。2004年因为开发海洋营养增强剂TAKUMI而得到日本海军建筑师学会颁发的奖项。2008年，他被东京大学聘为教授。现在是新型帆船：风之挑战者项目的负责人。

第三部分
冶金加工与可持续发展

第 12 章 多金属结核的冶金过程

R. P. Das，S. Anand

摘要： 在过去五十年中，多金属结核冶金受到全球关注，同时也给相关研究人员和工业界带来了挑战。多金属结核冶金的研究成果已经形成了一个庞大的知识体系，但是到目前为止还没有进行过商业运作。其主要原因有以下几点：（1）采矿环节缺乏技术经济可行性；（2）与类似的陆地矿产资源相比，金属提取的经济效益低；（3）采矿和冶金过程会造成环境影响。对冶金学家来说，多金属结核等贫乏资源的环保和加工标准随时间的推移不断变化，其处理变得越来越有挑战性。考虑到多金属结核的冶金过程以及目前的发展趋势，作者提出以下观点：（1）200 系列不锈钢用生铁合金生产；（2）常压条件下，在硫酸、盐酸/氯气或氨水的溶液中还原处理多金属结核，具有成本低、投资少及环境友好的特点，预示了良好的前景。

12.1 引言

随着人类社会的发展，对资源尤其是矿产资源的需求量越来越大。在过去的两个世纪，人类对矿产资源的需求高于历史任何时期。一方面是因为过去两个世纪以来人口的爆发式增长。据估计，世界人口从 1800 年的 9 亿增长到目前的 60 亿，人口增加了 6 倍，对所有资源特别是能源和矿产资源的需求量变大。据估计，到 2050 年，地球人口将达到 100 亿。另一方面，人口分布不平衡也造成了局部地区对矿产资源的巨大需求。因此，未来的矿产资源会十分稀缺，其稀缺程度将取决于所处地理位置的不同。为了满足区域内的矿产资源需求，一些国家正计划利用海洋资源。

海洋中有许多矿物可满足人类活动的不同需求，这些矿物分为原生矿物和次生矿物，主要包括：①多金属结核；②块状硫化物；③含金属软泥（红海）；④碳酸钙（珊瑚、苔藓砂和钙质藻类）；⑤磷酸盐颗粒、磷酸盐结核、磷酸盐沉积矿床；⑥硅藻土；⑦海盐（氯化物、碘化物、溴化物、镁/钠/钾的硫酸盐）。多金属结核、块状硫化物和含金属软泥是铜、镍、钴和锰等金属的潜在来源，因而引起了许多关注。深海采矿技术在不断发展中，虽然采矿成本高于目前的陆地开采成本，但在未来会有较强的竞争力。在所有矿物中，多金属结核已经成为最具开采潜力的候选资源，因为它遍布世界上大部分的海洋，且储量十分丰富，这促进了全球范围内对多金属结核冶金工艺的积极探索。对多金属结核开采的尝试大约始于 50 年前，在石油危机之后，几家石油公司利用其专业的海上运作经验将大型海洋开采可视化，并导致了一些联盟的形成。本章将讨论过去五十年来在处理多金属结核方面所取得的进展，尤其是近期的进展。

12.1.1 多金属结核矿石资源

多金属结核作为一种冶金矿石资源，与陆地矿床有很大的区别。表 12.1 （Kotlinski，1999）为世界不同地区典型结核的化学成分。与陆地矿床相比，其具有经济价值的成分主要包括：40%锰（锰矿石）、2.5%镍（硫化镍）、1%铜（硫化铜）和 0.2%钴。除了主要元素之外，结核中存在的几种次要元素可能会造成以下影响：

（1）作为杂质成分，干扰主金属分离提取；

（2）进入生产废水，需进行处理；

（3）实现综合回收，增加经济收入。

大多数陆地矿床的冶金过程都包含选矿阶段，以提高矿石的金属品位，而结核的形成需要一个核心，可以是一块岩石、一颗鲨鱼牙齿，或者是一些其他硬质材料。此外，它还含有多达 30%的海水。因此结核不适合传统的选矿处理，而是开采之后直接进行冶炼。

12.1.2 多金属结核冶炼过程中的考虑因素

结核中含有约 2.5%的有价金属铜、镍和钴。过去十年中，陆地锰矿的大量需求使得从结核中提取锰具有经济可行性。除了上述四种金属的提取外，多金属结核处理过程中还需考虑以下因素：

（1）高含水量（约 30%）；

（2）常温常压处理；

（3）具有海水耐受性；

（4）具有金属选择性；

（5）试剂耗量少；

（6）试剂毒性低；

（7）环境影响小；

（8）与陆地资源处理相比具有竞争力；

（9）提取铜、镍、钴（或铜、镍、钴、锰）具有经济效益；

（10）不产生废水或废水可安全处理。

12.2 多金属结核冶金工艺发展的第一阶段（1970—1985 年）

20 世纪 70 年代，四家调查机构开始了对铜、镍、钴或铜、镍、钴、锰的冶炼回收工作，分别是肯尼科特铜业公司、深海探险公司（DSV）、霍博肯 - 奥弗佩尔特冶炼公司（MHO）和国际镍业公司（INCO）。此外，一些独立研究人员和实验室也在多金属结核冶金方面做出了积极贡献。以下对相关工艺流程作简要介绍。

表 12.1 不同地点多金属结核的化学成分

区域	平均金属含量																					
	Mn (%)	Fe (%)	Ni (%)	Cu (%)	Co (%)	Mo (%)	Ti (%)	Zn (%)	Pb (%)	Zr (%)	V (%)	Au (10^{-6})	Pt (10^{-6})	Y (10^{-6})	La (10^{-6})	Ce (10^{-6})	S+P +As (%)	SiO$_2$ (%)	Al$_2$O$_3$ (%)	CaO (%)	MgO (%)	Ni$_E$[a] (%)
克拉里昂-克利珀顿 218.6×10^4 km^2 东北太平洋盆地	27.24	6.29	1.216	1.022	0.214	0.057	0.374	0.152	0.053	0.054	0.042	0.0204	0.104	264.16	152.99	303.26	0.2971	15.15	5.04	2.65	3.20	6.3
秘鲁 101.8×10^4 km^2 秘鲁海盆	33.43	5.76	1.249	0.659	0.082	0.067	0.259	0.147	0.042	0.064	0.051	0.0025	—	3.07	35.33	72.18	0.3502	11.95	4.80	2.72	2.70	5.79
中太平洋 196×10^4 km^2 中太平洋盆地	21.49	9.63	0.763	0.696	0.237	0.042	0.695	0.092	0.050	0.086	0.042	0.0083	0.085	135.00	119.00	552.50	0.4635	13.62	4.58	2.75	3.10	5.2
梅纳尔 124.4×10^4 km^2 西南太平洋盆地	19.95	12.50	0.835	0.357	0.344	0.043	0.759	0.064	0.112	0.056	0.045	0.0022	—	138.33	100.00	—	0.072	16.09	6.03	2.18	2.46	5.1
中印度洋 147×10^4 km^2 中印度洋盆地	22.68	9.00	0.931	0.798	0.141	0.030	0.266	0.112	0.052	0.036	0.034	0.0070	0.120	—	—	—	0.208	17.36	4.14	2.80	2.68	5.7
迪亚曼蒂纳 86.7×10^4 km^2 南澳大利亚海盆	22.73	12.02	0.829	0.407	0.190	—	0.518	0.149	0.100	—	—	0.0300	0.047	—	—	—	0.468	17.12	5.41	2.62	2.79	4.96

a. Ni$_E$ 为镍指数，计算公式为：Ni$_E$=1.0Ni +0.13Mn+0.25Cu+5.0 Co，代表结核中的金属价值

12.2.1 Cuprion 工艺

多金属结核的湿法冶金过程中最重要的步骤是将 Mn（Ⅳ）还原成 Mn（Ⅱ）。这种还原有助于破坏以锰为主的基础结构，并使铜、镍、钴与溶液中的氨反应。还原浸出过程是由肯尼科特铜业公司开发的，即氨性条件下的 CO 还原（Agarwal and Wilder, 1974, 1975; Agarwal et al., 1978, 1979; Sazbo, 1976）。肯尼科特铜业公基于 Cuprion 工艺运行了一个 250 kg/天的中试工厂。CO 将溶液中的 Cu（Ⅱ）还原成 Cu（Ⅰ），然后 Mn（Ⅳ）又被 Cu（Ⅰ）还原。Cuprion 这个名字源于 Cu（Ⅱ）–Cu（Ⅰ）组合之间的重要关系。铜、镍、钴与氨形成可溶性配合物，而锰和铁进入浸出渣中。工艺流程如图 12.1 所示，主要反应如下：

$$MnO_2 + 2Cu(NH_3)_2 + 4NH_3 + CO_2 + H_2O = MnCO_3 + 2Cu(NH_3)_4{}^{2+} + 2OH^-$$

$$(12.1)$$

$$2Cu(NH_3)_4{}^{2+} + CO + 2OH^- = 2Cu(NH_3)_2{}^+ + 4NH_3 + CO_2 + H_2O \qquad (12.2)$$

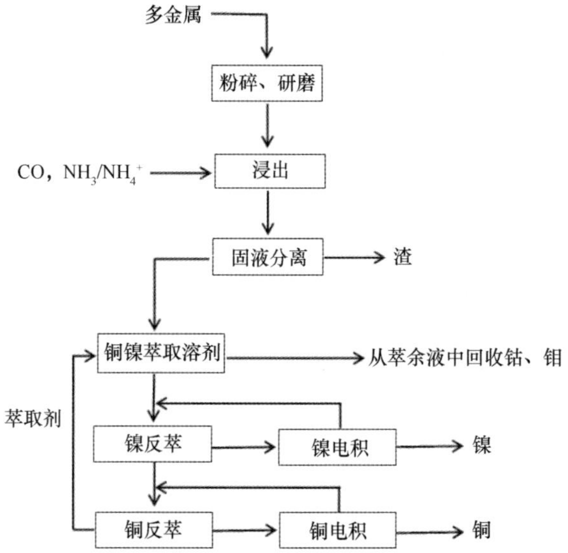

图 12.1 由肯尼科特开发的 Cuprion 工艺流程示意图

还原后的金属离子铜、镍、钴以可溶性氨配合物的形式存在。后续工艺采用溶剂萃取–电解沉积法生产金属铜和金属镍。钴和钼从铜镍萃取后产生的萃余液中回收。随着锰回收工艺经济性的提高，肯尼科特从浸出渣中生产出锰精矿。该方法的主要优点是操作条件温和，且选择性高。但该方法也存在钴回收率低（约 50%）、矿浆浓度低、以 CO 为还原剂等缺点。

12.2.2 DSV 工艺

该工艺采用盐酸溶解包括锰和铁在内的所有金属，再采用溶剂萃取在氯化物介质中分离提取结核中的大多数常见金属。首先，结核经磨碎后采用浓盐酸浸出，其中的 Mn（Ⅳ）被还原为 Mn（Ⅱ），如反应式（12.3）所示。

$$MnO_2 + 4HCl = MnCl_2 + Cl_2 + H_2O \tag{12.3}$$

然后对浸出液进行一系列溶剂萃取和电解提取操作，包括：①分别萃取铁和铜；②同时萃取镍和钴，$MnCl_2$ 进入萃余液中；③从负载有机物中选择性反萃镍，然后反萃钴；④从各自氯化物溶液中电积提取铜、镍和钴。在此过程中，HCl/Cl_2 通过高温水解再生，实现循环利用。该工艺对所有金属都有很高的回收率，缺点是氯化物具有腐蚀性（Monhemius，1980）。

12.2.3　MHO 工艺

该工艺与 DSV 工艺非常相似，但使用反应式（12.3）中产生的 Cl_2 将（Ⅱ）溶液中的 Mn（Ⅱ）氧化成 Mn（Ⅳ）并沉淀为 MnO_2。除了铜、镍、钴、锰之外，MHO 工艺还从氯化浸出液中回收了结核中含量较低的钒、钼和锌。值得一提的是，这些元素以痕迹的形式出现在结核中（Monhemius，1980）。

12.2.4　INCO 工艺

INCO 开发了火法熔炼处理结核的工艺。该工艺的显著特点（Sridhar，1974；Sridhar et al.，1976，1977）是将干燥和研磨后的结核在窑内还原，然后采用电炉熔炼，生产富含锰和铁的炉渣，以及含有铜、镍、钴和少量铁和锰的合金。这些炉渣被用来生产锰铁。合金经硫化后生产含有铜、镍、钴的冰铜，然后采用 H_2SO_4 浸出，浸出液通过溶剂萃取-电积生产金属铜。铜萃余液再经过溶剂萃取-电积工序，生产金属镍，最后采用氢气将溶液中的钴还原成钴粉。工艺流程如图 12.2 所示。

熔炼过程中发生的主要反应有：

$$MnO_2 + C = MnO + CO \tag{12.4}$$

$$MnO + CO = Mn^0 + CO_2 \tag{12.5}$$

$$MnO + SiO_2 = MnSiO_3 \tag{12.6}$$

$$2MnO + SiO_2 = Mn_2SiO_4 \tag{12.7}$$

$$2Mn^0 + O_2 = 2MnO \tag{12.8}$$

$$Fe_2O_3 + C = 2FeO + CO \tag{12.9}$$

$$FeO + CO = Fe^0 + CO_2 \tag{12.10}$$

$$NiO + C = Ni^0 + CO \tag{12.11}$$

$$CuO + C = Cu^0 + CO \tag{12.12}$$

$$CoO + C = Co^0 + CO \tag{12.13}$$

$$Co_2O_3 + 3C = 2Co^0 + 3CO \tag{12.14}$$

熔炼过程中产生的炉渣会被还原成锰铁合金，如反应式（12.5）和（12.10）所示，钙和铝生成硅酸盐渣。

$$Mn_2SiO_4 + 2CaO = 2MnO + Ca_2SiO_4 \qquad (12.15)$$
$$MnSiO_3 + CaO = MnO + CaSiO_3 \qquad (12.16)$$
$$SiO_2 + 2CaO + Al_2O_3 = Ca_2Al_2SiO_7 \qquad (12.17)$$
$$SiO_2 + 2CaO = Ca_2SiO_4 \qquad (12.18)$$

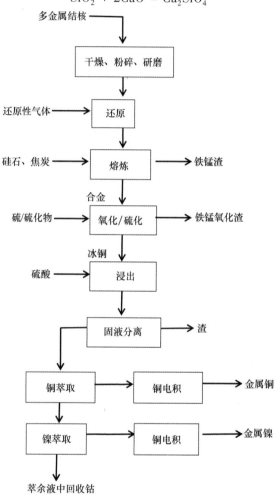

图 12.2 INCO 的熔炼-浸出工艺

12.2.5 高压酸浸法

一些研究人员致力于开发高压酸浸（HPAL）处理结核的工艺，这与加拿大和古巴处理红土镍矿的方法相似。重点是从浸出液中回收铜、镍和钴，同时让锰留在浸出渣中（Hubred，1973；Hanieg and Meixner，1974；Han and Fuerstenau，1975；Junghanss and Roever，1976；Watanabe et al.，1982）。该方法包括：①HPAL（200℃）；②萃取铜；③硫化沉淀镍和钴；④HCl 溶解硫化物；⑤萃取分离钴和镍；⑥镍和钴的氯化物热解生成相应氧化物；⑦氧化物还原（Neuschutz et al.，1977）。

Pahlman 和 Khalafalla（Pahlman and Khalafalla, 1979; Khalafalla and Pahlman, 1981）对 Cuprion 工艺做了些许改动，使用 SO_2 代替 CO 作为还原剂。Lee 等（1978）针对太平洋铁锰结核开展了 SO_2 低温浸出研究。在随后的几年中，SO_2 在酸性及氨性体系中的应用得到了发展，此部分内容将在后面章节中讨论。

上述几种工艺技术不断进步，但由于金属价格波动、石油危机缓解以及缺乏可行的采矿技术，其研发工作放缓，一些研发机构和公司甚至停止了相关研发工作。关于结核提取冶金方面已经发表了许多的综述文章（Hubred, 1980; Monhemius, 1980; Fuerstenau and Han, 1983; Haynes et al., 1985; Han and fuerstenau, 1986），概述了到现在为止的研究进展情况和各种工艺路线的优缺点。

12.3　多金属结核冶金过程发展的第二阶段（1985—2000 年）

日本、印度、中国和韩国等许多国家对铜、镍、钴的需求巨大，因此这些国家鼓励研究机构开发经济节约、环境友好的多金属结核处理工艺，主要包括以下三类：①液相还原（湿法冶金）；②中温还原焙烧浸出（火法湿法联合）；③高温熔炼、造硫和浸出（火法湿法联合）。

12.3.1　酸性介质中还原回收铜、镍、钴、锰

大多数的研究皆采用常规的硫酸或盐酸介质（存在或不存在还原剂条件下）回收铜、镍、钴、锰四种金属。采用的还原剂包括过氧化氢（Kawahara and Mitsuo, 1992），木炭（Anand et al., 1988a; Das et al., 1989），SO_2/亚硫酸盐（存在或不存在硫酸条件下）（Asai et al., 1986; Kanungo and Das, 1988; Acharya et al., 1999; Das et al., 2000）、黄铁矿/磁黄铁矿（Kanungo and Jena, 1988a, b; Paramaguru and Kanungo, 1998; Kanungo, 1999a, b）、镍锍（Hsiaohong et al., 1992; Chen et al., 1992）、脂族醇（Jana et al., 1993, 1995）、芳族醇和胺（Zhang et al., 2001a, b）。一般情况下，铜、镍、钴和锰的提取率超过 90%，而在某些情况下，要分两个阶段进行选择性浸出，每次浸出分离两至三种金属。研究人员对氯化/盐酸浸出的研究仍在继续（Kim and Park, 1997; Park, 1997; Park and Kim, 1999）。亚硫酸钠与氯化铵的组合浸出剂也被用作回收上述四种金属（Choi and Sohn, 1995）。

12.3.2　氨性介质中还原回收三种金属

氨性介质中的还原浸出原理与 Cuprion 工艺相同。在氨性条件下（取决于还原剂的性质），5%~30% 的锰会被浸出，其余留在渣中。在相关研究报道中使用的还原剂有葡萄糖（Das et al., 1986; Acharya et al., 1989）、二价锰离子（Acharya and Das, 1987）、硫酸亚铁（Anand et al., 1988b; Bhattacharya et al., 1989）、单质硫（Mohanty et al., 1994）和二氧化硫（Das and Anand, 1997）。大多数研究中都提到了提取金属的价值，并且在后续流

程中可以采用溶剂萃取或沉淀分离铜、镍和钴。Das 等人报道了氨/亚硫酸铵溶液中锰和钴的行为（Das et al.，1997；Mohapatra et al.，2000）。Sanjay 等人提出了从 NH_3-SO_2 体系浸出残渣中回收锰的各种方法（1999）。

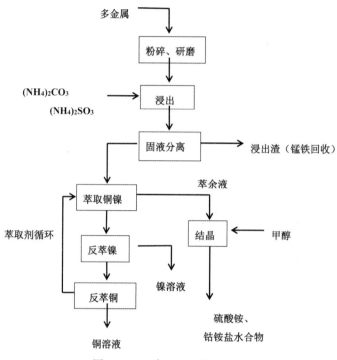

图 12.3　日本 NIRE 处理工艺

12.3.2.1　日本国家资源与环境研究所（NIRE）

日本筑波的 NIRE 研发了一种结合了 NH_3-CO 和 NH_3-SO_2 两种工艺优势的新工艺（Rokukawa，1990，1995）。该工艺在（NH_4)$_2CO_3$ 和（NH_4)$_2SO_3$ 的溶液中浸出多金属结核或富钴结核。浸出过程中所有的锰都转化为 $MnCO_3$，和铁一起进入渣中，然后通过溶剂萃取从无铁和锰的浸出液中同时萃取铜和镍。在含有钴、（NH_4)$_2SO_4$ 和（NH_4)$_2CO_3$ 的萃余液中加入甲醇，使钴沉淀析出，沉钴后萃余液循环使用。浸出过程中钴、镍、铜的回收率分别为 92.8%、82% 和 80.5%。工艺流程如图 12.3 所示。

12.3.2.2　还原焙烧-氨浸法

这个工艺类似于 Caron 法（Caron，1924）处理红土镍矿的过程（Caron，1924）。过程中使用油或气体作为还原剂，在 500~750℃ 的温度范围内还原结核。还原产物经氨/碳酸铵溶液浸出后溶解铜、镍、钴，形成氨的配合物。采用溶剂萃取或沉淀法实现金属之间的分离。锰以 $MnCO_3$ 形式留在残渣中。印度国家冶金实验室（NML）改进了这一基本工艺，并采用了几个新的步骤来提高金属回收率，尤其是钴回收率（Jana and Akerkar，1989；Jana et al.，1990，1999a；Srikanth et al.，1997）。

印度布巴内斯瓦尔的材料和矿物技术研究所（IMMT）研究了一些新的锰结核的处理工艺，其中一些列于表12.2中。随着锰结核冶炼技术的不断发展，一些综述文章总结了大量从锰结核中回收有价金属的方法（Han, 1997；Premchand and Jana, 1999；Sen, 1999）。

表 12.2　IMMT 开发的浸出工艺

工艺方法	回收率（%）					主要优点	主要缺点
	Cu	Ni	Co	Mn	Fe		
酸：HCl（1.5M）（未公开数据）	87	87	30	20	70	（1）使用强酸可以获得更高回收率 （2）室温下操作	（1）选择性差 （2）有腐蚀性
酸：H_2SO_4，碳（160 g/L 酸，12 h）	100	100	100	91	100	使用常规试剂	（1）浸出时间长 （2）选择性差
酸：HPAL（170℃，pO_2 5.5MPa，pd.5%，酸 20g/L，4h）	90	95	95	20	5	（1）实现了铜、镍、钴的选择性浸出 （2）浸出过程中酸耗低	（1）高浓度矿浆才能实现高压釜处理的经济性 （2）氯离子的腐蚀性
酸：与上述条件相同，但加入了5%碳	同上	同上	同上	100	同上	实现了铜、镍、钴、锰的选择性浸出	同上
酸：H_2SO_3；二氧化硫 4.5%，10 min，30℃	84	95	86	52	18	（1）反应速度快，室温下操作 （2）使用常规试剂	一定程度上可提高选择性，但会降低回收率
氨：葡萄糖（85℃，4h，20%葡萄糖，NH_3 2.5M，NH_4Cl 0.37M）	100	90	60	—	—	浸出条件温和	需要大量昂贵还原剂
氨和 $FeSO_4$（70℃，1h，$FeSO_4$ 1.4 化学计量比，NH_3 5.4M）	74	76	60	30	—	浸出使用便宜试剂	（1）$FeSO_4$用量非常大 （2）难处置 $Fe(OH)_3$
氨-金属离子作为还原剂	同上	同上	同上	同上	—	金属离子试剂易获得	试剂用量很大（除非金属离子再生）
氨-SO_2（pH 值 9.3～10.8，2 h，120℃，30% $(NH_4)_2SO_3$）	99	98	96	33	—	综合了酸-二氧化硫方案的优点以及氨的脱铁能力	产生 $(NH_4)_2SO_4$

12.4　多金属结核冶金的最新进展（2000 年起）

目前，开展结核冶金规模化生产试点的主要机构有：印度地球科学部（MOES，原印度海洋开发部)、国际大洋金属联合组织(IOM,某些东欧国家联盟)、中国大洋矿产资源研究开发协会(COMRA)和韩国地质资源研究院(KIGAM)。2008 年在印度金奈举行的 ISA 研讨会(ISA 2008)上,这些机构展示了各自的研究进展情况。以下主要讨论中试规模达到 100~500 kg/天的冶金工艺。

12.4.1 印度 MOES 支助下开发的工艺

12.4.1.1 NH_3-SO_2浸出工艺

NH_3-SO_2浸出工艺由 IMMT 和印度巴巴原子能研究中心(BARC)共同研发。该工艺基于液相还原过程,采用 SO_2 作为氨介质中的还原剂,能够将铁完全去除并去除一部分锰,从而溶解目标金属(Das,2001;Mittal and Sen,2003)。其原理如图 12.4 所示。

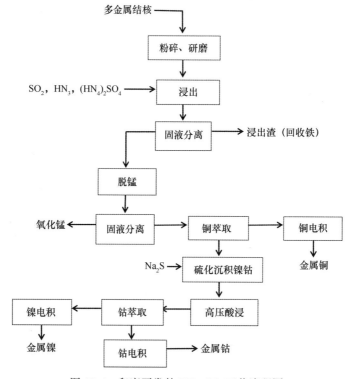

图 12.4 印度开发的 NH_3-SO_2工艺流程图

该工艺包括:①在 NH_4OH 和 SO_2 存在的条件下浸出多金属结核;②溶剂萃取和电积铜;③Ni 和 Co 形成硫化共沉淀物,然后在高温下溶解;④溶剂萃取分离 Ni 和 Co;⑤电积 Ni 和 Co。印度斯坦锌业有限公司(HZL)采用该工艺建厂生产,在 2002 年至 2006 年产量达到了 500 kg/天。

浸出过程中发生的化学反应如下:

$$2CuO + 2(NH_4)_2SO_3 + 2NH_3 = Cu(NH_3)_4SO_4 + H_2O \tag{12.19}$$

$$CuO + (NH_4)_2SO_3 + 2NH_3 = Cu(NH_3)_4SO_4 + H_2O \tag{12.20}$$

$$NiO + (NH_4)_2SO_3 + 2NH_3 = Ni(NH_3)_4SO_4 + H_2O \qquad (12.21)$$

$$CoO + (NH_4)_2SO_3 + 3NH_3 = Co(NH_3)_5SO_4 + H_2O \qquad (12.22)$$

$$MnO_2 + (NH_4)_2SO_3 = MnO + (NH_4)_2SO_4 \qquad (12.23)$$

$$MnO_2 + (NH_4)_2SO_3 + 2NH_3 = Mn(NH_3)_4SO_4 + H_2O \qquad (12.24)$$

$$2FeOOH + (NH_4)_2SO_3 + H_2O = 2Fe(OH)_2 + (NH_4)_2SO_4 \qquad (12.25)$$

该方法可以从硅锰渣中选择性回收锰,这部分工作由印度国家冶金实验室开展。

12.4.1.2 还原焙烧-氨浸工艺

如上所述,印度国家冶金实验室自 20 世纪 80 年代中期以来,一直致力于开发还原焙烧-氨浸工艺。该工艺的主要缺点是钴回收率低(约 55%)。为提高浸出率,使用表面活性剂对焙烧矿进行预处理,然后采用碳酸铵浸出,可以将钴回收率提高到 80%,镍和铜回收率达到 90% 以上(Mishra et al.,2011)。采用溶剂萃取-电积的方法处理含铜、镍和钴的浸出液,获得阴极铜、镍和钴。渣中的锰采用电炉碳热还原熔炼技术以 $Si_{16}Mn_{63}$ 的形式回收。如果渣中锰铁比较低,则添加锰矿以提高锰铁比(Randhawa et al.,2013)。该工艺中试生产规模达到 100 kg/天。

12.4.1.3 硫酸体系的还原浸出工艺

印度国家冶金实验室开发的硫酸浸出工艺,采用新型还原剂纤维素,实现了铜、镍、钴、锰的高效回收。采用溶剂萃取法分离铜;采用硫化沉淀-高温溶解-溶剂萃取的方法分离镍钴;采用电积法生产阴极铜、镍、钴;锰以 $MnCO_3$ 形式回收。该工艺中试规模达到 100 kg/天。

12.4.2 国际大洋金属联合组织(IOM)开发的工艺

国际大洋金属联合组织成员国(保加利亚、古巴、捷克共和国、波兰、俄罗斯和斯洛伐克)开发了多种冶金工艺,包括火法冶金和湿法冶金工艺(Rodriguez et al.,2001;Uranka,2001;Vranka and Kotlinski,2005;Kotlinski et al.,2008)。下面简要介绍两种试生产规模达到 100~150 kg/天的工艺。

12.4.2.1 火法湿法联合工艺

该工艺类似于 INCO 法,不过在合金溶解方面做了改进,铜、镍、钴形成合金,而大部分 Mn 和部分 Fe 进入炉渣。该工艺的创新之处在于使用了硫酸-亚硫酸混合溶液,它使镍和钴以及少部分锰和铁选择性溶解,铜以 CuS 的形式沉淀,锰以 Si-Mn 合金的形式回收,回收效果显著(Cu 92%、Ni 93%、Co 89%)(Kotlinski et al.,2008)。

12.4.2.2 湿法冶金工艺

湿法冶金工艺主要由位于俄罗斯莫斯科的金属地质勘探中心研究院(NIGRI)研发(Kotlinski,et al.,2008)。采用 H_2SO_4-SO_2 体系浸出结核达到溶解铜、镍、钴、锰的目的。铜先以 CuS 的形式选择性沉淀,然后镍和钴以硫化物沉淀。沉淀后液中含有 $MnSO_4$,其 Mn 回收的流程如图 12.5 所示。Solvek 工程公司采用了该工艺,处理规模达到 50 万吨/年(Kotlinski et al.,2008),预计能够实现盈利。目前中试规模达到 100~150 kg/天。

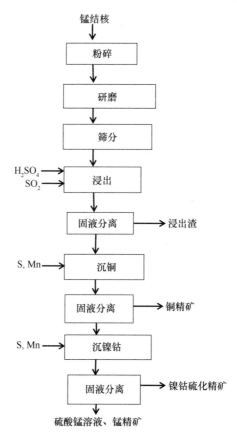

图 12.5　国际大洋金属联合组织开发的湿法冶金工艺流程图

12.4.3　中国大洋矿产资源研究开发协会（COMRA）开发的工艺

中国多个研究机构参与了多金属结核冶金技术研发工作，但大部分的研究成果都难以通过出版物了解。

12.4.3.1　火法湿法联合工艺（改进的 INCO 工艺）

该工艺基于 INCO 法，但对浸出步骤做了改进，流程如图 12.6 所示。通过熔炼产出含有铜、镍、钴、锰、铁的多金属合金，同时大部分 Mn 转化为富锰渣，用于生产铁锰合金。采用稀盐酸锈蚀浸出，其中大部分铁会进入沉淀，铜、镍、钴、锰进入溶液，再通过溶剂萃取净化，铜、镍、钴回收率都在 95% 左右（Xiang et al.，1999）。

12.4.3.2　改进的 Cuprion 工艺

中国的另一个工艺类似于浸出过程使用了添加剂的 Cuprion 工艺。该工艺中试规模达到 100~150 kg/天。后续工序包括通过溶剂萃取–电积生产阴极铜和阴极镍，钴以氧化物形式回收，锰以 $MnCO_3$ 形式回收。

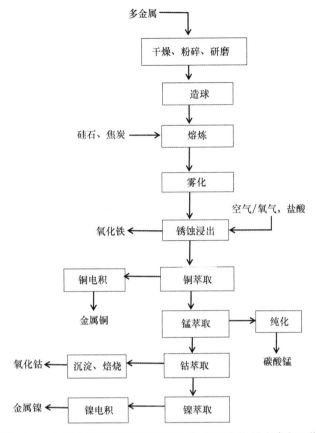

图 12.6　中国大洋矿产资源研究开发协会开发的湿法冶金工艺

12.4.4　韩国地质资源研究院（KIGAM）开发的工艺

韩国地质资源研究院积极参与了多金属结核冶金技术的研究。该工艺将多金属结核高温熔炼之后再采用高温酸浸（也尝试了氨/硫酸铵体系中氧化浸出）（Park et al.，2007）。后续处理包括溶剂萃取和电积，锰以 Si-Mn 合金形式回收。为满足当前的环保要求和提质增效，韩国计划对基本的"熔炼-浸出"工艺加以改进。目前全流程生产运行平稳，主要工艺如表 12.3 所示。

表 12.3　目前全流程生产运行平稳的主要工艺

主要流程步骤	主要优点	主要缺点
200℃高压酸浸，溶剂萃取 Cu，Ni-Co 形成块状硫化物沉淀，盐酸溶解硫化物；溶剂萃取 Co 和 Ni，高温水解和氧化还原（Neuschutz et al.，1977）	（1）回收率高 （2）浸出时除铁	（1）高压反应设备昂贵 （2）高压酸浸、盐酸溶解和高温水解操作复杂

主要流程步骤	主要优点	主要缺点
盐酸浸出，溶剂萃取 Fe，H_2S 溶液中提取铜，硫化共沉淀 Ni 和 Co，Mn 氧化沉淀，高温水解产生 HCl/Cl_2（Monhemius，1980）	（1）回收率高 （2）HCl 和 Cl_2 几乎完全循环利用	试剂耗量大
还原焙烧-氨浸，500~700℃用 CO 还原，电积回收铜和镍，硫化回收钴，回收氨（Haynes et al.，1985）	（1）基于成熟的红土镍矿氨浸工艺 （2）设计简单、容易操作	（1）高温焙烧 （2）Co 回收率低
还原冶炼制备合金，造锍熔炼，氧压酸浸，溶剂萃取-沉淀（Sridhar，1974）	回收率高	高温熔炼和高压浸出成本高
印度国家冶金实验室改进的氨浸工艺，浸出前使用添加剂和活化剂，Cu、Ni 和 Co 通过溶剂萃取-电积分离回收（Premchand and Jana，1999；Jana et al.，1999a，b；Mishra et al.，2011；Srikanth et al.，1997）	铜镍回收率高，钴回收率达到 75%	钴回收率低
国际大洋金属联合组织成员改进的 INCO 法，Cu、Ni-Co 富集成精矿，Mn 以 Si-M 回收（Kotlinski et al.，2008）	金属回收率高	（1）高温熔炼 （2）金属富集产物需进一步处理
国际大洋金属联合组织成员 SO_2 酸浸工艺，沉淀和金属分离，Cu、Ni-Co 以硫化物、Mn 以锰精矿形式回收（Kotlinski et al.，2008）	回收率高，Cu、Ni、Co 和 Mn 回收率大于 92%	需要进一步处理硫化物/精矿
中国的 INCO 法改良工艺，阴极 Cu 和阴极 Ni；Co 以氧化物、Mn 以 Si-Mn 形式回收（Xiang et al.，1999；ISA，2008）	回收率高，铜镍钴高于 90%，锰高于 82%	高温熔炼
中国的 Cuprion 改进法，浸出过程中加入添加剂，阴极 Cu、Ni 和 Co；Mn 以 $MnCO_3$ 形式回收	（1）Cu、Ni>95%，Co>90%，Mn>88%，Mo 约 96% （2）浸出过程添加活化剂	氨循环利用问题
印度的 NH_3-SO_2 工艺，浸出-溶剂萃取分离 Cu；硫化沉淀 Ni-Co，高温溶解，溶剂萃取-电积分离 Ni 和 Co；Mn 以 Si-Mn 形式回收；NH_3 循环利用（Das，2001；Mittal and Sen，2003）	（1）铜、镍和钴的全湿法流程回收 （2）操作条件温和 （3）Cu、Ni>90%，Co>80%	（1）NH_3 回收再利用问题 （2）产生大量的硫酸铵
印度的硫酸-还原湿法工艺，浸出，溶剂萃取分离 Cu，硫化沉淀 Ni-Co，高温氧化溶解，阴极 Cu、Ni 和 Co，Mn 以 $MnCO_3$ 形式回收	（1）Cu，Ni>95%，Co>92%，Mn>92% （2）单元操作简单； （3）无腐蚀性试剂使用	还原剂消耗量大

提高浸出、萃取、沉淀等工序效果的工作正持续推进。为了改进INCO法，近年来研究人员开始采用氯化浸出工艺处理铜锍和电化学浸出工艺处理合金（Kim et al.，2005；Shen et al.，2008；Stefanova et al.，2009，2013），也尝试了对Caron处理方法的进一步改进（Jiang et al.，2013）。新的萃取剂正在研发，以确保更有效地从浸出液中分离铜、镍、钴等金属（Sridhar and Verma，2011）。另外，回收Mo和稀土元素的研究领域也具有广阔的前景（Mohwinket et al.，2014；Parhi et al.，2011，2013，2015）。

目前，能够从锰结核中回收金属的低成本、环保型还原剂正在研发（Vu et al.，2005；Ghosh et al.，2008；Hariprasad et al.，2013）。新的多金属结核冶金技术不断问世（Wang et al.，2005，2010）。一些学者提出，锰结核的生物浸出技术可能成为化学浸出技术的替代方法（Mukherjee et al.，2003a，b，2004；Mehta et al.，2008，2010）。国际大洋金属联合组织通过在添加剂存在的条件下进行浸出，改进了高压酸浸工艺（Rodriguez et al.，2013）。

Agarwal等人（2012）探讨了多金属结核的开采、金属回收到销售的可行性。Pophanken和Friedrich（2013）提出了锰结核处理难题，即如何最大程度降低金属的损失以提高工艺的经济性指标。Sen（2010）提出结核是潜在的金属来源，锰的高效回收是至关重要的环节。Martino和Parson预测由于Ni和Co的金属价格居高不下，开采锰结核或多金属结壳具有与开采陆地矿山相当的投资回报。

12.5 新的理念

12.5.1 直接利用结核合金生产不锈钢

近些年来，对200系列不锈钢的需求加大了镍铁合金的消耗量。目前，约有20%的镍（约800×10^4 t）用于生产镍铁合金。由红土镍矿生产镍铁合金的技术是碳热还原反应，该反应在高炉或浸没式电炉中进行（Kyle，2010；Rao et al.，2013）。与红土镍矿类似，结核也可以在高炉或电炉中被还原以生产合金，锰以硅锰形式进入锰渣。表12.4给出了锰结核得到的"生铁"合金的代表性成分（Stefanova et al.，2013）。200系列不锈钢成分中也含有Cu和Mn，表12.4也列出了这种钢的代表性成分。

表 12.4 锰结核产出"生铁"合金和 200 系列不锈钢成分

种类	Mn	Cr	Ni	N	Cu	Fe	Co	P	其他
结核生铁合金 I （Stefanova et al.，2013）	5.33	—	12.81	—	12.07	65.9	1.33	0.93	0.54
结核生铁合金 II （Kim et al.，2005）	—	—	22.1	—	19.2	53.3	5.4	—	—
结核生铁合金 III （Wilder and Galin，1976）	0.29	—	27.7	—	22.9	44.3	4.25	—	1.23 （Mo）

种类	Mn	Cr	Ni	N	Cu	Fe	Co	P	其他
结核生铁合金 IV（Sridhar et al., 1977）	2.5	—	14.5	—	9.3	70.2	2.3		
204 含铜不锈钢（2006）	7	16	2	0.15	2.5	其他			
Anon（2006）	9	16	1.5	<0.2	1.7	其他			

与红土镍矿中的钴一样，"生铁"合金中的钴也不会影响不锈钢的基本性能。镍铁合金技术是处理红土镍矿的成本最低的技术之一，对于结核也是如此。这种替代方案的主要优点是：

（1）一步熔炼，操作简单，技术成熟；

（2）采用小型高炉或电弧炉还原冶炼；

（3）"生铁"合金和含锰渣可以直接销售。

另外，"生铁"合金也可以作为铜冶炼厂的原料，例如，处理电子废物的 Umicore 公司、Boliden 公司、Xstrata 公司和 LS Nikko 公司都可以接受结核生产的"生铁"合金作为原料，并分离出 Cu、Ni 和 Co。但此过程可能会造成合金中所有的 Fe 和 Mn 的损失，可能会影响经济性。

12.5.2　基于 HCl-MgCl$_2$ 的浸出工艺

如前文所述，结核冶金的基本工艺流程类似于红土镍矿的处理。在基于氯化物的处理工艺中，主要要解决的是设备材料问题。这一难题已经被基于红土镍矿高氯浸出的新工艺所解决（Harris et al., 2004, 2006）。用 MgCl$_2$ 和 HCl 的混合物浸出红土镍矿，使所有的金属溶解，Fe 转化成 Fe$_2$O$_3$，Mn 转化成氢氧化物，而溶液中含有 Ni、Cu 和 Co。用 MgO 中和会生成这些金属的混合氢氧化物。该方法将 Mg 以 MgO 形式循环，并通过高温水解回收 HCl。此工艺有几个优点，即：

（1）产生的唯一固体废物是浸出渣；

（2）Fe 和 Mn 都被分离和回收；

（3）试剂几乎实现完全回用；

（4）回收率接近 100%。

上述工艺是采用 MgO-MgCl$_2$ 体系开发的，因为在镍矿石中存在大量的 MgO。考虑到锰结核中很可能存在 CaO 和 NaCl（Jennings et al., 1973），该工艺可以进行改造为使用更便宜的 CaO 作为中和剂，INTEC 工艺正是如此（Kyle, 2010）。同样，高能耗的高温水解步骤也可以用 CaCl$_2$ 再生 HCl 并生成 CaSO$_4$ 的反应加以代替，如公式 12.26（Smit and Steyl, 2005；Demopoulos et al., 2008）和图 12.7 所示。

$$CaCl_2 + H_2SO_4 + 0.5H_2O = CaSO_4 \cdot 0.5H_2O + 2HCl \tag{12.26}$$

此工艺绿色环保，但距离产业化仍需进一步数据分析和工艺评估。

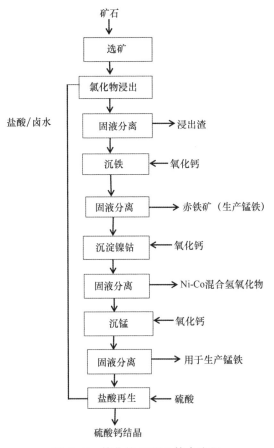

图 12.7 简化的 INTEC 技术流程

12.6 结论

近些年来，为了从多金属结核中回收有价金属，人们已经开发了多种工艺，其中一些已经规模化应用了，如 IOM、COMRA、NML 开发的工艺，改进的 INCO、Cuprion 和 Caron 工艺。此外，IOM、HZL 和 IMMT 已经开发和应用了两种新的湿法冶金工艺，即还原酸工艺和氨浸工艺。这些工艺总结在图 12.8 中。

这些工艺大部分能有效地回收 Cu、Ni、Co 和 Mn。锰在湿法冶金过程中转化为碳酸锰，而在火法冶金过程中作为硅锰回收。多金属结核含有大量的水分，因此任何基于高温操作的工艺都会导致较高的生产成本，但这种成本往往因为有利于后续工序而抵消。结核的火法湿法联合工艺具有一些积极的好处，包括：①几乎全部的锰以铁锰/硅锰合金形式回收；②生成细颗粒状致密渣；③生成无环境影响的稳定炉渣。

中国和韩国正在开发的工艺考虑采用火法冶炼技术，这些工艺是在冶炼、浸出和金属分离的基础上开发的。经过改进的工艺考虑到了后续工序的需要，如锈蚀、冰铜的高压酸浸以及用于净化的高效溶剂萃取技术。

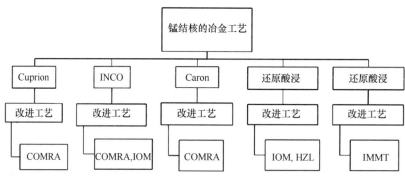

图 12.8 锰结核冶金工艺方法总结

IOM 和印度的工艺是采用还原酸浸提取分离四种金属。Cuprion 改进工艺和 Caron 改进工艺提高了包括钴在内的金属回收率。NH_3-SO_2 液相还原工艺是 IMMT 开发的新工艺，但需要谨慎操作以尽量减少氨损失，以便尽可能多地回收氨。

由于以下原因，任何工艺的商业可行性以及开采成本仍有待确定：

（1）采矿场和采矿技术没有大的突破；

（2）与陆地开采相比，多金属结核开采成本高；

（3）金属价格的波动；

（4）二次资源的回收利用兴起；

（5）环境法规日趋严厉。

多金属结核冶金的经济可行性难以确定，正是因为缺乏可靠的采矿成本估算。然而，凭借结核中包含的所有金属和矿物的市场价格可以估计作为冶金原料的结核的市场价格。

对于任何处理多金属结核的绿色冶金工艺，目前都有如下的一些基本要求：

（1）污染物实现零排放或最低排放；

（2）降低能耗实现最小的碳排放；

（3）主要产品和副产品的附加收益；

（4）资本支出和运营成本适用于现有的商业运作。

200 系不锈钢的生产和硅锰的回收正好满足了上述要求。在结核的湿法冶金工艺中，氨溶液中的还原或者氯化条件下的试剂回用，二者皆为可行的选择。

参考文献

Acharya S, Anand S, Das SC et al (1989) Ammonia leaching of ocean nodules using various reductants. Ertzmetall 42(2):66–73

Acharya S, Das RP (1987) Kinetics and mechanism of the reductive ammonia leaching of ocean nodules by manganous ion. Hydrometallurgy 19:169–186

Acharya R, Ghosh MK, Anand S et al (1999) Leaching of metals from Indian ocean nodules in SO_2-H_2O-H_2SO_4-$(NH_4)_2SO_4$ medium. Hydrometallurgy 53(2):169–175

Agarwal B, Hu P, Placidi M et al (2012) Feasibility study on manganese nodules recovery in the Clarion-Clipperton Zone. https://www.southampton.ac.uk/assetsimported/transforms/peripheral-block/UsefulDownloads_Download/8BC7B9645A8E4690A375D527F98DF7EC/LRET%20Collegium%202012%20Volume%202.pdf

Agarwal JC, Wilder TC (1974) Recovery of metal values from manganese nodules. U.S. Patent 3,788,841, 29 Jan 1974

Agarwal JC, Wilder TC (1975) Recovery of metal values from manganese nodules. Canadian Patent 980,130, 23 Dec 1975

Agarwal JC, Barner HE, Beecher N et al (1978) Kennecott process for recovery of copper, nickel, cobalt and molybdenum from ocean nodules. Paper presented at AIME Annual Meeting, Denver, CO, February, SME preprint, pp 788–789

Agarwal JC, Barner HE, Beecher N et al (1979) Kennecott process for recovery of copper, nickel, cobalt and molybdenum from ocean nodules. Min Eng 31(12):1704–1709

Anand S, Das SC, Das RP et al (1988a) Leaching of manganese nodules at elevated temperature and pressure in the presence of oxygen. Hydrometallurgy 20:155–168

Anand S, Das SC, Das RP et al (1988b) Leaching of manganese nodule in ammoniacal medium using ferrous sulphate as reductant. Metall Trans B 19B:331–335

Anon (2006) 200 series stainless—an overview. Stainless Steel Industry, p 6–8

Asai S, Negi H, Konishi Y (1986) Reductive dissolution of manganese dioxide in aqueous sulphur dioxide. Can J Chem Eng 64:237–242

Bhattacharya IN, Anand S, Das SC et al (1989) Ammonia leaching of manganese nodules in nodule test plant. Trans Indian Inst Metals 42(4):385–392

Caron MH (1924) Process of recovering values from nickel and cobalt-nickel ores. US Patent 1,487,145, 18 Mar 1924

Chen HH, Fu C, Zheng DJ (1992) Reduction leaching of manganese nodules by nickel matte in hydrochloric acid solution. Hydrometallurgy 28:269–275

Choi KS, Sohn JW (1995) Reduction leaching of manganese nodules with sodium sulfite in ammonium chloride solution. In: Proceedings of the ISOPE—ocean mining symposium, Tsukuba, Japan, 21–22 Nov, pp 193–200

Das GK, Anand S, Das RP et al (2000) Sulfur dioxide—a leachant for oxidic materials in aqueous and non-aqueous media. Miner Process Extr Metall Rev 20(4–6):377–407

Das PK, Anand S, Das RP (1997) Minimization of nickel precipitation from H_2O-NH_3 $(NH_4)_2SO_4-SO_2-MnO_2$ system. Int J Miner Process 50:77–86

Das RP (2001) India's demonstration metallurgical plant to treat ocean nodule. In: Proceedings of the 4th ocean mining symposium, ISOPE, Szczecin, Poland, 23–27 Sept, pp 163–167

Das RP, Anand S (1997) Aqueous reduction of polymetallic nodule for metal extraction. In: Proceedings of the 2nd ocean mining symposium, ISOPE, Seoul, 24–26 Nov, pp 165–171

Das RP, Anand S, Das SC et al (1986) Leaching of manganese nodules in ammoniacal medium using glucose as a reductant. Hydrometallurgy 16:335–344

Das SC, Anand S, Das RP et al (1989) Sulphuric acid leaching of manganese nodules in the presence of charcoal. AusIMM Bull Proc 294(1):73–76

Demopoulos GP, Li Z, Becze MG et al (2008) New technologies for HCl regeneration in chloride hydrometallurgy. World Metallurgy Erzmetall 61(2):89–98

Fuerstenau DW, Han KN (1983) Metallurgy and processing of marine manganese nodules. Miner Process Technol Rev 1:1–83

Ghosh MK, Barik SP, Anand S (2008) Sulphuric acid leaching of polymetallic nodules using paper as a reductant. Trans Indian Inst Metals 61(6):477–481

Han KN, Fuerstenau DW (1975) Acid leaching of ocean nodules at elevated temperatures. Int

J Miner Process 2(2):163–171

Han KN (1997) Strategies for processing of ocean floor manganese nodules. Trans Indian Inst Metals 51(1):41–54

Han KN, Fuerstenau DW (1986) Extraction behaviour of metallic elements from deep sea manganese nodules in reducing medium. Mar Min 2:155–169

Hanieg G, Meixner MJ (1974) Pressure leaching of manganese nodule with sulphuric acid. Erzmetall 27(7–8):335

Hariprasad D, Mohapatra M, Anand S (2013) Non-isothermal self-sustained one pot dissolution of metal values from manganese nodule using NH_3OHCl as a novel reductant in sulphuric acid medium. J Chem Technol Biotechnol 88(6):1114–1120

Harris BG, Lakshmanan VI, Sridhar R (2004) Process for the recovery of value metals from material containing base metal oxides. Patent WO/2004/101833, 25 Nov 2004

Harris B, White C, Jansen M et al (2006) A new approach to the high concentration chloride leaching of nickel laterites. In: ALTA Ni/Co, vol 11, Perth, Australia, 4–7 July 2006, pp 1–20

Haynes BW, Law SL, Barron DC, et al. (1985) Pacific manganese nodules: characterization and processing. Bulletin 679, U.S. Bureau of Mines

Hsiaohong C, Chongyue F, Di-Ji Z (1992) Reduction leaching of manganese nodules by nickel matte in hydrochloric acid solution. Hydrometallurgy 28:269–272

Hubred GL (1973) An extractive metallurgy study on deep sea manganese nodules with special emphasis on the sulphuric acid autoclave leach. Ph.D. thesis, University of California, Berkley, p 220

Hubred GL (1980) Manganese nodule extractive metallurgy: a review 1973–1978. Mar Min 2:191–212

ISA (2008) Workshop on polymetallic nodule mining technology, status and challenges ahead. NIOT, Chennai. http://www.isa.org.jm/files/documents/EN/Pubs/Chennai.pdf. Accessed 18–22 Feb 2008

Jana RK, Akerkar DD (1989) Studies of the metal–ammonia–carbon dioxide–water system in extraction metallurgy of poly metallic sea nodules. Hydrometallurgy 22:363–378

Jana RK, Murthy DSR, Nayak AK et al (1990) Leaching of roast-reduced poly metallic sea nodules to optimize the recoveries of copper, nickel and cobalt. Int J Miner Process 30:127–141

Jana RK, Singh DDN, Roy SK (1993) Hydrochloric acid leaching of sea nodules with methanol and ethanol addition. Mater Trans JIM (Japan) 34(70):593–598

Jana RK, Singh DDN, Roy SK (1995) Alcohol-modified hydrochloric acid leaching of sea nodules. Hydrometallurgy 38(3):289–298

Jana RK, Srikanth S, Pandey BD et al (1999a) Processing of deepsea manganese nodules at NML for recovery of copper, nickel and cobalt. Met Mater Process 11:133–144

Jana RK, Pandey BD, Premchand (1999b) Ammoniacal leaching of roast reduced deep-sea manganese nodules. Hydrometallurgy 53:45–56

Jennings PH, Stanley RW, Ames HL et al (1973) Development of a process for purifying molybdenite concentrates. In: Evans DJI (ed) Proceedings of second international symposium on hydrometallurgy, AIME, Chicago, New York, 25 Feb–1 Mar 1973, p 868

Jiang K, Jiang X, Feng L et al (2013) Study on self-catalysis reduction leaching of ocean Co-Mnpolymetallic ores in ammonia solution. In: Proceedings of the ISOPE ocean mining and gas hydrate symposium. Szczecin, Poland, 22–26 Sept

Junghanss H, Roever W (1976) Method for reprocessing of manganese nodules and extraction of valuable materials contained in them. German Patent 2,501,284, 1 Sept 1976

Kanungo SB (1999a) Rate process of the reduction leaching of manganese nodules in dilute HCl in the presence of pyrite Part-1: dissolution behavior of iron and sulphur species during leaching. Hydrometallurgy 52:313–330

Kanungo SB (1999b) Rate process of the reduction leaching of manganese nodules in dilute HCl in presence of pyrite Part-2: leaching behavior of manganese. Hydrometallurgy 52:331–347

Kanungo SB, Das RP (1988) Extraction of metals from manganese nodules of Indian ocean by leaching in aqueous solution of sulphur dioxide. Hydrometallurgy 20:135–146

Kanungo SB, Jena PK (1988a) Reduction leaching of manganese nodules of Indian Ocean origin in dilute hydrochloric acid. Hydrometallurgy 21(1):41–58

Kanungo SB, Jena PK (1988b) Studies on the dissolution of metal values in manganese nodules of Indian Ocean origin in dilute hydrochloric acid. Hydrometallurgy 21(1):23–39

Kawahara M, Mitsuo T (1992) Dilute sulphuric acid leaching of manganese nodules using hydrogen peroxide as a reductant. J Min Mater Process Inst Japan 108(5):396–401

Khalafalla S, Pahlman JE (1981) Selective extraction of metals from Pacific sea nodules. JOM 33(8):37–42

Kim DJ, Park KH (1997) Study on the leaching mechanism of Cu and Ni from deep sea manganese nodules with hydrochloric acid. In: Proceedings of the 2nd ocean mining symposium, ISOPE, Seoul, Korea, 24–26 Nov, pp 172–176

Kim I-S, Park K-H, Kim H-I (2005) Electroleaching of Fe-Ni-Cu-Co alloy. In: Proceedings of 6th ISOPE ocean mining symposium, Changsha, Hunan, China, 9–13 Oct, p 223

Kotlinski R (1999) Metallogenesis of the world's ocean against the background of oceanic crust evolution. Polish Geological Institute Special Papers, 4, 1999

Kotlinski R, Stoyanova HV, Avramov HA (2008) An overview of the interoceanmetal (IOM) deep sea technology development (mining and processing). http://www.isa.org.jm/files/documents/EN/Workshops/Feb2008/IOM-Abst.pdf

Kyle J (2010) Nickel laterite processing technologies—whereto next? In: ALTA 2010 Nickel/cobalt/copper conference, Perth, WA, Australia, 24–27 May

Lee JH, Gilje J, Zeitlin H (1978) Low temperature interaction of sulphur dioxide with Pacific ferromanganese nodules. Environ Sci Technol 12(13):1428–1431

Martino S, Parson LM (2012) A comparison between manganese nodules and cobalt crust economics in a scenario of mutual exclusivity. Mar Policy 36:790–800

Mehta KD, Das C, Pandey BD (2010) Leaching of copper, nickel and cobalt from Indian Ocean manganese nodules by *Aspergillus niger*. Hydrometallurgy 105:89–95

Mehta KD, Kumar R, Pandey BD et al (2008) Bio-dissolution of metals from activated nodules of Indian Ocean. Paper presented at International conference on Frontiers in Mechanochemistry and Mechanical Alloying held at CSIR-National Metallurgical Laboratory (CSIR-NML), Jamshedpur, India, 1–4 Dec 2008, under the aegis of International Mechanochemistry Association (IMA)

Mishra D, Srivastava RR, Sahu KK et al (2011) Leaching of roast-reduced manganese nodules in NH_3–$(NH4)_2CO_3$ medium. Hydrometallurgy 109:215–220

Mittal NK, Sen PK (2003) India's first medium scale demonstration plant for treating polymetallic nodules. Miner Eng 6:865–868

Mohanty PS, Ghosh MK, Anand S et al (1994) Leaching of manganese nodules in ammoniacal medium with elemental sulphur as reductant. Trans Inst Min Metall Sec C 103:C151–C155

Mohapatra M, Mishra D, Anand S et al (2000) Aqueous reduction of cobalto-cobaltic oxides in ammoniacal medium using ammonium sulphite as the reductant. Hydrometallurgy 58(3):193–202

Monhemius AJ (1980) The extractive metallurgy of deep sea manganese nodule. In: Burkin R (ed) Topics in non ferrous extractive metallurgy. Society of Chemical Industry, London, pp 42–69

Mukherjee A, Raichur AM, Modak JM et al (2003a) Bioprocessing of Indian Ocean nodules using marine isolate—effect of organics. Miner Eng 16:651–657

Mukherjee A, Raichur AM, Modak JM et al (2003b) Solubilisation of cobalt from ocean nodules at neutral pH—a novel bioprocess. J Ind Microbiol Biotechnol 30(10):606–612

Mukherjee A, Raichur AM, Modak JM et al (2004) Exploring process options to enhance metal dissolution in bioleaching of Indian Ocean nodules. J Chem Technol Biotechnol 79(5):512–517

Mohwinkel D, Kleint C, Koschinsky A (2014) Phase associations and potential selective extraction methods for selected high-tech metals from ferromanganese nodules and crusts with sidero-phores. Appl Geochem 43:13–21

Neuschutz D, Scheffler U, Junghans H (1977) Verfahren Zur Aufarbeitung von Manganknollen Durch Schwefelsaure Drucklaugung. (Method for the processing of manganese nodules by sulphuric acid pressure leaching). Erzmetall 30(2):61–67

Pahlman JE, Khalafalla SE (1979) Selective recovery of nickel, cobalt, manganese from sea nodules with sulfurous acid. US patent 4,138,465, 6 Feb 1979

Paramaguru RK, Kanungo SB (1998) Electrochemical phenomena in MnO_2-FeS_2 leaching in dilute HCl. Part-3: manganese dissolution from Indian Ocean nodules. Can Metall Q 37(5):405–417

Park KH, Kim DJ (1999) Kinetics of copper and nickel leaching of manganese nodules with hydrochloric acid. Met Mater Process 11(2):117–124

Park KH, Mohapatra D, Reddy BR et al (2007) A study on the oxidative ammonia-ammonium sulphate leaching of a complex (Cu-Ni-Co-Fe) matte. Hydrometallurgy 86:164–171

Parhi PK, Park KH, Nam CW, Park JT et al (2013) Extraction of rare earth metals from deep sea nodule using H_2SO_4 solution. Int J Miner Process 119:89

Parhi PK, Park KH, Kim HI et al (2011) Recovery of molybdenum from the sea nodule leach liquor by solvent extraction using Alamine 304-I. Hydrometallurgy 105:195–200

Parhi PK, Park KH, Nam CW et al (2015) Liquid-liquid extraction and separation of total rare earth (RE) metals from polymetallic manganese nodule leaching solution. J Rare Earths 3(2):207–213

Pophanken A, Friedrich B (2013) Challenges in the metallurgical processing of marine mineral resources. In: EMC 2013, University of Notre Dame, Indiana, 26–28 June 2013, p 681

Premchand P, Jana RK (1999) Processing of polymetallic sea nodules: an overview. In: Proceedings of the 3rd ocean mining symposium, ISOPE, Goa, India, 8–10 Nov, pp 237–245

Randhawa NS, Jana RK, Das NN (2013) Silicomanganese production utilising low grade manganese nodules leaching residue. Trans Inst Min Metall Sec C 122(1):6–14

Rodriguez MP, Mosqueda AM, Ariza SB (2001) Hydrometallurgical processing technology of the polymetallic nodules from Interoceanmetal mining site. In: Proceedings of the 4th ISOPE ocean mining symposium, Szczecin, Poland, 23–27 Sept, p 177

Rodriguez MP, Aja R, Miyares RC (2013) Optimization of the existing methods for recovery of basic metals from polymetallic nodules. In: Proceedings of the 10th ISOPE ocean mining and gas hydrates symposium, Szczecin, Poland, 22–26 Sept 2013, p 173

Rokukawa N (1990) Extraction of nickel, cobalt and copper from ocean manganese nodules with mixed solution of ammonium carbonate and ammonium sulphite. Shigen-to-Sozai 106(4):205–209

Rokukawa N (1995) Development for hydrometallurgical process of cobalt rich crusts. In: Proceedings of the ISOPE—ocean mining symposium, Tsukuba, Japan, 21–22 Nov, pp 217–221

Rao M, Li G, Jiang T, Luo J et al (2013) Carbothermic reduction of nickeliferous laterite ores for nickel pig iron production in China: a review. JOM 65(11):1573–1583

Sanjay K, Subbaiah T, Anand S et al. (1999) Manganese recovery from leach liquors/residues generated during hydrometallurgical processing of manganese nodules. In: Proceedings of the

3rd ocean mining symposium, ISOPE, Goa, India, 8–10 Nov 1999, p 246

Sazbo LJ (1976) Recovery of metal values from manganese deep sea nodules using ammoniacal cuprous leach solutions. US patent 3,983,017, 28 Sept 1976

Sen PK (1999) Processing of sea nodules: current status and future needs. Met Mater Process 11(2):85–100

Sen PK (2010) Metals and materials from deep sea nodules: an outlook for the future. Int Mater Rev 55(6):364–391

Shen YF, Xue WY, Niu WY (2008) Recovery of Co(II) and Ni(II) from hydrochloric acid solution of alloy scrap. Trans Nonferrous Metals Soc China 18(5):1262–1268

Smit JT, Steyl IDT (2005) Leaching process in the presence of hydrochloric acid for the recovery of a value metal from an ore. WIPO Patent Application PCT/IB2005/003136, 21 Oct 2005

Sridhar R (1974) Thermal upgrading of sea nodules. J Metals 26(12):18–22

Sridhar R, Jones WE, Warner JS (1976) Extraction of copper, nickel, cobalt from sea nodules. J Metals 28(4):32–37

Sridhar R, Warner JS, Bell MCE (1977) Non-ferrous metal recovery from deep sea nodules. US Patent 4,049,438, 20 Sept 1977

Sridhar V, Verma JK (2011) Extraction of copper, nickel and cobalt from the leach liquor of manganese-bearing sea nodules using LIX 984 N and ACORGA M5640. Miner Eng 24:959–962

Srikanth S, Alex TC, Agrawal A et al. (1997) Reduction roasting of deep-sea manganese nodules using liquid and gaseous reductants. In: Proceedings of the 2nd ocean mining symposium, Seoul, South Korea, 24–26 Nov 1997, pp 177–184

Stefanova VP, Iliev PK, Stefanov BS (2013) Copper, nickel and cobalt extraction from FeCuNiCoMn alloy obtained after pyrometallurgical processing of deep sea nodules. In: Proceedings of the 10th ISOPE ocean mining and gas hydrates symposium, Szczecin, Poland, 22–26 Sept 2013, p 180

Stefanova VP, Iliev PK, Stefanov BS et al (2009) Selective dissolution of FeCuNiCoMn alloy obtained after pyrometallurgical processing of polymetallic nodules. In: Proceedings of the 8th ISOPE ocean mining symposium, Chennai, India, Sept 2009, p 186

Vranka F (2001) Optimisation of technologies for processing of polymetallic nodules. In: Proceedings of the 4th ocean mining symposium, ISOPE, Szczecin, Poland, 23–27 Sept 2001, pp 172–175

Vranka F, Kotlinski R (2005) Polymetallic nodules processing in Interoceanmetal—the present and the future. In: Proceedings of the 15th International offshore and polar engineering conference, Seoul, Korea, 19–24 June, pp 392–397

Vu H, Jandova J, Lisa K et al (2005) Leaching of manganese deep ocean nodules in FeSO$_4$–H$_2$SO$_4$–H$_2$O solutions. Hydrometallurgy 77:147–153

Wang C-Y, Qiu D-F, Yin F et al (2010) Slurry electrolysis of ocean polymetallic nodule. Trans Nonferrous Metals Soc China 20:s60–s64

Wang Y, Li Z, Li H (2005) A new process for leaching metal values from ocean polymetallic nodules. Miner Eng 18:1093–1098

Watanabe A, Miwa S, Sakakibara S (1982) Sulphuric acid leaching of manganese nodules at elevated temperature. Nogoya Kogyo Gijutsu Shikensho Hokoku 31(6–7):190 (Japan), (CA 100: 107148)

Wilder TC, Galin WE (1976) Reduction smelting of manganese nodules with a liquid reductant. U.S. Patent 3,957,485, 18 May 1976

Xiang Z, Zequan H, Yujun S et al. (1999) The smelting–rusting-solvent extraction processes to recover valuable metals from polymetallic nodules. In: Proceedings of the 3rd ocean mining symposium, ISOPE, Goa, India, 8–10 Nov 1999, pp 227–231

Zhang Y, Liu Q, Sun C (2001a) Sulphuric acid leaching of ocean manganese nodules using phenols as reducing agents. Miner Eng 14(5):525–537

Zhang Y, Liu Q, Sun C (2001b) Sulphuric acid leaching of ocean manganese nodules using aromatic amines as reducing agents. Miner Eng 14(5):539–542

达斯（R. P. Das）博士与其前团队（印度巴布内斯瓦尔地区研究实验室）率先开展了印度多金属结核湿法冶金工艺的研究。他们对从印度洋中部采集的第一批结核进行了对照试验，并建成印度首个处理量达 500 kg/天的结核冶金生产线。目前，Das 博士是一名自由职业者，也是一位处理复杂含金属矿石和工业废物的冶金工艺专家。

阿南德（S. Anand）博士近三十年一直致力于印度洋多金属结核冶金研究。主要成就包括研发了多金属结核的低温浸出技术和浸出过程中的杂质控制技术。Anand 博士领导的研究小组，经营着印度首个处理量达 500 kg/天的结核加工厂，出版了多金属结核冶金的刊物。目前，她参与研发沉淀技术和特殊材料等相关工作。

第13章 深海多金属结核的可持续处理

P. K. Sen

摘要：深海结核处理技术商业化的可能性，与陆地上相似处理技术商业化的情况存在着一定的联系。我们除了考虑技术的经济性，还要考虑工艺的可持续性，这才是深海结核处理技术商业化的前提。我们研究了可持续发展的总体背景，同时探讨了物质流分析、金属回收率的重要性，以及开发此工艺对某种稀缺金属供应链提供保障的可能性。对正在开发的工艺进行环境管理，对于可持续发展来说是非常重要的。我们比较了普通金属以及其他金属"从摇篮到坟墓"产生的环境负担，例如温室气体、固废。多金属结核（PMN）被看作一种低品位的锰矿，现已报道了三种方法来处理它：其中的两种方法，先采用类似于从红土矿中回收 Ni、Cu、Co 的初始工艺，然后通过采用类似于铁合金产品/锰复合物沉淀方法回收 Mn；第三种方法采取与陆地处理硫化矿工艺类似的方法，以铁合金的方式回收 Mn，然后再回收 Cu、Ni、Co。然而处理陆地上的 Ni、Co 工艺相对于处理一般的金属需要更高的能耗及排放量，这使得我们不得不努力关注如何在处理深海结核时控制这些参数。另一方面，相较于处理陆地资源生产的锰铁合金，这些能耗及排放值会相对低一些。从深海结核中生产铁合金的参数需要与从陆地资源中生产铁合金的参数相比较。在此，我们提出了一种基于体系扩展策略的因素分析方法，用于含 Mn 铁合金中 Cu、Ni、Co 合金的回收。对于后续步骤，其总能源需求（GER）和排放值（150 MJ 和 10 t CO_2/t 铁生产）是远远超过陆地资源的处理值。Ni、Cu 和 Co 回收，其总能源需求和排放值的结果是与回收过程息息相关的。焙烧还原氨浸过程生产镍，将消耗 525 MJ 的能量并产生 40 kg CO_2/kg 的排放，而在湿法冶金工艺中生产同等质量镍时，将只消耗 200 MJ 的能量并产生 12 kg CO_2/kg 的排放。由于较高的总能源需求和特定 CO_2 排放量，焙烧还原氨浸法并不适用于深海结核中的 Ni、Cu 和 Co 的回收。高压酸浸工艺路线与类似的红土矿加工工艺能耗要求及排放量差不多。相比与渣的熔炼工艺，锰溶解和以二氧化锰形式回收锰的工艺则表现出更低的能耗及排放量。对于结核处理工艺中用到的能量化学物质（NH_3，HCl，H_2），应考虑其回收方案。同时工艺若与其他体外流程相结合也要周密思考，加强可持续性。考虑到稀土元素在陆地上的资源紧张危机，从深海结核中回收稀土资源将加强海床沉积物开采的可持续发展。

13.1 引言

从 Mero（1965）认识到深海铁锰结核中镍、铜、钴以及锰等工业金属的主要经济潜力，迄今只有 40 年。Halbach 和 Fellerer（1980）指出，陆地上的金属储量（探明储量、概算储量和预测储量）和深海结核中含有的镍和锰金属量比例约为 1∶1，和铜的比例为 10∶1；然而对于钴来说，比例为 0.08，即深海锰结核中钴的含量是陆地上钴含量的 12 倍多。虽然以上的数字从绝对意义上来说是可以变动的，但事实上就相关金属相对于锰的价格比率而言，深海结核完全可以作为一种可利用的锰资源。因此除了利用现有的低品位和中等品位陆地锰矿外，一些国家还认真考虑利用类似于陆地低品位锰矿但具有很好附加价值的海洋锰资源。几种不同的工艺已被提出并应用在处理深海海洋资源上。

处理深海结核的工艺常被用来与镍红土矿的处理工艺相比较，它们的初始处理工艺有着非常大的相似性，比如：还原焙烧/浸出工序以及红土矿的直接浸出（如：Caron 氨浸工艺和 Moa Bay 直接酸浸法）。但此类工艺仅能回收 Cu、Ni 和 Co，而锰将以含锰残渣形式等待后续处理。或者，可以采取直接熔炼结核的方法来生产 Fe-Cu-Ni-Co 合金以及含锰熔炼渣，但这些炉渣不适合用来直接生产高碳锰铁。基于与红土矿的处理流程的比较，对上述各种工艺进行了详细的工艺分析。Metallurgie Hoboken-Overpelt（MHO）公司对以 HCl 作为浸出剂的工艺流程进行了研究（Van Peteghem，1977），该项工作的重要性在于工艺是一个闭路循环，这意味着所有用到的试剂事实上可以再生，锰以沉淀形式被回收。详细的工艺信息只能通过专利来查看，文献中并没有报道质量/能量平衡。

其他处理工艺（Zhang et al.，2001；Mukherjee et al.，2004）也被报道过，但这些报道很少提及本文将要阐述工艺的可持续性。由于新工艺的商业化将常会用来与陆地上类似的处理工艺进行比较，因此基于陆地处理工艺的深海结核处理技术的可持续性设计变得越来越重要。

首先，我们将简要提及可持续发展的总体背景。这将引起大家对可持续处理工艺开发过程中需要考虑参数的重视，同时讨论这些典型参数值对金属可持续生产的影响。对于从深海结核中生产金属的工艺流程，尤为重要的是需将该工艺与其他金属生产过程以及陆地金属开发工艺相比较，尤其是对一些重要的工艺参数进行比较，这将有效指导深海结核工艺可持续性的评估。

13.2 可持续性：总体展望

毋庸置疑，材料在工业技术中的使用使得现代生活成为可能，随着每个材料的物尽其用，这些技术可以做成很多很好的事。金属和矿物质是一些金属和材料制品的生产原料；例如，金属产量的增大和大多数金属价值的增加，导致全球金属和采矿业的价值从 2000 年的 2 140 亿美元提高到 2010 年的 6 440 亿美元（国际矿业和金属委员会，2012）。在生产材料方面的大量投入，使得科学家和技术人员可以尝试使用各种金属来开发新材料。除了少数几种能源，例如太阳能、风能、水能、潮汐能和地热能是可持续利用的，其他则没有哪种资源是不会枯竭的，因此科学家们所有的研究都应考虑到可持续发展。同时需要考虑环境管理、材料管理、绿色制造、可再生能源、清洁能源技术以及水和空气管理等各个方面。可持续发展的挑战，将要求材料工程师和科学家超越常规，思考什么是特定应用的"最佳材料"。

除了与物料管理和生产有关的环境目标外，还需要考虑经济和社会目标对可持续发展均提出的相应的约束（图13.1），这三个目标必须在现在和将来的局部区域和全球范围内达到。虽然这些目标的实现总体来说是可接受和可理解的，但如果需要用"可持续性水平"来衡量社会各阶层（即地方和国家政府、行业、地方社区和个人），以确定哪些方向的改变可满足可持续发展，那么问题就会出现了。处理这些事情的确是一个涉及非常广泛的挑战，但这些讨论超出了本章的范围。

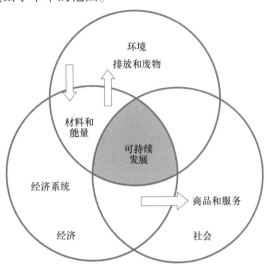

图13.1　影响可持续性的因素

本章的重点是从可持续发展角度，审查深海结核加工工艺需要注意的基本问题。因此本章有两个目标：（a）考察可能与金属加工流程开发可持续性有关的问题；（b）通过比较不同工艺及产品，对其将来的工艺路线及产品市场化的可持续性提出定性的评价（Azapagic and Perdan，2000）。

13.3　可持续性和工艺开发：物质流、再利用和重要金属

可持续发展和工艺开发之间的间接和直接联系包括材料的有效利用（保护、替代、再利用、改变用途、再循环）、材料生命周期评价（LCA）、替代材料（稀缺性、资源可用性、材料经济学）、能源（用于支持可替代能源技术、缓解化石燃料问题技术、提高能源效率的材料）以及减轻科技和经济增长对环境的不良影响。针对加工过程投入的可持续发展，我们需要考虑以下应用和策略：（a）遵从 LCA 原则的轻量化，它是所有形式运输的策略；（b）光伏材料可以被大规模地用于经济可持续的发电，以减少与能源有关的排放量；（c）作为城市矿山的一部分，电子垃圾的循环利用比真正的矿山更具有战略意义：循环利用可以延长资源的使用寿命。注意事项讨论如下：

（1）不断增加的物质流动导致了世界的环境和社会问题。就如 Fiksel（2006 年）指出，我们最终目标是寻求减少可持续增长和繁荣所需物料吞吐量，并尽量减少由于材料使用对环境和社会福利造成的不利影响，因此，通常需要进行物质流分析（MFA）。本文已

经阐述了物质减量化和毒性减量化的重要性。更多的生产量通常意味着更多的能源使用、浪费和排放。直接量化某种材料对环境的影响，需要对此种材料进行生命周期评价，它不仅仅包含对材料本身的分析，还包括对与之相连的所有一切的分析（包括开采和生产所需能量、运输，辅助材料的使用，土地利用，生产或废弃阶段的其他排放等），同时我们也应该认识到获得更高工艺回收率的重要性。

（2）Van der Voet 等人（2004）指出，物质减量化不仅仅是重量的减少，而是指物质流向中每千克所选材料产生的定量影响的减少。由于所选材料不同而造成的五类不同的影响已有报道。学者分析了荷兰物质流动影响数据，据报道，铑、钯和铂的分数非常高。此外，文献的表格显示，如预期的那样，每千克具有中等影响的大物质流金属位于顶部。在不同类别中，没有进入前 20 名的材料包括氨、硫和氯。每千克贵金属的贡献都很大，在排名中居于第 29、32 和 41 位。铜和锌的流量相对较小，但每千克的贡献却相对较大，因此它们仍在前 20 名之列。虽然所提供的数据是局部性的，但该方法值得借鉴。Hekkert（2000）在他关于通过更好的材料管理减少温室气体（GHG）排放的论文中提出了案例分析。

（3）经济方面，物质流的减少可以通过多种方式实现：增加材料生产流程中的材料利用率从而减少浪费、通过产品的生态设计以减少材料用量、采用替代材料以减少质量从而减少对环境的影响等。如果不能有效地减少物质流动量，则研究减少较大物质流对环境影响的办法，包括用环境友好材料替代有毒或有害物质、使用更清洁的技术、降低废物流的毒性或危险性、减少由化石燃料燃烧引起的温室气体排放量（Fiksel，2006）。

（4）在对物质流进行分析之后，当前情况下的一个自然问题是：能否确保为所需的物质流提供这些所有原料的稳健供应？随着需求不断增加，人们对现有的金属和矿物可持续供应产生了怀疑。就深海结核而言，结核供应的中断需要陆地资源的补充来替代。

（5）确保结核加工作业的非燃料投入的稳定供应的一个方法是确保其生产的产品具有良好的循环利用率，从而可避免这种资源紧张。循环利用率越高，对资源的消耗就越少。因此所要求的物料投入越少。元素生命周期分析已经越来越多地用于循环利用率以及材料在新工艺中的损失率的分析中。从工艺的可持续发展角度看，资源储量的关键程度与目标金属产品的可循环利用率相关。

产品的循环过程如图 13.2 所示。如果产品使用寿命结束进入适当的回收链，金属的生命周期就会终止。另一方面，开放的生命周期包括被丢弃进入垃圾填埋场的产品，以及应用低效技术回收金属而导致无循环功能。出于贸易考虑，某些金属不会再循环利用，废物出口减少了循环利用率，如果进口国在很大程度上依赖这些资源，则有可能出现资源短缺。环境署最近的一份报告（"2011 年环境署报告"）指出，60 种金属中有 18 种金属的循环利用率大于 50%。这些金属包括 Al，Ti，Cr，Mn，Fe，Co，Ni，Cu，Zn，Nb，Rh，Pd，Ag，Pt，Pd，Au，Sn 和 Pb。Mo，Ir，Mg 等金属的再循环率为 10%～25%，稀土元素和其他金属的再循环率为 1% 以下。由于一些镧系元素和许多其他金属的循环率非常低，因此被认为是关键金属，但本文中不评述该报告的细节。

对于深海结核的最终产品，如 Mn、Ni、Co 和 Cu 有较好的再循环率。如果结核中含有再循环率低的金属，那么这些金属是有价值的。如果稀土元素可以从深海结核中回收，则海底资源具有更高的价值。以此为目的开发的工艺将会更可持续。

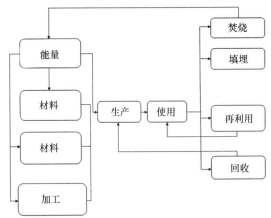

图 13.2　循环链（UNEP/SETAC 生命周期计划，2011）

（6）除了考虑资源的可循环利用，金属是否可持续开采同样也是一个重要的考虑因素。2006 年，美国国家研究委员会着重分析了非燃料矿物材料使用和储存之间的临界性数据（Graedel et al.，2015；Lorenz and Graedel，2011），所列举的影响因素包括供应风险、需求增长和回收限制。

在所调查的金属中，铑、铂、锰、铌、铟和稀土被认为是关键元素。铜被看作是非关键元素，不是因为其不重要，而是因为其供应风险较低。环境署的一项研究将关键金属进行了分类：电子电气设备（Ta、In、Ru、Ga、Ge、Pd），光伏（Ga、Te、Ge、In 等），电池（Co、Li 和稀土）和催化剂（Pt、Pd 和稀土）（环境署报告，2009）（图 13.3）。

值得注意的是，一旦开发出提取技术，能从深海结核中提取 Co、稀土和贵金属等，则将会大大提高结核资源的价值。

图 13.3　UNEP 对重要金属的分类（UNEP Report，2009）

（7）被关注的不仅是资源的制约；如果材料生产成本太高而无法生产、生产所需的材料是耗竭性的，或者是对环境不安全的，那么生产就不可持续。典型的外部因素包括由于空气和水污染、土地和野生动物栖息地的退化造成的潜在气候变化。

13.4　环境管理

材料生产过程包括从资源开采、资源加工，到产品设计和制造阶段。随后产品有一个使用阶段，在此阶段结束时，废弃的产品最终被废弃或通过适当的处理再利用。环境保护署的一份报告对这些步骤进行了介绍，如图 13.4 所示（EPA 报告，2009）。每一个步骤都涉及能源和伴生资源的使用。对空气、水和土地的污染是使用各种原料的直接后果。环境问题的定量化取决于生命周期链（LCA）中再利用/再循环/再制造/废物综合利用步骤。虽然需要从使用替代资源的角度来评价资源枯竭情况，但一般来说，工业生产过程与资源枯竭和环境恶化有关，这也是评估可持续发展的关键组成。

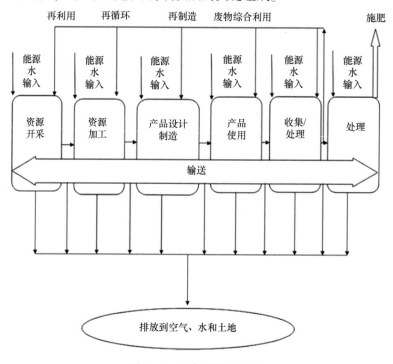

图 13.4　生命周期分析链

评估工业发展对环境恶化和资源枯竭的影响是非常重要的。最初，关注采用末端解决方案作为清理措施（处置），而不考虑生产过程。但人们很快就意识到，通过有效利用资源、减少浪费是更有益的。目前，人们将环境评价报告与商业策略相结合，更负责任的环境管理计划已经逐步形成，如零排放和副产品协同。

生态效率的概念对商业转化很重要（参见经济系统，图 13.1；Azapagic and Perdan，2000）。它关心的是在创造更多的价值的同时，减少环境影响。对环境绩效评估按经济指标进行标准化。感兴趣的读者可以参考"西门子可持续发展报告"（2012），其中描述了社会、经济和环境方面的关键绩效指标。

该报告强调了像西门子这样的大型集团在可持续发展方面的重点：

"在西门子，我们正以可持续发展为指导原则，为未来的总体战略做准备。可持续发展不仅仅是一个流行语；它源于一种在 300 年前就已经发展的思想和行为方式，影响到我们今天的许多领域。可持续发展的概念对我们公司的创始人也产生了影响。维尔纳·冯·西门子（Werner von Siemens）很早就意识到，可持续发展对一家创新型公司具有巨大潜力，良好的企业发展原则是，一方面注重效率和增长，另一方面则是对社会和环境的责任感，它们并不相互排斥，而是相辅相成。165 年来，这种将可持续发展视为推动经济、环境和社会进步的商业动机一直主导着我们的战略和活动。"

关注工业环境评估报告可为工艺开发者及工程师提供多种机会去将可持续发展与他们的工作相结合，这样他们的工作能转向更广阔的商业应用。

研究人员和技术人员必须熟悉 LCA 的基本方法，以便将新流程/产品的概念转化为可持续的流程思维。在讨论资源枯竭时，我们已经讨论了 LCA 的一些结果。

20 世纪 60 年代末至 70 年代初期，在石油危机期间，能源成本飞涨，发展可持续产品生产周期评价的种子第一次萌芽。公司在寻找减少能源成本并开发更多节能产品的方法。随后，在对资源及温室气体进行评估之后，能源效率得到了提高，所有这些都包含在 LCA 的广泛框架内。不同分析之处在于：

- 摇篮到门：从原材料开采到工厂门。
- 从摇篮到坟墓：从原料开采到产品的使用和处置。

门到门：从一个确定的生命周期点（例如，进入的原材料越过制造站点的边界线）到第二个确定的生命周期点（例如，成品交付给最终用户）。

有时候，"摇篮到摇篮"这个术语是用来表示"摇篮到坟墓"的方法，在该方法中其中一些产品被回收到最初的位置。

一般来说，需对每个生命周期进行资源利用和排放的盘点分析。采用影响因素类别来考虑各种类别指标（下文简要讨论），表征模型和权重值，将原始数据转化为对健康和环境的潜在影响。广泛使用的类别指标包括：

（1）包括废物管理在内的产品全生命周期累积能源需求（CED）包括废物管理：包括化石能源需求和可再生能源需求。它还包括原料能量。总能源需求（GER）属于框架边界而原料能量不具有此特征。这些术语可互换使用。

（2）全球变暖潜值（GWP）也称为碳足迹：该类别反映了温室气体总排放量对气候变化的影响。对于全球变暖潜能值而言，不同气体的影响因素是不同且是可用的。系统的 GWP 值包含这些影响因素。温室气体排放（温室气体，以二氧化碳/吨功能单位计量）被广泛用来直接衡量流程表排放影响的指标。

（3）臭氧消耗潜值（ODP）：是反映气体总排放量相对作用的指标，它指消耗平流层臭氧的气体总排放量。

（4）酸化电位（AP）：是反映在产品的生命周期中酸性气体（如硫氧化物（SO_x）、氮氧化物（NO_x））、盐酸（HCl）等相对空气总排放量的指标。

（5）富营养化（EP），也称为氮营养化（NP）：一种反映藻类过生长的指标，它是由于营养物质（含磷或氮的化合物）在产品生命周期中直接或间接地排放向水体（湖泊、缓慢流动的河流、河口等）和土壤引起的。

（6）光化臭氧生成潜力（POCP）：挥发性有机化合物（VOCs）和氮氧化物在产品整个生命周期内的总排放量的相对影响。

（7）消耗性水足迹和水排放量足迹：它描述的是整个生命周期评价中各个功能性部门对水的需求，包括生命周期废物管理。

（8）生态和人类毒性评估：化学特性表征因素用来量化化学排放对环境致命影响及其对人类健康和生态系统的影响。

（9）直接/间接土地利用变化（LUC）：土地的直接转换是指从原始形式（森林、草原、农田等）到生产农业或林业产品（例如生物燃料原料）的改变状态，这会导致该地区温室气体排放和碳储量的变化。

通常分类指标能与单个影响类别（如 GWP）相关，后面将会介绍。下面的段落将分析分类指标是如何与体系的可持续性相联系的。

下面将讨论摇篮到门阶段（原材料提取的初级金属生产），它包含如何从气体排放与固态废弃物方面来解决环境的负担。对于摇篮到坟墓（从原材料提取到产品的生产）是指特定产品。有时候，门到门（选择的出口点到入口点）的分析是针对特定的上下文进行的，例如比较能量分析。

13.5 过程影响分析

简要回顾陆地矿物金属的加工工艺发展对开发深海结核是有启发性的。这些考虑因素不包含海上采矿作业，因为重点是陆上加工过程的影响。

13.5.1 从摇篮到门产生的环境负担：常见金属生产和温室气体排放

金属是构成各种使用材料的主要部分。基于金属生产的能源要求，有人已经对门到门的金属生命周期分析进行了若干研究（Norgate and Jahanshahi，2010）。更高的能源需求导致温室气体排放造成更大的环境负担。在对金属生产影响的 LCA 评估中，除了估算导致温室气体排放的总能源需求外，还考虑了 AP 和 SWB（固体废物负担）（Norgate et al.，2007）。总能源需求也被称为内涵能源。所体现的能量是根据废石/矿石比、矿石品位以及在采矿、选矿和化学处理阶段回收矿石的比率计算的。通过对所有阶段的单位能耗的了解，计算每吨有价产品的能耗。典型值见表 13.1。

表 13.1　常见金属的总能源需求

总能源需求（MJ/kg 生产金属）	铝	铜	钢
采矿	0.2	13.9	0.15
选矿	0.13	2.5	0.45
化学加工 I	30	45.5	21.1
化学加工 II	186		1.05
内含能	216	61.9	22.7

Rankin（2011）提供了基于采矿能耗（EM，MJ/t 岩石）计算内涵能源（E）的例子，废矿石与岩石比（W），吨矿开采的选厂处理量（RM），吨矿处理所需能量（EB），矿石品位（G0）和提取阶段的回收率（RC1 和 RC2），如下式所示：

$$E = \frac{1}{G0 \cdot RM \cdot RC1 \cdot RC2}\left(\frac{EM(1+W)}{RM}\right) + \frac{EC1}{EC2} + EC2$$

据同一作者报道，火法冶金工艺（硫化矿）和湿法冶金工艺（红土矿）冶炼陆地矿石中镍所需能量分别为 113.5 MJ/t 和 193.7 MJ/t。熔炼过程中的能耗包括选矿的能耗。这些数据对研究深海结核的能量需求具有重要的意义。

总能源需求与金属的全球变暖潜在值相关，如表 13.2 所示（Rankin，2012）。

由于金属生产过程传统上与温室气体和废物产生相关，在粗金属生产的出口处，总能源需求和相关的温室气体排放将被纳入产品制造周期中，该周期是独立的，而废物管理属于金属生产者的职权范围。

表 13.2　总能量需求与环境参数

	铜	镍	铅	锌	铝	钢	胶结材料
总能源需求（GJ/t 金属）	64.5	93.08	9.6	8.4	211.5	2.7	5.6
温室气体（CO2/t 金属）	6.16	6.08	2.07	4.61	22.7	2.19	0.9
固体废物负担（kg/kg）	125	51	4.8	29.3	4.5	2.4	—

13.5.2　从摇篮到门产生的环境负担：某些金属

最近已经讨论了几种金属的摇篮到门产生的负担（Nuss and Eckelman，2014）。在一个世纪前，金属的应用仅限于小部分的元素，它们被限制在诸如基础设施和耐用品等常见用途中，但是今天的技术已经应用了几乎整个周期表的元素。例如，在大多数电子产品中，应用于集成电路中元素的数量从 1980 年的 12 个增加到今天超过 60 个，而电子产品本身也有越来越多的应用。相同地，随着时间推移，超级合金的复杂性使得新的合金元素（例如铼、钽、铪）的增加，这些超级合金可以使涡轮和喷气发动机在高温和腐蚀性环境下工作。为实现高纯度而进行的金属精炼需要直接或间接地使用化石燃料，例如还原剂、热能和电力。主要工业金属（例如铁和铜）的环境影响已被广泛研究，而许多次要金属（例如铌、铼、铪）越来越多地被工业应用，但它们造成的环境负担基本上是未知的。几条金属生产路线相互联系，形成了一个复杂的工业过程网络（以上参考文献参考图 13.1 中以红色突出显示）。对于在联合生产中获得的金属，有必要将所有金属副产品中的工艺和所有上游工艺的环境影响分开。以多次、标准化的方式对每个金属副产品分配适当比例的环境影响，例如通过在 LCA 的 ISO 标准中应用大规模分配或经济分配。这个后面会简要讨论。

表 13.3 列出了一些要素的 GWP 和 CED 之间相关性的典型值。稀土（镧系元素）和锕系元素具有较高的累积能量需求值。一旦考虑了输入的能量值，CED 值相当于 GER 值。如果仅考虑二氧化碳，全球变暖潜能值 GWP 与 GHG 相当。

据报道，深海结核加工生产 Fe-Mn、Si-Mn 和 Co，产品的 CED 值（MJ/kg）分别为 23.5、23.5 和 138，全球变暖潜能值（kg eq. CO_2/kg）分别为 1.2、1.2 和 11.5。作者有趣地提出，有必要逐步地对环境影响进行识别，以确定减少影响的方法。Nuss 和 Eckelman（2014）还提出，对于金属形式的元素（无论是金属或合金），环境负担主要是来源于获得金属产品所需的提纯（即熔炼）和精炼阶段（见 Li、Bi、Al、Fe-Cr 合金、Cr、Fe-Mn 合金、Fe、Cu、联合生产工艺、萃取-电积、Zn、Ge、Se、Zr、Fe-Nb 合金、Ru、Ag（从 Pb 中分离）、Cd、In、Te、Pb（来自 Pb-Zn）和 Bi）。对于 Ge、In 和 Ag，提纯阶段对整体环境影响的贡献比后续的精炼更多。因为对于这些金属，净化阶段包括生产中间产物如阳极泥或浸出残渣等冶炼过程。例如，Ge 和 In 的提纯阶段包括 Zn 冶炼的环境负荷，锌冶炼中产出浸出渣用于回收 Ge、In 副产品（与 Bi 和 Tl 一起）（参见 Supporting Information S1，Nuss and Eckelman，2014）。

表 13.3　累积能量需求和全球变暖潜值

	镧	铈	镨	钕	钐	铕	钆	铽	镝	铁
累积能量 需求值-eq/kg	215.0	252.0	376.0	344.0	1160.0	7750	914.0	5820	1170.0	23.1
全球变暖潜在值 （kg CO_2/kg）	11.0	12.9	19.2	17.6	59.1	395	46.6	297	59.6	1.5

13.5.3　GER / CED 预测环境负担

LCA 难以执行的原因是因为它所需的数据量巨大。尽管各种软件程序可以提供数据库，但对于特定生产过程中的数据的采集却是一个困难。这是因为过程数据并不是公开的也不会以一个标准形式给出。如果更少的更可靠的信息能够用于比较和改善生产过程的话，LCAs 的适用性能就能大大得到改善。对于 LCA 研究的过程来说，着重于早期产品开发阶段尤其重要。CED 代表能量需求，它在产品的全生命周期中被视为主要能源。众所周知，从化石能源需求来看，它是导致全球变暖和化石资源枯竭的重要原因。

仔细研究所提供的数据，我们发现 CED 和 GWP 之间存在相关性。与完整的 LCA 研究相比，CEDs 计算只需要较少的数据库信息（Huijbregts et al.，2010）。

13.5.4　CED／GHG 和回收率

值得注意的是，在一个新开发的系统中，输入金属的循环利用率决定了输入 GWP 的指示值。以下的信息来自铝研究所发表的一份文件中列举的一个例子（2013 年国际铝业协会）。

在生产铝的过程中，对于一个特定能量输入来说，每千克铝产品 GWP 为 10.4 kg CO_2。按照摇篮到门的计算方式，以生产 20 kg 的铝钢窗框进行计算，在没有任何循环利用的数据情况下，CO_2 的排放量是：20×（1.6 + 10.4）kg CO_2e = 240 kg CO_2e；其中 20×10.4 kg CO_2e = 208 kg CO_2e 其与从铝土矿生产原铝的过程有关；其中 20×1.6 kg CO_2e = 32 kg CO_2e 与制品或铝钢窗框相关。这个值明显高于由其他材料的系统边界所产生的碳足迹值 GWP。

然而，当考虑到 94% 的铝钢窗框循环率时，那么就相当于用于生产原铝中所产生的二氧化碳排放量 208 kg 的 94%：即 196 kg 的二氧化碳排放量。但是必须加入 11 kg 二氧化碳以终止操作。考虑到这一切，铝钢窗框的真实碳足迹值为 55 kg CO_2e：即与生产原铝相关的 CO_2e 为 32 kg、与回收作业相关的为 11 kg，以及涉及取代 6% 的循环损失 12 kg 二氧化碳当量。这个值可与其他材料生产的窗框的碳足迹值正面比较。在文献中详细介绍了有关 LCA 在回收利用中的应用（Ligthart and Toon，2012）。有关金属回收率的资料也已经在本章前面提到的环境规划署报告中进行了全面介绍（"2011 年环境署报告"）。

目前，海洋结核工艺开发工作还没有考虑将金属制品的外部循环纳入其中，以降低 GER／GHG 值。大概这是因为只考虑了摇篮到门的过程，外部流很容易被并入制造末端，即：越过门。然而，高输入能量试剂流的循环对于工艺开发尤为重要，这很可能导致一个更低能耗和排放的可持续工艺。

13.6　海洋结核加工和可持续发展问题

前文提出了对以物质流分析为基础的工艺流程开发和优化的必要性。同时，海洋结核综合利用过程一定要重点考虑试剂的循环利用和结核中有价金属提取的价值。对于确定的工艺流程，就可以对工艺的环境负担（GHG／CED 和 GHG 排放）进行评估，并与陆地资源回收过程进行比较。如前所述，能源需求总量（GER／CED）是估算特定工艺中温室气体排放量的最佳指标。此外，可以根据工艺来估计固体废弃物和废液的排放量。因此，海洋结核综合利用流程的确定对其可持续性评估至关重要。

下文简要概述了海洋结核综合利用工艺的发展现状，然后利用现有相关数据，对工艺可行性进行评估，进而形成海洋结核综合利用与陆生相关矿物综合利用的综合对比。

13.7　海洋结核处理工作的调研

Sen 对近年来海洋结核综合回收研究进展进行了概述（Sen，2010），并对海洋结核综合利用方面取得的突破进行了详细分析。通过对典型的海洋结核进行分析，发现海洋结核类似于陆生低品位锰矿，同时伴生着大量的 Ni、Co 和 Cu。从现有研究来看，深海多金属结核的处理工艺与陆生红土镍矿的处理工艺类似，均可以采用火法或湿法冶金手段对其进行处理；但由于成矿位置不同，海洋结核在勘探、采矿、运输等方面消耗的成本将远远大于陆生红土镍矿。因此，对海洋结核的开发，不仅仅局限于主金属锰的回收，更要重视海洋结核中其他金属元素的回收，进而提高开发的经济价值。同时，海洋结核的开发不能简单地从市场角度考虑经济效益，更需要重视开发过程中可能存在的环境问题，如金属提取后残留渣的稳定性等。总体来说海洋结核的开发利用与陆生低品位锰矿相比较，其在勘探、采矿、运输方面的成本明显偏高，但这部分成本可以通过结核中铜、镍的经济价值进行抵消。

13.7.1　工艺研究和流程开发

海床上存在着大量的海洋结核，不同位置的海洋结核其在化学成分上也会有差异。锰是海洋结核的主要成分，锰含量为 17%~30%，并以二氧化锰的形式富集在结核中，其他伴生金属低于锰含量。中等品位的结核金属平均含量为：Mn：17%~28%，Cu：0.5%~1.3%，Ni：0.5%~1.3% Co：0.1%~0.26%。高品位结核，如太平洋海洋结核，其金属含量为：Mn：24%~30%，Cu：0.8%~1.4%，Ni：0.8%~1.4%，Co：0.16%~0.26%。

正如早期对镍铜和钴的回收进行的研究一样，人们意识到从海洋结核中回收锰的重要性，尽管还没有针对锰回收流程的开发和商业可行性测试，目前的重点是寻找能够提高传统试剂性能的替代试剂。张等（2001）提出在硫酸介质中采用芳香族化合物作为还原剂，采用该试剂在实验室规模下实现了包括锰在内的所有金属的提取。Mukherjee 等人（2004）详细地综述了在海洋结核综合回收利用中具有一定潜力的其他新型试剂。上述研究均是从试剂强化硫酸浸出角度出发，但其研究结果还无法从流程表开发和工艺可持续性的角度进行 GER/CEO 和排放量分析。

通过一些企业或财团发布的信息，有助于我们判断哪种工艺更符合海洋结核综合回收（Sen and DAS，2008）。由于商业因素，各企业和财团在早期做的一些工作主要集中在海洋结核综合回收工艺中的关键技术，大多数企业及财团没有能长期地从全流程角度坚持对相关工作进行攻关。只有 Kennecott 铜业公司（KCC）和深海风险投资公司（DSV）对海洋结核综合回收工艺进行了全流程的考察，甚至包括了试剂的回收再利用。在 1980 年以前，只有 CEA 工厂（AFERNOD）对海洋锰结核综合回收利用开展中试级的实验研究。目前，在印度、中国、日本和韩国的一些公司及科研单位仍在继续开展海洋结核综合回收利用研究，但均是实验室规模的研究，还没有大规模试验的相关报道。

13.7.2　三金属方案和四金属方案

目前海洋结核综合回收利用工艺的基本原则是在最大化实现结核中镍回收的同时实现铜、钴和锰的回收利用。这样做的主要好处是可以与陆上红土镍矿加工进行直接比较，同时也突出了回收铜、钴和锰等其他有价产品的重要性。与传统陆生红土镍矿相比，只有实现铜、钴、锰等金属的回收才能突显出海洋锰结核的经济效益。因为与陆生红土镍矿相比其在冶炼阶段的工艺基本相同，均是采用火法或湿法工艺对其进行处理，如 Caron 焙烧-还原浸出工艺、Moa Bay 酸浸工艺等。为减少基本建设开支、增加财政收入、减少废物处理量，发展了四种金属工艺。基于上述原则，学者（Lenoble，1990）对海洋结核浸出渣再次采用火法工艺进行处理以回收残渣中的锰，如通过熔炼得到硅铁锰合金，该方法能实现锰结核中多种金属元素的回收。这包括从浸出作业的残渣中回收锰的选择（Lenoble，1990）；该方法对产生的残渣进一步处理，通过高温冶金工艺获得锰。

13.7.3　流程优化

一个工艺没有详细的物质流和能量数据的前提下是很难对工艺的可行性进行评估的。当一个工艺流程的物质流、能量流数据翔实全面时，有利于可行性及工业化应用的评估。USBM 报道了在较大规模工业实验中，各设备在各种工艺条件下的能量流数据（Haynes et al.，1982），其中包括了气体还原/氨浸出、Curprion 工艺、高温硫酸浸出、还原/盐酸浸出、熔炼/硫酸浸出五种工艺的能量流数据。然而，随着科学技术的发展，这些工艺及数据不能代表海洋锰结核综合回收利用的最佳工艺。

这些资料为工艺的可持续发展评价提供了依据，包括 GER/CED 对可持续性评估的指示性估计。此外，几乎所有报道已进入优化阶段的流程，都与地面类似的操作相似，详情如下。

总的来说，海洋锰结核冶炼阶段综合回收利用主要有三种方法。第一种方法是对海洋结核进行预处理后使 Ni、Cu 和 Co 直接溶出并回收。在第一种方法中，Ni、Cu 和 Co 金属在预处理后直接浸出并回收，然后再从浸出渣中回收锰。最早用于海洋结核处理的工艺是还原焙烧氨浸工艺；另外，如 Lenoble（1990）报道了一种直接湿法处理海洋结核的工艺，该工艺使锰富集在浸出渣中。在第二种方法中，所有金属（包括 Mn）被溶解，然后从浸出液中回收各种金属。在第三种方法中，锰冶炼后在炉渣中回收，以进一步加工成铁合金，随后产生的硫化铜镍钴经过湿法冶金处理，很像陆地工艺。第三种冶炼工艺类似于陆地两步熔炼工艺处理锰矿石，前两种方法与红土矿的处理工艺类似。

13.7.3.1　结核中回收镍、钴、铜（方法1）

采用火法或湿法工艺都可以实现结核中镍、钴和铜的提取。火法工艺往往作为一种预处理工艺，其目的是使结核在不溶解锰的情况下，提高镍、钴、铜的溶解性。结核同时作为四种金属来源的独特性，导致了结核加工工艺的复杂性。研究的预处理工艺主要有还原焙烧后湿法浸出、硫酸直接浸出和还原浸出等。20 世纪 70 年代初，肯尼科特铜业公司对还原焙烧工艺开展了工业化实验研究，并研究了不同气体混合物对焙烧结果的影响（Barner et al.，1977），焙烧后采用氨浸对焙烧料进行浸出，其在 70 年代就宣布完成了海洋结核加工工艺相关研究。

13.7.3.2　浸出渣中锰的回收（方法1）

典型的冶金级锰矿可含有 48.6%Mn，3.8%Fe，4%Al_2O_3 和 6.8%SiO_2（Matricardi and

Downing 1995)，这样的锰铁比对熔炼过程是有利的。为了制备标准的锰铁合金，原料中的 Mn∶Fe 应约为 6∶1，同时矿石中硅的含量要很低，高品位海洋结核含有 30% Mn，6% Fe 和 15% SiO_2（Lenoble，1990），从成分来看海洋结核并不符合该要求。由于海洋结核硅含量过高，如用其直接生产锰铁合金会导致合金中的硅含量过高。因此结核直接熔炼中，目的是生产 Ni-Cu-Co 合金，及用于进一步冶炼硅锰合金的锰渣。为使海洋结核回收效益的最大化，在生产冰铜后，再在合金中回收铜、镍和钴。冰铜冶炼操作类似于陆生矿生产粗镍铁和商品级冰铜。

富含锰的浸出渣（海洋结核中回收 Ni、Cu 和 Co 后所产渣）虽然与陆地矿石相比而言含锰较少，但是它也可以像陆生矿石一样进行熔炼；但由于成分原因，低 Mn∶Fe 比（<6）和高含量的二氧化硅，海洋结核往往不能一步制得符合要求的锰铁合金，需对其进行两步熔炼。在第一阶段冶炼之后产生一种劣质的含锰合金，产生的炉渣具有更有利的锰铁比，用于生产硅锰合金。

13.7.3.3 同时溶解镍、钴、铜、锰（方法 2）

虽然该工艺现已有大量的研究，但详细的工艺过程目前仍不清晰。该工艺类似于红土镍矿的湿法处理工艺，工艺过程中镍、钴、铜、锰均溶解，再对浸出液中铜、钴、镍进行分离，分离后生产具有经济价值的锰化合物。浸出液先回收镍、钴、铜，后从溶液中制备的电解二氧化锰，工艺的能耗为 1.5 ~ 1.8 W·h/kg，能耗低于火法生产铁锰合金（见第 13.8.2 节）。

13.7.3.4 熔炼法处理海洋结核（方法 3）

直接熔炼锰结核的目的是除去大量的铁，生产除含铁的镍铜钴锰合金和含锰渣；合金需要进一步开发回收方案，以便回收和生产单独的镍、铜和钴金属或合金。冶炼产生的含锰渣必须在后续冶炼工序中进行处理，才能生产硅锰铁。因此，这将涉及两段熔炼，对于两段熔炼工艺来说，一段的高温预还原阶段是非常重要的，这将决定工艺的能耗及环保治理成本。

13.7.4 工艺流程及经济技术评价

早期的大多数研究都报告了各种工艺的相关指标及成本，重点关注了工艺的经济可行性（Sen and Das，2008）。相关数据见表 13.4，相关数据间具有良好的匹配性（Biswas et al.，2009）。数据表明对海洋结核进行综合利用在将来可以获得可观的回报。通过分析表明单纯回收结核中的三种金属是不可取的，这些研究及统计为可利用的海洋结核的经济、环保开发提供了依据和指导。

表 13.4　三种或四种金属回收工艺过程的 IRR 报告值

参考文献	Hillman（1985）	Andrews et al.（1983）	Charls（1990）	Lenoble（1990）	Lenoble（1990）	Ham（1997）	Soreide（2001）
IRR（%）	7.4	6.4	12.0	15.4	15.7	11.93	9.6
DMTPA	3.0，三种金属	1.5，四种金属	1.5，四种金属	1.5，四种金属	1.5，四种金属	3.0，四种金属	0.7，三种金属
工艺路线	Cuprion	还原熔炼和 Cuprion 工艺	盐酸还原浸出	硫酸浸出	还原熔炼	还原焙烧氨浸	硫酸加压浸出

13.8　工艺流程影响分析方法：镍当量

结核中镍、铜、钴和结核浸出渣中锰的回收是影响工艺经济技术评估的主要因素。海洋结核的综合回收与红土矿回收类似，但海洋结核富含锰，因此其冶炼价值比红土矿高。由于海洋结核冶炼工艺与红土矿类似，因此在对其进行经济技术分析的时候，往往会以现有红土矿工业化生产工艺为参考对其所需投资和运营费用进行评价，同时引入一种以镍当量为评价标准的方法对其进行详细分析（Biswas et al.，2009b）。

通过定义一个镍当量参数来实现工艺的经济技术评价，该方法可以直接衡量处理工艺所能产生的销售收入。Ni 当量（Ni Eqv t/h）的函数定义如下：

$$\text{NiEqv, t/h} = \sum_{i=1}^{4} \frac{P_i M_i}{P_{Ni}}$$

式中：

P_i——从海结核中回收的金属的价格，金属价格/kg。

M_i——回收的金属，吨/小时。

P_{Ni}——镍的价格，价格/kg。

（指标"i"是指本研究中考察的四种金属，即 Mn、Cu、Ni 和 Co）

虽然镍当量分析涉及以现行价格汇率相关的经济收益分析，但镍当量参数还不能完全当作工艺的经济技术影响分析，其主要是一种经济分析手段。

13.8.1　基于镍当量对工艺环境影响的评估

对海洋结核回收的三种工艺进行仔细总结，我们会发现其工艺的一部分与红土矿处理的工艺类似；不同的是海洋结核在回收镍的同时也回收了其他伴生金属。在与红土矿相同的工艺能源输入的条件下，海洋结核还提取了与其伴生的其他金属，因此可采用红土矿相关的生产数据进行比较来明确影响工艺流程的关键因素。对于工艺的这一部分，镍当量与常规的 CED/GER 值具有相关关系。涉及火法熔炼处理海洋结核浸出渣及直接熔炼海洋结核的这部分工艺，不能采用锰矿的相关数据，这需要采用不同的方法重新评估工艺的

CED／GER 值。事实上，海洋结核锰回收过程与陆生锰矿回收相比具有较低的 GER 值。因此，对于锰从结核中分离回收部分，在锰与残渣/海洋结核分开回收的情况下，出于技术经济分析的考虑，则不适合引入镍当量的概念用于锰回收过程经济技术分析。

总之，为了评估工艺的影响，最好将工艺分解成红土矿（Ni、Co 和 Cu 回收）处理工艺和锰回收两部分进行评估。这可能会导致 Ni 当量复合值的 IRR 计算不同。

镍当量的概念实际上是一种经济配置工具。在生命周期评价方面，总体评估需要建立研究的系统边界，这是 LCA 范围定义阶段的一个重要组成部分。系统边界的划分应有效地支持研究目的，保证结果能全面地说明产品的生命周期。这对于对比评估来说尤为重要，因为适当的系统边界和功能单元定义可以在替代方案之间进行公平的比较。在多输出过程中的环境影响以三种方式分布在副产品之间：（1）将过程划分为单个输出的子过程（即细分）；（2）减去由单功能过程产生的等同产品的存货功能（即通过替换进行系统扩张）；（3）使用共同的关系（如质量或经济价值）在所有共同产出中分配存货清单。在海洋结核综合回收利用评估中，系统扩张可能不合适，因为与镍（在我们的例子中为镍当量）和锰相关产品的影响预计会明显不同，将评估过程分成两个阶段更为合适。就镍、铜和钴的回收而言，可以根据系统扩展模式进行分析。

13.8.2　回收锰过程中对工艺评估的影响

锰回收过程的影响分析要区分开回收锰过程中是对浸出渣熔炼还是海结核直接熔炼工艺。首先对浸出渣熔炼工艺进行分析，我们发现相关文献报道的铁锰和硅锰生产的 GER 值分别为 50~80 GJ/t 合金，铁锰和硅锰生产的用电量分别为 2.4 MWh/t 和 4.0 MWh/t。需要注意的是，如果考虑生产单一产品（硅锰合金），那么两步冶炼工艺的净能耗相当高。最终合金生产的能耗可能超过 8 000 kW·h/t。使用锰含量为 30% 的结核为原料的两步熔炼工艺，其能耗约为每吨合金 10.0 MW·h，根据所使用的焦炭量（150 GJ/t 合金，包括电力），其 GER 值高于 FeSi75 生产。考虑到电力消耗，来自海洋结核的锰回收所排放的二氧化碳量可能较高，可达到每吨合金 10 t CO_2。如果这些值转化为干燥结核投料，投料中 Mn 含量为 30%，回收率为 85%；硅锰中的 Mn 为 65%，则干投料需求量为 2.55 t。这将产生约 3.92 CO_2/t 结核的排放量，需要约 60MJ／t 结核的比能量。

对于锰含量为 48%、回收率为 90% 的陆地矿石，生产 1 t 锰铁合金（铁合金中的 Mn 含量为 77%）需要约 1.8 t 矿石，生产 1 t 合金排放 1.8 t 二氧化碳，因此每吨矿石处理大约产生 3.24 t 二氧化碳。据报道，若利用弃渣生产硅锰合金，那么生产 1 t 67%Mn 铁合金（硅锰）需要 1.7 t 的原料，这一步过程中生产每吨合金的二氧化碳排放量为 2.79 t。还有报道称，生产 1 t 的锰铁和硅锰合金需要 2.82 t 锰矿石，其二氧化碳排放总量为 4.59 t，此过程生产每吨矿排放 1.62 t 二氧化碳。这两个步骤的总能耗为 117 MJ（每吨铁合金的总能耗为 58.5 MJ/t），也即每吨进料矿消耗 41.48 MJ 能量。将这些值与 10 t CO_2/t 合金和 150 MJ／t 铁合金（1.62 t CO_2/t 铁合金、58.5 MJ／t 铁合金进行陆地加工）进行比较可知，降低能耗和二氧化碳排放量是使渣综合回收工艺具有可行性的必要条件。

仔细对比分析可以看出与陆地矿可以生产两种铁合金增值产品相比，渣加工仅生产一种增值铁合金产品。一种可能性是在第二步冶炼阶段使用陆地矿渣和结核渣一起进行熔炼。另一种情况是如果有大量的陆地矿石可供配矿，则可以绕过第一阶段的熔炼，但这样做会限制结核中锰的回收。如果采取两步熔炼，第一个熔炼阶段产生的炉渣应趁热进入到第二步熔炼中。

虽然没有对直接熔炼海洋结核的相关评估，但其总体情况与上述值应该不会有很大差别。因为两段熔炼与一段熔炼的主要差别是两段熔炼在进入下一阶段熔炼时需要适量的补充热量。下面将讨论 Ni、Cu、Co 回收的有关情况。

13.8.3　Ni、Cu 和 Co 回收过程中对工艺评估的影响

每个处理工艺都可以有很多变化。第一种情况是与 Caron 工艺相类似的处理过程（方法 1）。其能量需求的估计很容易，如下所述。

干燥、加热、脱羟基化、选择性还原	5.6 GJ／t 投料
用于浸出的动力和蒸汽[a]	3.8 GJ／t 投料
其他下游杂项	1.0 GJ／t 投料

注：a. 考虑到从水溶液中回收 1 t NH_3 的蒸汽需求量约为 7 t 蒸汽，对于固液比为 1：2，结核 Ni 含量为 1.3%，氨的含量为 50 kg/m^3，则浸出过程蒸汽生产的能耗估算值为 3.24 GJ/t。对浸出液预热需要耗费额外的蒸汽量（估计为 0.6GJ/t）。因此，总动力和蒸汽需求量大约为 3.8GJ/t。

总能源需求（10.5GJ）与火法处理红土矿制备镍铁的工艺操作相当（Roorda and Hermans，1981）。考虑到太平洋海洋结核品位，镍、铜和钴的高回收率，及当时的平均价格比，结核的镍当量达到 2，则每千克镍当量的能量输入为 525 MJ，这与陆地操作相当。就燃料油当量而言，这相当于大约 12~13 kg 的每千克燃料油的 Ni 当量，二氧化碳排放量约为 40 kg/kg Ni 当量，数值高。

第二种情况是硫酸高压浸出导致对能源消耗需要不同的考虑，因为涉及直接在水溶液中处理进料。陆生红土矿处理的做法包括 Moa Bay／Amax 工艺以及澳大利亚工艺（Murrin-Murrin，Bulong and Cawse）（Mayze，1999）。深海结核处理工艺假设利用 Bulong 和 Cawse 流程进行溶剂萃取/电解沉积来回收 Ni 和 Co，这与 Murrin Murrin 工艺的溶液氢还原相反。对于高压酸浸蒸汽的需求可以计算出来：当浸出温度为 250℃，液固比为 2：1 时，其蒸汽需求为 500 Mcal/t 进料，这导致 0.67 t 蒸汽/吨矿。对于 LCA 的概念的实施，以硫黄来生产硫酸的工厂将被整合；根据硫黄的使用量，这个工厂会产生 20%~30% 的蒸汽需求。因此，燃油需求量约为 35 kg/t 进料用于蒸汽的产生（约 2.1 kg/t Ni 当量，90% 回收率）。考虑到用于蒸汽发生的燃料油需求量是加热所需的燃料油的 70% 左右，因此需求量为 50 kg/t 进料。Norgate 和 Rankin（2000）提供的数据显示在加热时的电能需求值为 3.58 kW·h/kg Ni 当量；如果使用燃油发电，燃油需求量可达 4 kg。这为我们提供了 160 MJ/kg 的镍当量。若考虑电解冶金的功率需求，则需要进一步增加（4.0 kW·h/kg 金属，Rankin）40 MJ/kg 的能量，导致 GER 值为 200 MJ/kg Ni 当量。如果计划实施燃料油操作，二氧化碳排放量将达到 15kg/kgNi 当量。

考虑到海洋结核过程的镍当量大概值，第一种变化似乎是能源密集型的，可能不可持续。

13.9　试剂、回收和 GER 的影响

湿法和火法过程处理深海结核都会用到很多的试剂。上述内容试图从陆地镍红土/锰矿石与海洋结核处理过程中的相似性方面对金属回收进行比较。生命周期分析研究以及 GER 估计都需要对试剂的输入能量进行估算，这些试剂需要单独进行计算，主要包括 H_2、NH_3、HCl 等。与 H_2 相关的输入能量已在前面进行了描述。从甲烷中生产 NH_3 将需要 28.8 GJ/t NH_3 的进料和燃料能量。IKARUS 数据库（IKARUS, 1998）提供了 HCl 和 Cl_2 的 GER 值，分别为 17GJ/t 和 18 GJ/t。输入的能量导致加工路线上游的二氧化碳排放。在没有流程图信息的情况下，使用这种输入难以获得可靠的 GER 和排放值。

为了最大限度地减少这些输入的净使用量，设计循环工艺是很重要的。固体流循环方法也适用于液体流循环。相关的 GHG 排放值需要从输入流和再循环流中获得。通常，再循环流的能量排放量会低于输入的新鲜流。因此，需要对特定循环过程所需的能量进行评价，以获得与无循环情况相比的净排放量。冶金 Hoboken-Overpelt 工艺（Van Peteghem, 1977）建议使用盐酸作为首选的输入，并提出流程设计，其涉及高温水解回收盐酸的步骤，从而形成一个可持续的流程。

此外，非碳试剂的使用需要从液体/气态流出物处理的角度来分析，这些问题是由于使用了特定的试剂组合而产生的。例如，使用 HCl 产生的过量 Cl_2 可能会排放到其他行业，可能产生对能源的信贷索赔。另外，一些工序中产生的过量硫酸铵也可被邻近的行业使用。

13.10　海洋结核中其他金属的回收工艺

随着科技的发展，稀土元素对新型电子设备和绿色能源技术至关重要，这导致了稀土元素和金属钇的需求正在全球范围内迅速增长。几种类型的海洋结核富含这些元素（Yasuhiro et al., 2011）。增加稀土供应的新考虑来自深海矿床中超大吨位的稀土，特别是多金属结核和富钴结壳，这两种沉积矿床具有向市场大量供应 REEs 的潜力，在对这些矿石进行提取铜、镍、钴和锰过程中，REE 也能实现综合回收。尽管海洋沉积矿的稀土品位（或 RE 浓度）一般都低于陆地沉积矿，但其矿石含量巨大，因此总量远远多于陆地沉积矿（Hein, 2012）。

正如前面所指出的，可持续发展除考虑其可回收性外，还要考虑资源中可回收金属的供应关键程度。考虑到稀土资源在陆生资源中的紧张，海洋结核中稀土的回收将会促进其可持续发展。探索与陆地资源稀土元素有关的 CED/GER 值是否可以保持不变很有意义。

13.11 结论

（1）对金属的提取过程的可持续发展的总体研究表明，物质流分析对于工艺来说是一个重要的考虑，同时需考虑的还有输入物质的重复使用以及关键金属提取的可能性。对环境管理的影响分析以及增强可持续发展都要求在工艺流程中考虑总的能源需求和温室气体排放量的估算。对于几种金属的提取过程来说，摇篮到门的环境负担已经提出，因此获得了深海结核处理方法的比较基础。

（2）还原焙烧氨浸法对于处理回收 Ni、Cu 和 Co 来说并不是最佳工艺，因为其具有高的 GER 值和 CO_2 排放。

（3）高压酸浸法与类似的红土加工操作具有可比性。

（4）就镍当量而言，随着镍当量的增加，预期 GER 和 CO_2 排放量减少；假设更高的镍当量所带来的好处不会因铜需要高压酸浸而被额外的电力消耗所抵消。

（5）如果锰不溶解，酸消耗量可能是同一个数量级的。若锰溶解，则这个值会高些，这意味着需要更高产能的硫黄制酸厂。预计将从酸厂获得更多的蒸汽供应，从而降低燃料油需求。

（6）GER 值取决于浸出液的 L/S。在更高的矿浆密度下进行可持续操作始终是有利的。

（7）海洋结核直接熔炼生产混合硫化物精矿/冰铜的工艺，在浸出过程中酸和蒸汽的消耗较少。然而，电解镍和铜/钴的能量需要被添加到产生蒸汽的能源之中。由于高品位的硫化物进料，总体能耗可能低于 200 MJ/kg Ni + Co。

（8）对于涉及锰溶解的工艺来说，需要与从锰渣生产铁硅锰的浸出渣熔炼工序对比。当 EMD 产生，能耗将会明显降低。然而，与生产铁合金后形成的环境友好的熔渣相比，其将产生大量的废弃残渣。这就需要评估残留物处理的可持续性。

（9）对于锰回收生产铁锰合金，比较其与陆地生产铁合金锰的工艺是有益的。陆地加工的 GER 估计为平均每吨铁合金 58.5MJ/t，CO_2 排放量为每吨铁合金 1.62 t。将这些结果与 10 t 二氧化碳和 150 MJ/t 的铁合金估计值进行比较，显然，降低能源和排放是锰结核生产铁合金可持续发展的必由之路。将一步熔炼过程中获得的炉渣热装进入二段熔炼，或者与陆地硅锰生产相结合都是可能的选择。

（10）需要注意的是，在工艺的不同阶段选择各种输入，以便优化 CED / GER 值。例如，使用氢气进行金属粉末生产时，其 GER 计算需要考虑另一个能量输入项，即由于使用化石原料来制备 H_2 所产生的能量损失。基于蒸汽甲烷重整而制成的氢气，其能耗为 13 628~15 204 kJ/Nm³（Peng, 2012），这是基于氢产生的高热值基础进行计算的。对于具有高比能量的输入（NH_3、HCl、Cl_2 分别为 28.8 MJ/t、17 MJ/t、18 MJ/t），它们需通过回收或过程整合来最小化其能耗，以不使 CED/GER 受到过度的影响。

　　致谢　本文的部分内容节选于作者在 2015 年提交的"金属、材料和可持续发展"的邀请演讲稿。

参考文献

Andrews BV, Flipse JE, Brown FC (1983) The economic viability of a four metal pioneer deep ocean mining venture. Texas A&M University, College Station, TX, pp 84–201

Azapagic A, Perdan S (2000) Indicators of sustainable development for industry: a general framework. Process Saf Environ Prot 78(4):243–259

Barner HE, Davies DS, Szabo LJ (1977) Two-stage fluid bed reduction of manganese nodules. US Patent No. 4044094, 1977

Biswas A, Chakraborti N, Sen PK (2009a) Use of process optimization and cost model for metal recovery from manganese nodules: the role of manganese recovery. In: Proceedings of the 8th (2009) ISOPE ocean mining, pp 124–130

Biswas A, Chakraborti N, Sen PK (2009b) A genetic algorithm based multiobjective optimisation applied to a hydrometallurgical circuit for process optimisation. Miner Process Extr Metall Rev 30:163–189

Charles C (1990) Views on future nodules technologies based on IFREMER-GEOMONOD Studies. Mater Soc 14:299–326

EPA Report (2009) Sustainable materials management. June 2009.

Erdmann L, Graedel TE (2011) Criticality of non-fuel minerals: a review of major approaches and analyses. Environ Sci Technol 45:7620–7630

Fiksel J (2006) A framework for sustainable materials management. JOM 58(8):15–22

Graedel TE, Harper EM, Nassar NT, Reck Barbara K (2015) On the materials basis of modern society. PNAS 112(20):6295–6300

Halbach P, Fellerer R (1980) The metallic minerals of the Pacific Sea floor. GeoJournal 4(5):413–414

Ham K-S (1997) A study on economics of development of deep sea bed manganese nodules. In: Proceedings of the 2nd ocean mining symposium, pp 105–111

Haque N, Norgate T (2013) Estimation of green gas emissions from ferroalloy production with life cycle assessment with particular reference to Australia. J Clean Prod 39:220–230

Haynes BW, Law SL, Maeda R (1982) Updated process flow sheets for manganese nodule processing. IC 8924, p 99

Hein J (2012) Prospects of rare earth elements from marine minerals. Briefing paper 02/12, International Seabed Authority, New York seminar Feb 2012, pp 1–4

Hekkert MP (2000) Materials management to reduce Green House Gas Emissions. Thesis, Ultrecht University. ISBN: 90-393-2450-6

Hillman CT, Gosling BB (1985) Mining deep ocean manganese nodules: description and analysis of a potential venture. USBM IC9015. United States Department of the Interior, Bureau of Mines, Washington, DC, 19p

Huijbregts MJ, Hellweg S, Frischnecht R, Hendriks HWM, Hungerbuhler K, Hendriks AJ (2010) Cumulative energy demand as predictor of the environmental burden for commodity production. Environ Sci Technol 44:2189–2196

IKARUS (1998) Datenbase Industry. Fraunhofer Institute for system and innovation research, Karlshruhe

International Aluminum Institute (2013) Carbon Foot print guidance document. www.world-aluminium.org/media/filer_public/2013/.../fl0000169.pdf. Accessed 8 Aug 2015

International Council of Mining and Metals (2012) Trends in the Mining and Metals industry,

Mining's contribution to sustainable development. https://www.icmm.com/document/3716. Accessed 19 Aug 2015

Lenoble JP (1990) Future deep sea bed mining of poymetallic nodules. IFFREMER, Issy-les-Moulineaux Cedex, France

Ligthart TN, Toon A (2012) Modeling of recycle in LCA. www.intechopen.com. Accessed 12 Nov 2015

Lorenz E, Graedel TE (2011) Criticality of non-fuel minerals: a review of major approaches and analyses. Environ Sci Technol 45:7620–7630

Matricardi LR, Downing J (1995) Manganese and manganese alloys. In: Kirk-Othmer encyclopedia of chemical technology, vol 15, 4th edn. Wiley, New York, pp 963–990

Mayze R (1999) An engineering comparison of the three treatment flow sheets in WA nickel laterite projects. ALTA hydrometallurgy forum

Mero JL (1965) The mineral resources of the sea. Elsevier, Amsterdam, p 312

Mukherjee A, Raichur AM, Natarajan KA (2004) Recent developments in processing ocean nodules-a critical review. Miner Process Ext Metall 25:91–127

Norgate TE, Jahanshahi S (2010) Low grade ores—smelt, leach or concentrate. Miner Eng 23:65–73

Norgate TE, Rankin WJ (2000) Life cycle assessment of copper and nickel production. In: Proceedings, Minprex 2000, international conference of mineral processing and extractive metallurgy, Sept 2000, pp 133–138

Norgate TE, Jahanshahi S, Rankin WJ (2007) Assessing the environmental impact of metal production processes. J Clean Prod 15(8–9):838–848

Nuss P, Eckelman MJ (2014) Life cycle assessment of metals: a scientific synthesis. PLoS One 9(7):e101298. doi:10.1371/journal.pone.0101298

Peng XD (2012) Analysis of the thermal efficiency limits for steam methane reforming of methane. Ind Eng Chem Res 51:16385–16392

Van Peteghem (1977) Extracting metal values from manganiferous ocean nodules. US Patent 4026773, 31 May 1977

Rankin WJ (2011) Minerals metals and sustainability: meeting future material needs. CRC Press, Boca Raton, FL, pp 226–230

Rankin J (2012) Energy use in metal production. In: High temperature processing symposium, Swinburne University of Technology: Presentation 1

Roorda HJ, Hermans JMA (1981) Energy constraints in the extraction of nickel from oxide ores (II). Erzmetall 34(4):186–190

Sen PK (2010) Metals and materials from the deep sea: an outlook for the future. Int Mater Rev 55(6):364–391

Sen PK, Das SK (2008) Sea bed processing status review for commercialization. In: Polymetallic nodule mining technology, proceedings of the workshop, International Sea bed Authority, Chennai, 18–22 Feb 2008, pp 153–167

Siemens Sustainability Report (2012) Driving sustainability. www.siemens.com/about/sustainability. Accessed 25 Aug 2015

Soreide F, Lund T, Markussen JM (2001) Deep ocean mining reconsidered: a study of the manganese nodules deposits in cook island. In: Proceedings of the 4th ocean mining symposium, Szezecin, Poland, pp 88–93

UNEP Report (2009), Critical metals for future sustainable technologies and their recycling potential. Öko-Institut e.V., July 2009

UNEP Report (2011) Recycle rates of metals. Panel, International Resource

UNEP/SETAC Life Cycle Initiative (2011) Towards life cycle sustainability assessment. ISBN: 978-92-807-3175-0

Van der Voet E, van Oers L, Nikolic I (2004) Dematerialization: not just a matter of weight. J Ind Ecol 8(4):121–137

Yasuhiro K, Koichiro F, Kentaro N, Yutaro T, Kenichi K, Junichiro O, Ryuichi T, Takuya N, Hikaru I (2011) Deep sea mud in the Pacific Ocean as a potential resource for rare earth elements. Nat Geosci 4:535–539

Zhang Y, Liu Q, Sun C (2001) Sulphuric acid leaching of Ocean Manganese nodules using phenols as reducing agents. Miner Eng 14:525–537

　　森 P. K.（P. K. Sen）教授毕业于 Kharagpur 的印度理工学院。他在印度斯坦钢铁有限公司开始职业生涯。随后，作为大学教授进入加尔各答的贾达福布尔。然后又作为 CNRS 研究员前往法国。之后，加入了新德里工程印度有限公司，并在那里工作了 25 年以上。他率先推出了多项技术的发展，并逐步实现了商业化。主要兴趣包括新工艺开发与设计、冶金工艺规模化、工艺优化和可持续发展工程。目前在 IIT Kharagpur 担任钢铁部教授。

第14章　深海矿产尾矿的应用及可持续发展

John C Wiltshire

摘要：可持续发展是工业发展的基本要求，新兴的深海锰结核及富钴锰结壳等矿物资源的开采也必须实行可持续发展。矿物加工厂的尾矿处理工序是该行业中最容易实行可持续发展的环节，可实现矿物加工尾矿的有效利用。针对大吨位尾矿使用的需要，研究了几个大吨位的应用，尾矿的应用领域主要包括三方面，首先是用于农业领域，其次用于公路填筑、填海填土、钻井泥浆、沥青混凝土等领域，最后是根据尾矿的性能价值来生产塑料、橡胶填料、涂料和陶瓷等产品。这些应用实例都成功地证明了锰尾矿的应用价值。总体来说，通过以上三个方面的应用，深海采矿作业的所有加工尾矿均可被回收利用，使需要在陆地上处理的尾矿废料量减少为零。

14.1　引言

可持续发展的理念将很快应用到大量新项目当中，这是一个必然的发展趋势。经过数年的努力，采矿业正在逐渐规范。然而，对一个像深海锰结核矿开采这样新兴的海洋采矿行业，将会采用更高的标准。这是因为该行业具有巨大的发展潜力，但其工业应用技术未经证实，尚无先例可循。同时，令人担忧的是，目前仍缺乏对相关深海作业的全面定量测定技术。

随着全球气候变化的加剧和公众环境意识的提高，环境问题对新行业的发展限制越来越明显。最近，美国煤炭工业的消亡表明，抵制这一趋势是徒劳的，新兴的采矿项目可能会面临比迄今为止所能考虑到的更高的标准（Mining Engineering，2015）。就连梵蒂冈最近也要求提高对采矿业的社会关注度和责任感（Mining Engineering，2015）。似乎可以肯定的是，针对深海采矿行业，进入高度敏感的环境中作业时，除了特殊情况，其环境监管力度将会提高（Muslow，2015）。尾矿处理行业将会是高度监管的领域之一。考虑到陆地采矿行业的历史以及无数尾矿坝和尾矿池的溃坝事故（Williams，2015；Jacobs，2015），可以预见这将是一个主要的审查领域。然而，近期研究表明，有一些可行的替代方案，例如将处理后的尾矿重新投入海洋，或将其堆放在陆地上的尾矿堆积场中。同时，处理后的锰尾矿表现出一些有益特性。

深海锰结核矿的开采预计在10年内开始（Muslow，2015）。在可持续性方面，现阶段该行业对海洋底部产生的影响，如对海底沉积物搅动等的处理措施十分有限。但在各种情况下，这些影响都是有限的（Muslow，2015），更值得人们关注的是加工环节对环境的影响（Williams，2015），其中最主要的是如何处理尾矿。要实现深海采矿业的可持续发展，就必须对这些尾矿进行建设性处理。由于本项目中所研究的深海锰结核和富钴结壳矿的尾矿是一种体积大、价值低的商品，因此必须详细研究尾矿的性质以及处理锰尾矿的适当方法。在过去 10 年，我们对几种锰尾矿处理的方法进行了一系列调研，包括小型硫酸浸出锰矿处理实验、锰壳酸性浸出工艺以及在澳大利亚北部的 Groote Eylandt 锰矿成功实验的重介质处理锰尾矿工艺。这些锰尾矿在尾矿颗粒性质和残余锰含量方面都有相似之处。尾矿性质相关研究详见 Troy 和 Wiltshire 的工作（1998）。不同处理方法的适用性取决于不同类型尾矿具体的化学性质，因此本研究的结果仅供参考。尽管在一般情况下，许多相同的技术应用都是相关的，但仍必须根据不同的尾矿类型对具体的生产工艺进行充分论证。

归根结底，在整个经济系统中，每个行业都必须以可持续的方式运作。这意味着所有过程都必须是周期性的，就像自然系统中的规律一样。自然依赖周期循环维持生命过程，自然界没有线性的流动，不存在原材料在一端，废料从另一端流出，剩余的营养被利用的情况。在自然界中，能量和物质不断循环。一个有机体的养分是另一个有机体的废物。未来矿业的发展也应效仿自然界循环式发展的制度。

以往的尾矿处理工艺是不可持续的（Jacobs，2015）。选矿场或加工厂将尾矿堆积在工厂附近的大型尾矿堆积场中，很少对其进行处理。在矿井关闭后，堆积尾矿中的物质易渗透到地下水中，并且此后不再进行尾矿库的后续维护工作，无法保证尾矿库的结构始终保持完好。通常随着时间的推移，尾矿坝的墙壁会侵蚀倒塌，其中堆积的尾矿会向外喷涌，或流入自然界的地下水系统。尤其是在一些发展中国家，有充分记录表明一些环境灾难与忽视尾矿的处理有关（Williams，2015）。鉴于全球对环境问题的关注日益提高，可以肯定，深海采矿行业的尾矿处理方面将会有严格的审查。

为达到可持续发展的目标，需对锰尾矿进行有效处理，而非仅仅堆积在尾矿库中。夏威夷大学有一个为期 10 年的项目，试图探索各种技术方法来实现这一目标。但该项目存在几个问题。首先，由于目前还没有公司有深海采矿作业后的尾矿，因此尾矿精确的物理和化学性质只能假设。现在已经有十多个关于锰尾矿加工的专利发表（Haynes et al.，1985；Lay et al.，2009）。为使研究有意义，就必须对这一系列尾矿的共同特征进行研究，并确定其未来的用途与这些性质的相关性。其次，必须有足够的尾矿供应，才能进行合理的实验，包括需要大量尾矿的农业实验。

目前，有一项研究通过一系列不同的实验进行了探索（Troy and Wiltshire，1998）。结果表明，尾矿被中和后，其酸性浸出过程表现出一些相似现象。这些熔炼尾矿和硫化工艺处理后的尾矿，如海底多金属硫化物，往往是惰性的玻璃状物，可能不会对环境有上述的威胁。如需对这类物质进行处理，将其磨碎后，该类物质与酸性浸出的锰尾矿特性基本相同。

为获得足够的尾矿来进行系统性实验，我们去了一个正在开采的锰矿田。澳大利亚北部的 Groote Eylandt 矿井为我们提供了尾矿，在这里高品位的锰被提取出来，剩下了低品位锰尾矿。实验证明，这些尾矿与酸性浸出的锰尾矿非常相似（Troy and Wiltshire，1998）。有了足够的尾矿来源，就可以对其他研究中所提出的处理方法进行一系列测试。

一个锰结核或富钴结壳矿加工厂每年处理量需达到 $100 \times 10^4 \sim 300 \times 10^4$ t 才具有经济可行性（Muslow，2015；Wiltshire and Loudat，1998）。因可提取的金属相对较少且在加工处理过程中加入了辅助物料，我们预计每年将要处理 $100 \times 10^4 \sim 300 \times 10^4$ t 的尾矿。这意味着无论我们选择何种技术或组合工艺，我们都需要处理大量尾矿（Verlaan and Wiltshire，2000）。不可避免的是，尾矿是经济价值较低的商品，这意味着尾矿的应用地点应尽量邻近矿物加工厂，或附近有便利、低价的船运物流系统，以降低尾矿运输成本（Loudat et al.，1994，1995）。由于需要使用大吨位的尾矿，我们对其进行了调查。这些尾矿首先是被用在农业领域（EL Swaify and Chromec，1985）；其次是用于公路填筑、填海填土、钻井泥浆、沥青混凝土等加工领域；最后是根据尾矿性能，将其用于更加关注尾矿性能价值的领域（Bai et al.，2008）。这些工艺有广泛的适用性，用料较省，有较好的应用前景。下面将依次介绍这些应用技术及其成功案例。

14.2　农业应用

农业是最好的尾矿应用领域。将尾矿作为土壤添加剂，除了用于庄稼地或牧场之外，还有许多更合适的用途，包括用于果园、葡萄园、观赏植物苗圃、草皮农场、圣诞树农场、造纸用的农用林业，以及在沼气池中进行燃烧或转换的木材或木本作物。以上应用中，后者的优势在于最终产品不是食物，矿渣中的重金属无法通过食物链传递。尾矿元素主要存在于树叶、种子或者在尾矿含量较高的土壤里生长的树干中，而食用的水果或坚果中一般不含尾矿元素，可防止尾矿中任何有害元素传递到人体中。为给定区域及给定的尾矿类型选择适应农作物，应考虑土壤改造问题。未经特殊处理的尾矿不太可能适合高效的农业生产，因此必须设计出合适的尾矿和土壤混合料。

尾矿和土壤的混合是一个复杂的过程。其中，需要考虑的因素包括保持土壤矿物质水平、孔隙和排水等微观结构，以及适用于各种 pH 值条件下的营养物质水平。根据 Wild（1993）的研究，商业作物的土壤必须满足下列要求：①固定作物根系的土壤允许根系伸长；②水供应；③空气，尤其是氧气的供应；④营养供应；⑤缓冲 pH 值和温度等不利变化的能力。大多数植物需要从土壤中获取下列营养元素：氮、磷、钾、钙、镁和硫。同时还需要少量铁、铜、锰、锌、硼、钼、氯和镍等微量营养元素。Epstein（1972）提出了以植物干燥组织的量为衡量标准的植物实际所需平均最低营养需求。主要的金属元素以阳离子的形式被植物吸收。主要营养元素见表 14.1。相比之下，对人类来说，并没有规定每日最低锰摄入量要求，一般人的摄入量为 2~5 mg/d，最高推荐剂量为 10 mg/d，OSHA 标准下空气最高锰含量为 5 mg/m³（Wiltshire and Moore，2000）。锰尾矿能最有效地为土壤提供微量元素，保持土壤稳定性、细粒度，粘结有害金属，减少"硬磐"干燥并且吸收水分，降低高锰、铜或镍的毒性，同时能有效降低 pH 值。在充分优化配比的尾矿/土壤混合料中，其他添加剂可中和锰尾矿的部分不良影响。钙、石灰以及有机物等典型添加剂配比仍需继续优化。Hue 等（1998）已经证明，通过将混合物的 pH 值从 4.5 或 5.0 提高到 5.5 或 6.0，可以完全解决金属过量吸收所带来的问题，如锰的毒性问题。在土壤中添加锰似乎可以防止植物根腐病，因为在一项实验中，添加锰尾矿土壤的实验组兰花的根部相对无病，而在对照组中，100% 的兰花都有严重的根腐病。在高锰环境中生长的植物也有类似的性状，这些植物表现出更高的抗虫害性。

表 14.1　植物干燥组织从土壤中吸收的必需微量元素成分表（Epstein，1972 年以后）

Cu	6×10^{-6}
Zn	20×10^{-6}
Mn	50×10^{-6}
Fe	100×10^{-6}
B	20×10^{-6}
C	$1\,100\times10^{-6}$
S	0.1%
P	0.2%
Mg	0.2%
Ca	0.5%
K	1.0%
N	1.5%

　　在实验中，我们在当地农业机构的指导下选择了 17 种商业价值较高的代表性热带植物。最初的实验对象包括 10 个物种：红生姜、鳄梨、咖啡、芙蓉花、香橼、番木瓜、夜茉莉、寇阿相思树、百慕大草和洋葱。后续实验对澳洲坚果、酸橙、柠檬、橘子（香吉士和蜂蜜品种）、亚麻、甜椒和芒果进行了研究，目前尚未得到完整的数据。将植物种子或插枝种植在花盆中的固定深度，实验中土壤是唯一的变量，这些花盆里实验组（尾矿组）土壤中混合有 20% 的尾矿，对照组未添加尾矿，其他条件相同。植物遵循标准种植方法种植（Epstein，1972）。实验中对尽可能多的变量进行精确控制。所有的植物都在花盆里生长，周围存在多种害虫，期间不使用杀虫剂。当自然降雨不足时，实验组和对照组都要浇水。对这些植物的测量时间间隔为 2~4 个月，以提供足够的时间供植物成熟。植株是从种子开始培育还是从幼苗或插枝开始培育，遵循测试物种自身生长特性。测试最初开展 18 个月，在大多数情况下都能持续进行。

　　按照一定的时间间隔对植株进行拍照，并用卷尺或卡尺对其进行测量，记录种子发芽数量或从扦插中存活的植株数量。统计植株的总体健康状况，并以一个数值来进行评价（1——轻微疾病，3——中度疾病，5——严重疾病）。只有牛油果（尾料组和对照组）的生长过程中表现出严重的枯萎现象。尾料组和对照组的初始生长条件一致，并且提供了相同的施肥量和浇水量。在生长的每个阶段，计算了植株的数量以及植株的平均高度。为了解释不同花盆中生产力的差异，计算了植物的生长因子（Wild，1993；Epstein，1972）。其最简单的计算形式是植株的数量乘以平均高度（或植株的总高度）。这解释了一些异常现象，例如在几个种子数量相同、生长空间相同的花盆中，有的长出一棵非常高的植株，而有的则是许多平均大小的植株。生长因子表明，生长一棵 20 cm 高植株的花盆的生产力只有生长四棵 10 cm 高植株的花盆的一半。通过计算生长因子比（实验组生长因子除以对照组生长因子），可以比较尾矿和土壤控制条件对不同植物品种生长因子的影响。生长情况相同时的生长因子比为 1，尾矿和土壤混合料的生产力是普通土壤生产力的 2 倍，生长因子比为 2。

实验结果如表 14.2~14.8 所示。这些结果显示了 5 年内，在混合了 20% 的锰尾矿的混合土壤和纯土壤中种植的大量热带植物的生长情况。表 14.2 为红生姜的实验结果，红生姜是花卉行业中的一种半商业品种。实验组红生姜的生长因子比显示，这些植物初期的生长速率非常高，随时间增长生长速率逐渐降低。出现这种情况的原因可能是尾矿提供了该物种初期生长阶段所需要的微量营养元素，而物种在后续生长阶段对这些元素无明显需求。总体来说，与对照组相比，锰尾矿混合土壤刺激了该植物的生长。

表 14.2 红生姜：第一组

土壤	植株（N）	高度 H（英尺）	生长因子（N×H）	生长因子比 [NH（Mn）/NH（对照组）]
实验 1				
尾料组	25	7（最高）	175	1.60
对照组	18	6.1（最高）	110	
实验 2				
尾料组	25	8.3（最高）	208	0.94
对照组	24	8.9（最高）	222	
实验 3				
尾料组 1	30	10.8（最高）	323	1.08
对照组 1	25	12.0（最高）	299	
尾料组 2	30	6.9	207	1.04
对照组 2	25	7.9	199	
实验 4				
尾料组 1	37	14.8（最高）	548	1.21
对照组 1	30	15.0（最高）	452	
尾料组 2	37	10.0	369	1.16
对照组 2	30	10.6	318	
平均				1.19

表 14.3 为另一个重要的商业粮食作物鳄梨的实验结果。在夏威夷，鳄梨因大规模种植而极易患病。这些尾矿混合土壤不仅能显著刺激鳄梨的生长，将其增长率提高近两倍，而且还能大幅降低鳄梨的患病率。

表 14.3 鳄梨：第二组

土壤	植株（N）	高度 H（英尺）	生长因子（N×H）	生长因子比 [NH（Mn）/NH（对照组）]
实验 1				
尾料组	10	22.2	222	2.10
对照组	6	18.0	108	

土壤	植株（N）	高度 H（英尺）	生长因子（N×H）	生长因子比［NH（Mn）/NH（对照组）］
实验 2				
尾料组	10	24.5	245	1.90
对照组	6	21.3	128	
实验 3				
尾料组	10	27.6	276	1.80
对照组	6	25.1	151	
实验 4				
尾料组	15	32.2	483	1.80
对照组	10	27.3	273	
平均				1.90

表 14.4 为咖啡的实验结果，咖啡是夏威夷最重要的商业作物之一。尽管实验中存活植株的实际生长情况相似，但尾矿组中种植的咖啡植株的生长水平优于对照组，表明锰尾矿在保护树根和抗虫害方面具有显著作用。

表 14.5 为芙蓉花的实验结果，芙蓉花是一种半商业花卉作物，与棉花属于同科植物。这是小型实验，因为几个对照组植株在种植后不久即全部死亡。出于以上原因，结果显示与对照组相比，实验组植株的增长率高出一倍以上，但结果不能被认为具有数字意义。

表 14.6 为香橼的实验结果，香橼是一种粗皮柠檬，已成为夏威夷越来越重要的经济作物之一。实验组和对照组香橼的生长情况基本相同。这是一种非常耐寒的水果，其生长过程不需要锰尾矿提供的额外的营养元素。

表 14.4　咖啡：第三组

土壤	植株（N）	高度 H（英尺）	生长因子（N×H）	生长因子比［NH（Mn）/NH（对照组）］
实验 1				
尾料组	13	6.71	87.1	1.00
对照组	13	6.69	86.9	
实验 2				
尾料组	14	7.04	98.5	1.34
对照组	13	5.62	73.0	
实验 3				
尾料组	14	7.86	110	1.90
对照组	7	8.28	58	
平均				1.41

表 14.7 为位于夏威夷岛东侧的基础商业作物番木瓜的实验结果。像鳄梨一样，番木瓜在生长过程中极易患病。这是唯一一种在对照组的生长情况优于尾矿混合土壤的作物。在这个实验中，尽管混合土壤中的植物在初期长势较好，但随着时间的推移，病死植株逐渐增多。目前尚不清楚这是否与锰尾矿有关，因此仍在重复进行该实验。

表 14.5 芙蓉花：第四组

土壤	植株（N）	高度 H（英尺）	生长因子（N×H）	生长因子比［NH（Mn）/NH 对照组）］
实验 1				
尾料组	3	11.6	35	3.60
对照组	1	9.75	9.8	
实验 2				
尾料组	3	19.0	57	2.28
对照组	1	25	25	
实验 3				
尾料组	3	21.7	65	1.97
对照组	1	33	33	
平均				2.61

表 14.6 香橼种子：第五组

土壤	植株（N）	高度 H（英尺）	生长因子（N×H）	生长因子比［NH（Mn）/NH（对照组）］
实验 1				
尾料组	8	0.5	4.0	1.00
对照组	8	0.5	4.0	
实验 2				
尾料组	6	3.0	18.0	1.22
对照组	6	2.46	14.8	
实验 3				
尾料组	6	3.8	23	0.88
对照组	8	3.25	26	
平均				1.03

表 14.8 为对夜茉莉进行的小型实验的结果。夜茉莉是一种典型的花卉作物，尾矿对其生长有显著的促进作用。得出该结论的部分原因是，在这个小型实验中，对照组植株的存活率非常低。

表 14.9 为寇阿相思树从种子生长到树苗的实验结果。寇阿相思树是一种商业硬质木材，常用于制作家具和木雕。表 14.9 包含混合了 20% 锰尾矿的土壤，以及混合了 10% 锰

尾矿的土壤的实验结果。20%混合土壤的生长结果与对照组基本相同。在10%混合土壤中，植物生长状况稍好，但在平均增长比率计算中没有使用该数据，因为它们与本章的其他数据没有可比性（其他数据来自混合了20%锰尾矿的土壤）。

表 14.7　番木瓜种子：第六组

土壤	植株（N）	高度 H（英尺）	生长因子（N×H）	生长因子比（NH Mn/NH 对照组）
实验 1				
尾料组	8	9.6	77	1.18
对照组	5	13	65	
实验 2				
尾料组	4	18.5	74	0.78
对照组	5	18.8	94	
平均				0.98

表 14.8　夜茉莉扦插：第七组

土壤	植株（N）	高度 H（英尺）	生长因子（N×H）	生长因子比（NH Mn/NH 对照组）
实验 1				
尾料组	3	1~3		n/a
对照组	2	1~3		
实验 2				
尾料组	2	9.5	19	1.36
对照组	1	14	14	
实验 3				
尾料组	3	16	48	2.18
对照组	1	22	22	
平均				1.77

表 14.9　寇阿相思树种子：第八组

土壤	植株（N）	高度 H（英尺）	生长因子（N×H）	生长因子比（NH Mn/NH 对照组）
实验 1				
尾料组	4	14.0	56	1.04
对照组	4	13.5	54	
实验 2				
尾料组	4	15.75	63	1.01

续表

土壤	植株（N）	高度 H（英尺）	生长因子（$N×H$）	生长因子比（NH Mn$/NH$ 对照组）
对照组	4	15.5	62	
实验 3（混合 10%锰尾矿）				
尾料组	4	21.0	84	1.40
对照组	4	15.0	60	
实验 4（混合 20%锰尾矿）				
尾料组	4	24.0	96	1.50
对照组	4	16.0	64	
平均				1.03

表 14.10　植物增长率实验总结（锰尾矿/对照组）

红生姜	1.19
鳄梨	1.90
咖啡	1.41
芙蓉花	2.61
香橼	1.03
番木瓜	0.98
寇阿相思树	1.03
夜茉莉	1.77
平均值	1.49

表 14.10 总结了 8 种不同植物的增长率，增长率为 1 意味着进行测试的植物和对照组植物生长情况相同。如表所示，只有一种植物的增长率是低于 1 的。表中所列 8 种植物中的 7 种和正在测试的绝大多数植物，在含 20%锰尾矿的土壤中的生长效果明显优于对照组植物。这些结果都是通过精确控制和长期测试所得到的。

上述数据清楚地表明了实验假设是正确的。许多商业植物在含 20%锰尾矿土壤中至少同等生长，甚至生长更好。这种含 20%锰尾矿的土壤将足以处置每年 $300×10^4$ t 锰结核开采所产生的尾矿。以这种采矿速度，若将含 20%锰尾矿土壤堆积 10 m 高来处理，每年将覆盖 1 km^2 的土地。这是大型尾矿典型的处理方式。然而在这种情况下，这片土地在农业上将更加多产。尽管如此，情况并不非常乐观。如前所述，锰土壤由于其固有的毒性，可以保护某些作物的根，减少了进食植物害虫的范围，但高浓度的锰对人和植物都是有毒的。文献综述（Wiltshire and Moore，2000）表明锰作业工人，特别是在空气中分布有锰粉尘的矿山、冶炼厂、电池厂和陶瓷设备厂中的工人承受较大风险。同样地，锰虽然是植物生长所必需的营养元素，但当其浓度高时，对于大多数植物是有毒的。当土壤中锰浓度达到 5%时，锰开始表现其毒性（Hue et al.，1998）。本研究中尾矿中锰的含量为 23%，经 5

倍稀释后，最终试验混合物中锰的含量为 4.6%，刚刚低于锰毒性基线。这是选择 20% 作为锰尾矿和土壤混合比的另一个因素。

　　土壤也许可以通过锰尾矿和其他成分进行构建。我们的研究表明，添加约 20% 的尾矿效果比较好（Wiltshire，2000）。其他成分需要包括粗颗粒沙子，叶和枝覆盖物、堆肥、粪肥、下水道污泥或植物枝条等富含有机物和氮的部分，以及珊瑚瓦砾、贝壳或灰分等富含钙和磷的部分。其中，最后提到的这些组分还有助于提高其 pH 值。低品位土壤也能构成混合物的主体部分。据推测，尾矿不会添加至肥沃、高品位、农业上多产的土壤中。典型的尾矿土壤按体积划分主要包括：20% 的锰尾矿、30% 的沙子、40% 的有机物以及 10% 的壳类、地面瓦砾和灰分。这可以代表覆盖在贫瘠的岩石土地或熔岩上最原始的混合物。尾矿大多被添加至贫瘠的土壤中。未来的工作领域将涉及混合各种不同的尾矿，以能让一种尾矿的有利特性平衡另外一种尾矿的负面影响，例如，将锰尾矿（具有吸附其他废水中重金属的有用特性）与发电厂飞灰、下水道污泥和木屑等混合。所构建的尾矿土壤也可用来覆盖尾矿池。为了充分稳固尾矿池，需要在其上种植深根作物，作物的密度在适中和密集之间。为防止作物在成熟和根系加深时被锰的毒性所破坏，尾矿土壤深度需要达到 3~4 m。以这种方式覆盖尾矿池，覆盖层下尾矿可达 10~20 m 深，并延伸数公顷。

14.3　在混凝土中的应用

　　美国混凝土研究所（1990 年）对混凝土进行了大量的研究，其中包括成功掺入超级塑料以增加混凝土耐久性，掺入高炉渣以增加强度和重量，掺入发电厂飞灰和非常细小的工业废物（称为硅灰）以增加强度；并对适应海洋环境的特种混凝土进行了大量研究。另一个正在进行的研究是混凝土路面的纹理加工，特别是防滑道路的纹理加工。这是通过对混凝土刻槽塑型以及向混凝土中加入类似尾矿的坚硬砂质材料来完成的。采用电子显微镜记录了向混凝土混合物中添加新型添加剂的优点（Kosmatka and Parnesse，1988）。非常细小的粉煤灰和硅灰的成功掺入，使得混凝土对添加锰尾矿的优点更加显现。

　　Wiltshire（1997a）测试了硅酸盐水泥、粗砂和尾矿不同比例的混合物。在混凝土中用 0~60% 的尾矿制成混合物，并进行了两组实验。第一组实验是酸浸后未被完全破坏的锰结核尾矿，这些尾矿经洗涤，其 pH 值约为 4。它们被制成标准的长为 8 英寸，直径为 4 英寸的混凝土进行试验，固化 33 天后，由商业混凝土检验公司测试其抗压强度。不含尾矿样品的抗压强度为 3 460 psi，与混凝土标准强度 3 500 psi 基本相同。其他样品强度随着尾矿含量的增加而快速下降。为了确定强度下降是否仅由尾矿含量不同而导致，采用被完全中和的尾矿重复实验。然而，实验结果有较大区别。含 20%~25% 尾矿的混凝土抗压强度能达到 4 000 psi 以上，而含 50% 尾矿的混凝土的强度较快地下降至 1 000 psi。虽然强度为 1 000 psi 的混凝土不能用于建筑，但仍然适用于车道和铺路。

　　除了增加抗压强度外，尾矿似乎还可以赋予混凝土另外一些特殊性质。颗粒较细的尾矿似乎使混凝土更具模塑性和无气泡性。

　　这体现在两个方面。首先，使用 12 英寸×4 英寸的日本观赏鱼的乳胶橡胶模具，这个模具的制作是非常注重细节的。试验中，这个细节是在铸件上使用含 30% 尾矿的混凝土做成的，而不是标准的混凝土。此外，铁锰混凝土可提供更平滑和无气泡的表面。在另一个试验中，通过检测，比较铁锰尾矿混凝土和标准预制混凝土砖的表面结构。铁锰尾矿混凝土砖表面的气泡孔不到其表面的2%。气泡孔直径尺寸从针状小孔到2 mm不等，平均尺寸约为500 μm。相比之下，标准预制混凝土砖表面的气泡孔超过其表面的20%，且气泡孔直径变化范围上限可达8 mm，平均尺寸约为2 mm，差异非常明显。标准预制混凝土砖表面比较粗糙，而铁锰尾矿混凝土砖表面比较光滑。此外，铁锰尾矿混凝土的密度比普通混凝土的密度要大得多，这是因为前者中的铁和锰在后者中替代为疏松的二氧化硅和砂状铝，而且在铁锰尾矿混凝土中气泡不到普通混凝土中的十分之一。

密度大和气泡少是混凝土适用于海洋环境的两个非常重要的特性。在海洋环境下，波浪作用将空气压缩至混凝土的孔隙和气泡孔中，随着时间的推移，混凝土会逐渐破裂。这些孔隙中的水结冻和膨胀也会慢慢导致混凝土破裂。受此作用的孔隙越少，混凝土所能承受的时间就越长。有研究表明，锰铁表面可以排斥生物体的生长。如果能证实这一点，那么铁锰混凝土表面可能不会像其他类型混凝土那样被藻类或结壳生物所覆盖，这对于排水管以及其他海洋建筑都是有利的。

当尾矿的物理性质与所制备混凝土的特性相关时，就能清楚知道混凝土所发生的变化。尾矿的比重为3.46，远高于普通硅砂的比重，能使混凝土更加密实。尾矿的比表面积大，能快速吸收水，能使混凝土快速干燥。尾矿中的细黏粒可填充至混凝土的空隙中，使混凝土具有较低的孔隙空间和更好的成型性。细黏粒填充使混凝土的密度越大、孔隙越小、晶粒耦合越好，从而使得其抗压强度越高。显然，向混凝土混合物中添加约20%的尾矿后，这一优势开始丧失，毕竟所有的小空隙都已经被尾矿填满了。

混凝土理论认为尺寸不到300 μm的锰尾矿是不适合骨料的。测试结果表明情况并非如此（Wiltshire，1997a）。尾矿能使混凝土变得更致密、颜色更深、更易模塑、孔隙率更低和更加坚硬。尽管在测试阶段推翻这个理论还为时尚早，但是锰的化学特性在某种程度上可使混凝土正常水化，除此之外还能发生黏结作用。如果是这样的话，混凝土随着时间的推移会比预期的更坚硬。

最近一系列实验试图确定锰尾矿混凝土的最佳混合。具体来说，该实验的目的是量化粗骨料部分的最佳尺寸和百分比。Kosmatka和Parnesse（1988）的研究表明，一般来说，混凝土混合物的细骨料部分应占30%~35%。用15%和33%的锰尾矿和4种不同粗骨料混合时，确定了最大尺寸40 mm的骨料和15%~33%范围内的锰尾矿所得到的铁锰混凝土比标准混凝土强度更大（标准I型硅酸盐水泥和标准骨料混合时抗压强度为3 500 psi）。

结果表明，锰尾矿在商品混凝土生产中具有一定的作用。同时还表明，虽然粗颗粒天然骨料由于晶粒尺寸不适合混凝土，但与细粒锰尾矿混合时可达到很好的结果。这对南太平洋岛屿经济发展尤其有利，因为其中一些骨料总成本超过了50 $/t。

显然，还有很多手段可以对铁锰尾矿混凝土性能进行进一步研究。初步结果表明，抗压强度增加，成型性能越好，密度越大，孔隙率越低。因此，特别是对于特种混凝土来说，添加铁锰废料在经济上是非常可取的。目前，正在进行的研究工作是关于锰混凝土在海洋建筑的抗污染性质和铁矿渣在水泥应用方面的特点。

14.4　在施工填料方面的应用

矿山尾矿可以作为建筑的填充材料。除非涉及冶炼过程，否则这些尾矿通常是细颗粒的。尾矿作为填料还存在较多问题，包括尾矿的毒性和渗透至地下水的可能性。因此，必须不惜一切代价避免这种情况的发生。处理方法之一是将尾矿包裹在土工膜中，这些膜十分有效而且成本低廉，甚至可以将尾矿用在海洋环境中使用的沙袋或者袋式防波堤。另一个主要问题是使用细粒尾矿材料时如何进行粉尘控制。如果矿山尾矿像锰尾矿一样具有潜在毒性，粉尘的控制尤其是对微米级粉尘的控制变得非常重要。保持尾矿湿润和使用土工膜袋可以解决粉尘问题。使用尾矿作填料的第三个主要问题是运输成本。本质上说，尾砂可代替砂石作填充物料。由于采用尾矿填充并没有比砂石具有更有利的性质，因此认为尾矿的价格与砂石基本相同或者可能更低。这就导致了尾矿只能在加工现场 100 km 以内的地方进行使用。

水泥或袋装尾矿对于建造养殖池塘的墙壁非常有用。矿区可持续发展的关键是废弃物的循环利用。因此，还需要在矿业开发的地方建立其他的产业，包括小型农林业，特别是圣诞树农场和水产养殖池塘。林场可作为矿业经营和尾矿养殖池塘之间的防风林。重要的是，这些二次产业的经济效益是以尾矿处理业务（以矿物加工的成本或税收）来进行核算的，而不是将其作为独立收入来源进行评估。

14.5　在工业填料方面的应用

14.5.1　树脂铸造固体表面

填料的主要用途是用在工作台面和固定装置上，这主要是指在固体表面和人造大理石上的应用。填料与特种树脂通常以树脂 1/3，填料 2/3 的比例混合。通过加入催化剂活化树脂填料混合物，并将混合物倒入模具中浇铸固化。夏威夷的一家小型大理石生产商使用锰尾矿对水槽和淋浴设备进行了专业浇铸。这些产品非常具有吸引力，被认为在商业上等同于白色人造大理石（只有黑色或灰色）。铸造行业对尾矿非常感兴趣，根据他们的要求，尾矿样品和信息被送至 20 家制造商。

14.5.2　瓷砖

尾矿瓷砖的制造方式与固定装置类似。尾矿瓷砖被放在夏威夷岛的一个仓库里，它们非常吸引人，稍加练习就能安装。瓷砖被送到美国瓷砖协会进行商业测试，但仅测试了可确认的标准特性，而不是全部的标准特性。测试表明，瓷砖具有不合需要的高热膨胀性，并且仅具有认证瓷砖所需地板黏合强度的 60%。一部分问题是测试中使用的黏合剂是为陶瓷砖而不是为树脂铸造砖设计的。虽然在一般商业产品范围内具有一定吸引力和试验性，但是显然在将尾矿制作商业上广泛应用的瓷砖之前，还需要做更多的工作。

14.5.3 橡胶

填料在橡胶工业中也得到广泛应用。有两家橡胶公司采用尾矿作为填料进行了工业试验。尾料在橡胶混合料中混合均匀，与标准填料相比表现出更高的耐磨性和撕裂强度，并具有较高的分散指数。但是，对于橡胶工业而言，尾矿的粒度范围太大了。通常，橡胶的应用需要填料颗粒全部小于 10 μm，而锰尾矿只有 80% 的颗粒小于 10 μm。这虽然是一个容易解决的问题，但会产生一些分选的成本。如果不进行分选，尾矿在橡胶测试中表现不佳，其中颗粒粒度是主要因素。这对于总的强度和伸长模量尤其重要。

14.5.4 塑料

因为可以使塑料满足各种特性的要求，像碳酸钙等多种矿物质通常被用作许多聚合物的惰性填料。一般将炭黑加入塑料中，以使电子外壳、电脑和汽车零部件呈现暗色、灰色或黑色。一般来说，塑料的性能是由聚合物而不是填料决定的。黑色塑料在紫外线下容易褪色，而用锰尾矿制成的塑料却不会，这对于外部应用非常重要。锰尾矿被成功地添加至多种塑料当中。然而，在将尾矿添加至橡胶中时，去掉尺寸大于 10 μm 的尾矿效果会更好。尾矿的某些应用允许晶粒尺寸达到 200 μm，但仅仅只是塑料填料市场的一小部分。

14.5.5 涂料

Wiltshire 进行了两组长期涂层实验（Wiltshire，1997b；Bai et al.，2016）。第一组实验将尾矿用作防锈剂，分三个阶段完成。第一阶段是将 5 种不同涂层涂在生锈钢梁上，其中三种涂层中添加了尾矿，持续一年后，即使是像机动车等商业产品，尾矿基涂层都表现出优异的结果。在 8 个铝发光条（5 个尾矿混合物和 3 个对照）以及 3 个仓库的屋顶上重复了实验，两个实验的结果是一样的。当尾矿添加到工业涂层上时，结果通常比直接用工业防锈制剂获得的效果更好。这个实验重复了 3 次，实验结果都是一样的，这是非常具有意义的。

第二组尾矿涂层实验是研制抗白蚁涂料，该实验持续了一年的时间。将各种木材涂上尾矿基涂层，并在白蚁出没区域放置对照组实验。在第一轮实验中，对照实验组的木材被完全吃掉了，而尾矿基涂层板几乎不受影响。在第二轮更大的实验中，未处理的板被放置在尾矿中，并且完全暴露，结果对照组和尾矿基涂层木材都没有受到影响。这可能是因为在实验场地中有大量的尾矿，使白蚁受到排斥，或者由于实验区白蚁的数量不足而导致实验结果不是很确定。

14.5.6 钻井泥浆

在巴库油田，俄罗斯有几家公司已经成功地使用细粒度的锰尾矿作为钻井泥浆的增重剂。钻井泥浆的研究表明，尾矿中的所有黏土都必须去除，以提高其比重和防止膨胀。最近的工作主要集中在去除黏土上。在对尾矿进行评细的 SEM 和 XRD 表征后，黏土去除研究主要集中在泡沫浮选和磁分离这两个方面。泡沫浮选非常困难，因为很大一部分尾矿的尺寸为 5 μm 或更小，保持最佳的流速也是很困难的。成功地分离锰和黏土的概率只有 1/4。相比之下，湿式高强度磁选使用方便，且分离锰和黏土效果非常好。当去除黏土的锰尾矿比重超过 4 时，该锰尾矿非常适用于钻井泥浆。

14.5.7 陶瓷

在几位陶瓷专家的帮助下，研究取得了重大突破。Lay 和 Wiltshire（1997）以及 Lay 等（2009）开发了一种非常坚硬的锰釉，根据混合物的不同，其颜色呈蜂蜜棕色至乌黑色不等。混合物中 50% ~ 70% 的成分是尾矿，其余成分是石英玻璃或硼酸盐（特别是硼砂）。经过测试，陶瓷行业评估人员认为尾矿能改变陶瓷颜色和硬度的性质是非常独特的。为绘制该系统相图，采用了大约 100 个熔体（Troy and Wiltshire，1998）。设计一个单相的熔体是很重要的，因为这两种特性的结合仅发生在含 40% ~ 70% 尾矿的狭窄范围内，关于这方面的主要研究工作还在进行当中（Bai et al.，2016）。锰尾矿可制成优质陶瓷，其在结构和装饰以及可封闭核废料或有毒废物上具有很大的潜在应用价值。

14.6 总结

深海锰结核和结壳尾矿的可持续发展是可以实现的。这需要尽可能地巧妙应用各种尾矿材料。尾矿的应用范围已被系统地研究（Wiltshire，1993，2001），其中在农业领域具有吨位级应用潜能。这个潜能是非常巨大的（Wiltshire and Loudat，1999）。世界上许多地区的土壤矿物质贫乏，在夏威夷数千公顷的土地被贫瘠的熔岩覆盖，土壤矿物质匮乏，而锰尾矿富含矿物质。本项目研究了尾矿的几种潜在应用领域，并开发了一种表观出良好生长特性的尾矿/土壤混合物。过去，一般矿业公司试图将植物在施肥后直接种植在尾矿堆上，这种做法一般不起作用，或者在开始的时候有点作用，直到达到某种金属中毒量时，植物突然全部死亡。我们对 17 种不同植物和锰尾矿/土壤混合物的实验结果表明，向土壤混合物中添加约 20% 的尾矿是最佳的。添加 20% 的尾矿时，实验中 17 种植物的大部分生长都受到促进，其中一种植物的生长速率是对照组的两倍。通过提高土壤混合物的 pH 值（从 4.5 或 5.0 增加到 5.5 或 6.0），解决金属过量而导致的中毒问题（如锰中毒），添加 Ca 和有机物也有助于解决问题。未来的工作领域将涉及混合各种不同的尾矿，以能让一种尾矿的有利特性平衡另外一种尾矿的负面影响，例如将锰尾矿（具有吸附其他废水中重金属的有用特性）与发电厂飞灰、下水道污泥和木屑等混合。

尾矿可持续发展的关键是尾矿的广泛应用。在本研究中，我们研究了尾矿在农业、混凝土、公路填方、钻井泥浆、陶瓷、涂料、塑料和沥青等工业填料中的成功应用，前提是必须要避免尾矿造成污染、中毒或产品不合格等问题。这是一个微妙的平衡关系，加工厂的位置对其影响很大。总之，我们的研究表明，尾矿具有广泛的潜在应用价值，应用在农业上时，采用优化的尾矿及土壤混合物和种植非食用农作物可达到最令人满意的结果。虽然在初期农业应用研究中采用的锰结核的数量有限，且本章的某些结果并不普遍适用，但是我们相信尾矿具有广泛的应用前景。

参考文献

American Concrete Institute (1990) Manual of concrete practice. ACI, Detroit

Bai Z, Wen Z, Wiltshire JC (2008) Marine mineral tailings use in anticorrosive coatings. In: Proceedings of the OCEANS 2008 MTS/IEEE QUEBEC conference, QC, Canada, 15–18 Sept 2008

Bai Z, Wen Z, Wiltshire JC (2016) Anticorrosive coatings prepared using the tailings of cobalt-rich manganese crusts: preparation and properties. Mar Georesour Geotechnol (in press)

El Swaify S, Chromec W (1985) The agricultural potential of manganese nodule waste material. In: Humphrey P (ed) Marine mining: a new beginning. Department of Planning and Economic Development, State of Hawaii, Honolulu, pp 208–227

Epstein E (1972) Mineral nutrition of plants: principles and perspectives. Wiley, New York

Haynes B, Barron D, Kramer G, Maeda R, Magyar M (1985) Laboratory processing and characterization of waste materials from manganese nodules. Bureau of Mines Report of Investigations, RI, p 893

Hue N, Silva J, Uehara G, Hamasaki R, Uchida R, Bunn P (1998) Managing manganese toxicity in former sugarcane soils on Oahu. Soil and Crop Management Reports, SCM-1, College of Tropical Agriculture and Human Resources, University of Hawaii, Honolulu, p 7

Jacobs M (2015) Tailings: effective stewardship. Mining, Nov 2015, pp 50–51

Kosmatka S, Parnesse W (1988) Design and control of concrete mixtures. Portland Cement Association, Skokie, IL

Lay GF, Wiltshire J (1997) Formulation of specialty glasses and glazes employing marine mineral tailings. In: Recent advances in marine science and technology'96, Pacon International, Honolulu, pp 347–361

Lay GF, Rockwell MC, Wiltshire JC (2009) Investigation of the properties of a borosilicate glass from recycled manganese crust tailings. J Charact Dev Novel Mater 1(3):225–240

Loudat T, Wiltshire J, Zaiger K, Allen J, Hirt W (1994) An economic analysis of the feasibility of manganese crust mining and processing. State of Hawaii Department of Business, Economic Development and Tourism Technical Report, p 105

Loudat T, Zaiger K, Wiltshire J (1995) Solution mining of johnston island manganese crusts: an economic evaluation. In: Proceedings of the Oceans'95 conference, Marine Technology Society, Washington, p 10

Mining Engineering (2015) Editorial: vatican hosts mining executives. Mining Engineering, Nov 2015, pp 12–20

Muslow S (2015) Update on the status of deep sea mining beyond national jurisdictions. J Ocean Technol 10(1):1–12

Troy PJ, Wiltshire J (1998) Manganese tailings: useful properties suggest a potential for gas absorbent and ceramic materials. Mar Georesour Geotechnol 16:273–281

Verlaan P, Wiltshire J (2000) Manganese tailings—a potential resource? Min Environ Manage 8(4):21–22

Wild A (1993) Soils and the environment. Cambridge University Press, Cambridge, 287

Williams M (2015) Tailings: differentiating between 'alarm 'and 'harm'. Mining, Nov 2015, pp 46–49

Wiltshire J (1993) Beneficial uses of ferromanganese marine mineral tailings. In: Saxena N (ed) Recent advances in marine science and technology, PACON International, Hawaii, pp 405–412

Wiltshire J (1997a) Use of marine mineral tailings for aggregate and agricultural applications. In: Proceedings of the international offshore and polar engineering conference, 25–30 May, Honolulu, Hawaii, ISOPE, Golden, CO, pp 468–474

Wiltshire J (1997b) The use of marine manganese tailings in industrial coatings applications. In: Proceedings of oceans 97, Marine Technology Society, Washington, DC, pp 1314–1319

Wiltshire J (2000) Innovations in marine ferromanganese oxide tailings disposal. In: Cronan D (ed) Handbook of marine mineral deposits. CRC Press, Boca Raton, FL, pp 281–305

Wiltshire J (2001) Future prospects for the marine minerals industry. Underwater, May/June 2001, pp 40–44

Wiltshire J, Loudat T (1998) The economic value of manganese tailings to marine mining development. In: Proceedings of the offshore technology conference, American Association of Petroleum Geologists, Houston, pp 735–742

Wiltshire J, Loudat T (1999) The uses of fine grained manganese as an industrial filler. In: Saxena N (ed) Recent advances in marine science and technology, vol 98. Pacon International, Honolulu, pp 279–289

Wiltshire J, Moore K (2000) Manganese tailings concrete: antibiofouling properties and manganese toxicity. In: PACON'99 proceedings, Pacon International, Honolulu, pp 400–409

约翰·威尔特希尔（John C Wiltshire）教授是加拿大卡尔顿大学地质学学士，夏威夷大学海洋学博士。在从事石油和采矿工作后，成为夏威夷州的海洋资源理事。现任夏威夷海底研究实验室主任和夏威夷大学海洋与资源工程系副主任，海洋地理资源和地球科学杂志总编辑，海洋技术学会（MTS）的董事，夏威夷国际咨询委员会主席，在海洋资源、海洋技术、能源和可持续发展等领域发表100余篇论文。

第四部分
深海采矿的环境影响

第 15 章　深海矿产资源开采环境影响评价的最新进展

Y Shirayama，H Itoh，T Fukushima

摘要： 随着海底矿产资源受到的关注日益加深，私营企业以及政府机构开始了相关的开发工作。与此同时，国际海底管理局收到越来越多的针对国家管辖范围以外的新区域的勘探申请，一些授权在沿海国家管辖范围内海域进行开发活动的开采许可证也被发放。此外，一些致力于采矿技术研发的国家和企业也宣称其已研发出采矿系统模型。为应对上述变化，环境影响评价需要更高的精确度和效率。除此之外，联合国和相关机构，以及生物多样性公约缔约方大会，已就"应如何保护从沿海地区到深海海底的海洋环境"这一问题进行了讨论。迄今为止，环境保护规划尚未被视作深海矿产资源开发过程中的主要问题。在此背景下，本章将首先介绍日本如何考虑环境影响评价方法的设计，然后结合国际趋势，介绍先进的环境保护措施。

15.1　深海矿产资源开发的现状

人们对海底矿产资源的期望越来越高。在本节中，我们将从国家管辖外海域（ABNJ）和国家管辖内海域采矿许可证的申请与颁发，以及私营企业开发和采矿技术进展等角度简要地对这一走势进行解析。

15.1.1　勘探/开发许可证的申请

首先，我们来讨论国家管辖外海域勘探区许可证。2011 年以来，国际海底管理局（ISA）已收到超过 10 份勘探区许可证的申请（ISA2014），申请数为历史新高，第一次申请高峰是由先驱投资者在 2001/2002 年所创（见第 16 章，图 16.1）。相比第一次高峰，第二次有如下特点：私人资本与担保国共同申请，如汤加近海采矿有限公司（TOML）（ISA，2008）；一些申请，如基里巴斯 Marawa 勘探有限公司（Marawa）等（ISA，2015a，b，c），申请的标的是那些先驱投资者放弃的预留区域。然而，即使在沿海国家管辖范围内的海域，也有越来越多的私营企业［如鹦鹉螺矿业公司（Nautilus）和海王星矿业公司（Neptune）］逐步与这些沿海国家签订合约（见第 16 章，表 16.2），取得独家许可证，其中包括海王星矿业公司取得的巴布亚新几内亚的采矿许可证和加拿大金刚石产地国际有限公司取得的红海采矿许可证（鹦鹉螺矿业公司旗下 Nuigini 有限公司，2012；加拿大金刚石产地国际有限公司，2010）。虽然勘探/开发许可证的申请费用（无论相关区域是否在国家管辖范围内）可能很高，但近年来申请数量一直在增长，这说明开发方对未来采矿的收益越来越有信心。

15.1.2 私营企业的参与

早在 20 世纪 70 年代，私营企业就已开始着手对海底矿产资源的开发。当时成立了四家国际性财团，分别是：肯尼科特财团（Kennecott Consortium）、海洋采矿协会/美国钢铁集团（OMA）、海洋管理公司有限责任集团（OMI）和海洋矿产公司/洛克希德集团（OM-CO）。这些财团都是由来自美国、加拿大、英国、联邦德国、比利时、荷兰、意大利和日本的私营企业组成（表 15.1）[Theil et al.，1992；Kaufman et al.，1985；法国海洋开发研究院（IFREMER），2013]。然而，受金属价格低迷的影响，20 世纪 80 年代这些财团都纷纷停止业务，同期《联合国海洋法公约》生效。自那时起的很长一段时间内，除了鹦鹉螺矿业公司和海王星矿业公司外，私营企业很少参与海底矿产资源开发。但是，2010 年私营企业向国际海底管理局提交的采矿申请数量增加，这是因为除了上文提到的汤加近海采矿有限公司和 MARAWA 公司外，英国海底资源有限公司、比利时的全球海洋矿产资源公司、瑙鲁海洋资源公司和新加坡的海洋矿产新加坡控股有限公司也开始提交申请（ISA，2011a，2013a，2013b，2016）。虽然根据所在国家资源政策制定的中长期规划，通常对开采区的环境保护工作是规划中的一部分，但私营企业更倾向于追求短期利益。考虑到这一点，我们预计在不久的将来它们将开始进行资源开发，尤其是英国海底资源有限公司和海洋矿产新加坡控股有限公司将大举参与海底资源的开发。这两家公司都获得了来自洛克希德·马丁公司（Lockheed Martin）的注资，后者是此前四大国际性财团之一，这表明洛克希德·马丁公司又一次直面挑战。

表 15.1　20 世纪 70 年代财团

财团	KCON（肯尼科特财团）	OMA（海洋采矿协会）	OMI（海洋管理公司）	OMCO（海洋矿产公司）
成立时间	1974 年	1974 年	1975 年	1977 年
参与企业	肯尼科特公司（美国）	Essex Minerals Company（美国）	Inco Limited（美国–加拿大）	Lockheed Billititon（美国）
	诺兰达矿产公司（加拿大）	Union Seas Inc.（比利时）	法国责任矿业联盟（RFA）[a]	Amco（标准石油公司）
	联合金矿公司（英国）[b]	Sum Ocean Ventures Inc.（美国）	深海采矿公司（日本）	Shell Billiton
	三菱商事（日本）	Japan Manganese Nodules		Bos Kalis
	力拓锌公司（英国）	Development（日本）	SEDCO（美国）	
	英国石油公司（英国）[c]	Samin Ocean Inc.（意大利）		

续表

财团	KCON （肯尼科特财团）	OMA （海洋采矿协会）	OMI （海洋管理公司）	OMCO （海洋矿产公司）
勘探	始于 1962 年		始于 1975 年	始于 1978 年
	1984 年勘探许可证 （美国国内法）	1984 年勘探许可证 （美国国内法）	1984 年勘探许可证 （美国国内法）	1984 年勘探许可证（美国国内法）
采矿	1975—1976 年：在 5 000 m 的深度进行集电极模型检测	1970 年：在 800 m 深度进行采矿系统检测	1976 年：在深海进行集电极检测（collector test）	1978 年：在较浅的海域进行采矿系统检测
	1978 年：陆上吊重测试	1978 年：在 DOMES site C（4 400 m）进行采矿前的探索性实验，并举起 500 t 的结核	1978 年：在 DOMES A（5 000～5 200 m）进行采矿机探索性测试，并举起 500 t 结核	1979 年：在深海进行采矿系统测试
精炼	1974 年开始基础研究	1974 年进行半工业性选矿试验（pilot plant test）	1962—1963 年进行基础研究	小型选矿试验（small plant test）
	1976 年开始技术开发	目标物：镍、铜、钴和锰	目标物：镍、铜、钴	
	目标物：镍、钴、铜			

a. Arbeitsgemeinschaft Meerestechnisch Gewinnbare Gewinnbare Rohstoff；b. CGF 指联合金矿公司（consolidated gold fields）；c. BP 为石油开发公司。

15.1.3　技术进步现状

通过海洋试验等各种不同举措，上述四大国际财团致力于采矿提升系统（表 15.1）。例如，1978 年肯尼科特财团成功地在陆地完成了扬矿试验，1977 年 OMA 在一次近海试验中成功提起了 500 t 锰结核，1978 年 OMI 成功提起 800 t 锰结核，1979 年 OMCO 成功进行了深海采矿系统测试。从各种采矿系统的示范角度看，倘若我们将 20 世纪 70 年代视作采矿系统开发的第一个高峰，那么第二个高峰则是 2000 年以来开展的那些举措。例如，鹦鹉螺矿业公司开发出了三种采矿子系统，它们是：海底采矿工具（SPTs）、海底割矿机和辅助机器。鹦鹉螺矿业公司还公布了一项计划，即使用海底泥浆举升泵（Subsea Slurry Lift Pump，SSLP）以及上升和抬升系统（Rising and Lifting System，RALS）将其采集的矿产抬升到采矿船（production support vessels，PSV）上（鹦鹉螺矿业公司，2015）。此外，海王星矿业公司致力于利用由钻探设备和碎石机组成的采矿设备来实现抬升矿产，以及利用柔性立管实现气力提升（海王星矿业公司，2015）。印度对小型自力推进采矿机组成的多个作业系统的同时运作进行测试，最终在以下两种情况下成功提起沙子：2004 年利用进口的测试设备从深达 410 m 的海底提起沙子，2007 年利用国内的测试设备从深达 450 m 的海底提起沙子。此外，业界还计划 2016 年开展探索性采矿试验（Atmanand，2011；Schwarz，2001）。2013 年，韩国成功地对一台可达 6 000 m 深度的履带式机器进行运作测试，并且计划 2016 年进行与提升系统相结合的探索性采矿试验（Hong，2013；Yamazaki，2015）。在日本，日本石油天然气金属公司（JOGMEC）也开发出了测试采矿设备，主要用于海底块状硫化物的开采，未来该公司还准备进行验证测试（JOGMEC，2015；Kawano et al.，2015）。在上文介绍的例子中，所有采矿系统都不同于 20 世纪 70 年代第一次高峰期间开发的系统。

15.2 环境影响评价

本节将讨论环境影响及对其进行评价的必要性，还将讨论新环境影响评估方法的发展。

15.2.1 影响识别的现状

在开发海底矿产资源的同时，哥伦比亚大学拉蒙特-多尔蒂地球观测站 1972 年初步开始了环境影响调查的案头研究工作（Ozturgut et al.，1997）。此后，美国开展了大规模的环境基础调查，即深海采矿环境研究（DOMES：1975—1980）（Ozturgut et al.，1978），同时纲领性环境影响研究（Programmatic Environmental Impact Study）（PEIS1981）也将潜在环境影响纳入其中（NOAA，1981）。次年，《海洋环境研究规划（1981—1985）》公布，该规划将环境影响的主要关切点缩小为以下两点：①集矿机轨道内和附近底栖生物的损害；②底栖生物的覆盖范围以及采矿地周边食物供应链的断裂（NOAA，1982；Ozturgut et al.，1997）。尤其对于第二点，美国、日本、国际大洋金属联合组织（IOM）和印度已通过海洋检查证实其环境影响（表 15.2 和表 15.3）（Kaneko et al.，1997；Sharma et al.，2003；Trueblood et al.，1997；Shirayama and Fukushima，1997；Radziejewska et al.，2001，2003；Radziejewska，1997；Fukushima and Imajima，1997；Fukushima et al.，2000；Rodrigues et al.，2001；Fukushima，2004）。此外，日本、国际大洋金属联合组织和印度在影响产生后分别开展了为期 17 年、5 年和 44 个月的长期监测调查（Ingole et al.，2005；Stoyanova，2014；深海资源开发有限公司，2015）。根据日本的一份报告，业界无法观察到扰动前后（17 年）底栖生物丰度的变化情况（深海资源开发有限公司，2015）。这些环境研究中使用的采矿系统与 20 世纪 70 年代用来评估深海采矿因果关系的系统相似，且基于这些研究成果可能已就潜在的环境影响得出了一定的结论。

表 15.2　底层影响实验（BIE）中底栖生物扰动概述（Fukushima, 2004）

	BIEII（1）	JET（2）	IOM（3）	INDEX（5）
扰动区域	150 m×3 000 m	200 m×2 000 m	（120～230）m×2 500 m	3 000 m×200 m
牵引的次数	49 次	20 次	14 次	26 次
牵引的持续时间（天数）	19 d	16 d		9 d
牵引的持续时间（时间）	8 h 11 min	20 h 27 min		42 h 14 min
牵引的距离		32 km		88 km
沉积物排放总量	4 694 m^3	2 475 m^3	1 800 m^3（4）	6 023 m^3
干燥沉积物排放重量		352 t		580 t

表 15.3　初始水平（控制组水平）与底栖生物扰动后水平之间的底栖生物丰度对比，

见监测结果（Fukushima, 2004）

试验	研究项目	第一次监测	第二次监测	第三次监测	结果/预测
沉降菌					
JET（1）	细胞总量	较低（NS）	未公布	未公布	
INDEX（2）	细胞总量	较低	较低	较低	第四次监测
较小型底栖生物（Meiobenthos）					
BIE II（3）	线虫（Namatoda）	较高（NS）	较低 *	—	尚不清楚下降的原因
	底栖猛水蚤（Harpacticoida）	NS	NS	—	
JET（4）	线虫（Nematoda）	较低 **	较低（NS）	较高（NS）	两年扰动后的监测结果超过初始水平
	底栖猛水蚤	较低（NS）	较高（NS）	较高（NS）	1 年扰动后的监测结果超过初始水平
IOM（5）（6）	总体丰度	较低（NS）	较低 *	较高（NS）	在第二次和第三次监测中：控制组被分为控制（C）区和再沉积区（R）；在第二次监测中，受影响区域的丰度要低于控制组（C+R），这可能是由于投入植物腐殖质（phytodetritus）而导致 R 水平显著增长
	线虫	较低（NS）	较低 *	较高（NS）	在第二次监测中：控制组（R）的带线虫科显著增加
	底栖猛水蚤	较低（NS）	较低 *	较高（NS）	在第二次监测中：控制组（R）Argestidae 的丰度显著增加

续表

试验	研究项目	第一次监测	第二次监测	第三次监测	结果/预测
INDEX（2）	总体丰度	较低（<50%）	较低（<41%）	较低（<13%）	
	组别的数量	无变化	减少	减少	机会种的占比增加
大型底栖生物（Macrobenthos）					
BIE II（3）	大型底栖生物类群中大多数	NS	—		
	帚虫科（多毛纲）	较高＊＊	—	方差分析	
	巨鳍科（等足目）	较高＊＊	—	方差分析	
	吻沙蚕科（多毛纲）	较高＊＊	—	PCA–H	
JET（7）	多毛纲	—	—	较低＊	采用 T 检验与控制区进行对比
	甲壳纲	—	—	较高（NS）	
INDEX（2）		较低（<33%）	较高（NS）	—	T 检验
巨型底栖生物（Megabenthos）					
JET（8）	总体丰度	—	—	较低＊	采用 T 检验与控制区进行对比
	食碎屑动物	—	—	较低＊	
	食悬浮体动物	—	—	NS	
IOM（9）	总数量（ab）	较低＊	较高＊		两因素方差分析（受影响区域和控制区差异显著；然而，无论是在受影响的区域还是在控制区都测出显著的时间差异（temporal differences）
INDEX（10）		较低（32%）	—	—	

NS 指不显著，＊表示 $p<0.05$，＊＊表示 $p<0.01$。

15.2.2 环境影响评价的最近进展

随着海洋科学的发展，业界需要一种新型的方式来调查一些因深海采矿带来的环境影响。其中之一就是水下声音（IFAW2016），它是鹦鹉螺矿业公司环境影响评估报告中的一个评价参数。然而，国际海底管理局公布的"承包者在国家管辖区域外海底海洋矿产勘探可能的环境影响评估指导建议 ISBA/19/LTC/8"（下文简称"环境指南"）（ISA2013c）规定，只要频率不会对海洋生物造成显著影响，产生水下声音的地震勘探和声波探测都将被视作"不需要环境影响评价的活动"（环境指南，第 16 章）。尽管如此，对于哪个区间范围内的频率不会对海洋生物带来显著影响却没有明确的数字标准。另一方面，关于水下声音对生物的影响已有多个研究案例。通过持续对鱼进行循序渐进的研究，已得出以下研究结果：引起注意响应的值为 110~130 dB，引起惊吓响应的值为 140~160 dB，致命性的声音值为 220 dB（Hatakeyama，1995）。在自然环境中的观测也表明，水下声音 110~120 dB 时海洋哺乳动物会表现出回避（Richardson et al.，1995），而海龟则是在 170dB 时会表现出类似行为（LGL Ltd，环境研究协会和 JASCO Research Ltd，2005）。在此科学知识的支撑下，美国和澳大利亚对地震勘探和声波探测的环境影响评估是强制性的（石油开发安全和环境中心，2015）。此外，"有关环境考虑的指导建议"还列出了对水下噪声的环境影响评估，这套指导建议是金融机构为贷款协议而设计的，例如，国际金融公司的"环境、健康和安全的指导建议"（国际金融公司，2016）。此外，在谈及人为水下噪声对栖息地和海洋生物多样性的影响时，依据《生物多样性公约》创建的科学、技术和工艺咨询附属机构（SBSTTA）报告显示，至少有 55 类动物受影响，其中包括甲壳纲动物、硬骨鱼类、软体动物等无脊椎动物（《生物多样性公约》，2012）。此处仅以水下声音为例，而海洋矿产资源开发环境影响评价中仍有许多其他问题未能考虑到。例如，可能需要对考察船和矿石运输产生的温室气体以及砷等金属毒性产生的海洋环境影响进行环境影响评价。

15.2.3 影响评价流程

每项活动与相关环境风险之间的关系是有关各方应当共享的基本信息，然而，国际海底管理局发布的环境指南却只提及承包者环境调查的内容和方法，活动与风险之间的关系却并不明了。一个石油行业里的例子是"环境因素识别"（ENVID）的流程，根据该流程，在开发早期阶段，包括工程师、环境官员和环境咨询师的有关各方就活动和相关的环境风险进行识别（石油开发安全和环境中心，2015）。该流程让各方有可能在计划初期就能考虑到所有潜在的环境风险，并让有关各方达成一致，以确保技术方能够设计一套体系将环境风险纳入考虑，同时环境方能够高效地进行环境影响评估。此外，"环境因素识别"是参与开发人员共享信息的研习会，"受权调查范围（ToR）"也作为一种程序，预先对地方当局和非政府组织等利益攸关方以及监督管理机构和业务经营者设置规则（石油开发安全和环境中心，2015）。"受权调查范围"这一程序能够在利益攸关方之间确定环境影响评价的条件设置，并促进达成共识。倘若利益攸关方持续增加，未来"受权调查范围"的重要性被认为也将会增加。此外，在石油行业，可通过建立风险矩阵，对环境影响的强度和可能性进行量化。环境影响的强度可以通过稀缺性、重要性、脆弱性和恢复的时间来衡量；而可能性可以通过等级和发生的频率来衡量（图 15.1）（INPEX Browse Ltd，2010；PETROBRAS，2007）。考虑到上述这些在商业化领域中已实现的例子，我们有可能制定出适合深海矿产资源的环境指南。

		效应的大小				
		5	4	3	2	1
发生的可能性	5	高	高	高	中	中
	4	高	高	中	中	中
	3	高	中	中	中	低
	2	中	中	中	低	低
	1	中	中	低	低	低

图 15.1　假定的环境风险分类矩阵

15.3　环境保护措施

要维系海洋环境与矿产资源开发之间的平衡，上述的环境影响评价只是第一步。本节将简要概述已提出的制定环境保护规划的倡议。

15.3.1　联合国倡议

2003 年，基于 1999 年联合国决议创建的联合国海洋事务和海洋法非正式协商会议（UNICPOLOS）对国家管辖外区域内海洋保护区（MPA）进行商议，接着在 2004 年又对国家管辖范围外海域生物多样性的可持续利用与养护进行商议（DOALOS，2003，2004）。2005 年，在联合国大会期间，联合国秘书长指出，"国家管辖范围外海域生物多样性（BBNJ）方面的研究成果不多"，同时"对深海生物多样性的了解也极为有限"（联合国，2004）。2006 年，建立于 2004 年的联合国海洋事务和海洋法非正式协商会议下的"国家管辖范围外海域生物多样性养护和可持续利用问题不限成员名额非正式特设工作组"（BBNJ 工作组）发布报告称，海洋多样性研究，特别是对海山、热液喷口和冷水珊瑚的研究尤为重要（联合国，2006）。因此，在 2006 年联合国大会期间，BBNJ 工作组被要求研究"人为活动对国家管辖范围外海域生物多样性的影响（联合国，2007a）"。接着，在 2010 年第 65 届联合国大会上，联合国秘书长应要求在会上就"国家管辖范围外海域深海矿产资源开采等人类活动影响背景下的海洋能力建设和环境影响评价（联合国，2007b）"发言。上文列举了在联合国会议及联合国海洋事务和海洋法非正式协商会议上对生物多样性保护规划进行的商议，而对深海矿产资源开发影响以及诸如海洋保护区等海洋环境保护规划的讨论则随处可见。此外，2015 年第 69 届联合国大会上通过了在《联合国海洋法公约》框架下创建全球范围内有关海洋保护区和环境影响评价等的资料数据集的提议，这项工作计划于 2016 年开始（联合国，2015）。上述系列进展表明，国际社会已开始携手合作对海洋环境保护规划进行审查，其中包括深海矿产资源开发、海洋生物多样性保护以及建立海洋保护区。

15.3.2 与《生物多样性公约》相关的海洋管理

2009 年，在波恩召开的《生物多样性公约》第九次缔约方大会（CBD COP9）上，确定了选取具有生态学或生物学重要性海洋区域（EBSA，这些区域成为海洋保护区的推荐选址）的 7 个科学标准（CBD，2009）。7 个科学标准分别是：①独特性或罕见性；②对物种的不同生活史阶段具有特殊重要性；③对于那些受威胁、濒危或数量下降的物种和/或栖息地具有重要性；④具有易损性、脆弱性、敏感性、慢恢复性的特征；⑤生物生产力；⑥生物多样性；⑦自然性。2010 年，在日本召开了《生物多样性公约》第十次缔约方大会（COP 10），期间通过了"爱知目标（Aichi Targets）"——包括 5 大策略目标和 20 项具体目标，以便在 2011 年至 2020 年间能够采取"有效的紧急行动"（CBD，2010）。以下是"爱知目标"的策略目标 C（增加生物多样性来保护生态系统、物种和基因的多样性）中目标 11 的摘录："到 2020 年，至少有 17% 的陆地和内陆水域以及 10% 的海岸和海洋区域，尤其是对于生物多样性和生态系统服务具有特殊重要性的区域，通过建立有效而公平管理的、生态上有代表性和连通性好的保护区系统和其他基于区域的有效保护措施而得到保护，并被纳入更广泛的陆地景观和海洋景观。"换句话说，"爱知目标"旨在将 10% 的海洋区域发展为海洋保护区（MPA）。就深海海底矿产资源开发的地点而言，在许多情况下，我们往往没有足够的信息来判断是否符合上述标准，这意味着不太可能选取出具有生态学或生物学重要性的海洋区域。然而，上述提到的由《生物多样性公约》发起的倡议是"有效的紧急行动"，因此它们一旦实施则不可逆。将选取具有生态学或生物学重要性的海洋区域作为海洋保护区的目标定为 10% 的任务正在加快推进。这表明，选取具有生态学或生物学重要性的海洋区域有必要对深海进行科学的了解。而且，依据目前已积累的科学知识，对深海开发的环境影响评价必须是高精度的。

15.3.3 深海矿产资源开发与环境保护

正如上述讨论的那样，联合国和《生物多样性公约》已积极地参与海洋环境保护措施的制定过程，由此，各利益攸关方对海底矿产资源的环境影响拥有浓厚的兴趣。例如，2015 年在德国 Elmau 召开的 G7 峰会上，由于当时对"国家管辖范围以外深海采矿"兴趣高涨，会议公告表示"我们呼吁国际海底管理局以及早期参与的所有相关各方继续以一种清晰、有效和透明的方式实现深海采矿的可持续发展，同时兼顾发展中国家的利益"（2015 年德国 Schloss Elmau G7 峰会，2015）。此外，事实上各种与深海采矿环境影响评价/保护措施相关的项目正在实施，如 Blue Mining、MIDAS、INDEEP、JPI Oceans 和 DOSI，这些项目的实施也与上文论述的对深海采矿兴趣高涨以及围绕环境保护措施采取的系列举措息息相关（见第 16 章节）。此外，一些非政府组织表示，"若深海采矿对环境的影响尚不清楚，那么则应当暂停相关活动"，同时"深海矿产资源开发活动并不是可持续性的（Steiner，2015）"。在这种情况下，为了对深海矿产资源开发的利益攸关方有所了解，2015 年国际海底管理局开展了一项调查，该调查分为四个部分：经济、环境保护、安全和总览（国际海底管理局，2015a）。同时，在克拉里昂—克利珀顿断裂带（CCFZ）的东西南北建立了9个受控制的海洋区域［环境特别关注区（APEI），图15.2］（ISA，2011b），以便联合国能够对环境影响评估和海洋保护区建档，满足对具有生态学或生物学重要性的海洋区域和海洋保护区的考察和快速发展要求，《生物多样性公约》和科学、技术及工艺咨询附属机构正在对这些区域进行考察。环境特别关注区是一项生物多样性保护措施，其前提是认为整个克拉里昂—克利珀顿断裂带区域的生物多样性能够得到保护，即使部分区域开展采矿活动。在日本，日本石油天然气金属公司（JOGMEC）计划在其管辖范围内的海域开发海底热液矿床，审查了基因层面的环境保护措施，挑选了多个有基因流的地点进行挖掘，并设立了可开发或不可开发的地点（Narita et al.，2015）。由此，在深海矿产资源开发方面，大家不停地努力以期能够紧跟联合国等国际组织制定环境保护计划的步伐。

在海洋/深海拥有利益的利益攸关方日益增多；深海采矿已不仅仅局限于采矿业自身存在的问题，在推动深海采矿的同时还能兼顾世界舆论具有重要意义。这意味着"我们在没有对环境影响评估进行规定限制的情况下无可避免地要审查环境保护措施"。鉴于目前深海采矿的环境保护措施，还仅限于国际海底管理局实施的"环境特别关注区"内措施，而且相关讨论还不够；因而可将《生物多样性公约》、联合国海洋事务和海洋法非正式协商会议的倡议纳入考虑。

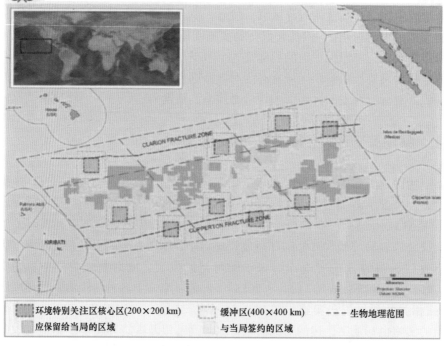

图15.2　环境特别关注区的位置（国际海底管理局，2016）

15.4　日本的倡议

在本节中，我们将讨论日本制定的环境影响评价新倡议。对于克拉里昂—克利珀顿断裂带中的锰结核，深海资源开发公司（DORD）根据国际海底管理局的合约进行了调查和相关的环境评价（Tsune and Okazaki，2015）。在2014年取得一块富钴铁锰结壳勘探矿区后，日本石油天然气金属公司也启动了西太平洋的环境影响评价工作（ISA，2015b）。此外，日本石油天然气金属公司正在进行一项环境影响评价工作和技术可行性研究，这些是该机构对国家管辖范围内海域深海热液矿床开发工作的组成部分（Ishida et al.，2012；Maeda et al.，2012）。目前，深海资源开发公司和日本石油天然气金属公司已成为日本海洋矿产资源开发与相关环境评价领域的领头羊。但2014年至今，日本政府指定日本海洋与地球科技研究机构（JAMSTEC）启动"跨部门战略性创新促进项目（SIP）"（JAMSTEC，2013），创立一种新的海底矿产资源开发方式，一种有别于深海资源开发公司和日本石油天然气金属公司的开发方式。在此过程中，日本还在试图创建一种新型的环境影响评价技术。尤其需要关注的是，日本正在测试一种具有可行性的方法，该方法可以使环境影响评价与采矿技术进展及私营企业的参与相匹配，还能跟上国际社会的发展步伐。该项目已于近期启动，我们将在下文对其进行描述，接着还将讨论作者想要着重强调的研究方法。

15.4.1　确定采矿方法与环境影响之间的关系

如上所述，不同机构都提出了新的采矿方法。一旦采矿方法发生变化，它们所带来的环境影响也自然会发生变化。因此，鉴于每种采矿方法各有不同，如果考虑海底资源开发的经济学意义，需要忽略不必要的环境评价（或若有必要，可根据要求进行添加）。谈到跨部门战略性创新促进项目，其带来的一系列影响引起了业内的关注，该方案旨在创立一个项目，从中制定不同的环境研究计划，让不同机构能够根据其采矿方法进行选择。

15.4.2　有效分类技术的开发

随着海洋矿产资源开发过程中的利益攸关方数量不断增加，环境影响评估、审查及其结果具有共同所有权文件的含义，即在利益攸关方之间缔结一个协议。为缔结这样一个协议，确保从考察到评价这个过程的透明和科学客观性是必不可少的。尤其是科学客观性这点，倘若我们认为开发商也是一个利益攸关方，那么若我们采取的技术没有将经济合理性考虑进去，则很难达成协议。该项目旨在开发一种能够将多种情况纳入考虑的分析技术（见第16章）。

15.4.3 实用环境监测系统的开发

科学客观性与经济合理性不仅对分析技术来说是必要的，对海洋观测技术来说也是必要的。在"跨部门战略性创新促进项目"环境影响监测过程中，因为自动化与机械化是目标，因此需要缩小规模来实现经济合理性。事实上，自动化还能节省人力，因此也被认为符合经济合理性。此外，倘若我们假设各个利益有关方之间有联系，选择通用的机制则至关重要。考虑到这一点，我们研究的设备包括建立在海底的监测设备（JAMSTEC，2013）和具有自动升降功能的海洋观测设备。

15.4.4 与国际趋势同步

环境影响评估和环境保护措施，尤其是在深海领域，都在演变的过程中。与此同时，其体系和结构随着我们的推进将会发生变化。因此，无论是在国家管辖范围以内还是以外，重要的是与国际趋势同步，并且拥有足够的灵活性能在任何条件下运作。在"跨部门战略性创新促进项目"的环境方面，与法国海洋开发研究院（IFREMER：法国）合作创建了一个子项目，名为EcoDEEP（Menot，2015）。除此之外，业界通过与海外研究机构以协作系统的方式试图开发一款全球适用的多功能环境影响评估技术，并与国际海底管理局的方法保持一致。

15.5 结论

各方对于海洋利用提出了不同的倡议，其中对于深海矿产资源开发的全球行动尤为活跃。此外，环境影响评估是深海矿产资源开发的一个基石，我们需要用一种新的思维来对待它，包括本章中的保护措施建议。在审查这种新方法的同时，必须允许科学知识的输入、国际合作以及经济活动的开展。

参考文献

Atmanand MA (2011) Status of India's polymetallic nodules mining programme. In: ISOPE 2011 Maui Conference

CBD (2009) Decision adopted by the conference of the parties to the diversity at its ninth meeting. UNEP/CBD/COP/DEC/IX/20, 9 Oct 2008

CBD (2010) Decision adopted by the conference of the parties to the diversity at its ninth meeting. UNEP/CBD/COP/DEC/X/2, 29 Oct 2010

CBD (2012) Scientific synthesis on the impacts of underwater noise on marine and coastal biodiversity and habitats. UNEP/CBD/SBSTTA/16/1/INF/12

Deep Ocean Resources Development Co Ltd (2015) Status of Japanese activities on biological survey of macrofauna in CCFZ. Document for ISA workshop on taxonomic methods and standardization of macrofauna in the Clarion-Clipperton Fracture zone, Uljin-gun, South

Korea, 23–30 Nov 2014

Diamond Field International Ltd (2010) Atlantis II Red Sea Deeps. http://www.diamondfields. com/s/AtlantisII.asp. Accessed 15 Jan 2016

DOALOS (2003) Discussion panel B on protecting vulnerable marine ecosystems. http://www. un.org/depts/los/consultative_process/4thMeetingPanels.htm. Accessed 19 Jan 2016

DOALOS (2004) New sustainable uses of the oceans, including the conservation and management of the biological diversity of the seabed in areas beyond national jurisdiction. http://www. un.org/depts/los/consultative_process/5thmeetingpanel.htm. Accessed 19 Jan 2016

Fukushima T (2004) Ecological characteristics of deep-sea benthic organisms in relation to manganese nodules development practices. Thesis, Kyoto University

Fukushima T, Imajima M (1997) A study of a macrobenthos community in a deep sea resedimentation area. In: Proceedings of the international symposium on environmental studies for deep sea mining, MMAJ, Tokyo, Japan, pp 331–336

Fukushima T et al (2000) The characteristics of deep-sea epifaunal megabenthos two years after an artificial rapid deposition event. Publ Seto Mar Biol Lab 39:17–27

G7 GERMANY 2015 Schloss Elmau (2015) G7 Leaders' Declaration G7 Summit 7–8 June 2015. http://www.mofa.go.jp/mofaj/files/000084020.pdf. Accessed 19 Jan 2016

Hatakeyama Y (1995) Research on hearing abilities and responses of fish to underwater sounds in Japan. IEICE technical report. Ultrasonics 95(219):19–26

Hong S (2013) Pilot mining robot for polymetallic nodules (oral presentation). In: 42th UMI, Rio de Janeiro, 21–29 Oct

IFAW (2016). International Fund for Animal Welfare H.P. http://www.ifaw.org/united-kingdom/ frontpage. Accessed 19 Jan 2016

IFC (2016) Environmental, health, and safety guidelines. http://www.ifc.org/wps/wcm/connect/ topics_ext_content/ifc_external_corporate_site/ifc+sustainability/our+approach/ risk+management/ehsguidelines. Accessed 19 Jan 2016

IFREMER (2013) Marine geoscience/consortia nodules. http://wwz.ifremer.fr/drogm_eng/ Activities/Mineral-resources/Ressources-minerales-grand-fond/Polymetallic-nodules/Nodule-consortia. Accessed 19 Jan 2016

Ingole BS, Pavithran S, Ansari A (2005) Restoration of deep-sea macrofauna after simulated benthic disturbance in the Central Indian Basin. Mar Georesour Geotechnol 23:267–288

INPEX Browse Ltd (2010) Ichthys gas field development project draft environmental impact assessment. INPEX, p 728

ISA (2008) Tonga becomes second developing state to sign contract with ISA. https://www.isa.org. jm/news/tonga-becomes-second-developing-state-sign-contract-isa. Accessed 15 Jan 2016

ISA (2011a) Seabed Authority and Nauru Ocean Resources Inc. sign contract for exploration. https://www.isa.org.jm/news/seabed-authority-and-nauru-ocean-resources-inc-sign-contract-exploration. Accessed 19 Jan 2016

ISA (2011b) Environmental management plan for clarion-clipperton fracture zone. ISBA/17/LTC/7

ISA (2013a) UK Seabed Resources Ltd. applies for approval of second plan of work for exploration for polymetallic nodules. https://www.isa.org.jm/news/uk-seabed-resources-ltd-applies--approval-second-plan-work-exploration-polymetallic-nodules. Accessed 19 Jan 2016

ISA (2013b) G-TEC Sea Mineral Resources NV (GSR) of Belgium signs exploration contract. https://www.isa.org.jm/news/g-tec-sea-mineral-resources-nv-gsr-belgium-signs-exploration-contract. Accessed 19 Jan 2016

ISA (2013c) Recommendations for the guidance of contractors and sponsoring States relating to training programmes under plans of work for exploration. ISBA/19/LTC/8

ISA (2014) Deep seabed minerals contractors. https://www.isa.org.jm/deep-seabed-mineralscontractors. Accessed 5 Jan 2016

ISA (2015a) ISA and MARAWA Research Exploration Ltd. sign exploration contract for polyme-tallic nodules in reserved areas in the Clarion-Clipperton Zone. https://www.isa.org.jm/news/isa-and-marawa-research-exploration-ltd-sign-exploration-contract-polymetallic-nodules--reserved. Accessed 15 Jan 2016

ISA (2015b) Seabed authority launchers "Stakeholder Survey" on Mineral Exploitation Code. https://www.isa.org.jm/news/seabed-authority-launchers-stakeholder-survey-mineral-exploitation-code. Accessed 19 Jan 2016

ISA (2015c) Japan Oil, Gas and Metals National Corporation (JOGMEC) and ISA sign explora-tion contract. https://www.isa.org.jm/news/japan-oil-gas-and-metals-national-corporation-jogmec-and-isa-sign-exploration-contract. Accessed 19 Jan 2016

ISA (2016) ISA and Ocean Mineral Singapore Pte Ltd. sign exploration contract for polymetallic nodules in reserved areas in the Clarion-Clipperton zone. https://www.isa.org.jm/news/isa-and-ocean-mineral-singapore-pte-ltd-sign-exploration-contract-polymetallic-nodules-reserved. Accessed 19 Jan 2016

Ishida H et al (2012) Environmental baseline survey for mining of the sea-floor massive sulfide (SMS) areas around Japanese Islands. In: Proceedings of the ASME 2012 31th OMAE, Rio de Janeiro, Brazil, 1–6 July 2012

JAMSTEC (2013) R/V KAIYO Cruise Report KY13-13 KY13-E05, JAMSTEC, p 23

JOGMEC (2015) National resources challenge to development: seafloor massive sulfide. JOGMEC News, p 16 (in Japanese)

Kaneko T et al (1997) The abundance and vertical distribution of abyssal benthic fauna in the Japan Deep-sea Impact Experiment. In: Proceedings of the 2nd ISOPE ocean mining sympo-sium, ISOPE, vol 1, Honolulu, pp 475–480

Kaufman R, Latimer JP, Tolefson DC (1985) The design and operation of a Pacific Ocean deep-ocean mining test ship: R/V Deepsea Miner II. In: Proceedings of the 17th offshore technology conferences, Paper No. 4,901

Kawano S et al (2015) Study on mining system for seafloor massive sulfide mound and results of on-site excavation test in Okinawa Trough. J MMIJ 131:614–618

LGL Ltd, Environmental Research Associates, and JASCO Research Ltd (2005) Assessment of the effects of underwater noise from the proposed Neptune LNG project. LGL Report No. TA4200-3, p 12

Maeda N et al (2012) Dynamics of the setting and suspended particle around a seafloor massive sulfide in Japan. In: Proceedings of the ASME 2012 31th OMAE, Rio de Janeiro, Brazil, 1–6 July 2012

Menot L (2015) EcoDEEP workshop: the crafting of seabed mining ecosystem-based manage-ment. MIDAS Newsletter issue 5 summer 2015, p 17

Narita T et al (2015) Summary of environmental impact assessment for mining seafloor massive sulfides in Japan. J Shipp Ocean Eng 5:103–114

Nautilus Minerals (2015) Status of the equipment. http://www.nautilusminerals.com/irm/content/status-of-the-equipment.aspx?RID=424. Accessed 19 Jan 2016

Nautilus Minerals Nuigini Ltd (2012) Mineral Resource Estimate Solwara Project, Bismark Sea, PNG. Technical Report compiled under NI43-101, p 240

Neptune HP (2015) Minerals extraction. http://www.neptuneminerals.com/our-business/minerals-extraction/. Accessed 19 Jan 2016

NOAA (1981) Deep seabed mining final programmatic environmental impact statement 1 (NOAA, 1981)

NOAA (1982) Marine Environmental Research Plan 1981–1985

Ozturgut E et al (1978) Deep ocean mining of manganese nodules in the North Pacific: pre-mining environmental conditions and anticipated mining effects. NAA Technical Memorandum ERL MESA-33, p 133

Ozturgut E, Trueblood DD, Lawless J (1997) An overview of the United States' benthic impact experiment. In: Proceedings of the International Symposium on Environmental Studies for Deep Sea Mining, MMAJ, Tokyo, Japan, pp 23–32

PETROBRAS (2007) Desenvolvimento Integrado da Produção e Escoamento na Área Denominada Parque das Baleias e no Campo de Catuá. Petrobras, p 80

Radziejewska T (1997) Immediate responses of benthic meio- and megafauna to disturbance caused by polymetallic nodules miner simulator, deep-sea meiobenthic communities to sediment disturbance simulating effects of polymetallic nodule mining. In: Proceedings of the international symposium on environmental impact of deep sea mining, MMAJ, Tokyo, Japan, pp 223–235

Radziejewska T et al (2001) IOM BIE revisited: meiobenthos at the IOM BIE site 5 years after the experimental disturbance. In: Proceedings of the 4th ISOPE ocean mining symposium, Szczecin, Poland, pp 63–68

Radziejewska T et al (2003) Marine environment in the IOM Area (Clarion-Clipperton Region, Subtropical Pacific): current knowledge and future needs. In: Proceedings of the 5th ISOPE ocean mining symposium, ISOPE, Tsukuba, Japan, pp 188–193

Richardson WJ et al (1995) Marine mammals and noise. Academic Press, London, p 594

Rodrigues N et al (2001) Impact of benthic disturbance on megafauna in Central Indian Basin. Deep Sea Res Part II 48:3411–3426

Safety and Environment Center for Petroleum Development (2015) Report for Research on Environmental Measures for Oil and Gas Exploration and Development in Deepwater (Environmental Impact Assessment). METI. http://www.meti.go.jp/meti_lib/report/2015fy/000154.pdf. Accessed 19 Jan 2016 (in Japanese)

Schwarz W (2001) Advanced nodule mining system. In: Proceedings of the proposed technologies for deep seabed mining of polymetallic nodules, Kingston, Jamaica, ISA, pp 39–54

Sharma R et al (2003) Monitoring effects of simulated disturbance at INDEX site: current status and future activities. In: Proceedings of the 5th ISOPE ocean mining symposium, ISOPE, Tsukuba, Japan, pp 208–215

Shirayama Y, Fukushima T (1997). Responses of meiobenthos community to the rapid resedimentation. In: Proceedings of the international symposium on environmental impact of deep sea mining, MMAJ, Tokyo, Japan, pp 187–196

Steiner R (2015) Deep sea mining a new ocean threat. The Huffington Post, 20 Oct

Stoyanova V (2014) Status of macrofaunal studies carried out by the Interoceanmetal Joint Organization (IOM). Document for workshop on taxonomic methods and standardization of macrofauna in the Clarion-Clipperton Fracture zone, Uljin-gun, South Korea, 23–30 Nov 2014

Theil H, Foell E, Schriever G (1992) Potential environmental effects of deep seabed mining. In: Preparatory Commission for the International Seabed Authority and for the international Tribunal for the Law of the Sea, New York, 10–21 Aug, p 214

Trueblood DD et al (1997) The ecological impacts the joint US-Russian Benthic Impact Experiment. In: Proceedings of the international symposium environmental studies for deep sea mining, MMAJ, Tokyo, Japan, pp 237–243

Tsune A, Okazaki M (2015) Current situation of manganese nodule exploration in Japanese License Area. J MMIJ 131:602–609

UN (2004) Resolution adopted by the General Assembly on 17 November 2004 (A/Res/59/24)

UN (2006) Report of the Ad Hoc Open-ended Informal Working Group to study issues relating to the conservation and sustainable use of marine biological diversity beyond areas of national

Jurisdiction (A/61/65)

UN (2007a) Resolution adopted by the General Assembly on 22 December 2007 (A/Res/62/215)

UN (2007b) Letter dated 17 March 2010 from the Co-Chairpersons of the Ad Hoc Open-ended Informal Working Group to the President of the General Assembly (A/65/68)

UN (2015) Resolution adopted by the General Assembly on 19 June 2015 (A/RES/69/292)

Yamazaki T (2015) Past, present, and future of deep-sea mining. J MMIJ 131:592–696

白山·義久（Yoshihisa Shirayama）博士，1955 年生于日本东京，并于 1982 年获东京大学科学研究生院科学博士。毕业后，先后在东京大学海洋研究所担任助理教授和副教授。1997 年，成为京都大学理学院濑户海洋生物实验室的教授。2003 年该实验室搬迁至现场科学教育研究中心，他从 2007 年开始担任该中心主任。2011 年 4 月，成为日本海洋科学与技术中心研究执行主任。主要研究领域是海洋生物学，尤其是深海底栖动物的分类学和生态学。他还致力于海洋生物多样性和海洋酸化对其影响的研究。1988 年，获得日本海洋学会颁发的"冈田奖"，并于 2011 年获得日本环境部的认可。2011 年，作为海洋生物普查科学指导委员会的成员，还被授予"考斯莫斯国际奖"。

伊藤（H. Ito）先生是日本海洋科学与技术中心（JAM-STEC）生态系统观测与评价方法研究组、新一代海底资源研究协议开发项目组的工程师。1991 年，他从香川大学农业研究生院完成学业，并加入了日本 NUS 有限公司（Janus）。他在 Janus 负责与海洋开发环境影响评估相关的项目。自 2015 年以来，一直在日本海洋科学与技术中心工作。

福岛·智彦（Tomohiko Fukushima）博士目前在日本海洋科学与技术中心的海底资源发展研究中心（R&D）工作。1984 年毕业于东京水产大学水产学院（学士学位），1986 年获得东京水产大学渔业学院的研究生学位（硕士学位）。2004 年，获得京都大学理学博士学位。博士论文题目是"深海底栖生物的生态特征与锰结核开发实践的关系"。获得博士学位后，他在海洋政策研究基金会从事研究工作，兼任东京大学副教授，然后加入日本海洋科学与技术中心。

第16章 与深海采矿及新技术发展有关的环境影响评价（EIA）中的分类问题

Tomohiko Fukushima，Miyuki Nishijima

摘要：随着全球金属矿产资源持续短缺，人们对深海矿产资源开发的预期不断增加，同时也产生了对于严格环境影响评价的需求。然而，与人类健康的风险评估不同，目前对于自然环境的影响评价还没有明确的标准和评价指标。因此，尽管在概念层面上已经强调了环境影响评价的重要性，但要提出具体的评价方法却并不容易。在浅海区域，分类学和生态系统知识相对丰富，其影响评价通常基于生物量、丰度、物种丰富度、珍稀物种、特有物种、优势物种或关键物种。相比之下，深水区域缺乏高度专业化的分类与识别技术人员，难以获得像浅水区域这样的指标。另一方面，深海矿产资源开发的机会不断增加。因此很难想象，深海矿产资源的开发会因环境影响评价问题而中断。这些事实表明，迫切需要环境影响评价人员来解决深海采矿影响指标问题。本章阐述了当前深海矿产资源开发中环境评价存在的问题，探讨了利用分子生物学方法进行环境影响评价的可能性。

16.1 深海矿产资源的开发潜力

在国家管辖范围之外和管辖范围内的海域，对深海矿产资源开发的期望都越来越高。从最近的向国际海底管理局申请勘探区域的数量上可以看出，对国家管辖范围以外地区的深海矿产资源开发的期望渐增（ISA，2014）。2000年出版了《区域内锰结核探矿和勘探规章》（ISA，2013a），到2002年，7个先驱投资者获得了来自国际海底管理局的勘探权。2010年之前有一段时间没有新的申请；2011年以来，17个新勘探区获得批准。此外，海底块状硫化物（SMS）（ISA，2010）和富钴铁锰结壳（CRC）（ISA，2012）的勘探规章分别于2010年和2011年公布，据此分别有6份和4份勘探区申请获得批准（图16.1）。

近期的许多申请都是由私营公司提出并由认证国家赞助。这些公司包括：G-TEC海洋矿产资源公司NV（GSR）与库克群岛签订在库克群岛投资的合同、英国海底资源公司（美国洛克希德·马丁公司英国分公司）和新加坡海洋矿产有限公司（新加坡吉宝企业分公司），基里巴斯的新加坡马鲁瓦研究和勘探有限公司，瑙鲁的瑙鲁海洋资源公司（隶属于鹦鹉螺矿业公司），汤加的汤加海底采矿公司（隶属于鹦鹉螺矿业公司），巴西的矿物资源勘查公司等（ISA 2015）。

至于沿海国管辖范围内区域，钻石领域国际（红海）和鹦鹉螺矿业公司分别于2010年和2011年取得了开发许可证［为索尔瓦拉，巴布亚新几内亚（PNG）］（Diamond Fields，2015；The Guardian，2012)，其目标都是海底热液矿床。关于勘探许可证，鹦鹉

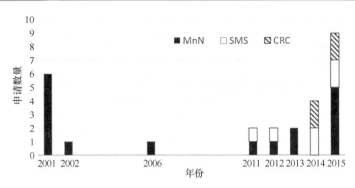

图 16.1　国际海底管理局勘探区申请数量的变化

螺矿业公司在汤加、斐济、所罗门群岛、瓦努阿图、巴布亚新几内亚和新西兰提出了申请，其中一些获得批准。同样，海王星矿业及其附属公司获得了在巴布亚新几内亚、所罗门群岛、汤加、斐济、瓦努阿图、密克罗尼西亚和帕劳（Neptune Minerals，2015）的热液矿床的海底勘探权。韩国海洋科学研究所（KIOST）（KIOST，2012）在汤加和斐济也获得了相同的许可证（表 16.1）。2015 年，库克群岛海底矿物管理局就其管辖水域内的锰结核勘探许可证举行了一次国际招标（Seabed Minerals Authority，2005）。

表 16.1　国际合作项目清单

项目名称	支持者	成员	时间
蓝色矿业（Blue Mining）	EP7	欧洲的 19 个研究机构（11 个国家）	2014—2018
深海资源开发的管理影响（MIDAS）	EP7	欧洲的 32 个组织机构（11 个国家）	2013—2015
自主健康和多产海洋联合计划（JPI Ocean）	欧盟成员国	20 个国家	2011—
深海生态系统科学研究的国际网络（INDEEP）	总基金会	超过 500 个成员（来自 38 个国家）	2011—2016
深海管理倡议（DOSI）	深海生态系统科学研究的国际网络	邮件列表中的 185 个成员	2013—
深海生态系统（EcoDEEP）	每个组织机构	法国海洋开发研究所和日本海洋地球科学研究所	2015—

注：EP7 为欧盟委员会的第七框架计划

在国家管辖范围内矿区取得采矿许可证的趋势下，国际合作开发采矿技术逐步发展。蓝色矿业（Blue Mining）就是一个例子（2014—2018 年），它是一个深海矿产资源技术开发项目，以研究、技术开发和示范为目标，是欧盟第七个研究框架方案的一部分（FP7）。蓝色矿业由 11 个欧盟国家及 19 个研究机构和公司组成。值得注意的是，该项目有对探索性生产技术的考量，如深海尾矿技术（Blue Mining，2015）。以上讨论的案例是关于深海矿产资源开发趋势的例子。

16.2 环境影响评价的规范化

随着对深海矿产资源开发的期望增高，人们还对环境影响评价作出了进一步的努力。2015 年 6 月 7—8 日，在德国埃尔毛（Elmau）举行 G7 峰会，在公开声明中论述了与国家管辖范围以外区域深海采矿相关的环境问题。首脑会议声明书写道："我们呼吁在所有利益攸关方的早期参与下，国际海底管理局继续开展制定清晰、有效和透明的可持续深海采矿行业规范的工作，并考虑到发展中国家的利益。"在此背景下，一些相关的环保项目在欧盟诞生了。与蓝色矿业类似，欧盟在实施作为 FP7（MIDAS，2012）一部分的"深海资源开发的管理影响"（MIDAS）。这是一个为期三年的计划，于 2013 年启动，旨在减少由深海矿产资源开发造成的环境影响。该计划涉及 11 个欧洲国家及与科学、工业、社会科学、法律和非政府组织相关的 32 个机构。该项目以锰结核、海底热液矿床、富钴结壳和稀土软泥为研究对象，重点是环境影响评价，并且各个利益相关者已参与此项目。

尽管欧盟总部未提供资金，欧盟国家共同资助了自主健康和多产海洋联合计划（JPI Oceans）。目前，JPI Oceans 13 个研究项目之一是探索深海资源，其目标包括建立深海矿区产地地图（JPI Oceans，2015）。此外，还有一个环保项目由总基金（法国）资助，即深海生态系统科学研究国际网络（INDEEP）（INDEEP，2015）。这个项目通过支持可持续的深海环境管理来填补科学与社会之间的鸿沟。计划的项目期限为 2011—2016 年，目前有 38 个国家约 500 人参与。另一个从 INDEEP 派生的项目是深海管理倡议（DOSI，2015）。这个项目旨在通过科学、技术、政策和经济的综合方法推进未来深海海床生态系统管理的发展。

上述努力具有共同之处，如多利益攸关方、多国参与、综合环保、社会和科学的合作（表 16.2）。除了这些跨国项目外，也有很多涉及个别国家或组织的案例。国家与 ISA 签订勘探合同，需要进行环境影响评估。对于国家管辖范围内的开发，环境影响评估是根据各个国家的规定进行的。至于日本，深海资源开发有限公司（DORD）与日本石油天然气公司（JOGMEC）正在中太平洋赤道地区和西太平洋富钴结壳区附近的锰结核探矿区分别进行环境影响评估（DORD，2015；JOGMEC，2015）。国家管辖的地区内，日本石油天然气公司正在冲绳和小笠原站点为海底块状硫化物（SMS）的开发对环境保护开展审查（Narita et al.，2015）。此外，日本海洋地球科学与技术中心（JAMSTEC）正在开展与深海矿产资源开发有关的生态系统变化预测和监测技术研究，这是由内阁府组织的跨部门战略创新推进计划（SIP）的一部分（SIP，2015）。

这些项目反映了最近的趋势，为应对由于资源匮乏产生的社会需求，深海矿产资源开发和环境影响评估正在发展中。但是，两者的努力都存在一些问题。以下各节将讨论环境影响评估所呈现的问题。

表 16.2 国家管辖范围内的深海矿产资源开发活动清单

序号	国家	项目计划	项目地点	核心公司	许可证	授予机构/适用于	矿产资源类型
1	沙特阿拉伯	亚特兰蒂斯II深海项目	红海	核心：金刚石产地国际有限公司（加拿大）联合：沙特 Manafa 国际公司	2010—2040（EpL）	红海委员会	SMS
2	巴布亚新几内亚	索尔瓦拉1号项目	俾斯麦海域	鹦鹉螺矿业（加拿大）	2010—2030（EpL）	巴布亚新几内亚	SMS
3	巴布亚新几内亚	索尔瓦拉2-19	俾斯麦海域	鹦鹉螺矿业（加拿大）	1997—（EL）	巴布亚新几内亚	SMS
4	巴布亚新几内亚	伍德拉克地区	所罗门海域	鹦鹉螺矿业（加拿大）	2012，2014（EL）	巴布亚新几内亚	SMS
5	巴布亚新几内亚	新爱尔兰岛弧	新爱尔兰岛近海	鹦鹉螺矿业（加拿大）	2012，2014（EL）	巴布亚新几内亚	SMS
6	巴布亚新几内亚	——	——	海王星矿业（美国）	2012—2014（EL）	巴布亚新几内亚	SMS 和低温热液型金矿
7	所罗门群岛	——	所罗门海域	鹦鹉螺矿业（加拿大）	2011—2014（PL）	所罗门群岛政府	SMS
8	所罗门群岛	——	所罗门海域	澳大利亚 Blue Water Metals 公司/海王星矿业的子公司	2007—2014（PL）	所罗门群岛政府	SMS
9	汤加王国	——	汤加	鹦鹉螺矿业（加拿大）	2006—2007（PL）	汤加	SMS
10	汤加王国	——	汤加	海王星矿业（美国）	2008—2014（PL）	汤加	SMS
11	汤加王国	——	汤加	韩国海洋科学研究所	2008—2014（EL）	汤加	SMS
12	斐济	——	斐济	鹦鹉螺矿业（加拿大）	2014—2016（EL）	斐济	SMS
13	斐济	——	斐济	澳大利亚 Blue Water Metals 公司/海王星矿业的子公司	2012—2014（EL）	斐济	SMS
14	斐济	——	斐济	韩国海洋科学研究所	2011—（EL）	斐济	SMS

续表

序号	国家	项目计划	项目地点	核心公司	许可证	授予机构/适用于	矿产资源类型
15	瓦努阿图	—	瓦努阿图	鹦鹉螺矿业（加拿大）	2014— （PL）	瓦努阿图	SMS
16	瓦努阿图	—	瓦努阿图	俾斯麦矿业公司/部分 Bluewater 矿业	2011—2014（EL），2012—2015（EL）	瓦努阿图	SMS
17	密克罗尼西亚	—	密克罗尼西亚	海王星矿业（美国）	—	—	—
18	帕劳	—	帕劳	海王星矿业（美国）	—	—	—
19	新西兰	—	丰盛湾	鹦鹉螺矿业（加拿大）	2007（PL）	新西兰	SMS
20	新西兰	—	吉斯本	海王星矿业（美国）	2002（PL）	新西兰	SMS
21	葡萄牙	—	亚速尔群岛	鹦鹉螺矿业（加拿大）	2012（EL）	葡萄牙	SMS
22	意大利	—	伊特鲁里亚海	海王星矿业（美国）	2007（EL）	意大利	SMS
23	挪威	—	大西洋中脊	北欧海洋资源/北欧矿业公司和海洋矿业公司的补贴			SMS
24	北马里亚纳群岛联邦		—		2006（EL）	北马里亚纳群岛政府	SMS

注：PL–勘查许可证；EL–勘探许可证；EpL–采矿许可证；SMS–海底块状硫化物，也称海底热液硫化物或多金属硫化物

388

16.3　环境影响评价问题

深海矿产资源开发有明确的经济效益目标，而环境保护目标却依然是概念性的。例如，在联合国海洋法公约（UNCLOS）中，经济上被描述为"矿物的价格合理而又稳定，对生产者有利，对消费者也公平……（第 150 条）"。另一方面，提及环境保护时讲到："为确保有效保护，依照本公约对在该地区可能产生的有害海洋环境的活动，应采取必要措施（第 145 条）。"同样，在 ISA 的矿业规章中，虽然基于生化调查（附录Ⅱ，no. 18）评估了特定的商业价值，对环境问题发表的看法仅限于"……确保对海洋环境的有效保护，使其免受该地区活动带来的有害影响……（Mining Code 31）"。正如前面提到的那样，在环境影响评价方面需要做些什么是含糊不清的。

要确定环境评价的目标，必须明确终点①和制定方法。然而，制定"环境影响"的终点并没有一般的标准，这与人类健康风险评估②的情况相反，因为不治之症的标准已经确立。这个问题表明，在全球和国家层面的环境政策很难有明确的目标。

由于缺乏明确的终点，评价工作需要确立假设和前提条件，并需要进行重新解读。例如，根据经合组织 2002 年（OECD，2002）的建议，为了保护日本淡水，在制定锌的水质标准时，基于某些假设，"保护自然环境"的目标被解释为"防止物种灭绝"。此外，由于设置标准时很难对所有物种开展研究，所以将特定物种（淡水白斑红点鲑鱼和水生昆虫宽叶高翔蜉）的毒性试验结果作为代表性的实例。据此建立的锌的水质标准为 3 mg/L。

假设、前提条件和重新解读越多，原始和实际政策目标之间的差异也越多。然而，尽管有规章和条件，环境政策也不能脱离规范。因此，在实际调查中，对目标区生物群的影响评价是基于种群数量、物种数量、稀有物种、特有物种、典型物种、优势物种和关键物种开展的。然而，这是在沿海地区进行环境影响评估的情况，把这种标准应用到深海的效果是相当有限的。

16.4　对影响力指数的分类和鉴别缺乏人力资源

使用沿海地区生物指标进行深海环境影响评估具有限制性，这是由于缺乏可对深海生物进行分类和鉴定的人员，而这是进行索引工作的基础。因此，索引的提升需要填补人力资源的不足或建立其他指标。因此，本章概述了生物分类与鉴定人员发展的情况。这里的分类学是指形态分类学，在这种分类学中，生物体是根据其总体形态来分类的。

---

① 终点：Nakanishi（1995）将终点描述为"不惜一切代价避免的后果"（Nakanishi，1995）。共享终点可以产生应对各种风险的共同措施。以人类健康为例，如果终点是由某种行为引起的死亡，那么可能根据他们的死亡评分（＝预期寿命损失）进行风险比较。然而，保护自然环境的终点的定义尚未得到推广。Nakanishi 拟议的终点是一个物种的灭绝，但这还没有被推广。

② 人体健康风险评估：世界卫生组织在"饮用水水质准则"中规定终生致癌率要低于 10^{-5}。在日本，10^{-5} 的值被设定为空气和水的终生风险等级。

16.4.1　分类和鉴定

分类学是研究不同物种的命名和分类，并将其组织成理论框架的研究。在这一领域的研究人员称为分类学家。鉴定学是根据分类学知识确定生物种类，在环境评价领域应用鉴定技术的人员被称为鉴定学家。虽然类似，但是分类与鉴定存在差异。一般来说，分类学家的研究对象是特定的分类群或分类学特征，而鉴定技术员处理各种各样的分类群。在许多对整体水生生物进行环境保护评价的公司中，将职责按照海洋生物和淡水生物，或浮游生物和底栖生物划分。也有将底栖生物分为大型底栖生物、底栖生物和小型底栖生物的情况。或者将鱼卵和幼虫与浮游生物分别研究。在任何一种情况下，上述生物群中的所有生物都是研究对象，并且待处理物种的数量绝不少。从封闭海湾的一个固定生物群样本（归类为底栖生物）中识别出 200 多个物种是正常的。

即使样品状况不能令人满意或样品损坏，技术人员仍需要找到可观察的部分，并在分析结果中反映出来。即使在分类学特征不足的情况下，基于其他特征做出综合性判断是鉴定人员的专业技能（不用说，如果样本状况不佳，样本可能是"不可识别的"）。

由于鉴定的数据可以与过去或将来的结果进行比较，所以分类精度必须是同等级别[①]的。为了比较的目的，调整物种分类精度的能力可能不是分类学的一部分，但它是生态学研究中常用的方法，它随着时间的变化而变化。

由于环境评估公司所做的鉴别工作是一项经济活动，因此效率也是必需的。换句话说，很难在一个样本上花费太多的时间，并且有关于高效工作的专门知识。

16.4.2　人力资源开发

培养分类学家困难的一个原因可能是，研究预算的分配是有限的，因为它不直接导致盈利，投资效果不明显。其他解释包括人类发展对经验的巨大依赖而需要很长的时间。换句话说，这是分类学家和识别技术人员都必须经历的过程，不仅要查阅文献，而且要用自己的眼睛及通过显微镜对观察对象进行观察。毫不夸张地说后面的过程更为重要。这些过程培养观察目标生物体的能力，以及在一个物种中发现不同和共同特征的"直觉"能力，而这是无法从手册中获得的。分类和识别技术人员的培养很可能会遵循基于经验的方法。在短时间内培养完全合格的分类人员并非易事。从长远来看，这一事实表明，人力资源开发需要大量成本。

为了举例说明生物分类方面的困难情况，一个被称为 *kinorhyncha* 的生物是一种从浅海到深海广泛分布的小型底栖动物，据报道其丰度有时可同线虫和猛水蚤相媲美（Shirayama，2000）。由于它在贫氧环境中的早期消失，该生物曾被认为是潜在的污染指示物种（Murakami，2005）。今天，据说世界上约有 150 种，其中 8 种在日本。但是，在每

---

① 例如，如果在某一年 A 和 B 被划分为两个不同的物种，但在接下来的一年里被归为一个物种，那么发现的生物群体的数量就会有所不同。如果分类系统发生变化，这可能会发生。识别技术人员必须解释和处理这些变化。

种情况下，典型样品的取样地点只限于靠近特定研究设施的地点。例如，许多报告来自美国东海岸，史密森尼机构位于那里，并靠近地中海。在日本，本地化更为突出，在歌山县即京都濑户大学的海洋生物实验室所在地发现了 5 种典型物种。样本抽样点与研究机构的位置之间的强相关性表明，对 kinorhyncha 的研究受限于特定的研究人员。为了扩大论点，大量增加 kinorhyncha 研究人员，应该可以使报告的物种丰度和分布范围发生重大变化。这是一个象征着分类学的现状和挑战的例子。

16.4.3 在分类和鉴定中缺乏人力资源的相关问题

由于缺乏深海分类和鉴定人力资源，难以评估深海采矿的环境影响。如果环境保护机构不解决这个问题，缺乏经验的分类学家可能会参与环境影响评估项目，从而导致错误数据的传播以及数据前后不一致，混淆了环境评估本身。在 ABNJ 中，某些国家用草率的人力资源来填补空白，而其他国家和公司则在 ISA 指导下做出努力，这是不公平的。由此，对项目感兴趣的国家必须继续努力保持数据的准确性以避免这种情况。此外，ISA 应该严格地监督。然而实际上，关于数据的精确性可能令人怀疑的时候，除极端情况外，由错误数据是很难得出结论的。由于陆地和浅水区域有丰富的数据，对这些地区环境评估的交叉检查有时是有经验可循的；然而，深海数据不足，因此不可能进行交叉检查。要强调的是，需要建立分类和识别技术的标准，以确保准确的环境影响评估。下一节将讨论分子生物学方法的潜力，其作为一种新技术引起了人们的关注。

16.5 在环境影响评价中的分子生物学方法

由于分子生物学的进步，基因水平的差异开始应用于部分环境影响评价。在深海矿产资源开发方面也有引进新技术的动向，如 ISA 建议（ISA，2013b）的分子生物学方法及分类和鉴定研讨会技术指导（Dahlgren，2014）。目前，这种技术主要是用作原核生物的影响评估方法，但其在相对大型生物体中的应用将取决于技术的进步。

与传统分类和识别方法相比，使用分子生物学技术的优势如下：它对分析师经验的依赖性相对较低，数据采集预计将更客观，其标准化可以相对容易地推进。此外，DNA 信息允许样本早期发育阶段（幼虫和未成熟标本）和受损样本的识别。即使物种的名字是未知的，核苷酸序列也可以记录下来，然后到数据库进行比较识别。这就是 ISA 要求签约对象将所收集的核苷酸序列提交给数据库［ISA's recommendation，Annex I.40（ISA，2013b）］的原因。

下文中概述了分子生物学方法的三个部分：①应用于物种识别；②宏基因组分析；③转录组分析。然而，本章的目的不是描述技术细节，所以讨论将仅局限于每个主题的概要。

16.5.1　应用于物种识别

对于物种识别，通常使用核糖体 RNA（rRNA）基因序列，包括原核生物的 16S rRNA 基因序列和真核生物的 18S rRNA 基因序列。在 rRNA 基因序列中，存在许多生物体共同拥有的保守区和对每个物种都是独一无二的可变区（图 16.2）（Neefs et al.，1993）。物种识别使用 rRNA 基因序列按如下步骤进行：①靶区域序列使用作为 PCR① 引物②的保守区 rRNA 基因序列扩增获得（Hadziavdic et al.，2014）；②用 DNA 测序仪分析获得的 PCR 扩增 DNA 片段；③确定的序列用于识别在 DNA 数据库中具有相似序列的物种（图 16.3）。

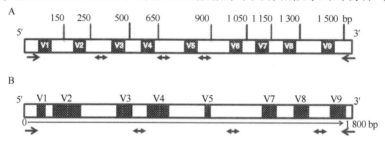

图 16.2　SSU rRNA 基因序列在可变区和保守区的示意图

（A）原核生物 SSU rRNA；（B）真核生物 SSU rRNA。V1~V9 是可变区域。在真核生物 SSU rRNA 基因序列中，与原核生物 SSU rRNA 相对应的 V6 区域是更保守的（Neefs et al.，1993）。箭头表示全体引物 PCR 扩增的方向

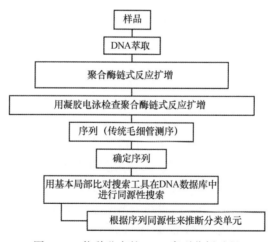

图 16.3　物种鉴定的 DNA 序列分析过程

这项技术用分子生物学方法取代了显微观察方法，但给出了相同的物种信息。这个方

---

①　PCR 是聚合酶链反应的一种方法，它是通过复制模板 DNA、DNA 聚合酶和两个引物（即短 DNA 片段）的 DNA 合成反应，将核苷酸序列的 DNA 片段复制成千上万次的一种方法。

②　引物是靶基因核苷酸序列区域两侧的 DNA 片段，通过 PCR 扩增。

法也适用于编制沿海地区的索引。另一方面，对样品中存在的所有有机体进行微观观察需要大量的体力工作、时间和成本。此外，基于核苷酸序列的分类单元的估计需要数据库中存在该序列的记录。虽然核苷酸序列数据库[①]正在改进，但是某些分类单元登记序列的数量上存在差异，因此数据库仍然不完整（表 16.3）。

表 16.3　在 NCBI 数据库中每个分类单元注册核苷酸序列的数量

分类层级	分类单元	序列数量
门	铠甲动物门	5
门	线虫动物门	1 956 229
门	有孔虫门	35 113
门	缓步动物门	20 153
亚纲	桡足纲	765 549
级	猛水蚤目	76 476

注：序列数量的统计截至 2015 年 11 月 13 日

16.5.2　宏基因组分析

克隆和 DGGE[②] 是通过从样品中提取所有生物体的 DNA（作为每个生物体的混合 DNA）和全面分析核苷酸序列来估计生物群的方法。但由于它们程序复杂、成本高、检出限低，主要用于了解样品中的优势物种（图 16.4）。然而，由于下一代测序仪近期的推广使用，可以一次分析数以百万计的碱基序列单位，使生物群落的高分辨率分析成为可能（Pawlowski et al.，2014）。使用包括扩增子序列的下一代测序分析方法[③]，分析特定基因序列的 PCR 扩增产物和鸟枪法序列，不进行 PCR 扩增，直接分析提取的 DNA。扩增序列的优点是它可以通过 PCR 扩增分析 DNA 浓度低的样品。另一方面，这种方法[④]所面临的技术挑战是难以设计一个具有多个类群的生物群落的一步 PCR 扩增的通用引物，特别是

---

①　全世界有三个公共的 DNA 数据库，即日本的 DNA 数据库（DDBJ；Http：//www. ddbj. nig. ac. jp/）、NIH 基因序列数据库（GenBank；http：//www. ncbi. nlm. nih. gov / genbank /）和欧洲分子生物学实验室（EMBL；http：// www. ebi. ac. uk/）。这些研究机构形成了一个被称为核苷酸序列数据库协作的合作团体（INSDC）并共享他们的数据。注册信息每天更新，全基因组序列和无基因组分析等衍生的大量序列的注册数据量不断增加。

②　DGGE 代表变性梯度凝胶电泳，这是一种分离 PCR 扩增序列，如从混合 DNA 环境中提取 16S rRNA 基因序列，并进行分析的方法。Muyzer 等人介绍了关于细菌分析的案例（Muyzer et al.，1993）。通过改变靶基因，这个方法可以适用于真菌和线虫（Möhlenhof et al.，2001；Waite et al.，2003）。

③　在使用下一代测序仪分析时，使用 PCR 扩增的序列，用以区别于非 PCR 扩增方法。

④　当使用保守区 16S rRNA 基因序列设计 PCR 引物时，如果 PCR 靶区域包含含内含子的生物体，则产生的扩增序列有时比预期更长。例如，有孔虫 16S rRNA 基因序列包含许多内含子，当把它们当作小型底栖动物同现存的线虫和猛水蚤进行分析时，需要考虑到这种情况。

对真核生物，其碱基序列中含有内含子①。

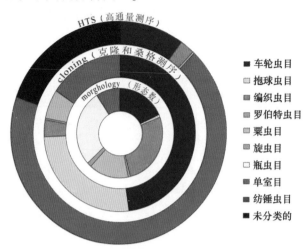

图 16.4　通过形态数（内圈）、克隆和桑格测序（中圆）、高通量测序（外圆）对主要有孔虫类群相对比例进行比较。形态计数基于世界海洋物种数据库（WoRMS）中有孔虫数据。桑格测序数据是基于 GenBank 基因数据库中可用的单细胞测序序列及它们自己的数据库。HTS 数据对应 8 个串联的 Illumina 测序采集 26 135 707 个序列（After Pawlowski et al.，2014）

考虑到由 PCR 引起的偏差，鸟枪序列可以产生更好地反映样本的实际生物群落的结果。②

这两种技术都可根据 rRNA 基因序列分析生物多样性，或基于诸如酶等功能基因来分析代谢系统，这些酶用于估计生态系统中的新陈代谢，尽管估计原始物种和功能基因的关系是困难的。③

为了根据核苷酸序列推断类群，在数据库注册的 DNA 序列中进行同源性搜索。方便起见，具有一定同源性的序列被定义为相同的生物群体（物种）。一个样品的多样性评价是以这样的类群作为操作分类单元（OTU）的。一般情况下，它可以被看作是通过 97% 以上 SSU rRNA 基因序列的同源性值（Ong et al.，2013；Creer et al.，2010）④ 确定的相同的 OTU。

宏基因组分析的结果可以通过 OTU 及功能基因的代谢系统为生物多样性分析提供解释，这些结果可作为该领域的新指标。然而，在理解这些指标的变化意味着什么，以及比

---

①　内含子是不转录成氨基酸序列的部分 DNA 序列。剪接是转录过程中去除内含子的过程。相反，被转变成氨基酸的核苷酸序列区域被称为外显子。虽然内含子中经常在真核生物中被发现，但是它们也在原核生物和病毒中出现（Belfort et al.，1995；Berget et al.，1977）。

②　用下一代测序仪的鸟枪序列可产生大量的核苷酸序列，但核糖体 RNA 主要用于估计生物群，它们只占整个基因组的一小部分（整个序列的小于 1%）（Kawai et al.，2014；Shi et al.，2011）。出于这个原因，对于生物多样性分析的鸟枪测序需要大量的处理序列。

③　如果该物种的基因组信息被登记在数据库中，就可以估计功能基因的起源。

④　这个定义是为了方便起见，有可能 16S rRNA 基因序列的同源性为 97% 并不能断定这两个物种的同一性。在这种情况下，环境中物种丰富度可能被低估了。

较其他人为活动引起的效应和影响的程度方面，仍然存在挑战。

16.5.3　元转录组学分析

DNA 比 RNA 更难降解。因此，DNA 宏基因组分析还可以检测生物遗骸和残留的核苷酸序列。此外，尽管宏基因组分析可以全面获得遗传信息，但它不能分辨这些基因是否运行正常。另一方面，处理信使核糖核酸（mRNA）的宏转录组分析，可以检测环境（或细胞）中的实际功能基因。例如，有一项基于北太平洋表层海水中微生物元转录组学分析方法检测与代谢途径（如光合作用、碳固定、氮吸收等）有关的功能基因的研究（Frias-Lopez et al.，2008）。在对深海矿产资源开发如 SMS 的环境影响评价中，如果能够测量与硫酸盐还原和硫氧化有关的基因的表达量，则可用于了解目标矿区生态系统的时空变化或生境分布。此外，由于内含子和外显子（见 393 页脚注⑤）共存于真核生物的 DNA 中，通过比较 RNA 和 DNA 估计内含子是可能的。表达分析也可以通过将获得的序列引入到其他生物体中进行，从而有效地寻找新的功能基因。提取 RNA 中 rRNA 的分析可产生 16S rRNA 和 16SRNA 的基因序列信息，可以揭示生物群存在的环境。

如上所述，通过使用 RNA 进行分析，可以了解生态系统中活跃生物群和物质循环的动态变化，也可获得更详细的环境数据。

然而，RNA，尤其是 mRNA 不稳定，半衰期很短（Selinger et al.，2003），其数量比 rRNA 少几个百分点（Stewart et al.，2010）[1]。这带来了许多技术难题，特别是对于深海海底样品采集，挑战包括取样和保存的方法。

同时使用宏基因组和元转录组学分析，不仅可以使生物多样性和功能基因的研究成为可能，而且可引入基于生态系统功能在基因层面上的环境影响评估指标。

16.6　结论

为了有效地对任何人类活动开展环境影响评价，在一个区域内建立囊括所有生物物种的索引是很重要的，这可作为活动后比较的参考。为此，鉴定技术人员及分类学家是必需的。然而，鉴定人员的主要任务是将生物体与现有的分类记录相匹配，这是由分类学家提供的基本信息。有关深海生物的知识尤其不足，所以需高度依赖记录物种的专业分类学家。因此，在不久的将来，深海矿产资源开始开发，对于可以处理深海生物的分类和识别技术人员的需求日益增加。然而，分类学家的成长是需要时间的且代价昂贵。这个问题在发展中国家更为严峻，可能导致其在独立参与深海矿产资源开发方面存在困难。

为了开发类似于那些用于沿海地区的指标，如现有物种、优势物种、珍稀物种、种群、典型物种和深海关键物种，由于没有足够可用的深海数据，必须投入时间和资金培养分类和识别技术人员。在这种情况下，需要考虑到两个重要因素。一个是人力资源培养与海底矿产资源开发所需的时间问题。然而，海底采矿有望在不久的将来启动，用于培训鉴

---

① 小鼠细胞培养的实验表明，与 rRNA 相比，mRNA 的表达量约为 1%~2%（Johnson et al.，1977）。

定人员的人力资源开发还需要时间。另一个是发达国家和发展中国家之间的平等机会问题。前者能够负担得起为开发分类识别人力资源的费用；后者可能相对困难。因此，鉴于分类和识别技术人员短缺，在实际评价过程中可以与传统的评价方法有所不同，并应采用基于分子生物学技术，尽管还存在相关的技术挑战。

致谢：这项研究是下一代海洋资源勘探技术的一部分，是由日本内阁府组织的跨部门战略创新推广计划之一（SIP）。日本海洋科学与技术中心（JAMSTEC）"海底资源研究与发展中心"的成员提出了宝贵意见，作者对他们表示衷心的感谢。

参考文献

Belfort M, Reaban ME, Coetzee T et al (1995) Prokaryotic introns and inteins: a panoply of form and function. J Bacteriol 177:3897–3903

Berget SM, Moore C, Sharp PA (1977) Spliced segments at the 5′ terminus of adenovirus 2 late mRNA* (adenovirus 2 mRNA processing/5′ tails on mRNAs/electron microscopy of mRNA-DNA hybrids). Proc Natl Acad Sci U S A 74:3171–3175

Blue Mining (2015) Welcome to the Blue Mining project. http://www.bluemining.eu/. Accessed 5 Oct 2015

Creer S, Fonseca VG, Porazinska DL et al (2010) Ultrasequencing of the meiofaunal biosphere: practice, pitfalls and promises. Mol Ecol 19(Suppl. 1):4–20

Dahlgren T (2014) Advances in molecular methodologies and the application and Interpretation of molecular methodologies for macrofauna classification—their relevance to environment assessment and monitoring. International Seabed Authority. https://www.isa.org.jm/files/documents/EN/Workshops/2014b/Abs/Dahlgren.pdf. Accessed 13 Nov 2015

Diamond Fields (2015) Projects Atlantis II. http://www.diamondfields.com/s/AtlantisII.asp. Accessed 5 Oct 2015

DORD (2015) Our business. http://www.dord.co.jp/english/business/index.html. Accessed 5 Oct 2015

DOSI (2015) Home. http://dosi-project.org/. Accessed 5 Oct 2015

Frias-Lopez J, Shi Y, Tyson GW et al (2008) Microbial community gene expression in ocean surface waters. Proc Natl Acad Sci U S A 105:3805–3810

Hadziavdic K, Lekang K, Lanzen A et al (2014) Characterization of the 16S rRNA gene for designing universal eukaryote specific primers. PLoS One 9(2):e87624. doi:10.1371/journal.pone.0087624

INDEEP (2015) Welcome to INDEEP. http://www.indeep-project.org/. Accessed 5 Oct 2015

International Seabed Authority (2010) Regulations on prospecting and exploration for polymetallic sulphides in the area. https://www.isa.org.jm/sites/default/files/files/documents/isba-16a-12rev1_0.pdf. Accessed 5 Oct 2015

International Seabed Authority (2012) Regulations on prospecting and exploration for cobalt-rich ferromanganese crusts in the area. https://www.isa.org.jm/sites/default/files/files/documents/isba-16a-11_0.pdf. Accessed 5 Oct 2015

International Seabed Authority (2013a) Regulations on prospecting and exploration for polymetallic nodules in the area. https://www.isa.org.jm/sites/default/files/files/documents/isba-19c-17_0.pdf. Accessed 5 Oct 2015

International Seabed Authority (2013b) Recommendations for the guidance of contractors for the assessment of the possible environmental impacts arising from exploration for marine minerals in the area. https://www.isa.org.jm/sites/default/files/files/documents/isba-19ltc-8_0.pdf. Accessed 11 Nov 2015

International Seabed Authority (2014) Deep seabed minerals contractors. https://www.isa.org.jm/contractors/exploration-areas. Accessed 5 Oct 2015

International Seabed Authority (2015) International Seabed Authority. https://www.isa.org.jm/. Accessed 5 Oct 2015

JOGMEC (2015) News releases. http://www.jogmec.go.jp/english/news/release/news_10_000014.html. Accessed 5 Oct 2015

Johnson LF, Abelson HT, Penman S et al (1977) The relative amounts of the cytoplasmic RNA species in normal, transformed and senescent cultured cell lines. J Cell Physiol 90:465–470

JPI Oceans (2015) About. http://www.jpi-oceans.eu/. Accessed 5 Oct 2015

Kawai M, Futagami T, Toyoda A et al (2014) High frequency of phylogenetically diverse reductive dehalogenase-homologous genes in deep subsea floor sedimentary metagenomes. Front Microbiol 5:80. doi:10.3389/fmicb.2014.00080

Korea Institute of Ocean Science & Technology (KIOST) (2012) http://eng.kiost.ac/kordi_eng/main.jsp?sub_num=354&state=view&idx=161&ord=0. Accessed 5 Oct 2015

MIDAS (2012) Welcome to MIDAS. http://www.eu-midas.net/. Accessed 5 Oct 2015

Möhlenhoff P, Müller L, Gorbushina AA et al (2001) Molecular approach to the characterisation of fungal communities: methods for DNA extraction, PCR amplication and DGGE analysis of painted art objects. FEMS Microbiol Lett 195:169–173

Murakami C (2005) A brief review of general biology of Kinorhyncha, with proposed new standard Japanese names for the species from Japan. Taxa Proc Jpn Soc Syst Zool 19:34–41 (in Japanese)

Muyzer G, de Waal EC, Uitierlinden AG (1993) Profiling of complex microbial populations by denaturing gradient gel electrophoresis analysis of polymerase chain reaction-amplified genes coding for 16S rRNA. Appl Environ Microbiol 59:695–700

Nakanishi J (1995) Environmental risk theory. Iwanami Shoten Publisher, Tokyo (in Japanese)

Narita T, Oshika J, Okamoto N et al (2015) Summary of environmental impact assessment for mining seafloor massive sulfides in Japan. J Shipping Ocean Eng 5:103–114

Neefs J-M, Van de Peer Y, De Rijk P et al (1993) Compilation of small ribosomal subunit RNA structures. Nucleic Acids Res 21:3025–3049

Neptune Minerals (2015) Our business. http://www.neptuneminerals.com/our-business/tenements/. Accessed 5 Oct 2015

OECD (2002) Environmental performance reviews Japan. Conclusions and recommendations, OECD, 12p

Ong SH, Kukkillaya VU, Wilm A et al (2013) Species identification and profiling of complex microbial communities using shotgun illumina sequencing of 16S rRNA amplicon sequences. PLoS One 8(4):e60811. doi:10.1371/journal.pone.0060811

Pawlowski J, Lejzerowicz F, Esling P (2014) Next-generation environmental diversity surveys of foraminifera: preparing the future. Biol Bull 227:93–106

Seabed Minerals Authority (2005) Exploration the deep for minerals. Newsletter 1, issue Apr 2015

Selinger DW, Saxena RM, Cheung KJ et al (2003) Global RNA half-life analysis in *Escherichia coli* reveals positional patterns of transcript degradation. Genome Res 13:216–223

Shi Y, Tyson GW, Eppley JM et al (2011) Integrated metatranscriptomic and metagenomics analyses of stratified microbial assemblages in the open ocean. ISME J 5:999–1013

Shirayama Y (2000) Phylum Kinorhyncha. In: Shirayama Y (ed) Diversity and evolution of invertebrates. Shokabo, Tokyo, pp 148–150 (in Japanese)

SIP (2015) https://www.jamstec.go.jp/sip/ (in Japanese). Accessed 5 Oct 2015

Stewart FJ, Ottesen EA, DeLong EF (2010) Development and quantitative analyses of a universal rRNA-subtraction protocol for microbial metatranscriptomics. ISME J 4:896–907

The Guardian (2012) Papua New Guinea's seabed to be mined for gold and copper. http://www. theguardian.com/environment/2012/aug/06/papua-new-guinea-deep-sea-mining. Accessed 5 Oct 2015

Waite IS, O'Donnell AG, Harrison A et al (2003) Design and evaluation of nematode 16S rDNA primers for PCR and denaturing gradient gel electrophoresis (DGGE) of soil community DNA. Soil Biol Biochem 35:1165–1173

福岛·智彦（Tomohiko Fukushima）博士目前在日本海洋科学与技术中心（JAMSTEC）的海底资源发展研究中心（R&D）工作。1984年毕业于东京水产大学水产学院（学士学位），并于1986年获得了东京水产大学渔业学院的研究生学位（硕士学位）。2004年，获得京都大学理学博士学位。博士论文是"深海底栖生物的生态特征与锰结核开发实践的关系"。获得博士学位后，他在海洋政策研究基金会从事研究工作，兼任东京大学副教授，然后加入JAMSTEC。

西岛·美雪（Miyuki Nishijima）博士是微生物学家，目前是日本海洋科学与技术中心海底资源的新一代研究计划项目组中生态系统观测与评估方法研究团队的成员。1987年毕业于东京农业大学农业研究院农业科学系。1990—2002年，曾在海洋生物技术研究所工作。从2002年起，加入了化工技术骏河实验室有限公司，负责研究深海沉积物微生物多样性。自2015年起加入JAMSTEC。

第 17 章 深海采矿环境管理计划的发展

Rahul Sharma

摘要： 目前，深海采矿处于多处矿址已确定、采矿技术有待发展、处理技术正在测试的阶段，不同的承包者已开展潜在环境影响评估的研究，国际海底管理局已发布监控其影响的指导方针。在这一阶段，必须对迄今为止所获得的有关环境影响的信息进行研究分析，以便制订切实可行的深海采矿环境管理计划，其中包括分析背景资源与环境数据、预测商业采矿的潜在环境影响、确定缓解措施，确保其与管理权力条款相协调。

17.1 引言

在过去的五十年中，深海矿产资源的潜力引起了全世界对深海采矿的极大兴趣。例如，由于某些战略金属（例如，铜、镍、钴）的陆地储量正在快速消耗（表 17.1），产生于深海海底的多金属结核、富钴结壳和热液硫化物等深海矿产资源，可以作为战略金属的替代资源。本章给出了所获取的深海采矿潜在影响、缓解措施和相关规定等信息，并提出深海采矿环境管理计划的大纲。

表 17.1 深海矿产中发现的某些金属的用途和储量

金属	用途[a]	全球陆地储量[b]（10^4 t）
镍	制造钢（46%）、非铁合金和超合金（34%）；电镀（11%），硬币，陶瓷，电池，硬盘	7 100
钴	合金，磁铁，电池，催化剂，颜料，燃料，放射性同位素，电镀	660（52%在刚果）
铜	电气、电信和电子应用，例如发电机、变压器、发动机、电脑、电视、移动电话（65%）、汽车（7%）、抗菌剂和消费品（硬币、乐器、炊具）	14 000（低品位）
锰	钢铁生产（>85%的矿石用于此），抗腐蚀合金（金属罐），无铅汽油添加剂，油漆，干电池和碱性电池，颜料，陶瓷和玻璃工业	54 000（金属）
铁	生铁/海绵铁/钢（90%），合金，汽车，船舶，火车，机器，建筑物，玻璃	160 000（矿石）和 77 000（金属）

注：a. www.wikipedia.com；b. IBM（2010）

17.2 深海采矿的潜在环境影响

深海采矿造成环境影响的可能原因，主要有以下几点：

（1）开采底层沉积物的量、分离的方法和废液排放的机制；

（2）因开采、压裂、升降、排放装置的移动而造成的固体悬浮；

（3）子系统的损耗，例如管材、链条、工具或者其他硬件；

（4）开采和运输装置造成的石油泄漏与渗漏；

（5）运输船舶产生的压载水排放；

（6）海上废物处理，包括化学物质、碎片、废水等；

（7）人类产生的废物，例如包括塑料、金属、玻璃和其他不可降解的物品等在内的各种垃圾。

可以预料到深海采矿会对不同层次的水体造成影响，包括海底羽流的形成、水体的浑浊和海底沉积物进入表层海水而造成的海洋生态系统的变化（图 17.1），这与在陆地上采集、分离、升降、运移、处理和排放废物一样（图 17.2）。据估计，每年因开采 $150 \times 10^4 \sim 300 \times 10^4$ t 丰度为 5 kg/m^2 的结核，会干扰到 $300 \sim 600$ km^2 的区域（Sharma，2011），并且每开采一吨海底锰结核，就会造成 $2.5 \sim 5.5$ t 沉积物的再悬浮（Amos and Roels，1977）。

以下内容总结了不同层次水体可能受到的影响（ISA，1999）：

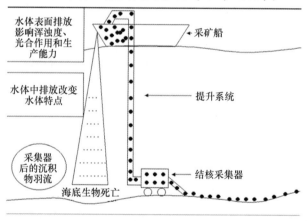

图 17.1　深海采矿环境影响示意图

17.2.1 海底的潜在影响

可预见的因采矿造成的主要海底影响有以下几点（图 17.3）：

● 沿结核集矿机轨迹产生的直接影响，此处的沉积物和相关动物群将会被压碎或者呈羽状驱散，并且结核被移动；

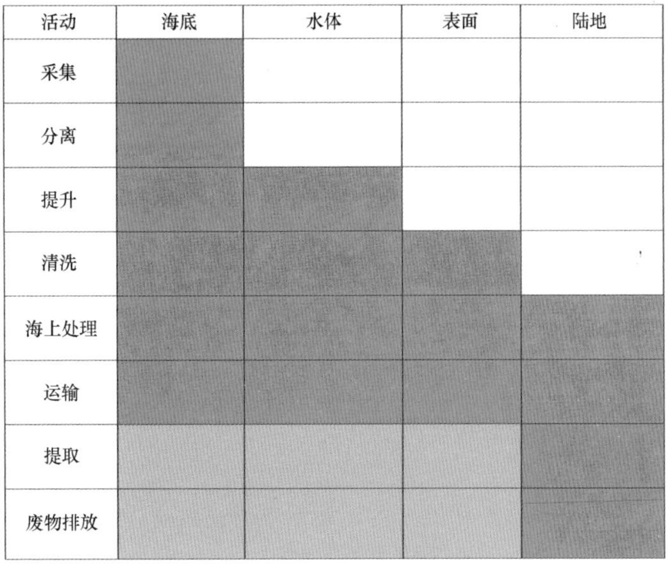

活动	海底	水体	表面	陆地
采集	▓			
分离	▓			
提升	▓	▓		
清洗	▓	▓	▓	
海上处理	▓	▓	▓	▓
运输	▓	▓	▓	▓
提取	▓	▓	▓	▓
废物排放	▓	▓	▓	▓

图 17.2　深海采矿不同活动可能影响到的区域

- 在远离结核开采处会形成沉积物羽流，造成底栖动物群窒息或者被埋葬；
- 悬浮物摄食者聚集，沉积物摄食者减少。

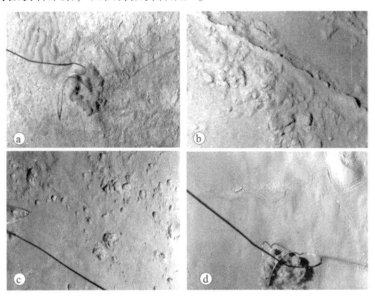

图 17.3　（a）干扰前存在动物轨迹的海底；（b）海底的"干扰"轨迹；
（c）靠近干扰轨迹的沉积物结块；（d）干扰试验后的再沉积面

17.2.2　水体的潜在影响

在氧含量最小区排放废液和尾矿将对浮游动物产生有害影响，如：

- 中层水浮游动物大量死亡；
- 沉积物羽流或相关金属物种对中深层鱼和其他自游生物产生直接影响，或通过对其猎物的影响产生间接影响；
- 对深潜海洋动物产生影响；
- 使沉积物细小颗粒增加，对中层和深层浮游细菌产生影响；
- 悬浮颗粒物上细菌生长造成氧含量降低；
- 沉积物和痕量金属引起对鱼类行为和死亡率的影响；
- 排放造成浮游动物死亡或种类组成发生变化；
- 最低含氧层重金属（如铜和铅）的溶解及其在食物链中的潜在作用；
- 过滤羽流中的颗粒可能造成浮游动物聚集。

17.2.3　上层水体的潜在影响

如果在近表层水域（在温跃层以上）排放包含沉积物和废液的尾矿，那么，除上述影响外，还会产生一些附加影响，如下：

- 采矿试验过程的排放可能造成表层水体中痕量金属在生物体内积累；
- 由于表层排放对浮游植物的遮光作用而使初级生产力降低；
- 表层中痕量金属的排放对浮游植物的影响；
- 采矿工作对海洋哺乳动物行为的影响。

17.3　对环境影响的全球探索

已在几项研究工作中开展了针对深海采矿的潜在影响评估，多数是在太平洋，一个在印度洋。下面对其作简要描述。

17.3.1　美国 OMI 和 OMA 深海采矿环境研究

由美国国家海洋与大气管理局（NOAA）开展的深海采矿环境研究（DOMES，1972—1981）监测了两个试验性规模采矿测试期间的环境影响，采矿测试是海洋矿业公司（OMI）和海洋矿业协会（OMA）于 1978 年在太平洋开展的。研究中，测量了排放过程中颗粒物的浓度，评估了对表面生物和海底羽流的影响（Ozturgut et al.，1980）。

17.3.2 德国 DISCOL 实验

1988—1998 年，德国汉堡大学科学家在太平洋秘鲁盆地进行了 DISCOL 实验。在面积为 10.8 km² 的圆形区域，跟踪由犁耙引起的干扰对干扰前基线环境数据集合产生的影响（Foell et al.，1990）。分别对干扰后 6 个月、3 年和 7 年的情况进行了相关研究。结果显示，过了一段时间，某些海底生物群的数量有所恢复，而区系组成却与未受干扰的不同（Schiriever et al.，1997）。

17.3.3 美国 NOAA 底栖生物影响实验

1991—1993 年，美国国家海洋与大气管理局（NOAA）在太平洋的克拉里昂—克利珀顿断裂带（CCFZ）进行了底栖生物影响实验（NOAA-BIE）。在预先选择的区域开展基线研究后，在 150 m×3 000 m 的区域使用了 49 次深海沉积物再悬浮系统（DSSRS）（Brocket and Richards，1994）。干扰后的取样表明，该区域动物区系的分布发生变化（Trueblood，1993），而 9 个月后的监测观察则表明，一些小型底栖生物大量减少，大型底栖生物数量增加，这可能是由于食物供应增长造成的（Trueblood et al.，1997）。

17.3.4 日本 MMAJ 深海影响实验

1994 年，日本金属矿业公司（MMAJ）在太平洋 CCFZ 使用 DSSRS 进行日本深海影响实验（JET，1944—1997）。在长达 1 600 m 的两条平行轨迹的 19 个横断面上产生了干扰（Fukushima，1995）。其影响是通过沉积物样品、深海摄像操作、沉积物捕捉器和海流计进行评估的，结果显示沉积地区的小型底栖生物在实验后立即大量减少，并且两年后才可恢复到原有水平，但物种组成不同；然而某些巨大或者大型底栖生物数量仍然比未干扰区域少（Shirayama，1999）。

17.3.5 国际大洋金属联合组织：东欧财团底栖生物影响实验

1995 年，国际大洋金属联合组织在太平洋 CCFZ 使用 DSSRS 进行底栖生物影响实验（IOM-BIE）。在 200 m×2 500 m 的区域共布设了 14 条拖缆，在深海摄像机拖拽物和沉积物样品中观察到影响（Tkatchenko et al.，1996）。结果显示，在沉积区小型底栖生物的数量与群落结构未发生明显变化，但受干扰区小型底栖生物类群发生了改变（Radziejewska，1997）。

17.3.6 印度 NIO 深海环境实验

1997 年，在地球科学部多金属结核项目的支持下，印度国家海洋研究所（CSIR-NIO，Goa）在印度洋中部盆地进行了印度深海环境实验（INDEX）。在 200 m×3 000 m 的区域使用了 26 次 DSSRS，在此期间约 6 000 m³ 沉积物再悬浮。干扰后的影响评估研究表明，沉积物的横向迁移与纵向混合导致干扰区附近物理化学条件的变化（Sharma et al.，2001）和生物数量的减少（Ingole et al.，2001）。后期对环境的监测显示，干扰区域的恢复和再集群过程已经开始，并且发生自然变化。

17.4 底栖生物影响实验（BIEs）结果评估

17.4.1 实验机理

与其他单方向开展的 BIEs 相比，DISCOL 实验是多方向开展的，前者对海底的干扰形成又细又长的延伸区，而后者没有。DISCOL 实验的重点是对海底的刮擦，而 BIEs 则注重沉积物的再悬浮。这些操作，在实际采矿情景中是互补的，为研究深海采矿对海底环境的潜在影响提供了不同途径。

然而 DISCOL 实验中使用的设备（犁耙）从不同方向进行犁耙，导致海底沉积物混浊，其他 BIEs 使用的设备（DSSRS，也被称作"扰流器"）不但使沉积物随其拖拽轨迹更紧凑，而且使相邻区域的沉积物再悬浮和再分布。这些研究（除了 DOMES）的结果见表 17.2。这些实验不仅提供了评估之前不甚了解的与矿物沉积物有关的海底本底情况的机会，而且实验结果有助于开启对潜在影响的理解，并可以通过合适的模型推测这些影响。

17.4.2 实验规模

BIEs 与商业采矿对比（表 17.3）表明，BIEs 的操作时间持续 18~88 h，而商业采矿的大规模采矿工作预计每年约有 300 天（UNOET，1987）。这些实验覆盖的距离（和区域）在 33~44 km（或者 10.8 km²）范围内变化，商业采矿的区域范围为 300~600 km²。相似地，在不同实验中沉积物恢复的体积（JET 实验为 1.16 m³/min，NOAA-BIE 实验为 0.77 m³/min，IOM-BIE 实验为 1.39 m³/min，INDEX 实验为 1.33 m³/min）占商业采矿工作中预计恢复的沉积物体积（例如，54 000 m³/d、37.5 m³/min）的 2% ~ 3.7%（Yamazaki et al.，1991）。因此，在持续时间、覆盖区域和沉积物再悬浮方面，可以把这些实验看作是微观实验。未来可以开展更大规模的相似实验以研究这种干扰对底栖生态系统的影响，因为规模大小直接影响再沉积的区域和厚度。

表 17.2　沉积物性质和不同底栖生物影响实验的结果

实验名称	拖船数量	干扰持续时间 (min)	行走距离 (km)	平均速度 (km/h)	含水量 (%)	密度 (g/cm³)	沉积物含量 (g/L)	沉积物重量		沉积物体积		挖掘深度 (mm)
								干重 (t)	湿重 (t)	重新获得 (m³)	放电 (m³)	
(a) OAA-BIE	49	5 290	141+	1.6+	73.0+	2.7+	33.30	1 500 (1 332+)	4 888	4 000 (4 049+)	4 328 (6 951+)	29+
(b) JET	19	1 227	32.7	1.6+	78.5+	2.7+	38.30	355+	1 651+	1 427+	2 495+	44+
(c) IOM-BIE	14	1 130	35.0	1.8+	80.0	2.7+	42.10+	360+	1 800	1 573+	1 300	45+
(d) INDEX	26	2 534	88.3	2.1+	84.5	2.6+	30.23	580+	3 737+	3 380+	6 105+ (2 693+)	38+

Yamazaki 和 Sharma (2001)。

表中标有+的数据为作者预测数据，其他数据分别源于如下文献：(a) Trueb (1993)，Nakata 等 (1997) 和 Gloumov 等 (1997)；(b) Fukushima (1995)；(c) Tkatchenko 等 (1996) 和 Kotlinski (个人沟通)；(d) Sharma 和 Nath (1997)，Sharma 等 (1997) 和 Khadge (1999)

表 17.3 底栖生物影响实验与商业采矿规模对比

参数	BIEs 数据	商业采矿数据
持续时间	18~88 h	300 d/a
距离/区域	33~141 km	300~600 km²/a
恢复	0.77~1.4 m³/min	37.5 m³/min

资料来源：Yamazaki 和 Sharma（2001）

在潮湿和其他假设条件下，按照结核生产率为 10 000 t/d 来计算，预计商业规模收集器挖掘的深海沉积物层的厚度约为 57 mm（Yamazaki et al.，1991）。在不同实验中，估算的挖掘沉积物平均深度为 29~45 mm（表 17.2）。因为多数结壳尺寸在 2~4 cm 范围内，许多结核一半都暴露在海底之上，所以该挖掘深度似乎适合模拟结壳恢复的挖掘深度。

17.4.3 沉积物排放重量和体积的估算

含水量和密度等沉积物性质对估算沉积物排放的重量和体积起到关键作用，在采矿工作中，沉积物是造成海底环境影响的原因。鉴于含水量决定排放的水和沉积物的重量，密度是影响体积的因素之一。总重量除以总估算体积得出从海底恢复的沉积层的总体密度，这是决定采矿系统设计的重要因素。采矿工作中，排放点沉积物的干重和湿体积的估算对于计算沉积物排放的重量和体积同样重要。沉积物的干重是依据容重估算的，沉积物的体积是依据相对于排放沉积物总体积的体积浓度比来估算的（Yamazaki and Sharma，2001）。

17.4.4 商业采矿的推测

尽管不同实验和基于其估算的数据可以评估未来采矿活动的可能影响，但因研究的局限性，许多问题仍无答案。最大的问题之一是"将来可能的采矿系统是什么样的或者未来 20 年能够成为环境测试基础的系统是什么样的？现在很难指定'商业规模'，因为商业系统的大小和类型或许很难取决于结壳元素的用途和生产指标，会随着金属市场形势而变化"（Chung et al.，2001）。之前也有人提出过建议，为打造对环境影响最小的特有采矿系统，"实验"采矿的规模应该是典型的商业采矿企业规模，最好是试点采矿系统（Markussen，1994）。

17.5 深海采矿的环境考虑

早在 20 世纪 70 年代，一些研究已表明了诸如连续链斗、气升和液压升降机等不同采矿系统的潜在影响（例如 Amos et al.，1977），另一些研究还提出了安全深海采矿程序（例如 Pearson，1975）。

这部分总结了为使环境影响最小化，深海采矿系统设计所须考虑的不同措施：

17.5.1 收集设备

- 应尽量减少收集系统与海底环境之间的接触，使其免受干扰；
- 矿物沉积物（或者其他碎片残骸）的分离应该尽量接近海底，使对水体影响最小；
- 条状（或者"斑块"）采矿，在海底间隔进行，以便于通过相邻区域的生物种群得以恢复。

17.5.2 表面排放

- 表面的沉积物排放应该最少，为光合作用提供充足的阳光；
- 任何表面水排放都可以在大面积范围内喷洒，使其迅速得到稀释；
- 应该分不同水层排放底部水和碎片，最好低于氧含量最低区域，因与上部水位相比，其动物区系的密度较低。

17.5.3 海上加工、矿石转移与运输

- 排放前实施妥善的废物清理措施，应该使用生物降解法；
- 需要适当关注矿物由收集器到采矿平台的运移，避免造成溢漏；
- 监控运输船只的石油泄漏情况。

预测深海采矿严重程度的其他考虑因素很少：

- 就总面积而言，受影响面积的比例；
- 不同季节地表和地下水流的影响；
- 受影响的区域到沿海地带或居民区的距离；
- 在影响范围内，渔业潜在活动或者其他商业活动的存在。

17.6 深海采矿环境管理计划

环境管理计划被定义为"所有提出的缓解和监控措施的集合体，设置时间表以明确责任与后续行动。EMP 是环境评估过程最重要的产出之一"（世界银行，1999）。也被定义为"……作为一种手段确保避免工程建设、运行和停运的未发生的或者合理的可避免的不利影响，增强工程的积极效益"（Lochner，2005）。

环境管理计划（EMP）和环境影响评估（EIA）通常被交替使用。EIA 是对工程的潜在和实际环境影响（有利的或者不利的）进行评估和分析的过程。这个过程将产生 EIA 报告，通常被纳入 EMP 中。因此，EMP 是基于 EIA 研究结果的必要的行动计划，EIA 研究阐明了将不利影响最小化的精准战略。因此，环境管理计划是任何开发活动环境评估过程的结果。

因此，需要在 EMPs 中，适当处理环境管理行动，进而提高 EIA 的效用（曼彻斯特大

学，2003）。

EMP 的宗旨应该包括（世界银行，1999；Hill，2000）：

- 确保符合监管部门的规定和条款，这些规定可能是地方性的、省级的、国家的和/或国际的；
- 确保项目预算有足够的资源分配，使 EMP 相关活动的规模与项目影响的重要性匹配；
- 列出应对活动预期不利影响的缓解措施；
- 通过检测已发生的影响信息来判定环境成效；
- 应对 EIA 项目实施中未考虑到的变化；
- 应对未预见事件；
- 为持续改善环境成效提供反馈。

因此，EMP 是源于 EIA 的，并持续贯穿项目始终。EMP 的格式和内容会因设计的目的和项目的规模而变化。EMP 的另一个重要特点是动态的。当项目进入操作阶段时，会产生主要影响，随着过程的不断变化，影响也会有所不同。从而，需要对管理计划进行定期检查。EMPs 检查和更新的程度在各部门及其之间的情况有所不同（世界银行，1999）。应当作出体制安排，使计划的执行和检查纳入系统的常规运作过程。

17.7 深海采矿国际监管机构

17.7.1 联合国海洋法公约

联合国海洋法公约（UNCLOS），也被称作海洋法公约，定义国家在使用海洋方面的权利和责任，建立企业、环境和海洋自然资源管理的指导方针。签署公约的成员国承担总体责任，防止、减少和控制任何海洋环境污染，监控污染的影响和风险，评估缔约国管辖和控制下活动的潜在影响，这些活动可能引起海洋环境的重大污染或者显著有害变化（UNCLOS，1982）。

17.7.2 国际海底管理局

国际海底管理局（ISA）负责管理除专属经济区或任何国家管辖范围以外区域的矿产资源，包括找矿、勘探和开采资源等活动（联合国海洋法公约，1982）。作为其职责的一部分，国际海底管理局负责采取必要措施，以确保对海洋环境的有效保护，免受这些活动可能产生的有害影响。

因此，国际海底管理局制定了适当的规则、规章和程序来管理先驱投资者的行为（ISB，2011），目的是：

- 阻止、减少和控制对包括海岸线在内的海洋环境造成污染和其他灾害，这些污染或灾害有可能对海洋环境生态平衡造成干扰。它声明，必须注意保护环境免受诸如钻探、疏浚、挖掘、废物处理及运行或维护设备、管道和其他设备等各种活动造成的有害影响；

- 保护该区域的自然资源，防止对海洋环境中的动植物造成伤害（UNCLOS，1982）。

为了给承包者提供指导方针，国际海底管理局已经为太平洋的克拉里昂—克利珀顿区制定了 EMP 的初步要求（ISA，2011）。此外，国际海底管理局已经向承包者发布了针对多金属结核勘探的环境监测指导方针（ISA，2013）。

17.7.3 国际海事组织

国际海事组织（IMO）负责管理国际海运业。其主要任务是开发和维护一个全面的航运监管框架（www.imo.org）。由于许多提议的深海矿物的矿区在国际海域或者与一些航运路线接近，因此，IMO 必须在规划采矿作业时了解并参与其中。国际船舶污染防护公约（MARPOL）和国际海上生命安全公约（SOLAS）是 IMO 指定的，分别为海上污染保护和生命安全提供指导方针的公约。这些公约适用于管理所有的商船、采矿船和运输船。

17.7.4 世界气象组织

世界气象组织（WMO）提供气象（天气与气候）、应用水文学和相关地球物理科学的国际合作框架（www.wmo.int）。WMO 能够提供有关天气、环境和自然灾害的实时或准实时数据。

除此之外，还有一些涉及采矿、环境和污染的国家机构，一旦矿石被运到岸上进行进一步加工，这些机构将在专属经济区以及领海和陆地上的活动中发挥管理作用。

17.8 减少因不同活动产生的影响

17.8.1 海洋采矿及其缓解措施

整个活动大体可分为四部分，勘探、环境研究、采矿和处理（图 17.4），每一部分会进一步分解为不同的子活动。可以预见，因采矿所产生的环境影响的地点、类型和规模取决于这些子活动的类型和强度，这些活动必须符合国际公约规定的指导方针（表 17.4）。

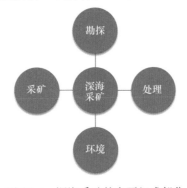

图 17.4 深海采矿的主要组成部分

表 17.4 活动的影响和缓解措施

活动	影响地点	影响类型	影响程度	缓解措施
勘探				
巡航	大气、海面、水体、海底	排放、噪音、温排水、石油、垃圾（塑料、金属、玻璃、化学品）、人类排泄物	小	参照 SOLAS 和 MARPOL 指南
船上数据收集（包括无线电通信和回声探测）	大气、海面	探测波通过水和空气传播，对人类和海洋生物产生影响	小	参照 SOLAS 指南（第四章）
样品收集	水体、海底	机械破坏，化学反应，动物物种多样性与数量的变化，海底微地貌的变化	小	参照 MARPOL 和 ISA 指南
环境评估				
巡航	大气、海面、水体、海底	排放、噪音、温排水、垃圾（塑料、金属、玻璃、化学品）、人类排泄物	小	参照 SOLAS 和 MARPOL 指南
EIA 实验	水体、海底	混浊、沉积物混合、动物群组合的变化	中	参照 MARPOL 和 ISA 指南
基线数据收集和环境监控	水体、海底	机械破坏，化学反应，动物物种多样性与数量的变化，海底微地貌的变化	小	参照 MARPOL 和 ISA 指南
采矿				
巡航	大气、海面、水体、海底	排放、噪音、温排水、石油、垃圾（塑料、金属、玻璃、化学品）、人类排泄物	中	参照 SOLAS 和 MARPOL 指南
设备的调度与操作	海面、水体、海底	机械破坏，化学反应，动物物种多样性与数量的变化，海底微地貌的变化	大	最低沉积物渗透，避免泄露或溢出，低氧区下排放，排放前处理废物
矿石转运	海面、水体、海底	混浊、沉积物混合、动物群组合的变化	中	参照 SOLAS 和 MARPOL 指南
运输	大气、海面、水体、海底	排放、噪音、温排水、石油、垃圾（塑料、金属、玻璃、化学品）、人类排泄物	中	参照 SOLAS 和 MARPOL 指南
海上预处理	海面、水体、海底	混浊、沉积物混合、动物群组合的变化	中到大	参照 SOLAS 和 MARPOL 指南
发电（核、太阳或海洋热能）	海面、水体、海底	物理化学条件的变化，废物处理	中到大	参照 SOLAS 和 MARPOL 指南

续表

活动	影响地点	影响类型	影响量级	缓解指南
处理				
运输	陆地、空气	排放、噪音、灰尘	小到中	参照国家指南
储存	陆地、空气、水	微生物生长和化学变化		参照国家指南
清洗/预处理	陆地、空气、水	黏土颗粒的淋滤，结核碎片和大量的微生物	小	参照国家指南
提取	陆地、空气、水	环境资源中化学品和试剂的增加	中到大	参照国家指南
废物处理	陆地、空气、水、海洋	环境中矿渣的增加	大	参照国家指南

17.8.2　制定环境"安全"开采系统的措施

深海采矿仍然处于发展阶段，因此，活动的设计、技术、流程和监测中可以引入最好的环境管理实践方法。ISA（2001）已经列出了保持影响最小化的一些基本注意事项，具体如下：

（1）减少集矿车和采矿车的沉积物渗透；

（2）避免扰动压实的缺氧沉积物层；

（3）减小流入底部近水层沉积物的质量；

（4）诱导矿机后羽流的高效率再沉积；

（5）尽量减少沉积物和刮擦的结核微粒向海洋表面的运输；

（6）减少向半深海或深海排放尾矿；

（7）通过增加尾矿的沉积来减少其漂移。

17.8.3　保全参照区（PRZ）的识别

ISA 把保全参照区定义为"禁止采矿的区域，使海底保持典型的、稳定的动植物区系，用以评估海洋环境中动植物群的任何变化"。保全参照区的位置需要精心选取并且足够大，以不受当地环境条件自然变化的影响。保全参照区应位于试验采矿区的上游，其物种组成应与试验矿区的组成相当。保全参照区应位于试验采矿区范围之外，以免受羽流影响（ISA，1999）。

ISA 还提出一些确定或提议保护区的准则，具体如下：

• 设计和执行应符合国际海底管理局现有的法律框架；

• 设计过程需要归并所有利益相关者的利益，利益相关方包括 ISA、公约签署国、矿业持有者、非政府组织和科学团体；

411

- 保护目标应该遵循以可持续方法管理采矿活动的同时，保护海洋生物多样性、独特的海洋栖息地和生态系统的结构与功能；
- 确立保护区时，应该将这些区域的生态系统结构的生产力梯度纳入考虑；
- 保护区的边界必须是直线，以便于快速识别；
- 保护区核心区域的长宽均至少为 200 km，该区域的大小以满足各物种生存繁衍的种群最小规模为宜；
- 保护区应该包括在该区域内发现的所有栖息地类型；
- 保护区周围应该有 100 km 的缓冲区。

17.8.4 危险管理

危险管理是 EMP 的重要部分。在矿区，危险被归类于人为的和自然的，简要描述如下。

17.8.4.1 人为危险

生命安全：国际海上生命安全公约（SOLAS）规定了在符合安全条件下，船舶建设、装备和操作的最低标准（www.imo.org）。所有采矿活动及其工作人员均须遵守公约，该公约的规定涉及以下方面：

- 关于调查和文件的一般规定；
- 船舶、机械和电气装置的稳定性；
- 火的防护、探测与消灭；
- 救生设备和安排；
- 无线电通信；
- 航行安全；
- 货物和危险货物的运输；
- 核动力船；
- 船舶的安全操作管理；
- 加强海事安全的特别措施。

污染危险：国际船舶污染防护公约（MARPOL）处理因船舶操作或者意外原因造成的海洋环境污染（www.imo.org）。深海采矿活动涉及作为基地的驻扎船一艘和矿石运输船与补给船数艘，这些船由 MARPOL 按照如下规定进行管理：

- 石油污染防治条例；
- 散装有毒液体物质污染控制条例；
- 防止有害物质以包装形式造成海洋污染；
- 防止船舶污水污染；
- 防止船舶垃圾污染；
- 防止船舶空气污染。

海盗袭击和防卫机构的作用：海盗和海上抢劫是对在矿区人员和设备安全的威胁。国际海事局（IMB）处理所有类型的海事犯罪和不法行为（www.icc-ccs.org）。在公海海盗事件频繁的情况下，有关国家和国际机构有必要采取适当的措施，以确保其人员和设备的安全。

17.8.4.2　自然危险

飓风、风、海浪和洋流等由于自然条件造成的危险，必须通过世界气象组织（www. wmo. int）、当地天气预报站或者部署在矿区及其周围的天气数据站提供的气象数据对其进行监测，对到任何应急情况下的应急疏散、维护、修理计划，必须在 EMP 中落实到每一个承包者。

17.9　机构设置和 EMP 框架

17.9.1　环境监测办公室的组建

为有效执行提议的计划，必须从一开始就建立体制机制，并适当安排监测活动。因此，承包者必须建立一个专门的环境管理办公室（EMO），明确角色、职责和权限。EMO 的可能组成和承包者下属的其他部门、办公室，如图 17.5 所示。

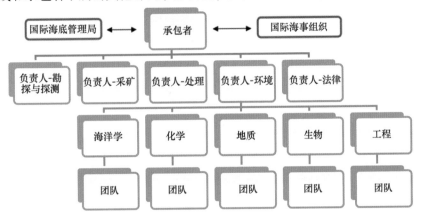

图 17.5　环境管理办公室的推荐结构

该结构表明，在环境管理办公室及其负责人中，环境与其他主要部门的地位和重要性是同等的。这将赋予他们适当实施 EMP 的权力。EMO 应由环境顾问提供建议，环境顾问追踪项目的最新进展，包括评估、监测和缓解技术，并确保遵守国际规则。环境是一个多学科领域，EMO 的组成应该包括海洋学、化学、生物学、地质学和工程学等方面的科学家和技术人员，这些人能够按照监管机构的规定和要求，参与该领域的数据收集与分析及报告的编写。

EMO 的角色和责任包括如下方面：
- 监测所有与采矿相关活动的环境参数；
- 与其他部门协商制定缓解措施；

- 审查和采用环境监测和管理的新技术；
- 组织宣传与培训计划；
- 与 ISA 和其他机构进行协调；
- 不断完善 EMP；
- 制定矿井关闭计划并确保其实施。

17.9.2　EMP 的提议框架

EMP 的大体框架提议如下（表 17.5）。

表 17.5　EMP 的提议框架

部分	章节	内容
第 1 部分	项目描述	承包者简介
		地理区域
		经济可行性
		采矿区域描述和采矿面积估计
		拟采矿活动的概念
第 2 部分	环境评估	采矿实验（或者基于其他研究）的结果
		商业采矿的潜在影响
第 3 部分	多种活动影响的缓解	海洋采矿的主要组成
		缓解措施的详细子活动
		开发环境安全采矿系统的措施
		保存参考区的识别
		风险管理
第 4 部分	机构设置和监管	机构设置
		监管办法和进度表
		回顾

因此，为深海采矿准备的 EMP 应该不时地进行审查以便更新，根据技术或者操作方法的变化进行必要的修改。

按照以下时间进行审查：

- 在采矿开始前——每两年一次
- 采矿过程中——每年进行
- 采矿完成后——每年进行，直到关井

17.10　结论

世界正处在由不可再生能源广泛推动的快速成长和发展的道路。矿物和金属在驱动经济增长中发挥着至关重要的作用。人类主要从陆地上挖掘矿物。然而，随着陆地资源的快速消耗以及工业发展对金属需求量的不断增加，人类发现了海洋矿物，这是工业发展中具有战略意义的重要金属的潜在来源。

随着海洋采矿的发展，它已经经历了勘探、技术发展及建立国际管理机构以制定最终采矿框架的各个阶段。深海采矿系统将包括一个平台、一个采矿装置和一个连接两个或者几个运输、补给设备的提升装置。采矿活动不仅会对矿物开采的海底产生一定的环境影响，而且还会影响到开展大多数活动须通过的海洋表面水体，包括提升矿石并排放废料等活动。开矿机将粉碎底栖生物，导致与矿物相关的沉积物破碎。在近表水中排放尾矿、沉积物和废液将对水质产生不利影响，进而影响该地区的生物群，废液溢出还会影响水体。

不同的承包商进行了基线研究和实验性采矿，以了解海洋环境和采矿可能对其产生的影响。随着环保意识的不断提高，从开发阶段开始就采用可持续的做法，因此制定海洋采矿的环境管理计划很有必要。

环境管理计划是环境影响评估过程的结果，它包含缓解和监测计划，以避免项目中各种活动造成的未发生的或者可以合理避免的不利影响。它还将确保遵守监管部门制定的准则，并严格遵守资源分配。本章介绍了深海采矿的可能影响，评估了底栖影响实验的结果，讨论了缓解环境影响的措施，强调了各监管机构的作用，提出了适用于保护海洋生态系统的环境管理计划的框架。

致谢：感谢 PoojaKamat 女士在研究所实习期间为本章某些部分的信息汇编工作做出的贡献。

参考文献

Amos AF, Roels OA (1977) Environmental aspects of manganese nodule mining. Mar Pol Int Bull 1:160–162

Amos AF, Roels OA, Garside C, Malone TC, Paul AZ (1977) Environmental aspects of nodule mining. In: Glasby GP (ed) Marine manganese deposits, Elsevier Oceanographic series 15. Elsevier Scientific, Amsterdam, pp 391–438

Brockett T, Richards CZ (1994) Deep-sea mining simulator for environmental impact studies. Sea Technology, August, pp 77–82

Chung JS et al (2001) Deep seabed mining environment: preliminary engineering and environment assessment. Special report OMS-EN-1, International Society of Offshore and Polar Engineers. ISBN: 1-880653-57-5, pp 1–19

Foell EJ, Thiel H, Schriever G (1990) DISCOL: a longterm largescale disturbance—recolonisation experiment in the abyssal eastern tropical Pacific Ocean. In: Proc of offshore technology conference, Houston, USA, Paper No. 6328, pp 497–503

Fukushima T (1995) Overview "Japan Deep-sea Impact Experiment = JET". In: Proc. of 1st ISOPE ocean mining symp, Tsukuba, Japan, ISOPE, pp 47–53

Gloumov I, Ozturgut E, Pilipchuk M (1997) BIE in the Pacific: concept, methodology and basic results. In: Proc. of Int. Symp. Environmental Studies for Deep-sea Mining, Metal Mining Agency of Japan, Tokyo (Japan), pp 45–47

Hill RC (2000) Integrated environmental management systems in the implementation of projects. S Afr J Sci 96:50–54

IBM (2010) Indian Bureau of Mines Year book 2010

Ingole BS, Ansari ZA, Rathod V, Rodrigues N (2001) Response of deep-sea macrobenthos to a small-scale environmental disturbance. Deep Sea Res II 48(16):3401–3410

ISA (1999) Deep seabed polymetallic nodule exploration: development of environmental guidelines. In: Proc ISA workshop, Sanya, China, 1–5 June 1998, The International Seabed Authority, Pub No ISA/99/02, pp 222–223

ISA (2001) Recommendations for guidance of contractors for the assessment of the possible environmental impacts arising from exploration for polymetallic nodules in the Area. International Seabed Authority, Jamaica. ISBA/7/LTC/1/Rev.1

ISA (2008) Rationale and recommendations for the establishment of the preservation reference areas for nodule mining in the Clarion-Clipperton Zone. International Seabed Authority, Jamaica. ISBA/14/LTC/2

ISA (2011) Environmental Management Plan for the Clarion Clipperton Zone. International Seabed Authority, Jamaica. ISBA/17/LTC/7

ISA (2013). Recommendations for the guidance of contractors for the assessment of the possible environmental impacts rising from exploration for marine minerals in the area. International Seabed Authority, Jamaica, ISBA/19/LTC/8, pp 32

Khadge NH (1999) Effects of benthic disturbance on geotechnical characteristics of sediment from nodule mining area in the Central Indian Basin. In: Proc. of the third ISOPE—ocean mining symp., Goa (India), pp 138–144

Lochner P (2005) Guideline for environmental management plans. CSIR report no ENV-S-C. 2005-053 H. Republic of South Africa, Provincial Government of the Western Cape, Department of Environmental Affairs & Development Planning, Cape Town

Markussen JM (1994) Deep seabed mining and the environment: consequences, perception and regulations. In: Bergesen H, Parmann G (eds) Green Globe Yearbook of international cooperation on environment and development. Oxford Univ. Press, London, pp 31–39

Nakata K, Kubota M, Aoki S, Taguchi K (1997) Dispersion of resuspended sediments by ocean mining activity—modeling study. In: Proc. of int. symp. environmental studies for deep-sea mining, Metal Mining Agency of Japan, Tokyo (Japan), pp 169–186

Ozturgut E, Lavelle JW, Steffin O, Swift SA (1980) Environmental investigation during manganese nodule mining tests in the North Equatorial Pacific, in November 1978. NOAA Tech. Memorandum ERL MESA-48, National Oceanic and Atmospheric Administration, USA, 50

Pearson JS (1975) Ocean floor mining. Noyes Data Corporation, Park Ridge, 201pp

Radziejewska T (1997) Immediate responses of benthic meio- and megafauna to disturbance caused by polymetallic nodule miner simulator. In: Proc int symp environmental studies for deep-sea mining, Metal Mining Agency of Japan, Tokyo, Japan, pp 223–236

Schriever G, Ahnert A, Borowski C, Thiel H (1997) Results of the large scale deep-sea impact study DISCOL during eight years of investigation. In: Proc int symp environmental studies for deep-sea mining, Metal Mining Agency of Japan, Tokyo, Japan, pp 197–208

Sharma R (2011) Deep-sea mining: economic, technical, technological and environmental considerations for sustainable development. Mar Technol Soc J 45:28–41

Sharma R, Nath BN (1997) Benthic disturbance and monitoring experiment in Central Indian Ocean Basin. In: Proc 2nd ISOPE ocean mining symp, Seoul, Korea, ISOPE, pp 146–153

Sharma R, Parthiban G, Sivakholundu KM, Valsangkar AB, Sardar A (1997) Performance of benthic disturber in Central Indian Ocean. National Institute of Oceanography, Goa (India), Tech. Report NIO/TR-4/97, 22

Sharma R, Nath BN, Parthiban G, Sankar SJ (2001) Sediment redistribution during simulated benthic disturbance and its implications on deep seabed mining. Deep Sea Res II 48:3363–3380

Shirayama Y (1999) Biological results of JET project: an overview. In: Proc 3rd ISOPE ocean mining symp, Goa, India, ISOPE, pp 185–190

Tkatchenko G, Radziejewska T, Stoyanova V, Modlitba I, Parizek A(1996) Benthic impact experiment in the IOM pioneer area: testing for effects of deep-sea disturbance. In: Int seminar on deep sea-bed mining tech, China Ocean Mineral Resources R&D Assoc., Beijing, China, pp C55–C68

Trueblood DD (1993) US Cruise Report for BIE—II Cruise. NOAA Technical Memo OCRS 4, National Oceanic and Atmospheric Administration, Colorado, USA, pp 51

Trueblood DD, Ozturgut E, Pilipchuk M, Gloumov IF (1997) The echological impacts of the joint U.S.-Russian benthic impact experiment. In: Proc. int. symp. environmental studies for deep-sea mining, Metal Mining Agency of Japan, Japan, pp 237–243

UNCLOS (1982) United Nations Convention on the Law of the Sea. pp 7–202

University of Manchester (2003) EIA Centre. EIA Newsletter 12. www.art.man.ac.uk/EIA/publications/newsletters

UNOET (1987) Delineation of mine sites and potential in different sea areas. UN Ocean Economics and Technology Branch and Graham & Trotman Limited, London, 27pp

World Bank (1999) Environment management plans. Environ Assess Sourcebook Update 25:1–8

Yamazaki T, Sharma R (2001) Estimation of sediment properties during benthic impact experiments. Marine Georesour Geotechnol 19:269–289

Yamazaki T, Tsurusaki K, Handa K (1991) Discharge from manganese nodule mining system. In: Proc. of the first int. offshore and polar eng. conf., Edinburgh, UK, vol 1, pp 440–446

拉胡尔·夏尔马（Rahul Sharma）博士（rsharma@nio.org，rsharmagoa@gmail.com）是印度果阿邦国家海洋研究所的科学家，"海洋采矿环境研究"跨学科专家小组组长。地质学硕士和海洋科学博士。专业特长是勘探和环境数据应用于海底采矿。他编写了3期科学杂志专刊、1本会议论文集，发表了35篇科学论文、20篇文章，并在国际研讨会上发表50篇论文。

他曾作为访问学者出访日本，作为客座教授出访沙特阿拉伯，作为联合国工业发展组织的一员参与欧洲、美国和日本的深海采矿技术现状评估工作，担任牙买加的国际海底管理局应邀发言嘉宾和顾问，参与联合国《世界海洋评估报告 I》的编写工作。

第18章 海底采矿生态系统管理工程

Yves Henocque

摘要：深海环境面临着诸多人类活动累积的影响，比如废弃物堆积、石油开采、捕鱼、海洋运输以及潜在的海底采矿等。生态系统方法要求我们考察所有这些压力对每个具体栖息地和生活社区的累积影响。因此，深海海底生态系统管理应在区域范围内考虑与海岸到国际水域各种治理和管理制度的关系。很多的框架和手段已经存在，但它们是零散的；然而，海洋及其资源则是无边界的、完全相关联的系统。在专属经济区和国际海域，通过多中心式的方式来应用治理和管理需要新的思路，这种方式从局部到全球层面清晰地展示了现有协议及其实施框架。遵循爱知目标11，生态学或生物学上重要的区域（EBSAs）、沿海及大片海洋保护区（MPAs）可能是被用作区域性管理单元综合三维区域网络的第一要素，并包括完全覆盖不同层次的生物多样性保护和人类及海事活动发展所依赖的生态系统服务的持续供应。

18.1 引言

深海环境面临着诸多人类活动累积的影响，比如废弃物堆积、石油开采、捕鱼、海洋运输以及潜在的海底采矿等。最近，在国家专属经济区内及国家管辖范围外区域持续增加的深海采矿热情促进了早期的环境影响评估和科学研究的探索和发展。自20世纪后半叶，在太平洋5 000~6 000 m深海底最初发现多金属结核起，海底采矿提出的潜在的环境影响等问题，促进了许多研讨会及大小型会议的召开。在太平洋区域，第一个将被商业开采的地方很可能位于巴布亚新几内亚，目前已得到相应的批准，该区域1 600 m深的海底沉积有大量形成于俾斯麦海的硫化物（SMS）。鹦鹉螺矿业公司预计在2018年首次投产。另一个具有巨大开采潜力的区域是红海亚特兰蒂斯二号深海矿山，并已获得开采许可证（欧盟DG MARE，2013）。

海底采矿业可能会缓慢起步，但随着金属国际市场的波动、技术的发展，以及在专属经济区内具有丰富海底矿产资源国采取积极政策，海底采矿业将会快速发展。从现在开始的10年可能看起来有点短，但Bolman等（2014）提出了在2025年之前进行海底采矿的远见卓识，同时建议"采矿工作要致力于良好的环境实践"。

"海底采矿在2025年将获得国际认可；不论是在专属经济区内还是国家管辖范围以外的地区，都将是一种世界范围的惯例。海底采矿是确保包括稀有金属在内的全球经济矿物供应保障的一项非常重要的活动。到2025年，海底采矿将被证明有能力利用一系列工具来对环境影响进行鉴别、评估（这与生态系统的成分和生态压力相关）及确定优先顺序（哪些压力对生态系统影响最大），并在开始运营之前制定管理计划。该行业能够对生态风

418

险进行早期阶段评估，采取减缓措施，确定法律和社会认可的监测目标，并根据监测结果建立适应性管理策略。海底采矿企业是透明的，对审查完全开放，与包括政府、非政府组织、研究机构和公众在内的所有利益相关者进行持续的对话，并在解释其活动和围绕其运营的所有问题方面对外开放。到 2025 年，海底采矿业将积极贯彻'生态建设'等原则，尽可能提高生态价值。10 年后，海底采矿将支撑一个多元化的矿物加工业，这对那些专属经济区拥有矿藏资源的国家来说，代表着投资、培训和就业机会。"

即使保持乐观的态度，我们也知道这样一个理想的情况不会在 10 年后就出现。像大多数情景一样，现实可能会混合各种情况，在某些方面较弱，而另一些方面较强。然而，如果结合背景情况来看，上述某些预测仍值得期待，就目前我们所拥有的从区域到全球（或全球到区域）的政治、法律和制度情况而言，这些预测是极具可行性的。

18.2　从全球到区域：一种不完美但具前瞻性的国际推动力

在海洋和大洋被列入议事日程的"里约+20"峰会之后，近期在巴黎组织的"联合国气候变化框架公约"第一次缔约方会议（COP21）（2015 年 12 月）中，海洋在维护地球安全方面的重要功能和意义得到了认可。事实上，自古以来，海洋和大洋一直以来都在国与国、人与人之间的国际关系上扮演着核心角色。同时，它们也是冲突的地方，这导致有必要更好地规划活动及划定行使权力的区域。

今天，全球大约 50% 的人口生活在海岸带地区，这给海岸带生态和资源造成巨大的压力。此外，世界上大多数不断增加的人口依赖于海洋来获得食物、处理污水和垃圾、进行能源生产和海洋运输，这些对世界经济比以往任何时候都更为重要。这些人将海岸带视为他们的生命线，视为他们食物、精神和娱乐的提供者。管理海岸带所有这些用途，以及沿海人口不断增加的预期，对所有发达国家和发展中国家都是一个巨大的挑战。

在远海区域，1994 年通过的 1982 年海洋法公约承认对国家专属经济区之外的水域使用的自由。国家管辖范围以外的海洋区域占地球表面积的一半左右，具有丰富的生物多样性，但在其治理方面存在巨大差距，这阻碍了其有效保护和可持续利用。例如，在这些地区没有具有全球性或区域性的法律约束力框架对其进行约束，尽管联合国正在推进，但在国家管辖范围以外地区（ABNJ）的深海海底和水域发现的海洋遗传资源状况依然存在法律上的不确定性（Druel et al.，2013）。

虽然在 2014 年 9 月联合国大会（UNGA）上，就 2018 年年底之前形成的 ABNJ 保护和可持续利用海洋生物多样性的必要性达成了共识，但仍然没有一致的全球体系来确保保护这些脆弱的海洋生态系统免受实际和潜在的威胁。目前，仅有一些关于船只排放、烃污染和陆地污染等的协议和单独的组织。捕捞金枪鱼和其他物种存在不同的组织，而且不同的区域也有不同的组织。最后，国际公约（发展和保护）与其机构之间很少或根本没有协作。在这些情况下，对所做承诺的监督是非常不确定的，各组织之间的协调几乎没有什么动力。目前该活动持续的后果之一，就是非法、不受管制和不打报告捕鱼问题的长期存在，特别是在国际海域。据估计，这种做法大约占全球 30% 的捕鱼量，并且在某些特定地区这些现象即使不增加也不见减少。一份近期欧盟资助的为期两年的研究表明，每年有

276 000~380 000 t 太平洋金枪鱼被非法捕捞，高达 7.4 亿美元的"惊人"价值①。

海洋法公约为那些能对海洋环境造成巨大影响和破坏的活动提供环境影响研究。然而，没有国际监测程序来确保这些研究是在活动开始之前进行的。该种程序将大大有助于遏制越来越深的拖网的迅速增加，从而避免稀有物种和非常脆弱的深水生态系统的丧失。

当时的联合国秘书长试图在 2012 年启动海洋新政，这当然是值得赞扬的，但不幸的是，由于与以 77 国集团为主的发展中国家关系处理得不当，这个事情并没有持续太久。为了使"繁荣世界中的健康海洋"更加连贯一致，我们必须为自己与联合国各机构间的协调提供有效手段。同时，在国际谈判方面必须取得进展，以便进一步适应"海洋法"，并将其作为使整个海洋成为我们"人类共同遗产"的原始法律框架。

最后一个概念"人类共同遗产"是全球化运动所强调的，包含那些无国界的，不依赖于国家直接主权的共同的地方（"公共池塘资源"；Ostrom，2010）。外层大气和海洋空间（包括海底）就是这种情况，但这也适用于互联网或其他没有边界的空间，比如"金融""媒体""非政府组织"或广泛认为的——知识。这些空间与海上运输一样，是一个围绕网络群体的非等级组织。它们连接了由不同解决方案、开采、资源或非物质数据转换、知识集中（数据库）或政策中心等不同领域组成的节点。循环自由、互连、连续性、流动性、重构、可塑性、规避、毛细管现象、扩散或集中：这些都是使这些网络更加接近自古以来所建立的航海实践的所有特征。

构建共享的世界需要我们重新考虑我们当今的世界观，它是基于主体与客体（例如人与自然）、科学与政治、专家与外行、事实与价值、现代与传统等等之间的二元论。在这方面，知识应该与人的计划和希望完全联系起来，学会如何共同生活、实现价值和社区的道德发展。从上面的角度来说，环境和海洋政策应该以每个社区内个人的实现和发展为目标，实现"良好的环境状况"。要实现这样宏伟的目标是没有现成方法的，但必须保持开放的创造力和想象力，相信人有能力成功适应这个日益复杂和互联世界中的变化和不确定性。如果缺乏个人民主和自治的意愿来对抗体制等级和障碍，那么保护的理想就没有意义。这意味着鼓励整合不同层次——从个体到全球，围绕着物理位置——从海岸带到国际水域的多中心治理模式。

18.3　生态系统法：社会和生态系统的动态

"千年生态系统评估法"（MEA，2005）描述了社会与自然之间的相互作用，它运用生态系统服务的概念，把四种范畴的"资本"（物理、自然、人文和社会）与人类发展的资源以及福祉之间建立某种关联。实际上，与生态系统方式相关的主要挑战在于社会制度及它与之前制度之间的复杂相互作用。正如 Holling（1986）所指出的那样，当大规模系统变得高度相互关联时，更可能出现生态意外，社会制度也是一样，越是不稳定，它们的联系越密切。因此，在处理两个不稳定和高度相互关联的系统时，其整体稳定性仍然是非

---

① http://www.dailymail.co.uk/wires/afp/article-3492749/Illegal-tuna-fishing-costs-Pacific-US-740m-report.html.

常不确定的。这就是为什么从适用性和务实性角度来说，管理海岸、海洋和大洋需要一种综合的方法，而在社会与自然之间动态的相互作用中，出现了一定数量的不变因素：

● 一般来说，某个具体的社会部门将会成为开采活动的主要受益者。这些活动不可避免地会对生态系统造成一定的压力，其成本将由其他群体或整个社会承担（"成本共担，收益私有"）。由于这些开采者之间多有互动，其主要目标就是将他们的活动对生态的影响降到最小，同时，使他们为跟踪（监测）和可能恢复有关的生态系统作出贡献；

● 分享利益的关键是了解究竟是什么导致了利用其所依赖的生态系统的社会动态；

● 管理和社会研究显示了参与问题的群体的动态性质以及社交网络在解决冲突方面发挥的关键作用。通常情况下，生态系统退化的第一个信号是由消息灵通人士或"告密者"透漏的（Chateauraynaud，1999）。这些人有时是科学家、相关人士及越来越多的非政府组织代表。他们试图阻止或扭转这种退化，并利用社交网络和媒体与尽可能多的人和决策者分享他们的事业。如果他们的信息是清楚且令人信服的，并且如果他们的外联能力允许的话，他们就有很好的机会动员起来。然而，几乎与此同时，其他利益集团也可能会动员起来作为一种反击。如果两个对立团体之间的社会联系太弱，或者根本不存在的话，那么思想的两极分化就会长期存在。只有团体之间的联系，并到达更高层次的联系，才能有助于找到可能做出适当决策的解决方案；

● 某些政治和社会进程可能导致妥协，但实际上，经常出现的情况是，妥协会增加对整个社区的危害，因为这会导致不满和失望；

● 当审视在《生物多样性公约》（专栏 18.1）中商定的生态系统法的 12 条原则时，需要注意的是前四项原则是关于社会选择、权力下放、附带损害和经济效益。"生态系统结构与功能"这个术语只在第五个原则中出现，明确地说，我们绝对不是管理自然，而是管理人与社会。

专栏 18.1《生物多样性公约》（1992 年）的十二项生态系统法原则

（1）土地、水和生物资源的管理目标是社会选择的问题。

（2）管理应该下放到最低的适当级别。

（3）生态系统管理者应当考虑其活动对相邻及其他生态系统的影响（实际或潜在的影响）。

（4）认识到管理的潜在收益，通常需要在经济背景下理解和管理生态系统。任何这样的生态系统管理计划都应该：减少对生物多样性产生不利影响的市场扭曲；调整奖励措施，促进生物多样性保护和可持续利用；在可行的范围内，内化给定生态系统中的成本和收益。

（5）保护生态系统结构和功能，以维持生态系统服务，应成为生态系统方法中的优先目标。

（6）生态系统必须在其功能范围内进行管理。

（7）生态系统方法应该在适当的时间和空间尺度上进行。

（8）认识到表征生态系统过程的不同时间尺度和滞后效应，确定长期的生态系统管理目标。

（9）管理者必须认识到变化是不可避免的。

（10）生态系统方法应该在生物多样性的保护和利用之间寻求适当的平衡。

（11）生态系统方法应该考虑到所有形式的相关信息，包括科学知识、土著的和地方的知识、创新和实践。

（12）生态系统方法应该涉及所有相关的社会部门和科学学科。

18.4 深海中的生态系统法

深海的情况特别有趣，因为我们正在阐述的可能是真正的生态系统，这些生态系统还未受人类活动影响（或相对如此）。更具体地说，这些地区包括深海深处和最南端的南极海域（Halpern et al.，2008）。在这些区域，我们仍对海山或热液喷口等非常特殊的深海栖息地知之甚少，这使得预测特定用途对这些生态系统的结构、功能和特性产生什么影响变得异常困难。生态系统方法不仅涉及直接和间接的利用价值，而且涉及生态系统内在（与我们的地球历史有关）价值，而这些可能会立即受到探测、勘探和即将进行的采矿活动的威胁。

在这些国际区域，我们还没有谈及战略性海事实施计划。然而，大型海洋保护区已经引起越来越多的关注，并可能被视为服务于生态系统方法的工具。例如，在东北大西洋的谈判已经促成了对查理·吉布斯断裂带（大西洋中脊内的变形带）一部分的保护。这涉及东北大西洋区域公约和区域渔业委员会。类似地，国际海底管理局（ISA）与其"承包者"和国际社会合作，为在国际区域颁发采矿许可证制定环境行动计划。目前唯一颁发采矿许可证的区域是太平洋克拉里昂—克利珀顿多金属结核富集区，另一个正在筹备的区域是沿大西洋中脊海域（Morato et al.，2015）。我们将稍后探讨海洋保护区（各种海洋保护区）和非常大型的海洋保护区在规划和管理方面中可能扮演的角色。

根据《联合国海洋法公约》第204~206条，各国必须对其管辖或控制范围内可能造成污染或严重破坏海洋环境活动的潜在影响进行评估。这项工作的结果必须传达给国际组织，并提供给所有国家。对于《生物多样性公约》来说，也同样适用（第4条和第14条），这就要求签署国在其活动可能影响国家管辖地区及国际水域中的生物多样性的情况下，进行签字。尽管如此，仍然需要进一步研究，以便能更好地说明在这些水域应如何开展这些研究。其他需要付诸国际决议的活动还包括深海拖网和废物排放。

这些例子表明，用于国际水域保护和管理的一套复杂的国际和区域法律文书已经存在。但是，正如前文所述，针对可能危及海洋生态系统的新活动，目前尚没有统一的管理系统可以确保评估和调控。为此，IUCN（国际自然保护联盟）等组织要求联合国大会作为紧急事项通过一项决议，敦促各国：①制定评估程序，包括人类活动对海洋生物多样性的累积影响；②确保可能影响环境的评估活动得到各国及其负责船舶的事先批准，确保他们的管理是以对环境不造成损害的方式进行的（Gjerde，2008）。

18.5　遵循自然建设

尽管"遵循自然建设"的生态工程理念首先被用于新土地的开发，更确切地说是在荷兰（Waterman，2016），但目前它已被扩大并应用于包括海底景观在内的各种沿海生态系统。遵循自然建设的目的是积极主动地利用自然过程，为自然作为基础设施的一部分提供机会（EcoShape，2012），而不是将所设想的基础设施项目（自然建设）的负面影响最小化，并补偿任何残留的负面影响（建设自然）。为了对基于生态系统的管理方法作出贡献，相关工程师、生态学家和社会科学家需要处理：①所涉及的生态系统类型的知识、特征、相关的生态系统服务和相关的机会；②项目的周期和管理；③管理的内容（网络、监管环境、知识语境和实施框架）。

因此，"遵循自然建设"的方法是在生态系统与基础设施之间，以及研究与产业之间进行的。该方法来自沿海工程，但随着海洋活动（如海上石油和天然气开采）的发展，生态工程师的兴趣将转向更深的水域。不过，该方法的发展将取决于对主要环境影响来源的知识和特征的掌握，也就是基质物理筛选的类型、"切割"和"返回"毛状物、提取机器、立管噪音，不仅要使它们最小化（反应性），还要设法构思更具创新性和更少入侵的工具设计。

在生态系统方法中，"遵循自然建设"的理念可能有助于更好地把科学家、工程师和工业界之间的科学研究和技术发展联系起来。

18.6　新挑战，新治理方式

如前文所述，海洋是高度相连的，然而我们对海洋的治理和管理制度是高度分散的。海洋生物或自然变化不会因国家疆域和边界而改变，另外，其他人为影响的压力可能会对同一生态系统造成累积影响。深海巨大的特殊性需要（在专属经济区内和国际水域内）对生态管理和治理方式进行新的思考（Levin，2015）：

- 我们所讨论的广袤、偏远且远离海岸的区域面临着高昂的勘探（以及未来的开发）成本，需要考虑生物群落的异质性，并且在这些区域对所有生物进行多样性分类是不可能的；
- 在这些特定的栖息地，生命周期长的物种其恢复概率可能是渺小的，因为在多样性响应和生态系统服务恢复之间可能有一个较长的时间间隔；
- 在处理有针对性的指标时，我们仍面临科学知识的缺乏和技术的短缺，而这些指标可以借助多平台审查员进行实地测量；
- 在专属经济区和国际水域之间，我们正在面临不同的治理制度，整合规范这些具有连贯性、适应性和保护性的政策法规并确保海事活动平衡发展将是一个巨大的挑战；
- 对海洋的作用和丰富性/脆弱性缺乏公众意识（尤其是沿海利益相关者）。

18.7 基于现有框架与手段的嵌套式渐进治理方法

正如"呼吁深海管理"[2015 年深海管理倡议（DOSI）]所指出的那样，"克服分散的治理需要通过跨学科、跨界和多部门管理来加强合作，以确保最大限度地减少累积影响，并作出明确的权衡"。虽然这个呼吁涉及深海，但该方法也同样适用于从流域水到国际水域的连续过程（图 18.1）。从每个应用概念的原则看，尽管它们看起来非常相似，但是它们适用于不同的环境、组织机构和社会背景。与其他已有的方法相比，该方法应该是渐进的，与已有的方法相互独立，并且应该看到如何进行更大范围的阐明。

比如，欧盟正在通过其综合海事政策的环境支柱——海事战略框架指令（MSFD）来推动一项以生态系统为基础进行管理的渐进法。这项指令适用于欧盟成员国的专属经济区，但离通用标准和统一方法还差得很远。理解和量化深海中的驱动力、压力、影响以及累积影响，是制定全面综合的环境目标和相关指标迈出的关键一步，这些目标和指标可用于将环境状态良好（GES）的概念扩展到包括确定特殊保护区和设计海洋保护区网络（欧洲海事委员会 2015）在内的深海，并为保护和管理提供信息。

图 18.1 一体化海岸和大洋管理

除了建设环境支柱之外，还要有一整套其他不可或缺的支柱（经济、法律、政治、体制、能力建设等）来构建沿海和海洋连贯的治理框架，但现实地说，作为一个整体，我们想要处理的社会生态系统的功能是如此复杂，这不可能一次就完成。

尽管制度是分散的，但嵌套的治理方法一个有趣的切入点是，地方、国家、区域以及全球海洋保护区的概念和当前所发展的不是孤立的，而是作为《生物多样性公约》爱知指标 11（专栏 18.2）中海洋管理区的网络。

因此，爱知目标 11 要求的不仅仅是 MPA 的覆盖范围。如下所述，有许多基于地区的管理工具放在一起可以更好地实现对生态系统服务的保护，从而最大限度地提高人类的收益（Spalding et al.，2013）。其中，对《生物多样性公约》生态和生物重要区域的鉴定和确定优先级的过程堪称典范，并可能成为它们的"通用货币"。

专栏 18.2　爱知目标 11

到 2020 年，至少有 17% 的陆地和内陆水域以及 10% 的沿海和海洋地区，特别是对生物多样性和生态系统服务特别重要的地区，将通过有效和公平的管理、具有生态代表性、保护区良好的连接系统、其他有效的地区保护措施以及融入更广泛的景观和海景，得到保护。

18.8　生态或生物重要区域：一个机构间的过程

经过几年激烈的辩论后，"生物多样性公约（CBD）"缔约方在 2010 年（第十届缔约方会议）决定，"在区域或次区域的基础上，根据其权限开展合作，确定和采取适当措施保护并可持续利用生态或生物重要区域（EBSAs）"，为了实现该目的，"将组织一系列区域研讨会……其主要目标是通过实施商定的科学标准和其他相关的、相互兼容的、互补的国家和政府间认可的科学标准，促进生态或生物重要区域的描述"。

随后，从 2011 年到 2014 年，"生物多样性公约"秘书处已经举办了 9 次区域研讨会，与会专家来自 92 个国家以及 79 个地区和国际机构（Bax et al.，2015）。目前，已经按照国际认可的标准，在国内和国际海域确定了 204 个区域，覆盖了世界海洋的三分之二面积（表 18.1）。

表 18.1　生态或生物重要区域标准、定义和例子

CBD 科学标准	定义	例子
1. 独特性或稀缺性	区域包含任何一个：（1）独特的、稀有的或特有物种，种群或种群社区；（2）独特、稀有的栖息地或生态系统；（3）独特的或不寻常的地貌或海洋学特征	马尾藻海，热液喷口，淹没环礁或海山周围的特有社区
2. 对物种生活史阶段特别重要	人类赖以生存和发展所需的区域	养殖场，苗圃，育幼，越冬，休息区
3. 对受威胁，濒危或减少物种和/或栖息地具重要性	包含濒危、受威胁、减少物种生存和恢复的栖息地，或具有此类物种重要组合的地区	与上述相同，但关于受威胁，濒危或减少的物种
4. 脆弱性、敏感性或恢复缓慢	具有相对高比例在功能上脆弱或恢复缓慢的敏感栖息地、生物群落或物种的区域	栖息地形成物种（如珊瑚，海绵）；生殖率低的物种（如鲨鱼）；易受污染的地区（如冰雪覆盖）

CBD 科学标准	定义	例子
5. 生物生产力	含有物种、居民和社区，且自然生物生产力相对较高的地区	正面区域，上涌，热液喷口，海山
6. 生物多样性	包含相对较高多样性生态系统、栖息地、群落或拥有较高遗传多样性的地区	前缘、汇合区、海山、冷珊瑚群落、深水海绵群落
7. 自然性	由于人为干扰较少导致自然程度相对较高的地区	大部分深海栖息地还没有被深海捕捞拖网损坏

资料来源：改编自 Bax et al.，2015

高强度的鉴别工作和数据采集（虽然差距很大）首次促进了机构间的合作，特别是区域公约组织和区域渔业组织之间的合作。已经证实的具有重要生态或生物意义的区域覆盖范围涉及国家、边境以及国家管辖范围以外的地区，因此，目前正在这些地区通报包括海洋空间规划在内的未来基于生态系统的管理。

重要的是，要记得生态和生物重要区域（EBSAs）并不是海洋保护区，但这些区域可能需要采取包括加强保护和建立海洋保护区在内的特定管理措施（例如通过环境影响评估程序）。像日本这样的一些缔约方（Yamakita et al.，2015），已经使用了 EBSAs 标准来建设国家海洋保护区，尽管 EBSAs 计划初衷是支持在国家管辖范围以外的区域所开展的区域管理。

作为未来管理一体化的一个例子，被称为 EBSA 的中太平洋赤道生产力区是一个横跨整个太平洋的巨大区域，从西向东对应于金枪鱼海洋航线，因此，对于南太平洋金枪鱼延绳钓船队来说非常重要；并覆盖西克利珀顿—克拉里昂断裂带（CCZ），也就是国际海底管理局（ISA）成熟的"多金属结核区"管理区域。这是我们面临的一个极具挑战性的典型和最具体的例子：国际海底管理局确实制定了基于海洋保护区网络的"环境管理计划"，以保护深海的生物多样性和生态系统功能（Wedding et al.，2013），但渔民使用的并鉴定为 EBSA 的上层水体并未包括在内，尽管在多金属结核工业开采的情况下将会不可避免地对表层水体活动产生影响。根据国际共识所获得的这些信息，国际海底管理局将补充现有的考虑远洋系统的"环境管理计划"，以确保未来的环境影响评估（包括基线）覆盖底部和整个水体直至表面。

上述用于鉴定 EBSAs 的标准（表 18.1）并不是生物多样性公约所特有的。正如我们之前所说，还有许多其他依赖于国际保护部门协定及其管理机构的地区管理工具（图 18.2）。

这些以保护为导向的基于区域的管理工具有许多共同的标准，这些标准贯穿于 EBSAs，然后可以将其作为区域性的、基于生态系统的、海洋空间规划（MSP）过程的合理框架，在这个框架内，主管当局可以使用各种空间的和动态的管理工具（Dunn et al.，2014）。

问题在于这些执行机构上，根据各种国际协定，这些机构是现有区域组织，例如在"东北大西洋海洋区域公约（区域海洋公约）"和"东北大西洋渔业组织（区域渔业组

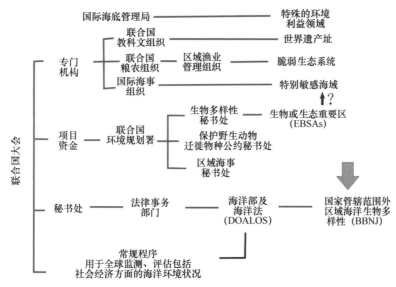

图 18.2 EBSAS 标准、国际保护协议、部门管理机构和国家通用标准

(资料来源：Dunn Dc et al.，2014)

织）"下的东北大西洋，在它们的"集体安排下"，建立了包括专属经济区和国家管辖范围以外区域（ABNJ）在内的第一个海洋保护区和渔业封锁的网络。

在海洋法公约框架下，一项关于新的具有法律约束力的国际文书的谈判正在进行中（Wright et al.，2016），但 EBSA 进程可以成为未来在国家管辖范围以外区域对海洋生物多样性协议执行的全球机制的一部分，在这些诸如 FAO（及其 RFMO）、IMO、ISA、区域海洋公约和国家等国际组织的机制中，可以致力于形成一套连贯一致的行动计划，以防止在国际水域和同一区域内每个国家的专属经济区内由于人类活动而造成重大不利影响。

18.9 广袤的海洋保护区：实施大规模综合管理

这一举措可能首先要在具体而又足够大的区域实施，位于太平洋地区的大型海洋保护区（LSMPA）就是一个例子。

得益于 1982 年的《联合国海洋法公约》（UNCLOS），新增加的 200 海里[①]专属经济区大大增加了太平洋岛国，特别是群岛国的辖区。例如，斐济 18 272 km² 的土地新增 129×10⁴ km² 的专属经济区，基里巴斯 690 km² 的岛屿增加了 355×10⁴ km² 专属经济区，而密克罗尼西亚联邦的 701 km² 国土拥有相当于多拥有 298×10⁴ km² 专属经济区。到目前为止，这些巨大的新辖区的主要收入来源是捕鱼和捕鱼许可费（Bambridge and D′Arcy，2014），但随着深海采矿等新活动的发展，未来它们应该更加多元化。

像历史最悠久、经验最丰富的大堡礁海洋公园一样，除了具有海洋保护的基本功能之

---

① 译者注：原文 200 英里有误，应为 200 海里。

外，大型海洋保护区与爱知目标 11 的精神相一致，将生态系统管理的概念应用于多用途和多层次的方案，将当地社区近岸管理与国家和区域框架相结合。由于它们从海岸延伸到近海（目前为止，直到专属经济区外部边界），大型海洋保护区可能会促进这种从海岸到深海的不同治理和管理制度的整合。以西太平洋来说，区域"粘结剂"可能是"太平洋海洋框架"及其原则、范围和愿景。

到目前为止，在国家管辖范围以外区域没有关于建立大型海洋保护区的法律框架，这将是联合国大会（UNGA）即将开始的谈判进程中面临的挑战之一。实际上，鉴于 EBSAs 的识别过程涵盖了大部分海洋和大洋，尽管其目前还不属于海洋保护区或任何海洋管理区域，但其身份定义的基础已经完善了。东北大西洋海洋环境委员会和马尾藻海委会给出了各国在区域范围努力的良好例子，尽管现有的机构协议和结构在国际水域深海、生物多样性保护和海洋开发（共同合作）方面是否满足全球承诺还有待观察（Jonas et al.，2014）。或者，除了国际海底管理局（ISA）在"区域"（国家管辖范围以外地区的海底）发挥必要但不足的作用（就水体而言）之外，还可能需要其他机制。

18.10   区域方法的首要任务

在前面提到的很多情况下，我们已经看到在海洋治理方面区域方法是不变的，因此"用国际资助的项目绕开现有的区域海洋治理机制并不是一个解决办法，……不仅加强了治理机制，而且削弱了那些没有得到支持的治理机制，使它们成为更难的合作伙伴"（Rochette et al.，2015）。如果它们在区域海洋治理方面存在缺陷，不应该无视它们，更好的选择是观察它们，看看它们是如何促进国际海洋治理制度中的协同作用和互补性，从而加强有关保护和海事部门协议的各种区域海洋治理机制。通常情况下，为了能够解决新出现的问题，需要加强像东北大西洋海洋环境委员会（OSPAR Commission）那样扩大授权，或者更一般地说，关于目标物种管理以外的区域，海洋渔业组织需要更多地考虑整个生态系统。

在其他类型（并且有许多）的区域布局中，以美国国家海洋与大气管理局（NOAA）提出的概念勾画大型海洋生态系统（LMEs）。到目前为止，在全球环境基金（GEF）的援助下，已经确定了 66 个大型海洋生态系统。每个大型海洋生态系统的边界都基于生态学标准，即水深测量、水文测量、生产力和营养关系。通常情况下，一个大型海洋生态系统项目有一个 5 模块战略，覆盖：①生产力；②鱼和渔业；③污染和生态系统健康；④社会经济学；⑤治理。其中一些已经产生了具体的治理机制，例如本格拉现任委员会（BCC）或东亚海域环境管理伙伴关系（PEMSEA）。不过，正如 Rochette 等（2015）所建议的那样，大型海洋生态系统机制可以为环境和渔业评估、能力建设和实地干预提供有用的平台，"但是，如同地中海大型海洋生态系统和巴塞罗那公约机制一样，这些应尽可能在现有的区域海洋管理网络下进行"。

18.11　知识和专长

正如我们所看到的，所有这些政策和方案的制定与发展都依赖于包括大型国际非政府组织的国际和区域组织网络，以及多个公共和私人机构、正式或非正式的机构及所谓的"全球"专家（Henocque and Kalaora，2015）。这些专家建立了监管工具，并设计了"环境知识"这个"王国"的规范（Goldman，2004）。专家和专家知识（由专家发表）毫无疑问是全球化出现的核心特征。"环境知识"和可持续发展范式的传播是通过全球概念化手段的传播以及人口经验和行为的转变来进行的。这些可以通过政府、私人或集体网络，从全球到地方（但不是相反的方向）传达。科学知识和专门知识是通过创造和传播概念模式及全球系统而出现全球化的重要因素。

这些模式在总体的环境和社会问题之间建立了一种本体论的联系。这些科学权威的力量通过数据库和监测网络的发展来表达，这些网络为全球进程的发展提供了复杂的系统模型，并通过给定的分类来改造当地。在这方面，本地知识没有被忽略，而是为了全球化和抽象建模的目的而被利用起来。考虑到采取区域法和当地民众参与的必要性，专家们应该对模型和解决方案的标准化保持谨慎的态度，因为这与生物多样性保护确保地球的可恢复性一样，这些模型和解决方案可能会妨碍这一领域的情况和做法的表达。

18.12　海洋文化

一个人怎样才能关心他所不知道的事？当地民众和公众一般来说怎样才能关心并积极参与到海洋时代活动的发展，特别是关心深海？由于全球海洋对我们这个星球的生存起着至关重要的作用，但同时它也在迅速变化，并承受着日益增加的海洋活动的压力，公众对人与海之间的重要联系理解的参与变得非常重要，因为就像深海矿物资源一样，关于海洋和资源开采，迟早需要做出明智和负责任的决定。海洋文化是面对更加以"蓝色增长"为导向的社会挑战的当务之急，或更确切地说是面对海洋活动可持续发展的"蓝色社会"的迫切需要。

几个世纪以来，深海的神秘魅力和奥秘启发了艺术、文学、娱乐和各种媒体，但外展项目和非正式教育仍然是更多公众参与的基本工具。例如，科学家和教育工作者网络决定制定"海洋文化框架"，这个框架的定义是理解海洋对我们每个人的影响，同时反过来，也包括我们对海洋的影响，以便让所谓的"海洋文化"人理解必要原理和基本概念，能够以一种有意义的方式就海洋进行交流，并能够就海洋及其资源做出明智而负责任的决定。

加拿大海洋网络等有线海洋观测台为学生和教育工作者以及"公民科学"项目提供了一整套学习资源和活动。但是，在深海矿产勘探和未来开采的情况下，还要为直接向当地有关公民进行宣传而做出努力，让他们了解任何深海矿物（DSM）的发展计划，并将其观点纳入决策过程。南太平洋委员会（SPC）欧盟资助的帝斯曼项目强调，"正是为了国家的人民、政府官员和海洋开发商的利益，项目必须获得'社会许可证书'才可以开展"。

该项目建议将公众参与深海矿物决策（包括环境影响评估过程）的机制纳入国家深海矿物法规，"例如建立一个包括民间社会代表的国家海上矿产委员会"。

18.13　结论：前进的道路

尽管在自由、主权和人类共同遗产原则之间作出了妥协，但是《联合国海洋法公约》（UNCLOS）及其附带的协定自 1982 年通过并于 1994 年执行以来，一直承担着"海洋和大洋的组织"这一角色。然而，根据部门（包括保护）和地理上的方法，海洋治理依然高度分散，最近的情况是要么缺乏关注（例如水域中的海洋遗传资源），要么给予的关注不足（如气候变化和跨国有组织犯罪，包括非法、无管制和未报告的捕鱼）。

为了全面考虑海洋空间和资源问题，有必要更好地执行和整合国际协议以便有效实施。为了这样做，我们需要一个全球性的"海洋社会契约"［德国全球变化咨询委员会（WBGU），2013］，对海洋可持续管理来说这是一个共同的愿景。为了最终制定联合国在海洋保护和可持续利用方面的总体战略构想，应重新考虑 2012 年出台的"海洋契约"。这必须与海洋相关的可持续发展目标（SDG14）紧密联系在一起，为"可持续发展保护和可持续利用海洋和海洋资源"。这个可持续发展目标包含 10 个目标，包括从减少各种海洋污染和减少酸化的影响到增加科学知识、开发研究能力和转移海洋技术。但是，由于没有任何联合国组织专门负责促进实现其目标（欧洲海事委员会，2015 年），可持续发展目标正像"孤儿"一样在寻找那样的时刻。

全球海洋治理确实需要有一个明确有效的协调机构，但我们不能等待这种变化，除此之外，应加强和扩大现有的区域海洋条约和组织。在它们存在的地方，应该加强与相邻的海洋保护和部门协议之间的合作，特别是在渔业方面，应加强与区域渔业管理组织（RF-MO）之间的合作。现有的区域间合作应以人类共同遗产、生态系统方式和预防原则为基础。

治理需要以复杂的社会-生态系统的知识为基础，涉及多个空间、时间和行政尺度上的相互作用的因素。研究它们需要利用生态系统方法，因而具有跨学科的性质，确保以综合方式处理科学知识，从而为决策者和行业经营者提供关于当前知识状况的可靠概览，并在需要时采取行动（例如，主要环境影响评估和深海采矿的长期监测中要考虑到的指标）。

与此同时，全球治理研究需要更多的合作，这主要集中在社会和政治科学、自然科学和工程科学，从而在生态系统、社会经济和技术系统之间开发适当的、多层次的（或"嵌套的"）治理过程。

本章一直试图说明，深海资源的治理和管理不能孤立于整个海洋系统即从海岸到海岸、从海面到海底。任何海洋保护区（MPAs）等海洋管理区都应被视为范围更广的海景管理战略的一部分（不是被视为景观管理）。因此，成功和可持续的海洋空间管理取决于海洋管理区域（包括海洋保护区）的多轨道办法，该方法在更广泛的管理环境下维护生物多样性和促进社会经济发展。因此，摆在我们面前的挑战不是保护我们海洋的 10% 或 30%，而是要在不同的法律形式和管理制度下，从三个维度、从浅水到深海保护 100% 的海洋。

要实现这样一个雄心勃勃的目标，我们必须避免标准化问题和解决方案；而且必须重新思考如何获得知识。除了用知识和技能解决所有问题的简单理念之外，我们必须变得更加"情境化"，使知识情境化，并用现有的会议场所或者创建新的会议场所来学习。这就需要采用新的科学知识生产方法，要完全超越单一学科的形式，并在学术界和诸如当地社区、工业界、政策制定者的非学术界之间实施一体化协作且将其作为科学工作的核心部分（Stenghers，2013）；也需要一个更加开放的科学观，将居民及其代表，包括举报人，作为参与构建适应性管理知识体系的信息来源。

参考文献

Bambridge T, D'Arcy P (2014) Large-scale marine protected areas in the Pacific: cultural and social perspectives. In: Féral F, Salvat B (dirs) Gouvernance, enjeux et mondialisation des grandes aires marines protégées: recherché sur les politiques environnementales de zonage maritime, le challenge maritime de la France de Méditerranée et d'Outre-mer. L'Harmattan, Collection Maritimes, Paris,. 218 pages

Bax NJ, Cleary J, Donnelly B, Dunn DC, Dunstan PK, Fuller M, Halpin PN (2015) Results of efforts by the convention on biological diversity to describe ecologically or biologically significant marine areas. Conserv Biol 30(3):571–581

Bolman B, Steenbrink S, Oppermann J (2014) Working towards good environmental practice for seabed mining. In: Harvesting seabed minerals resources in harmony with nature, UMI 2014, Lisbon, Portugal

Chateauraynaud F (1999) Les sombres precurseurs: une sociologie pragmatique de l'alerte des risques. EHESS

Deep Ocean Stewardship Initiative (DOSI) (2015) A call for Deep-Ocean Stewardship (DOSI). http://www.indeep-project.org/deep-ocean-stewardship-initiative

Druel E, Rochette J, Bille R, Chiarolla C (2013) A long and winding road. International discussions on the governance of marine biodiversity in areas beyond national jurisdiction. IDDRI studies no 07/2013. 42p

Dunn DC et al (2014) The convention on biological diversity's ecologically or biologically significant areas: origins, development, and current status. Mar Policy 49:137–145

EcoShape (2012) Building with nature. Thinking, acting and interacting differently. www.EcoShape.nl

EU DG MARE (2013) Study to investigate the state of knowledge of deep-sea mining. Final report under FWC MARE/2012/06–SC E1/2013/04

European Marine Board (2015) Delving deeper. How can we achieve sustainable management of our deep sea through integrated research? EMB Policy Brief No 2, November 2015. www.marineboard.eu

German Advisory Council on Global Change (WBGU) (2013) World in transition. Governing the marine heritage. Summary. www.wbgu.de

Gjerde J (2008) Regulatory and governance gaps in the international regime for the conservation and sustainable use of marine biodiversity in Areas Beyond National Jurisdiction. IUCN Marine series 1

Goldman M., Imperial science, imperial nature: environmental knowledge for the World (Bank), dansJasanoff S., Martello M.L. (dir.) Earthly politics: local and global in environmental governance, MIT Press, Cambridge, 2004.

Halpern BS, Wallbridge S, Selkoe KA, Kappel CV, Micheli F et al (2008) A global map of human impacts on marine ecosystems. Science 319:948–952

Henocque Y, Kalaora B (2015) Integrated management of seas and coastal areas in the age of globalization. In Governance of Seas and Oceans. A. Monaco & P. Prouzet (Ed.), ISTE Ltd and John Wiley & Sons, Inc. pp 235–279

Jonas HD et al (2014) New steps of change: looking beyond protected areas to consider other effective area-based conservation measures. Parks 20(2):111–128

Levin L (2015) Needs of interdisciplinary multi-sectoral stewardship for deep-sea ecosystem management. EcoDeep-SIP workshop on "The crafting of seabed mining ecosystem-based management—assessing deep-sea ecosystems in the Pacific Ocean". Final Report, Tokyo

MEA (2005) Ecosystem and human well-being: synthesis. Millennium ecosystem assessment. Island Press, Washington

Morato T, Cleary J, Taranto GH, Vandeperre F, Pham CK, Dunn D, Colaca A, Halpin PN (2015) Data report: towards development of a strategic Environmental Management Plan for deep seabed mineral exploitation in the Atlantic basin. IMAR & MGEL, Horta, Portugal, 103pp

Ostrom E (2010) The challenge of common-pool resources. Environ Sci Policy Sustain Dev 50(4):8–21

Rochette J, Bille R, Molenaar EJ, Drankier P, Chabason L (2015) Regional oceans governance mechanisms; a review. Mar Policy 60:9–19

Spalding MD, Meliane I, Milam A, Fitsgerald C, Hale LZ (2013) Protecting marine spaces: global targets and changing approaches. In: Ocean Yearbook 27, IOI, Martinus Nijhoff Pub

Stenghers I (2013) Une autre science est possible! Les Empêcheurs de penser en rond, La Découverte, Paris

Waterman RE (2016) 'Building with nature': principles and examples. www.ronaldwaterman.com

Wedding LM, Friedlander AM, Kittinger JN, Watling L, Gaines SD, Bennett M, Hardy SM, Smith CR (2013) From principles to practice: a spatial approach to systematic conservation planning in the deep sea. Proc R Soc B Biol Sci 280:20131684

Wright G, Rochette J, Druel E, Gjerde K (2016) The long and winding road continues: towards a new agreement on high seas governance. IDDRI study no 01/16 March 2016

Yamakita T et al (2015) Identification of important marine areas around the Japanese Archipelago: establishment of a protocol for evaluating a broad area using ecologically and biologically significant areas selection criteria. Mar Policy 51(2015):136–147

伊夫·亨诺克（Yves Henocque）在获得海洋生态学博士学位后，代表中小渔民的利益，开始了在水产养殖和海洋牧场领域的职业生涯。然后，通过在美国的技术培训和在日本的专业实践获得了环境管理和国际合作技能，在土伦开设了一个新的海岸带环境实验室（IFREMER），在那里他与包括地中海行动计划下的 PAP／RAC 在内的多个地中海组织合作开展了海岸带综合管理和战略规划实践。从那时起，他在地中海、西印度洋和东南亚地区领导了几个 ICM 项目。目前，担任法国海洋可持续发展研究所（IFREMER）研究海洋政策和海洋治理的高级顾问，致力于地中海问题和倡议（担任了第六届 CIESM 沿海生态系统和海洋政策委员会主席），并致力于研究亚太地区，更具体地说是日本，他目前是 JAMSTEC（日本海洋地球科学与技术局）的客座研究员。